I. Z. GOCHBERG / I. A. FELDMAN

FALTUNGSGLEICHUNGEN UND PROJEKTIONSVERFAHREN ZU IHRER LÖSUNG

MATHEMATISCHE LEHRBÜCHER UND MONOGRAPHIEN

HERAUSGEGEBEN VON DER
AKADEMIE DER WISSENSCHAFTEN DER DDR
ZENTRALINSTITUT FÜR MATHEMATIK UND MECHANIK

II. ABTEILUNG
MATHEMATISCHE MONOGRAPHIEN

BAND 36

FALTUNGSGLEICHUNGEN UND PROJEKTIONSVERFAHREN ZU IHRER LÖSUNG

VON

I. Z. GOCHBERG UND I. A. FELDMAN

AKADEMIE-VERLAG · BERLIN
1974

I. Z. GOCHBERG / I. A. FELDMAN

FALTUNGSGLEICHUNGEN UND PROJEKTIONSVERFAHREN ZU IHRER LÖSUNG

In deutscher Sprache herausgegeben

von

Prof. Dr. rer. nat. habil. SIEGFRIED PRÖSSDORF

AKADEMIE-VERLAG · BERLIN

1974

И. Ц. Гохберг, И. А. Фельдман

УРАВНЕНИЯ В СВЕРТКАХ И ПРОЕКЦИОННЫЕ МЕТОДЫ ИХ РЕШЕНИЯ

Erschienen im Verlag „Nauka“, Moskau

Deutsche Übersetzung: Dr. rer. nat. REINHARD LEHMANN
Dr. rer. nat. JÜRGEN LEITERER

Erschienen im Akademie-Verlag, 108 Berlin, Leipziger Straße 3—4

Lizenznummer: 202 · 100/410/74
Gesamtherstellung: VEB Druckerei „Thomas Müntzer“, 582 Bad Langensalza
Bestellnummer: 761 771 0 (6062) · LSV 1065
Printed in GDR
EVP 48,–

Mark Grigorevič Krein
gewidmet

VORWORT

Die ersten grundlegenden Ergebnisse über Integralgleichungen auf der Halbachse mit Kernen, die nur von der Differenz der Argumente abhängen, wurden 1931 von N. Wiener und E. Hopf erhalten. Nach dem Erscheinen ihrer klassischen Arbeit [1] erhielten diese Gleichungen die Bezeichnung Wiener-Hopf-Gleichungen.

Zum gegenwärtigen Zeitpunkt ist die Theorie der Wiener-Hopf-Gleichungen hinreichend vollständig entwickelt. An ihrer Ausarbeitung waren viele Mathematiker (in der Hauptsache sowjetische) beteiligt. Wir führen hier nur die fundamentale Arbeit von M. G. Krein [4] an. Ausgehend von dieser Arbeit kamen in den Untersuchungen der Wiener-Hopf-Gleichungen verstärkt funktionalanalytische Ideen und Methoden zur Anwendung.

Die Darlegung, wie sie im vorliegenden Buche verfolgt wird, beruht ebenfalls auf der Funktionalanalysis. Sie geht von einer speziellen Operatorenrechnung aus.

Dieser Weg führt in natürlicher Weise zu einer bestimmten Klasse von Faltungsgleichungen, die insbesondere die eingangs erwähnten Wiener-Hopf-Gleichungen enthält. Darüber hinaus fallen hierunter auch die diskreten Analoga dieser Gleichungen, gewisse Differenzengleichungen, die sog. paarigen Gleichungen, die singulären Integralgleichungen auf dem Kreis u. a.

Einen bedeutenden Raum nehmen im Buch die verschiedenen Projektionsverfahren zur Lösung von Faltungsgleichungen ein. Die Begründung dieser Verfahren erfolgt ebenfalls im Rahmen des allgemeinen Schemas.

Die Darlegung beruht hauptsächlich auf den in den Jahren 1963—1967 veröffentlichten Arbeiten der Autoren.

Der Gedanke, ein solches Buch zu schreiben, entstand im Jahre 1964. Zu dieser Zeit begannen die Autoren, Spezialvorlesungen an der Universität Kišinev zu halten. Die vorangegangene Herausgabe der Rotaprint-Broschüre „Projektionsverfahren zur Lösung von Wiener-Hopf-Gleichungen" (Verlagsabteilung der Akademie der Wissenschaften der Moldauischen Sozialistischen Sowjetrepublik, Kišinev 1967) half uns wesentlich bei der Arbeit an diesem Buch.

Wir setzen voraus, daß der Leser vertraut ist mit den Elementen der Theorie der Operatoren im Hilbert- und im Banach-Raum sowie mit der Theorie der Banach-Algebren.

Die Autoren danken M. G. Krein für seine Unterstützung und für das beständige Interesse, das er dem Buche entgegenbrachte, sowie N. J. Krupnik

A. S. Markus, A. A. Semencul und I. B. Simonenko für die Diskussionen über verschiedene Fragen und für ihre wertvollen Bemerkungen.

Die Autoren bringen ihre Dankbarkeit dem Redakteur des Buches, F. V. Širokov, zum Ausdruck. Seine Hilfe trug maßgeblich zur einfachen und exakten Darlegung bei.

Kišinev,

am 18. Februar 1970

VORWORT ZUR DEUTSCHEN AUSGABE

Die vorliegende Ausgabe dieses Buches unterscheidet sich nur in einem Teil wesentlich von dem russischen Original. Es handelt sich dabei um den Schluß des dritten Kapitels, wo Verfahren zur Umkehrung endlicher TOEPLITZ-Matrizen und ihrer stetigen Analoga dargelegt werden. Die beiden letzten Paragraphen von Kapitel III (§ 6 und § 7) der russischen Ausgabe sind durch drei neue Paragraphen (§ 6, § 7, § 8) ersetzt worden. Die neue Darlegung ist vollständiger und zeichnet sich auch durch größere Allgemeinheit und Einfachheit aus.

Darüber hinaus sind die Literaturhinweise sowie das Literaturverzeichnis erweitert worden.

Es wurden einige unbedeutende Druckfehler berichtigt.

Die Autoren danken aufrichtig Herrn Prof. Dr. S. PRÖSSDORF, der der Initiator dieser Übersetzung ist, sowie dem Akademie-Verlag und den beiden Übersetzern, Herrn Dr. J. LEITERER und Herrn Dr. R. LEHMANN.

Kišinev Die Autoren

1. Mai 1972

INHALTSVERZEICHNIS

EINFÜHRUNG

1. In diesem Buch werden verschiedene Klassen von Faltungsgleichungen betrachtet, darunter WIENER-HOPFsche Integralgleichungen, diskrete WIENER-HOPF-Gleichungen, Integrodifferenzengleichungen, Differenzengleichungen, verschiedene paarige Gleichungen, singuläre Integralgleichungen u. a.

Ein einfaches Beispiel für solche Gleichungen ist die diskrete WIENER-HOPF-Gleichung

$$\sum_{k=1}^{\infty} a_{j-k}\,\xi_k = \eta_j \qquad (j = 1, 2, \ldots)\,, \tag{0.1}$$

wobei $\xi = \{\xi_j\}_1^\infty$ ein gesuchter Vektor, $\eta = \{\eta_j\}_1^\infty$ und $\{a_j\}_{-\infty}^\infty$ gegebene Vektoren sind.

Die Gleichung (0.1) werden wir im Raum l_p $(1 \leqq p < \infty)$ betrachten. Der Einfachheit halber werden wir voraussetzen, daß die Bedingung

$$\sum_{j=-\infty}^{\infty} |a_j| < \infty \tag{0.2}$$

erfüllt ist.

Mit A bezeichnen wir den Operator, der im Raum l_p von der Matrix $\|a_{j-k}\|_1^\infty$ erzeugt wird. Wie man leicht sieht, gestattet der Operator A die Reihenentwicklung

$$A = \sum_{j=-\infty}^{\infty} a_j\,V_j\,,$$

die in der Operatornorm konvergiert. Hierbei ist $V_0 = I$ und V_j $(j = \pm 1, \ldots)$ sind Verschiebungsoperatoren, die durch die Beziehungen

$$V_j\{\xi_1, \xi_2, \ldots\} = \{0, \ldots, 0, \xi_1, \ldots\} \qquad (j = 1, 2, \ldots)$$

und

$$V_{-j}\{\xi_1, \xi_2, \ldots\} = \{\xi_{j+1}, \xi_{j+2}, \ldots\} \qquad (j = 1, 2, \ldots)$$

definiert werden. Der Operator $V = V_1$ ist isometrisch, der Operator $V^{-1} = V_{-1}$ ist von links invers zu V. Offenbar gilt

$$V_j = V^j \ (j = 2, 3, \ldots) \quad \text{und} \quad V_k = (V^{-1})^{|k|} \ (k = -2, -3, \ldots)\,.$$

Den Operator A kann man auffassen als Wert der Funktion

$$a(\zeta) = \sum_{j=-\infty}^{\infty} a_j\,\zeta^j \qquad (|\zeta| = 1)$$

vom Operator V, d. h. $A = a(V)$.

Diese Definition unterscheidet sich in gewissem Sinne von der in der Funktionalanalysis üblichen Definition. Hier wird nämlich das Fundamentalprinzip verletzt, nach dem in der Funktionalanalysis Funktionen von Operatoren konstruiert werden, weil das Spektrum des Operators V mit dem Einheitskreis zusammenfällt, wogegen die Funktion $a(\zeta)$ nur auf der Einheitskreislinie definiert ist. Dadurch wird die Multiplikativität der Abbildung $a(\zeta) \to a(V)$ verletzt, d. h., i. allg. gilt nicht die Gleichung

$$a_1(V)\, a_2(V) = a(V)\,,$$

in der $a_1(\zeta)$, $a_2(\zeta)$ ($|\zeta| = 1$) Funktionen sind, die sich in eine absolut konvergente Fourier-Reihe entwickeln lassen, wobei $a(\zeta) = a_1(\zeta)\, a_2(\zeta)$ gilt. Das wird bereits am Beispiel

$$a_1(\zeta) = \zeta\,, \quad a_2(\zeta) = \zeta^{-1}\,, \quad a(\zeta) = 1$$

deutlich, weil $V\,V^{-1} \neq I$ ist. Wenn jedoch die Funktion $a_0(\zeta)$ eine Entwicklung in eine absolut konvergente Fourier-Reihe gestattet, die Funktion $a_+(\zeta)$ ($a_-(\zeta)$) sich in eine absolut konvergente Fourier-Reihe nach nichtnegativen (nichtpositiven) Potenzen von ζ entwickeln läßt und $b(\zeta) = a_-(\zeta)\, a_0(\zeta)\, a_+(\zeta)$ ist, so gilt

$$b(V) = a_-(V)\, a_0(V)\, a_+(V) \tag{0.3}$$

(die Reihenfolge der Faktoren ist wesentlich!). Die Beziehung (0.3) — die *partielle Multiplikativität* der Abbildung — ermöglicht es, eine gewisse Operatorenrechnung nicht nur für diesen speziellen Operator V zu konstruieren, sondern auch für einseitig umkehrbare Operatoren einer hinreichend breiten Klasse.

Als zentral erweist sich hier die Frage nach der Umkehrbarkeit von Funktionen der Form

$$a(V) = \sum_{j=-\infty}^{\infty} a_j V^j$$

von einseitig umkehrbaren Operatoren.

Es sei V ein beliebiger isometrischer Operator, der in einem Banach-Raum $\mathfrak{B}$ wirkt; der Operator V^{-1} mit $|V^{-1}| = 1$ sei zu V von links invers. Dann gilt folgendes Theorem.

Theorem 0.1. *Die Funktion $a(\zeta)$ ($|\zeta| = 1$) möge eine Entwicklung in eine absolut konvergente* Fourier-*Reihe gestatten. Dafür, daß der Operator $A = a(V)$ wenigstens von einer Seite umkehrbar ist, ist notwendig und hinreichend, daß die Funktion $a(\zeta)$ auf der Einheitskreislinie nirgends verschwindet ($a(\zeta) \neq 0$, $|\zeta| = 1$).*

Wenn diese Bedingung erfüllt ist, dann ist der Operator A umkehrbar von links, von rechts oder beidseitig, je nachdem ob die Zahl

$$\varkappa = \operatorname{ind} a(\zeta) = \frac{1}{2\pi}\,[\arg a(e^{i\varphi})]_{\varphi=0}^{2\pi}$$

positiv, negativ oder gleich Null ist.[1])

---

[1]) Das Symbol $[\ ]_0^{2\pi}$ bezeichnet den Zuwachs der Funktion auf dem Intervall $[0, 2\pi]$.

Wir werden nun klären, wie der entsprechende zu $a(V)$ inverse Operator, dessen Existenz durch Theorem 0.1 garantiert ist, kontruiert werden kann.

Wenn die Funktion $a(\zeta)$ nirgends auf der Einheitskreislinie $|\zeta| = 1$ verschwindet, dann gestattet sie eine *Faktorisierung*, d. h., sie ist darstellbar in der Form

$$a(\zeta) = a_-(\zeta)\, \zeta^\varkappa\, a_+(\zeta) \qquad (|\zeta| = 1)\,, \tag{0.4}$$

in der die Funktionen $a_-(\zeta)$ und $1/a_-(\zeta)$ Entwicklungen in absolut konvergente Reihen nach nichtpositiven Potenzen von ζ gestatten; analog gestatten $a_+(\zeta)$ und $1/a_+(\zeta)$ Reihenentwicklungen nach nichtnegativen Potenzen von ζ.

Unter Benutzung der partiellen Multiplikativität (0.3) erhalten wir

$$a(V) = a_-(V)\; V^\varkappa\, a_+(V)\,.$$

Dann ist der zu $a(V)$ von der entsprechenden Seite inverse Operator $[a(V)]^{-1}$ gegeben durch

$$[a(V)]^{-1} = a_+^{-1}(V)\; V^{-\varkappa}\, a_-^{-1}(V)\,.$$

(Wir erinnern daran, daß der Operator V^{-1} linksinvers zu V ist.)

Dieser Existenzsatz ist zusammen mit dem skizzierten Umkehrungsverfahren das Kernstück der ganzen Theorie.

2. Es ist bisweilen schwierig, das beschriebene Verfahren zur Umkehrung des Operators $a(V)$ praktisch anzuwenden. Deshalb nehmen die verschiedenen Projektionsverfahren zur Lösung von Faltungsgleichungen im Buch einen breiten Raum ein. Wir werden insbesondere das Reduktionsverfahren, das Galerkin-Verfahren sowie einige seiner Verallgemeinerungen betrachten.

Das am meisten verbreitete Projektionsverfahren zur Lösung eines allgemeinen unendlichen Systems linearer Gleichungen

$$\sum_{k=-\infty}^{\infty} a_{jk}\xi_k = \eta_j \qquad (j = 0,\ \pm 1, \ldots) \tag{0.5}$$

ist das *Reduktionsverfahren*. Hierbei wird eine Näherungslösung in der Form

$$\xi^{(n)} = \{\ldots,\, 0,\, \xi_{-n}^{(n)}, \ldots,\, \xi_n^{(n)},\, 0, \ldots\}$$

gesucht, wobei der Vektor $\{\xi_j^{(n)}\}_{j=-n}^{n}$ Lösung des endlichen — *abgeschnittenen* — Systems

$$\sum_{k=-n}^{n} a_{jk}\, \xi_k = \eta_j \quad (j = 0,\ \pm 1, \ldots,\ \pm n) \tag{0.6}$$

ist.

Manchmal führt ein solches Vorgehen zum Ziel, d. h., das System (0.6) ist von einem gewissen n an eindeutig lösbar und die Vektoren $\xi^{(n)}$ konvergieren in der Norm des entsprechenden Raumes gegen die Lösung des Systems (0.5).

Das ist offenkundig so, wenn das System (0.5) — betrachtet im Hilbert-

Raum $\tilde{l}_2$[1]) — bei beliebiger rechter Seite aus $\tilde{l}_2$ lösbar ist und wenn gilt:

$$\sum_{j,k=-\infty}^{\infty} |a_{jk} - \delta_{jk}|^2 < \infty .$$

Dieser und andere bekannte Fälle, bei denen das Reduktionsverfahren im Raum $\tilde{l}_2$ anwendbar ist, sind im folgenden enthalten. Der Operator A, der durch das System (0.5) definiert wird, ist beidseitig umkehrbar und als Summe eines positiv definiten und eines vollstetigen Operators darstellbar.[2])

Leider ist dieses klassische Verfahren bereits bei folgendem einfachen System nicht anwendbar:

$$\xi_{j+1} = \eta_j \qquad (j = 0, \pm 1, \ldots), \tag{0.7}$$

weil hier die Matrix des abgeschnittenen Systems (0.6) bei beliebigem n singulär ist. Darüber hinaus ist der Operator A hier unitär. Eine ähnliche Situation entsteht auch im Falle der allgemeineren Gleichung

$$\sum_{k=-\infty}^{\infty} a_{j-k}\, \xi_k = \eta_j \qquad (j = 0, \pm 1, \ldots) \tag{0.8}$$

mit $\sum_{j=-\infty}^{\infty} |a_j| < \infty$.

Wenn die entsprechende Funktion

$$a(\zeta) = \sum_{j=-\infty}^{\infty} a_j \zeta^j \tag{0.9}$$

auf der Einheitskreislinie nicht verschwindet, dann ist der Operator $A = \| a_{j-k} \|_{j,k=-\infty}^{\infty}$ nach einem bekannten Satz von Wiener über die Division von absolut konvergenten Fourier-Reihen invertierbar im Raume $\tilde{l}_p$ ($p \geqq 1$); die Lösung der Gleichung (0.8) erhält man nach der Formel

$$\xi_j = \sum_{j=-\infty}^{\infty} b_{j-k}\, \eta_k \qquad (j = 0, \pm 1, \ldots),$$

wobei b_j die Fourier-Koeffizienten der Funktion $1/a(\zeta)$ sind.

Der folgende Satz beantwortet die Frage nach der Anwendbarkeit des klassischen Reduktionsverfahrens auf die Gleichung (0.8) vollständig.

Theorem 0.2. *Die Funktion $a(\zeta)$ möge eine Entwicklung in eine absolut konvergente* Fourier-*Reihe gestatten. Dafür, daß die abgeschnittene Gleichung*

$$\sum_{k=-n}^{n} a_{j-k}\, \xi_k = \eta_j \qquad (j = 0, \pm 1, \ldots, \pm n)$$

von einem gewissen n an eine eindeutig bestimmte Lösung $\{\xi_j^{(n)}\}_{j=-n}^{(n)}$ besitzt und die Vektoren

$$\xi^{(n)} = \{\ldots, 0, \xi_{-n}^{(n)}, \ldots, \xi_n^{(n)}, 0, \ldots\}$$

(für $n \to \infty$) in der Norm des Raumes $\tilde{l}_p$ gegen die Lösung der vollständigen Glei-

[1]) $\tilde{l}_2$ ist der Hilbert-Raum der Folgen $\xi = \{\xi_j\}_{j=-\infty}^{\infty}$ komplexer Zahlen, deren Indizes von $-\infty$ bis $+\infty$ laufen, wobei $\sum_{j=-\infty}^{\infty} |\xi_j|^2 < \infty$. Analog wird das Symbol $\tilde{l}_p$ benutzt.

[2]) Unter diesen Voraussetzungen gestattet der Operator A eine Reduktion bezüglich jeder *beliebigen* orthonormierten Basis (siehe Pkt. 1°, § 2, und Theorem 3.1 von Kap. II).

chung (0.8) *bei beliebiger rechter Seite* $\{\eta_j\}_{-\infty}^{\infty} \in \tilde{l}_p$ *konvergieren, ist notwendig und hinreichend, daß die Bedingungen*

$$\text{a) } a(\zeta) \neq 0 \quad (|\zeta| = 1), \qquad \text{b) } \varkappa = \operatorname{ind} a(\zeta) = 0$$

erfüllt sind.

Die Bedingung a) im Theorem 0.2 ist natürlich, sie ist gleichbedeutend mit der Umkehrbarkeit des Operators A. Wenn nur die Bedingung a) erfüllt ist, dann erhalten wir durch eine Verschiebung des „Zentrums" der Gleichung (0.8) um den *Index* $\varkappa$, d. h., indem man diese Gleichung in der Form

$$\sum_{k=-\infty}^{\infty} a_{j-k+\varkappa} \xi_k = \eta_{j+\varkappa} \qquad (j = 0, \pm 1, \ldots)$$

schreibt, eine Gleichung, auf die bereits das Reduktionsverfahren anwendbar ist. Die Gleichung, die bezüglich des neuen „Zentrums" abgeschnitten ist,

$$\sum_{k=-n}^{n} a_{j-k+\varkappa} \xi_k = \eta_{j+\varkappa} \qquad (j = 0, \pm 1, \ldots, \pm n)$$

besitzt von einem gewissen n an eine eindeutig bestimmte Lösung, und die Vektoren $\xi^{(n)}$ konvergieren gegen die Lösung der vollständigen Gleichung (0.8).

Demzufolge zeichnen die Überlegungen zur Anwendung des Reduktionsverfahrens in der Matrix $\|a_{j-k}\|_{j,k=-\infty}^{\infty}$ eine *Indexdiagonale* $j - k = \varkappa$ aus; im Falle der Anwendbarkeit dieses Verfahrens ist diese Diagonale die Hauptdiagonale in den Matrizen der abgeschnittenen Systeme.

Ein Analogon des Theorems 0.2 gilt auch für die diskrete, im Raume l_p ($p \geqq 1$) betrachtete Wiener-Hopf-Gleichung

$$\sum_{k=1}^{\infty} a_{j-k} \xi_k = \eta_j \quad (j = 1, 2, \ldots). \tag{0.10}$$

In diesem Fall sind im Unterschied zum Vorangegangenen die Bedingungen a) und b) zusammengenommen gleichbedeutend mit der Umkehrbarkeit des entsprechenden Operators A. Es ist bemerkenswert, daß der Konvergenzbeweis des Reduktionsverfahrens für (0.8) abgeleitet wird von einem entsprechenden Satz für die Gleichung (0.10), obgleich die Gleichung (0.8) im Prinzip einfacher als die Gleichung (0.10) ist.

Eine ähnliche Situation tritt im stetigen Fall auf. Wir geben als Beispiel den entsprechenden Satz für die Wiener-Hopf-Gleichung

$$\varphi(t) - \int_0^{\infty} k(t-s)\,\varphi(s)\,ds = f(t) \qquad (0 < t < \infty) \tag{0.11}$$

an.

Wir wollen annehmen, daß der Kern $k(t)$ dem Raum $L_1(-\infty, \infty)$ angehört. Das Analogon der Funktion $a(\zeta)$ ist hier die Fourier-Transformierte

$$K(\lambda) = \int_{-\infty}^{\infty} k(t)\, e^{i\lambda t}\, dt\,.$$

Theorem 0.3. *Dafür, daß die abgeschnittene Gleichung*

$$\varphi(t) - \int_0^\tau k(t-s)\,\varphi(s)\,ds = f(t) \qquad (0 < t < \tau)$$

von einem gewissen τ *an die eindeutig bestimmte Lösung* $\varphi_\tau(t) \in L_p(0, \tau)$ *besitzt und die durch Null fortgesetzten Funktionen*

$$\varphi_\tau(t) = \begin{cases} \varphi_\tau(t), & 0 < t \leqq \tau, \\ 0, & \tau < t < \infty \end{cases}$$

für $\tau \to \infty$ *in der Norm des Raumes* $L_p(0, \infty)$ *gegen die Lösung der Gleichung* (0.11) *bei beliebiger rechter Seite* $f(t) \in L_p(0, \infty)$ *konvergieren, ist notwendig und hinreichend, daß gilt*

a) $1 - K(\lambda) \neq 0 \; (-\infty < \lambda < +\infty)$,

b) $\varkappa = \frac{1}{2\pi} [\arg (1 - K(\lambda))]_{\lambda=-\infty}^{\lambda=+\infty} = 0$.

Alle diese Sätze über das Reduktionsverfahren lassen sich einbetten in allgemeinere Sätze über die Anwendbarkeit von Projektionsverfahren auf Funktionen von einseitig umkehrbaren Operatoren.

Neben stetigen Funktionen $a(\zeta)$ betrachten wir auch den Fall unstetiger $a(\zeta)$. Wir beschränken uns vorläufig auf die Formulierung einiger Folgerungen eines allgemeinen Theorems und gehen dabei von der Kreislinie über zur reellen Achse.

Es sei A der lineare beschränkte Operator der Multiplikation mit einer stetigen Funktion $\omega(t)$, der im $L_2(0, 1)$ nach der Vorschrift

$$(A\,\varphi)\,(t) = \omega(t)\,\varphi(t)$$

wirkt; ferner sei $||a_{jk}||_{-\infty}^{\infty}$ die Matrix dieses Operators in der orthogonalen Basis

$$\varphi_0(t) = 1\,, \quad \varphi_j(t) = \sin 2\pi j t\,, \quad \varphi_{-j}(t) = \cos 2\pi j t \quad (j = 1, 2, \ldots)\,.$$

Theorem 0.4. *Dafür, daß auf das Gleichungssystem mit der Matrix* $||a_{jk}||_{-\infty}^{+\infty}$ *das Reduktionsverfahren anwendbar ist, ist notwendig und hinreichend, daß die Bedingungen*

(1) $\omega(t) \neq 0 \;\; (0 \leqq t \leqq 1)$,

(2) $|[\arg \omega(t)]_{t=0}^{t=1}| < \pi$

erfüllt sind.

Das damit beschriebene Reduktionsverfahren für die Gleichung

$$\omega(t)\,\varphi(t) = f(t)$$

ist faktisch das Galerkin-Verfahren. Demzufolge gibt das Theorem 0.4 eine notwendige und hinreichende Bedingung für die Anwendbarkeit des Galerkin-Verfahrens auf diese sehr einfache Gleichung hinsichtlich des einfachsten orthogonalen Systems. Bemerkenswert ist, daß sogar in diesem anscheinend „trivialen" Fall die unerwartete Bedingung (2) auftaucht.

Damit schließen wir die Erörterung des „skalaren" Falles ab.

Der nächste Schritt ist die Betrachtung des „Matrizen"-Falles, d. h. des Falles, wo die a_j ($j = 0, \pm 1, \ldots$) Matrizen sind und $k(t)$ eine Matrixfunktion n-ter Ordnung ist. Bei solchen Gleichungen wird die Konvergenz dieses oder jenes Näherungsverfahrens bestimmt durch die *linken* und *rechten Indizes* der entsprechenden Matrixfunktionen. Es zeigt sich, daß hier für die Konvergenz des Reduktionsverfahrens das Verschwinden aller linken und rechten Indizes notwendig und hinreichend ist, wogegen für die Umkehrbarkeit des entsprechenden Operators das Verschwinden nur der rechten Indizes notwendig und hinreichend ist.

3. Der Leser besitzt nun eine gewisse Vorstellung vom Inhalt des Buches. Gehen wir nun über zur kapitelweisen Beschreibung.

Im ersten Kapitel wird die Theorie der einfachsten Klassen von Faltungsgleichungen dargelegt.

Das dritte Kapitel ist der Begründung des Reduktionsverfahrens für diskrete Wiener-Hopf-Gleichungen und des Galerkin-Verfahrens für Wiener-Hopfsche Integralgleichungen und andere Gleichungen gewidmet. Eine wesentliche Rolle spielen hier und in den folgenden Kapiteln die allgemeinen Sätze über Projektionsverfahren zur Lösung linearer Gleichungen, die im zweiten Kapitel dargelegt werden.

Die Anwendbarkeit von diesem oder jenem Projektionsverfahren wird vom Index der entsprechenden Funktion bestimmt. Im § 5 des dritten Kapitels wird ein iteratives Verfahren zur Berechnung des Index einer rationalen Funktion dargelegt. In diesem Kapitel werden darüberhinaus in Übersichtsform Sätze und Aufgaben über Projektionsverfahren zur Lösung von Wiener-Hopf-Gleichungen über einem „mehrdimensionalen" Halbraum formuliert. Weiterhin wird in diesem Kapitel ein Verfahren zur Umkehrung einer endlichen Toeplitz-Matrix und ihres stetigen Analogons dargelegt.

Im vierten Kapitel werden einige Resultate des ersten und des dritten Kapitels auf den Fall stückweise stetiger Funktionen von isometrischen Operatoren im Hilbert-Raum verallgemeinert.

In den darauffolgenden beiden Kapiteln werden die Theorie und Projektionsverfahren zur Lösung verschiedener Klassen paariger Faltungsgleichungen dargelegt. Hierzu gehören insbesondere gewisse singuläre Integralgleichungen auf dem Kreis.

Das siebente Kapitel ist den Wiener-Hopfschen Integro-Differenzengleichungen gewidmet.

Das achte Kapitel enthält eine Verallgemeinerung einiger Ergebnisse vorangegangener Kapitel auf den Matrixfall.

Im Anhang werden asymptotische Methoden zur Lösung homogener Faltungsgleichungen dargelegt.

KAPITEL I

ALLGEMEINE SÄTZE ÜBER WIENER-HOPF-GLEICHUNGEN

In diesem Kapitel werden die grundlegenden Sätze über WIENER-HOPFsche Integralgleichungen und deren diskrete Analoga dargelegt. Das Kernstück der Theorie solcher Gleichungen ist eine gewisse Operatorenrechnung. Die Sätze über verschiedene Klassen von WIENER-HOPF-Gleichungen ergeben sich aus abstrakten Sätzen über Funktionen von einseitig umkehrbaren Operatoren.

§ 1. Polynome von einseitig umkehrbaren Operatoren

1. Einige Hilfssätze. Sei $\mathfrak{B}$ ein BANACH-Raum und $\mathfrak{L}_1$, $\mathfrak{L}_2$ zwei seiner Unterräume, die sich nur im Nullpunkt schneiden. Die Menge aller Vektoren der Gestalt $x_1 + x_2$, wobei x_1 und x_2 den Unterraum $\mathfrak{L}_1$ bzw. $\mathfrak{L}_2$ durchlaufen, bezeichnet man als *direkte Summe* $\mathfrak{L}_1 \dot{+} \mathfrak{L}_2$ der Unterräume $\mathfrak{L}_1$ und $\mathfrak{L}_2$. Offensichtlich ist die direkte Summe $\mathfrak{L}_1 \dot{+} \mathfrak{L}_2$ eine lineare Menge. Sie ist jedoch i. allg. kein Unterraum (d. h., sie braucht nicht abgeschlossen zu sein). Ein entsprechendes Beispiel folgt später.

Sei $\mathfrak{L}$ ein Unterraum des BANACH-Raumes $\mathfrak{B}$. Der Unterraum $\mathfrak{N}$ heißt *direktes Komplement* von $\mathfrak{L}$ in $\mathfrak{B}$, wenn die direkte Summe von $\mathfrak{L}$ und $\mathfrak{N}$ gleich dem ganzen Raum $\mathfrak{B}$ ist. Das direkte Komplement ist offenbar nicht eindeutig.

Wenn $\mathfrak{B} = \mathfrak{H}$ ein HILBERT-Raum ist, so besitzt jeder Unterraum $\mathfrak{L}$ von $\mathfrak{H}$ ein direktes Komplement. Ein solches ist z. B. das orthogonale Komplement zu $\mathfrak{L}$. In einem BANACH-Raum besitzt jedoch i. allg. nicht jeder Unterraum ein direktes Komplement.

Wir verweisen den Leser hinsichtlich der Einzelheiten zum folgenden Beispiel auf das Buch von K. HOFMANN [1] (Seite 220). Sei C der BANACH-Raum aller stetigen Funktionen auf der Einheitskreislinie und A der Unterraum von C, der aus allen Funktionen besteht, die holomorph im offenen Kreis $|\zeta| < 1$ und stetig im abgeschlossenen Kreis $|\zeta| \leqq 1$ sind. *Der Unterraum A besitzt kein direktes Komplement im Raum C.* Dieses Beispiel gestattet es nun, ein Beispiel für eine nichtabgeschlossene direkte Summe anzugeben. Es sei A_- der Unterraum von C, der aus allen Funktionen besteht, die holomorph im Gebiet $|\zeta| > 1$ und stetig auf der Menge $|\zeta| \geqq 1$ sind und die im Unendlichen verschwinden. Der Durchschnitt $A \cap A_-$ besteht offenbar nur aus der Null. Aus dem angegebenen Beispiel folgt, daß die direkte Summe $A \dot{+} A_-$ nicht mit dem ganzen Raum C zusammenfällt. Diese direkte Summe ist offensichtlich dicht in C — sie enthält alle Polynome nach positiven und negativen Potenzen —, und demzufolge ist sie nicht abgeschlossen.

Wenn $\mathfrak{L}$ ein Unterraum des Raumes $\mathfrak{B}$ ist, so heißt die Dimension des Faktorraumes $\mathfrak{B}/\mathfrak{L}$ (Definition siehe z. B. L. W. KANTOROWITSCH und G. P. AKILOW [1], Seite 378) *Kodimension* des Unterraumes $\mathfrak{L}$.

Wenn die Dimension oder die Kodimension des Unterraumes $\mathfrak{L}$ *endlich ist, dann besitzt* $\mathfrak{L}$ *ein direktes Komplement in* $\mathfrak{B}$. In der Tat, im ersten Falle kann man dieses Komplement in folgender Weise konstruieren. Sei $x_1, x_2, \ldots, x_n$ eine Basis des Unterraumes $\mathfrak{L}$ und $f_1, f_2, \ldots, f_n$ ein biorthogonales System von Funktionalen aus dem konjugierten Raum $\mathfrak{B}^*$ (d. h. $f_j(x_k) = \delta_{jk}$; $j, k = 1, 2, \ldots, n$). Mit $\mathfrak{N}$ bezeichnen wir die Menge aller Nullstellen der Funktionale f_j ($j = 1, 2, \ldots, n$). Wie man leicht sieht, ist der Unterraum $\mathfrak{N}$ direktes Komplement zu $\mathfrak{L}$.

Sei nun die Kodimension des Unterraumes $\mathfrak{L}$ endlich und $\xi_1, \xi_2, \ldots, \xi_n$ eine Basis des Faktorraumes $\mathfrak{B}/\mathfrak{L}$. In jeder Klasse ξ_k wählen wir einen beliebigen Vektor x_k. Wie man leicht sieht, ist der Unterraum $\mathfrak{N}$ mit der Basis x_k ($k = 1, 2, \ldots, n$) direktes Komplement zu $\mathfrak{L}$.

Es seien $\mathfrak{B}_1$ und $\mathfrak{B}_2$ zwei BANACH-Räume. Mit $\mathfrak{A}(\mathfrak{B}_1, \mathfrak{B}_2)$ bezeichnen wir den Raum aller linearen beschränkten Operatoren, die von $\mathfrak{B}_1$ in $\mathfrak{B}_2$ wirken. In der gleichmäßigen Topologie ist die Menge $\mathfrak{A}(\mathfrak{B}, \mathfrak{B})$ ($= \mathfrak{A}(\mathfrak{B})$) eine BANACH-Algebra.

Jedem Operator $A \in \mathfrak{A}(\mathfrak{B}_1, \mathfrak{B}_2)$ werden zwei lineare Mengen zugeordnet: Ker A ($\subset \mathfrak{B}_1$) ist der *Kern* des Operators A, d. h. die Menge aller Lösungen der homogenen Gleichung $A\,x = 0$, und Im A ($\subset \mathfrak{B}_2$) ist das *Bild* des Operators A, d. h. die Wertemenge des Operators A. Wir werden neben dem Symbol Im A auch die Bezeichnung $A\,\mathfrak{B}_1$ verwenden. Das Bild einer Untermenge $\mathfrak{L} \subset \mathfrak{B}_1$ beim Operator A werden wir mit $A\,\mathfrak{L}$ bezeichnen.

Wir nennen den Operator $A \in \mathfrak{A}(\mathfrak{B}_1, \mathfrak{B}_2)$ *umkehrbar*, wenn ein Operator $A^{-1} \in \mathfrak{A}(\mathfrak{B}_2, \mathfrak{B}_1)$ existiert, so daß $A^{-1}A\,x = x$ ($x \in \mathfrak{B}_1$) und $A\,A^{-1}x = x$ ($x \in \mathfrak{B}_2$).

Nach einem bekannten Satz von BANACH ist ein Operator $A \in \mathfrak{A}(\mathfrak{B}_1, \mathfrak{B}_2)$ umkehrbar genau dann, wenn Ker $A = \{0\}$ und Im $A = \mathfrak{B}_2$ ist. Man sieht leicht, daß für einen beliebigen Operator $A \in \mathfrak{A}(\mathfrak{B}_1, \mathfrak{B}_2)$ die Menge Ker A abgeschlossen und damit ein Unterraum ist. Die Menge Im A braucht nicht abgeschlossen zu sein. *Wenn z.B. A ein vollstetiger unendlichdimensionaler Operator ist, dann ist* Im A *nicht abgeschlossen.* In der Tat, der Operator A induziert in natürlicher Weise eine vollstetige eineindeutige Abbildung $\tilde{A}$ aus dem Faktorraum $\mathfrak{B}_1/\text{Ker}\,A$ auf Im A. Angenommen, Im A ist abgeschlossen, dann ist der Operator $\tilde{A}$ nach dem Satz von BANACH umkehrbar. Das steht im Widerspruch dazu, daß $\tilde{A}$ ein vollstetiger unendlichdimensionaler Operator ist.

Ein Operator $P \in \mathfrak{A}(\mathfrak{B})$ heißt *Projektor*, wenn $P^2 = P$. Neben P ist auch der Operator $I - P$ ein Projektor, wenn I den identischen Operator in $\mathfrak{B}$ bezeichnet. Die Bildmenge des Projektors P ist abgeschlossen, weil Im P = Ker $(I - P)$ ist. Wenn P ein Projektor ist, dann wird der Raum $\mathfrak{B}$ in die direkte Summe der Unterräume Im P und Ker P zerlegt. In der Tat, die Gleichheit $x = P\,x + (I - P)\,x$ gibt die geforderte Zerlegung eines beliebigen Vektors $x \in \mathfrak{B}$.

Sei nun umgekehrt $\mathfrak{B}$ zerlegt in die direkte Summe der Unterräume $\mathfrak{L}$ und $\mathfrak{N}$. Dann ist jeder Vektor $x \in \mathfrak{B}$ eindeutig darstellbar in der Form $x = x_1 + x_2$ ($x_1 \in \mathfrak{L}$, $x_2 \in \mathfrak{N}$). Man sieht leicht, daß der Operator P, der durch die Gleichung $P x = x_1$ definiert ist, ein Projektor in $\mathfrak{B}$ ist, wobei $\operatorname{Im} P = \mathfrak{L}$, $\operatorname{Ker} P = \mathfrak{N}$. In diesem Fall sagt man, P projiziert $\mathfrak{B}$ auf $\mathfrak{L}$ parallel zu $\mathfrak{N}$.

2. Einseitig umkehrbare Operatoren. Es sei wieder $\mathfrak{A} = \mathfrak{A}(\mathfrak{B})$ die Algebra aller linearen beschränkten Operatoren, die im BANACH-Raum $\mathfrak{B}$ wirken. Der Operator $A \in \mathfrak{A}$ heißt *von links* (*von rechts*) *umkehrbar*, wenn ein Operator $A^{(-1)} \in \mathfrak{A}$ existiert, so daß

$$A^{(-1)} A = I \; (A A^{(-1)} = I)$$

gilt, wobei I den identischen Operator in $\mathfrak{B}$ bezeichnet. Der Operator $A^{(-1)}$ heißt *linksinvers* (*rechtsinvers*) zum Operator A.

Wenn die Bildmenge $\operatorname{Im} X$ eines Operators $X \in \mathfrak{A}$ ein Unterraum ist, der ein direktes Komplement in $\mathfrak{B}$ besitzt, dann bezeichnen wir mit $\operatorname{Coker} X$ irgendeines dieser direkten Komplemente.

1°. *Dafür, daß ein Operator $A \in \mathfrak{A}$ von links umkehrbar ist, ist notwendig und hinreichend, daß*

(1) *die Gleichung $A \varphi = 0$ nur die Nullösung besitzt,*

(2) *die Bildmenge* Im A *des Operators A ein Unterraum ist, der in $\mathfrak{B}$ ein direktes Komplement besitzt.*

Wenn diese Bedingungen erfüllt sind, dann ist die allgemeine Form des zu A linksinversen Operators $A^{(-1)}$ gegeben durch

$$A^{(-1)} = A_0^{-1} P \,, \tag{1.1}$$

wobei A_0^{-1} der zu A inverse Operator ist, wenn man A betrachtet als Operator von $\mathfrak{B}$ auf Im A, *und P ($\in \mathfrak{A}$) ist ein beliebiger Projektor auf* Im A. *Dabei gilt*[1])

$$\dim \operatorname{Ker} A^{(-1)} = \dim \operatorname{Coker} A \,. \tag{1.2}$$

In der Tat, es seien die Bedingungen (1) und (2) erfüllt und P ($\in \mathfrak{A}$) ein beliebiger Projektor auf $\operatorname{Im} A$. Dann definiert die Gleichung (1.1) einen Operator $A^{(-1)} \in \mathfrak{A}$, der linksinvers zu A ist. Wenn $A^{(-1)}$ ein beliebiger linksinverser Operator zu A ist, dann ist er in der Form (1.1) darstellbar, wobei der Projektor P durch die Gleichung

$$P = A A^{(-1)}$$

definiert wird.

Damit ist die Hinlänglichkeit der Bedingungen (1) und (2) gezeigt.

Die Notwendigkeit der Bedingung (1) ist offensichtlich. Ferner muß $\operatorname{Im} A$ offenbar ein Unterraum sein. Der Operator $P = A A^{(-1)}$ ist dabei ein Projektor, dessen Bildmenge mit $\operatorname{Im} A$ übereinstimmt. Folglich ist der Unterraum $\operatorname{Im} (I - P)$ ein direktes Komplement zu $\operatorname{Im} A$.

---

[1]) Die Gleichung (1.2) ist so zu verstehen, daß entweder die Zahlen $\dim \operatorname{Ker} A^{(-1)}$ und $\dim \operatorname{Coker} A$ endlich und gleich oder beide Zahlen unendlich sind.

Die Gleichung (1.2) folgt unmittelbar aus Formel (1.1) und der Beziehung

$$\dim \operatorname{Ker} A^{(-1)} = \dim \operatorname{Ker} P\,.$$

Ebenso einfach läßt sich der folgende Satz aufstellen.

2°. *Dafür, daß der Operator* $A \in \mathfrak{A}$ *von rechts umkehrbar ist, ist notwendig und hinreichend, daß*

(1) *die Bildmenge* Im A *des Operators* A *mit* $\mathfrak{B}$ *übereinstimmt,*

(2) *der Unterraum* Ker A *ein direktes Komplement in* $\mathfrak{B}$ *besitzt.*

Wenn diese Bedingungen erfüllt sind und $\mathfrak{N}$ *ein direktes Komplement zu* Ker A *ist, dann ist die allgemeine Form des Operators* $A^{(-1)}$, *der zu* A *rechtsinvers ist, durch die Gleichung*

$$A^{(-1)} = A_0^{-1} + B$$

gegeben, wobei A_0^{-1} *der Operator ist, der zu* A, *als Operator von* $\mathfrak{N}$ *auf* $\mathfrak{B}$, *invers ist;* B ($\in \mathfrak{A}$) *ist ein beliebiger Operator, der von links durch den Operator* A *annulliert wird* (*d. h.* Im $B \subset$ Ker A). *Dabei gilt*

$$\dim \operatorname{Coker} A^{(-1)} = \dim \operatorname{Ker} A\,.$$

Sei A ($\in \mathfrak{A}$) ein einseitig umkehrbarer Operator und $A^{(-1)}$ die entsprechende Inverse zu A. Ohne Mühe zeigt man dann die Gültigkeit des folgenden Satzes.

3°. *Wenn der Operator* A *von links umkehrbar ist, dann ist die Gleichung*

$$A\,x = y \tag{1.3}$$

lösbar dann und nur dann, wenn gilt

$$(I - A\,A^{(-1)})\,y = 0\,.$$

Wenn diese Bedingung erfüllt ist, dann ist der Vektor $x = A^{(-1)}y$ *die einzige Lösung der Gleichung* (1.3).

Wenn der Operator A *von rechts umkehrbar ist, dann ist der Vektor* $x = A^{(-1)}y$ *bei beliebigem* $y \in \mathfrak{B}$ *Lösung der Gleichung* (1.3), *und der Unterraum* Ker A *stimmt mit der Bildmenge des Projektors* $I - A^{(-1)}A$ *überein.*

Wir sagen, der Operator A ($\in \mathfrak{A}$) ist *nur* von links umkehrbar, wenn er von links umkehrbar, aber nicht von rechts umkehrbar ist. Einen analogen Sinn hat der Ausdruck „nur von rechts umkehrbar".

Aus den Sätzen 1° und 2° folgt unmittelbar: Wenn der Operator A nur von einer Seite umkehrbar ist, dann ist der entsprechende inverse Operator $A^{(-1)}$ nicht eindeutig.

4°. *Es seien die Operatoren* A *und* C ($\in \mathfrak{A}$) *umkehrbar* (d. h. *beidseitig umkehrbar*) *und der Operator* $C \in \mathfrak{A}$ *umkehrbar nur von einer Seite. Dann ist der Operator* $D = A\,B\,C$ *von der gleichen Seite wie* B *umkehrbar, wobei gilt*

$$\dim \operatorname{Ker} D = \dim \operatorname{Ker} B\,, \quad \dim \operatorname{Coker} D = \dim \operatorname{Coker} B\,.$$

Der Beweis dieses Satzes ist offensichtlich.

Ein von links umkehrbarer Operator A sei dargestellt in der Form

$$A = B\,\Lambda\,, \tag{1.4}$$

wobei B ein umkehrbarer und Λ ein von links umkehrbarer Operator ist.

Unter Benutzung von Satz 3° erhält man leicht eine Lösbarkeitsbedingung der Gleichung (1.3) für diesen Fall. Wir konstruieren den Projektor

$$P_A = I - A\, A^{(-1)} = I - B\,\Lambda(B\,\Lambda)^{(-1)} = $$
$$= I - B\,\Lambda\,\Lambda^{(-1)}\,B^{-1} = B\,(I - \Lambda\,\Lambda^{(-1)})\,B^{-1} = B\,P_\Lambda\,B^{-1}.$$

Eine notwendige und hinreichende Bedingung für die Lösbarkeit der Gleichung (1.3) wird durch die Gleichung

$$B\,P_\Lambda\,B^{-1} f = 0$$

oder durch die zu ihr äquivalente Gleichung

$$P_\Lambda\,B^{-1} f = 0 \tag{1.5}$$

gegeben. Mit der Hilfsgleichung

$$B\,\psi = f, \tag{1.6}$$

worin B einen umkehrbaren Operator bezeichnet, können wir nun folgenden Satz formulieren.

5°. *Wenn der von links umkehrbare Operator A eine Darstellung* (1.4) *gestattet, so ist die Gleichung* (1.3) *lösbar dann und nur dann, wenn für die Lösung ψ der Hilfsgleichung* (1.6) *die Bedingung*

$$P_\Lambda\,\psi = (I - \Lambda\,\Lambda^{(-1)})\,\psi = 0 \tag{1.7}$$

erfüllt ist.

In diesem Fall wird die Lösung φ der Gleichung (1.3) *durch die Formel*

$$\varphi = \Lambda^{(-1)}\,\psi \tag{1.8}$$

beschrieben.

Der zweite Fall, der sich uns für einen von links umkehrbaren Operator darstellt, besteht in folgendem.

Wir setzen voraus, daß für einen von rechts umkehrbaren Operator Π der Operator

$$B = \Pi\,A \tag{1.9}$$

beidseitig umkehrbar ist.

Wir führen die Hilfsgleichung

$$B\,\psi = \Pi\,f \tag{1.10}$$

mit dem umkehrbaren Operator B ein.

6°. *Dafür, daß die Gleichung* (1.3) *lösbar ist, ist notwendig und hinreichend, daß für die Lösung ψ der Hilfsgleichung* (1.10) *die Bedingung*

$$P_\Pi\,A\,\psi = (I - \Pi^{(-1)}\,\Pi)\,A\,\psi = P_\Pi\,f \tag{1.11}$$

erfüllt ist.

In diesem Fall ist der Vektor ψ Lösung der Ausgangsgleichung (1.3).

In der Tat, aus (1.9) erhalten wir, daß der Operator B^{-1} von links invers zu A ist. Nach Satz 3° lautet die notwendige und hinreichende Bedingung für die

Lösbarkeit der Gleichung (1.3)

$$P_A f = [I - A (B^{-1} \Pi)] f = 0 . \tag{1.12}$$

Der Projektor P_A ist nun darstellbar in der Form $P_A = P_\Pi P_A + (I - P_\Pi) P_A$. Aber es gilt

$$(I - P_\Pi) P_A = \Pi^{(-1)} \Pi (I - A B^{-1} \Pi) =$$
$$= \Pi^{(-1)} \Pi - \Pi^{(-1)} (\Pi A) B^{-1} \Pi = \Pi^{(-1)} \Pi - \Pi^{(-1)} \Pi = 0 .$$

Folglich ist die Bedingung (1.12) äquivalent zur Gleichung

$$P_\Pi P_A f = 0 , \tag{1.13}$$

die mit (1.11) übereinstimmt.

Wenn schließlich die Bedingung (1.13) erfüllt ist, so ist auch (1.12) erfüllt, woraus ersichtlich ist, daß die Lösung $\psi = B^{-1} \Pi f$ der Hilfsgleichung auch der Ausgangsgleichung genügt.

Wir formulieren nun die dualen Sätze für Operatoren A, die von rechts umkehrbar sind. Auch hier betrachten wir zwei Fälle.

Sei zunächst A von rechts umkehrbar und dargestellt in der Form

$$A = \Pi B ,$$

wobei B umkehrbar und Π umkehrbar von rechts ist.

Als Hilfsgleichung nehmen wir die Gleichung

$$B \psi = \Pi^{(-1)} f . \tag{1.14}$$

7°. *Die Lösung ψ der Hilfsgleichung* (1.14) *ist stets eine der Lösungen der Ausgangsgleichung* (1.3). *Die allgemeine Lösung der homogenen Gleichung*

$$A \chi = 0 \tag{1.15}$$

wird durch die Formel

$$\chi = B^{-1} P_\Pi h \tag{1.16}$$

gegeben, worin h ein beliebiger Vektor ist.

Die erste Behauptung überprüft man unmittelbar.

Um die zweite nachzuweisen, berechnen wir nach 3° den entsprechenden Projektor[1])

$$P_A = I - A^{(-1)} A = I - (\Pi B)^{(-1)} \Pi B = I - B^{-1} \Pi^{(-1)} \Pi B = B^{-1} P_\Pi B .$$

Die allgemeine Lösung der homogenen Gleichung (1.15) wird durch die Formel

$$\chi = P_A h = B^{-1} P_\Pi B h$$

gegeben, die äquivalent zur Formel (1.16) ist.

Wir formulieren nun den zu 6° dualen Satz. Es sei der Operator A von rechts umkehrbar. Der Operator Λ sei von links umkehrbar, und es gelte

$$A \Lambda = B , \tag{1.17}$$

worin B einen beidseitig umkehrbaren Operator bezeichnet.

---

[1]) Wir bezeichnen ihn mit dem gleichen Symbol P_A, obgleich er nun ein anderer Projektor ist.

Die Hilfsgleichung ist hier die Gleichung

$$B\,\psi = f\,. \tag{1.18}$$

8°. *Der Vektor*

$$\varphi = \Lambda\,\psi\,, \tag{1.19}$$

wobei ψ *die Lösung von* (1.18) *ist, ist stets eine der Lösungen der Ausgangsgleichung* (1.3).

Die allgemeine Lösung der homogenen Gleichung (1.15) *ist durch die Formel*

$$\chi = (I - \Lambda\,B^{-1}\,A)\,P_A\,h \tag{1.20}$$

gegeben, worin h ein beliebiger Vektor ist.

Die erste Behauptung ist offensichtlich. Die Bedingung (1.17) bedeutet, daß der Operator $\Lambda\,B^{-1}$ von rechts invers zu A ist. Wir konstruieren den Projektor

$$P_\Lambda = I - \Lambda\,B^{-1}\,A\,.$$

Nach 3° wird die allgemeine Lösung der Gleichung (1.15) durch die Formel

$$\chi = P_\Lambda\,h = (I - \Lambda\,B^{-1}\,A)\,h \tag{1.21}$$

gegeben.

Den Projektor P_Λ stellen wir in der Form

$$P_\Lambda = P_\Lambda\,P_A + P_\Lambda\,(I - P_A)$$

dar. Aber es ist

$$P_\Lambda\,(I - P_A) = (I - \Lambda\,B^{-1}\,A)\,A\,A^{(-1)} = A\,A^{(-1)} - \Lambda\,B^{-1}\,(A\,A)\,A^{(-1)} = 0\,.$$

Demzufolge ist die Formel (1.21) äquivalent zur Formel

$$\chi = P_\Lambda\,P_A\,h\,.$$

9°. *Wenn der Operator A* ($\in \mathfrak{A}$) *umkehrbar von einer Seite ist, so sind alle Operatoren X* ($\in \mathfrak{A}$), *die der Bedingung*[1])

$$|X - A| < 1/|A^{(-1)}|$$

genügen, ebenfalls von der gleichen Seite umkehrbar, wobei gilt

$$\dim \operatorname{Ker} X = \dim \operatorname{Ker} A\,, \quad \dim \operatorname{Coker} X = \dim \operatorname{Coker} A\,.$$

Dieser Satz folgt aus 4°, wenn man berücksichtigt, daß in dem Fall, wenn A von links umkehrbar ist, der Operator X darstellbar ist in der Form

$$X = [I - (A - X)\,A^{(-1)}]\,A\,;$$

wenn der Operator A von rechts umkehrbar ist, so ist der Operator X darstellbar in der Form

$$X = A\,[I - A^{(-1)}\,(A - X)]\,.$$

[1]) Überall, wo Mißverständnisse nicht zu befürchten sind, wird die Norm eines Operators oder Vektors durch einfache Striche $|\cdot|$ gekennzeichnet.

3. Umkehrung von Polynomen von einseitig umkehrbaren Operatoren. In diesem Punkt bezeichnet V ($\in \mathfrak{A}$) einen nur von links umkehrbaren Operator und $V^{(-1)}$ eine seiner Linksinversen. Wir werden die folgende Voraussetzung treffen[1]).

(Σ I) *Die Spektren der Operatoren V und $V^{(-1)}$ sind im Einheitskreis $|\zeta| \leqq 1$ enthalten.*

Lemma 1.1. *Die Operatoren V und $V^{(-1)}$ mögen der Bedingung (Σ I) genügen. Dann stimmt das Spektrum eines jeden von ihnen mit dem Einheitskreis überein. Für $|\lambda| < 1$ ist der Operator $V - \lambda I$ nur von links und der Operator $V^{(-1)} - \lambda I$ nur von rechts umkehrbar; wenn $|\lambda| = 1$ ist, so besitzt keiner der Operatoren $V - \lambda I$ und $V^{(-1)} - \lambda I$ eine Inverse von irgendeiner Seite.*

Beweis. Sei $|\lambda| < 1$. Dann ist der Operator $I - \lambda V^{(-1)}$ aufgrund der Bedingung (Σ I) umkehrbar, und nach Satz 4° ist der Operator $V - \lambda I = (I - \lambda V^{(-1)}) V$ nur von links umkehrbar. Sei nun $|\lambda_0| = 1$. Angenommen, der Operator $V - \lambda_0 I$ ist umkehrbar z. B. nur von links und $(V - \lambda_0 I)^{(-1)}$ der von links Inverse. Dann ist nach Satz 9° der Operator

$$V - \lambda I = V - \lambda_0 I - (\lambda - \lambda_0) I$$

umkehrbar nur von links für $|\lambda - \lambda_0| < |(V - \lambda_0 I)^{(-1)}|^{-1}$. Das widerspricht der Umkehrbarkeit des Operators $V - \lambda I$ für $|\lambda| > 1$.

Analog wird nachgewiesen, daß für $|\lambda_0| = 1$ der Operator $V - \lambda_0 I$ weder nur von rechts noch beidseitig umkehrbar sein kann und daß alle Aussagen über das Spektrum des Operators $V^{(-1)}$ gelten. Das Lemma ist damit bewiesen.

Wir führen die folgenden Bezeichnungen ein:

Es sei $\mathfrak{R}(V)$ die lineare Hülle (nicht abgeschlossen!) aller Operatoren $V^{(j)}$ ($j = 0, \pm 1, \ldots$), wobei $V^{(j)} = V^j$ ($j = 0, 1, \ldots$) und $V^{(j)} = (V^{(-1)})^{-j}$ ($j = -1, -2, \ldots$), sowie $\mathfrak{R}^+(V)$ und $\mathfrak{R}^-(V)$ die linearen Hüllen (nicht abgeschlossen!) der Operatoren V^j ($j = 0, 1, \ldots$) bzw. $V^{(j)}$ ($j = 0, -1, \ldots$). Man zeigt leicht, daß jeder Operator $R \in \mathfrak{R}(V)$ in eindeutiger Weise darstellbar ist als endliche Summe $R = \sum \alpha_j V^{(j)}$, worin α_j komplexe Zahlen sind. Zwischen der Menge $\mathfrak{R}(V)$ und der Menge aller Polynome (mit komplexen Koeffizienten) in ganzen Potenzen von ζ wird eine eineindeutige Abbildung hergestellt, bei der jedem Operator $R = \sum \alpha_j V^{(j)} \in \mathfrak{R}$ das Polynom $R(\zeta) = \sum \alpha_j \zeta^j$ zugeordnet wird. Dieses Polynom nennen wir *Symbol* des Operators R.

Wir benötigen den folgenden einfach zu beweisenden Satz.

10°. *Sei $R_\pm \in \mathfrak{R}^\pm(V)$, $R_0 \in \mathfrak{R}(V)$. Wir definieren das Polynom $R(\zeta)$ durch die Gleichung $R(\zeta) = R_-(\zeta) R_0(\zeta) R_+(\zeta)$. Dann gilt für den Operator R ($\in \mathfrak{R}(V)$), der dem Symbol $R(\zeta)$ entspricht, die Beziehung*

$$R = R_- R_0 R_+ .$$

Im weiteren spielt das folgende Theorem eine wesentliche Rolle.

---

[1]) Im weiteren werden wir noch eine wichtige Bedingung ($\sum$ II) und im Kapitel VIII die Bedingungen ($\sum$ III) und ($\sum$ IV) benötigen.

Theorem 1.1. *Die Operatoren* V und $V^{(-1)}$ *mögen der Bedingung* (Σ I) *genügen. Dafür, daß ein Operator* $R \in \mathfrak{R}$ *in* $\mathfrak{A}$ *wenigstens von einer Seite umkehrbar ist, ist notwendig und hinreichend, daß sein Symbol nicht Null wird:*

$$R(\zeta) \neq 0 \ (|\zeta| = 1)\,. \tag{1.22}$$

Wenn die Bedingung (1.22) *erfüllt ist, dann ist der Operator* R *umkehrbar, umkehrbar nur von links bzw. umkehrbar nur von rechts in Abhängigkeit davon, ob die Zahl*

$$\varkappa = \operatorname{ind} R(\zeta) \tag{1.23}$$

gleich Null, positiv oder negativ ist.

Wir führen die folgende Definition ein. Es sei A ein Operator aus einer gewissen Klasse und $\nu = \nu(A)$ ein reelles Funktional. Wir sagen, die Umkehrbarkeit des Operators A *entspricht dem Funktional* ν, wenn der Operator A umkehrbar nur von links, umkehrbar nur von rechts oder einfach umkehrbar ist in Abhängigkeit davon, ob die Zahl ν positiv, negativ oder gleich Null ist.

Damit kann man die zweite Behauptung des Theorems 1.1 in folgender Weise formulieren.

Wenn die Bedingung (1.22) *erfüllt ist, so entspricht die Umkehrbarkeit des Operators* R *dem Index* $\varkappa$ *der Funktion* $R(\zeta)$:

$$\varkappa = \operatorname{ind} R(\zeta)\,.$$

Beweis. Wenn die Bedingung (1.22) erfüllt ist, dann ist das Polynom $R(\zeta)$, wie man leicht sieht, darstellbar in der Form

$$R(\zeta) = c \prod_{j=1}^{k} (1 - \zeta_j^+ \zeta^{-1}) \zeta^\varkappa \prod_{j=1}^{s} (\zeta - \zeta_j^-)\,, \tag{1.24}$$

wobei $|\zeta_j^+| < 1$ ($j = 1, 2, \ldots, k$), $|\zeta_j^-| > 1$ ($j = 1, 2, \ldots, s$) und $\varkappa$ durch die Gleichung (1.23) bestimmt ist.

Nach Satz 10° kann man in der Gleichung (1.24) ζ durch V und ζ^{-1} durch $V^{(-1)}$ ersetzen. Dann ist

$$R = c \prod_{j=1}^{k} (I - \zeta_j^+ V^{(-1)}) V^{(\varkappa)} \prod_{j=1}^{s} (V - \zeta_j^- I)\,.$$

Aufgrund der Bedingung (Σ I) sind die Operatoren

$$R_- = c \prod_{j=1}^{k} (I - \zeta_j^+ V^{(-1)}) \quad \text{und} \quad R_+ = \prod_{j=1}^{s} (V - \zeta_j^- I)$$

umkehrbar. Demzufolge ist der Operator R umkehrbar von derselben Seite wie der Operator $V^{(\varkappa)}$. Dabei ist der Operator

$$R^{(-1)} = R_+^{-1} V^{(-\varkappa)} R_-^{-1}$$

invers, nur von links invers oder nur von rechts invers zum Operator R in Abhängigkeit davon, ob die Zahl $\varkappa$ gleich Null, positiv oder negativ ist.

Zur Vervollständigung des Beweises genügt es zu zeigen, daß der Operator R keinen von irgendeiner Seite inversen Operator in $\mathfrak{A}$ besitzt, wenn das Symbol $R(\zeta)$ Null wird in wenigstens einem Punkt auf der Einheitskreislinie.

Es sei $R(\zeta_0) = 0$ ($|\zeta_0| = 1$). Nach Satz 10° folgt aus der Gleichung $R(\zeta) = R_1(\zeta)(\zeta - \zeta_0)$, daß

$$R = R_1 (V - \zeta_0 I) \ (R_1 \in \mathfrak{R}(V)) .$$

Wegen Lemma 1.1 besitzt der Operator R keinen von links inversen Operator. Da andererseits $R(\zeta) = (\zeta^{-1} - \zeta_0^{-1}) R_2(\zeta)$ und

$$R = (V^{(-1)} - \zeta_0^{-1} I) R_2 \qquad (R_2 \in \mathfrak{R}(V))$$

ist, so besitzt der Operator R ebenfalls nach Lemma 1.1 keinen von rechts inversen Operator. Das Theorem ist damit bewiesen.

§ 2. Stetige Funktionen von einseitig umkehrbaren Operatoren

In den nun folgenden Paragraphen dieses Kapitels streben wir eine Verallgemeinerung der Ergebnisse von Punkt 3, § 1, auf umfassende Klassen stetiger Funktionen von einseitig umkehrbaren Operatoren an. In diesem Paragraphen werden Funktionen von einseitig umkehrbaren Operatoren eingeführt und einfache Eigenschaften dieser Funktionen bewiesen.

Wir werden wie in § 1 voraussetzen, daß der von links umkehrbare lineare beschränkte Operator V, der im Raum $\mathfrak{B}$ wirkt, der Bedingung (Σ I) genügt.

1. Mit $\mathfrak{R}(V)$, $\mathfrak{R}^+(V)$, und $\mathfrak{R}^-(V)$ bezeichnen wir die Abschließung (in der Norm von $\mathfrak{A}$) der linearen Mengen $\mathfrak{K}(V)$, $\mathfrak{K}^+(V)$ bzw. $\mathfrak{K}^-(V)$. Offenbar sind $\mathfrak{R}^+(V)$ und $\mathfrak{R}^-(V)$ kommutative Unteralgebren der Algebra $\mathfrak{A}$, und $\mathfrak{R}(V)$ ist ein Unterraum (aber keine Unteralgebra) der Algebra $\mathfrak{A}$.

Lemma 2.1. *Es sei R ein beliebiger Operator aus $\mathfrak{K}(V)$ und $R(\zeta)$ sein Symbol. Dann gilt für den Spektralradius $r(R)$ des Operators R*

$$r(R) = \max_{|\zeta|=1} |R(\zeta)| . \tag{2.1}$$

Beweis. Sei ζ_0 ein beliebiger Punkt der Einheitskreislinie. Nach Lemma 1.1 ist der Operator $R - R(\zeta_0) I$ nicht umkehrbar. Deshalb gilt

$$r(R) \geqq |R(\zeta_0)|$$

und folglich

$$r(R) \geqq \max_{|\zeta|=1} |R(\zeta)| .$$

Andererseits ist für ein beliebiges λ mit

$$|\lambda| > \max_{|\zeta|=1} |R(\zeta)|$$

der Operator $R - \lambda I$ umkehrbar. Das folgt aus den Beziehungen

$$R(\zeta) - \lambda \neq 0 \ (|\zeta| = 1) , \quad \arg [(R(e^{i\varphi}) - \lambda)]_0^{2\pi} = 0$$

und aus Theorem 1.1. Damit gilt

$$r(R) \leqq \max_{|\zeta|=1} |R(\zeta)| ,$$

und das Lemma ist bewiesen.

Aus der Gleichung (2.1) folgt die Beziehung

$$\max_{|\zeta|=1} |R(\zeta)| \leqq |R| \qquad (R \in \mathfrak{K}(\lambda)) . \tag{2.2}$$

Diese Beziehung erlaubt es, jedem Operator $A \in \mathfrak{R}(V)$ eine gewisse Funktion zuzuordnen, die auf der Einheitskreislinie stetig ist. Es sei nämlich $A \in \mathfrak{R}(V)$ und R_n ($n = 1, 2, \ldots$) eine beliebige Folge von Operatoren aus $\mathfrak{K}(V)$, die gegen den Operator A konvergiert. Aufgrund der Beziehung (2.2) konvergiert die Folge der Polynome $R_n(\zeta)$ gleichmäßig auf der Einheitskreislinie; der Grenzwert $A(\zeta)$ ($|\zeta| = 1$) ist demzufolge eine stetige Funktion. Man sieht leicht, daß diese Funktion $A(\zeta)$ nicht von der Wahl der Folge $R_n \in \mathfrak{K}(V)$ mit $R_n \to A$ abhängt. Die auf diese Weise für den Operator $A \in \mathfrak{R}(V)$ konstruierte Funktion $A(\zeta)$ genügt wegen der Beziehung (2.2) der Ungleichung

$$\max_{|\zeta|=1} |A(\zeta)| \leqq |A| . \tag{2.3}$$

Die Funktion $A(\zeta)$ heißt *Symbol des Operators A*.

Mit $\mathfrak{R}(\zeta)$ bezeichnen wir die Menge der Symbole $A(\zeta)$ ($|\zeta| = 1$), die den Operatoren $A \in \mathfrak{R}(V)$ entsprechen.

2. Einige Eigenschaften der Klasse $\mathfrak{R}(\zeta)$ der Symbole sind in den folgenden beiden Sätzen enthalten.

1°. *Die Menge $\mathfrak{R}(\zeta)$ enthält die Algebra aller Funktionen, deren* Fourier-*Koeffizienten $\{a_j\}_{-\infty}^{+\infty}$ der Bedingung*

$$\sum_{j=-\infty}^{\infty} \alpha_j |a_j| < \infty \qquad \textit{mit} \quad \alpha_j = |V^{(j)}| \tag{2.4}$$

genügen.

In der Tat, wenn die Bedingung (2.4) erfüllt ist, dann konvergiert die Reihe

$$\sum_{j=-\infty}^{\infty} a_j V^{(j)}$$

in der Operatornorm und ihre Summe A gehört zu $\mathfrak{R}(V)$. Offenbar ist $A(\zeta) = \sum_{j=-\infty}^{\infty} a_j \zeta^j$.

Ein Operator $V \in \mathfrak{A}$ heißt *streng isometrisch*, wenn gilt:

(1) V ist isometrisch;

(2) Im $V \neq \mathfrak{B}$;

(3) es existiert ein linksinverser Operator $V^{(-1)} \in \mathfrak{A}$ ($V^{(-1)} V = I$) mit der Norm 1: $|V^{(-1)}| = 1$.

Im Hilbert-Raum ist jeder isometrische (nichtunitäre) Operator streng isometrisch.

Jeder streng isometrische Operator V genügt zusammen mit seiner Linksinversen $V^{(-1)}$ der Bedingung (Σ I) von § 1.

Aus Satz 1° folgt insbesondere, daß die Menge $\mathfrak{R}(\zeta)$, die nach einem streng isometrischen Operator V konstruiert ist, alle Funktionen $\varphi(\zeta)$ ($|\zeta| = 1$) mit absolut konvergenter Fourier-Reihe enthält.

Wir heben zwei Grenzfälle der Struktur von $\mathfrak{R}(\zeta)$ in folgendem Satz hervor.

2°. *Wenn V ein isometrischer Operator ist, der in einem* HILBERT-*Raum $\mathfrak{H}$ wirkt, dann stimmt $\mathfrak{R}(\zeta)$ genau mit der Menge aller auf der Einheitskreislinie stetigen Funktionen überein, wobei für jeden Operator $A \in \mathfrak{R}(V)$ die Gleichheit*

$$|A| = \max_{|\zeta|=1} |A(\zeta)| \tag{2.5}$$

gilt.

Wenn V der streng isometrische Operator ist, der im Raum l_1 nach der Vorschrift

$$V\{\xi_1, \xi_2, \ldots\} = \{0, \xi_1, \xi_2, \ldots\}, \quad V^{(-1)}\{\xi_j\}_1^\infty = \{\xi_{j+1}\}_1^\infty$$

wirkt, so stimmt $\mathfrak{R}(\zeta)$ genau mit der Menge aller Funktionen überein, die eine Entwicklung in eine absolut konvergente FOURIER-*Reihe gestatten. Hierbei gilt die Gleichheit*

$$|A| = \sum_{j=-\infty}^{\infty} |a_j|,$$

worin a_j die FOURIER-*Koeffizienten von $A(\zeta)$ sind.*

Es sei $\mathfrak{H}$ ein HILBERT-Raum, und U bezeichne die unitäre Erweiterung des Operators V. Der Operator U wirke dabei in einem erweiterten HILBERT-Raum $\tilde{\mathfrak{H}} \supset \mathfrak{H}$, sei P der Orthoprojektor, der $\tilde{\mathfrak{H}}$ auf $\mathfrak{H}$ projiziert. Wir bemerken, daß im Falle eines HILBERT-Raumes ein streng isometrischer Operator V seine Linksinverse $V^{(-1)}$ eindeutig bestimmt: $V^{(-1)} = V^*$, wobei die Operatoren V und V^* die Einschränkungen von $P\,U\,P$ $(= U\,P)$ bzw. $P\,U^*\,P$ $(= P\,U^*)$ auf den Unterraum $\mathfrak{H} = \operatorname{Im} P$ sind.

Es sei R ein beliebiger Operator aus $\mathfrak{K}(V)$ und $R(\zeta)$ das ihm zugeordnete Polynom, also sein Symbol. Der Operator $R(U)$ als Funktion des unitären Operators U genügt der Ungleichung

$$|R(U)| \leqq \max_{|\zeta|=1} |R(\zeta)|.$$

Man sieht leicht, daß der Operator R die Einschränkung des Operators $P\,R(U)\,P$ auf $\operatorname{Im} P$ ist. Deshalb gilt

$$|R| \leqq |P\,R(U)\,P| \leqq \max_{|\zeta|=1} |R(\zeta)|.$$

Zusammen mit der Beziehung (2.2) ergibt das die Gleichheit

$$|R| = \max_{|\zeta|=1} |R(\zeta)|,$$

aus der man leicht (2.5) und die erste Behauptung ableitet.

Die zweite Behauptung folgt aus der leicht zu beweisenden Beziehung

$$|R| = \sum |a_j|,$$

worin $R \in \mathfrak{K}(V)$ und a_j die Koeffizienten des Polynoms $R(\zeta)$ bezeichnen.

3. Aus der allgemeinen Abschätzung (2.3) für die Funktion $A(\zeta)$ folgt, daß für $A \in \mathfrak{R}^+(V)$ $(\mathfrak{R}^-(V))$ das Symbol $A(\zeta)$ eine holomorphe Fortsetzung in das Innere (in das Äußere) des Einheitskreises gestattet.

Wie bereits bemerkt, bildet die Klasse $\mathfrak{R}^+(V)$ $(\mathfrak{R}^-(V))$ eine kommutative BANACH-Algebra. Das folgende Lemma gibt eine Beschreibung der Menge der maximalen Ideale dieser Algebra.

Wir erinnern daran, daß man jedem Element x einer kommutativen BANACH-Algebra $\mathfrak{R}$ eine Funktion $x(M)$ auf der Menge der maximalen Ideale dieser Algebra zuordnen kann (siehe I. M. GELFAND, D. A. RAIKOW, und G. E. SCHILOW [1]).

Lemma 2.2. *Sei ζ ein beliebiger fester Punkt des Einheitskreises, $|\zeta| \leqq 1$. Die Menge M_ζ aller Elemente A der Algebra $\mathfrak{R}^+(V)$, für die $A(\zeta) = 0$ gilt, ist ein maximales Ideal dieser Algebra. Weitere maximale Ideale besitzt die Algebra $\mathfrak{R}^+(V)$ nicht. Die dem Element $A \in \mathfrak{R}^+(V)$ entsprechende Funktion $A(M_\zeta)$ auf der Menge der maximalen Ideale fällt mit dem Symbol zusammen: $A(M_\zeta) = A(\zeta)$.*

Ein analoges Lemma gilt für die Algebra $\mathfrak{R}^-(V)$ (anstelle der Ungleichung $|\zeta| \leqq 1$ wird hier $|\zeta| \geqq 1$ betrachtet).

Beweis. Sei $|\zeta| \leqq 1$. Auf der Algebra $\mathfrak{R}^+(V)$ definieren wir das Funktional

$$f_\zeta(A) = A(\zeta) \; (A \in \mathfrak{R}^+(V)).$$

Dieses Funktional f_ζ ist offensichtlich linear, multiplikativ und wegen der Abschätzung (2.3) beschränkt. Die Menge aller Elemente, auf denen f_ζ Null wird, ist ein maximales Ideal in der Algebra $\mathfrak{R}^+(V)$. Wir bezeichnen sie mit M_ζ.

Sei nun M_0 ein maximales Ideal der Algebra $\mathfrak{R}^+(V)$. Bekanntlich fällt das Spektrum des Elements V mit der Wertemenge der dem Element V entsprechenden Funktion $V(M)$ auf der Menge der maximalen Ideale zusammen. Andererseits erhält man unter Benutzung von Lemma 1.1 leicht, daß das Spektrum des Elements V in $\mathfrak{R}^+(V)$ der Einheitskreis ist. Deshalb gilt $V(M_0) = \zeta_0$ mit $|\zeta_0| \leqq 1$. Hieraus folgt $R(M_0) = R(\zeta_0)$ für beliebiges $R \in \mathfrak{R}^+(V)$.

Setzt man die zuletzt erhaltene Gleichung stetig fort, so erhält man $A(M_0) = A(\zeta_0)$ für beliebiges $A \in \mathfrak{R}^+(V)$. Bekanntlich stimmt das Ideal M_0 überein mit der Menge der Elemente $A \in \mathfrak{R}^+(V)$, für die $A(M_0) = 0$. Damit fällt M_0 mit M_{ζ_0} zusammen, und es gilt $A(M_{\zeta_0}) = A(\zeta_0)$. Der Beweis des Lemmas ist vollendet.

§ 3. Die Umkehrung stetiger Funktionen von einseitig umkehrbaren Operatoren

Wir haben bisher den Operatoren V und $V^{(-1)}$ nur die Bedingung $(\Sigma\,\text{I})$ auferlegt. Damit erhielten wir ein Theorem über die Umkehrung eines Polynoms in diesen Operatoren, und wir konnten stetige Funktionen von V einführen.

Zur Umkehrung dieser Funktionen von V müssen wir den Operatoren V und $V^{(-1)}$ zusätzliche Bedingungen auferlegen. Im folgenden werden wir zwei Varianten solcher Beschränkungen angeben. Wir heben hervor, daß die Operatoren V und $V^{(-1)}$ wie zuvor der Bedingung $(\Sigma\,\text{I})$ von § 1 genügen.

1. Erste Variante. In diesem Punkt werden wir annehmen, daß die Operatoren V und $V^{(-1)}$ zusätzlich der folgenden Bedingung genügen:

(Σ II) *Es seien R_1 und R_2 aus $\mathfrak{K}(V)$. Wenn das Symbol des Operators R das Produkt der Symbole von R_1 und R_2 ist, $R(\zeta) = R_1(\zeta)\, R_2(\zeta)$, dann gilt*

$$|R| \leqq |R_1|\, |R_2| . \tag{3.1}$$

Jeder *streng isometrische Operator* V genügt mit $V^{(-1)}$ der Bedingung (Σ II). Es seien nämlich $R_1, R_2 \in \mathfrak{K}(V)$ und $R(\zeta) = R_1(\zeta)\, R_2(\zeta)$. Man sieht leicht, daß bei hinreichend großem natürlichen n die Gleichung

$$R = V^{(-n)} R_1 R_2 V^n$$

gilt, woraus dann (3.1) folgt.

Wir definieren auf dem Lineal $\mathfrak{K}(V)$ eine neue (kommutative!) Multiplikation mit

$$R_1 \circ R_2 = R \qquad (R_1, R_2 \in \mathfrak{K}(V)) ,$$

wobei der Operator R ($\in \mathfrak{K}(V)$) durch das Polynom $R(\zeta) = R_1(\zeta)\, R_2(\zeta)$ definiert ist. Diese Multiplikation ist ebenfalls distributiv und assoziativ. Darüber hinaus gilt aufgrund der Bedingung (Σ *II*)

$$|R_1 \circ R_2| \leqq |R_1|\, |R_2| \qquad (R_1, R_2 \in \mathfrak{K}(V)) .$$

Diese Beziehung gestattet es, die neue Multiplikation stetig zu erweitern auf alle Paare von Elementen aus $\mathfrak{R}(V)$. Nach der Einführung der neuen Multiplikation wird die Klasse $\mathfrak{R}(V)$, die vorher nicht einmal eine Algebra war, zu einer k o m m u t a t i v e n BANACH-Algebra mit den Erzeugenden V und $V^{(-1)}$. Diese Algebra werden wir mit $\mathfrak{R}_0(V)$ bezeichnen. Das Element $V^{(-1)}$ ist invers zu V in der Algebra $\mathfrak{R}_0(V)$.

Aus der Definition der neuen Multiplikation erhält man mit Satz 10°, § 1, leicht den folgenden Satz.

1°. *Sei $B_\pm \in \mathfrak{R}^\pm(V)$ und $X \in \mathfrak{R}(V)$. Dann gehört der Operator $B_- X B_+$ zu $\mathfrak{R}(V)$, wobei gilt*

$$(B_- B_+) \circ X = B_- X B_+ .$$

Wir beweisen einen weiteren Satz.

2°. *Das Spektrum jedes der Operatoren V und $V^{(-1)}$ als Elemente der Algebra $\mathfrak{R}_0(V)$ fällt mit der Einheitskreislinie zusammen.*

In der Tat, aus Lemma 1.1 und Satz 1° folgt, daß die Spektralradien der Elemente V und $V^{(-1)} \in \mathfrak{R}_0(V)$ gleich 1 sind und daß alle Punkte der Einheitskreislinie Spektralpunkte von V und $V^{(-1)}$ sind. Da für $|\lambda| < 1$ das Element $V - \lambda I$ darstellbar ist in der Form

$$V - \lambda I = (I - \lambda V^{(-1)} \circ V) ,$$

wobei beide Faktoren in $\mathfrak{R}_0(V)$ umkehrbar sind, fällt das Spektrum des Elements V mit der Einheitskreislinie zusammen. Das gleiche gilt auch für das Element $V^{(-1)}$, weil es invers zu V in $\mathfrak{R}_0(V)$ ist.

Wir geben nun ein Lemma an über die Struktur der maximalen Ideale der Algebra $\mathfrak{R}_0(V)$.

Lemma 3.1. *Sei ζ ein beliebiger fester Punkt der Einheitskreislinie. Die Menge M_ζ aller Elemente A der Algebra $\mathfrak{R}_0(V)$, für die $A(\zeta) = 0$ ist, bildet ein maximales Ideal der Algebra $\mathfrak{R}_0(V)$. Weitere maximale Ideale besitzt die Algebra $\mathfrak{R}_0(V)$ nicht. Die dem Element A entsprechende Funktion $A(M_\zeta)$ auf der Menge der maximalen Ideale fällt mit dem Symbol zusammen: $A(M_\zeta) = A(\zeta)$.*

Nachdem das Spektrum des Elements V bestimmt ist (Satz 2°), wird der Beweis von Lemma 3.1 im wesentlichen ebenso geführt wie der Beweis des ähnlichen Lemmas 2.2.

Theorem 3.1. *Die Operatoren V und $V^{(-1)}$ mögen den Bedingungen (Σ I) und (Σ II) genügen. Dafür, daß der Operator $A \in \mathfrak{R}(V)$ von wenigstens einer Seite in $\mathfrak{A}$ umkehrbar ist, ist notwendig und hinreichend, daß sein Symbol nicht verschwindet:*

$$A(\zeta) \neq 0 \qquad (|\zeta| = 1)\,. \tag{3.2}$$

Wenn die Bedingung (3.2) erfüllt ist, dann ist der Operator A umkehrbar, umkehrbar nur von links oder umkehrbar nur von rechts, je nachdem, ob die Zahl

$$\varkappa = \varkappa(A) = \operatorname{ind} A(\zeta)$$

gleich Null, positiv oder negativ ist.

Mit anderen Worten, *die Umkehrbarkeit des Operators A entspricht dem Index seines Symbols $A(\zeta)$.*

Zur Vereinfachung der Formulierungen vereinbaren wir folgendes.

Wir sagen, daß *die Umkehrbarkeit eines gewissen Operators $A \in \mathfrak{A}(\mathfrak{B})$ durch eine ihm zugeordnete, auf der Einheitskreislinie stetige Funktion $f(\zeta)$ bestimmt wird,* wenn folgendes gilt: Der Operator A ist von irgendeiner Seite umkehrbar dann und nur dann, wenn $f(\zeta)$ nirgends Null wird: $f(\zeta) \neq 0$ ($|\zeta| = 1$), und unter dieser Voraussetzung entspricht die Umkehrbarkeit des Operators A dem Index der Funktion $f(\zeta)$.

Dann kann man das Theorem 3.1 in folgender Weise formulieren.

Die Operatoren V und $V^{(-1)}$ mögen den Bedingungen (Σ I) und (Σ II) genügen. Dann wird die Umkehrbarkeit eines beliebigen Operators $A \in \mathfrak{R}(V)$ durch sein Symbol $A(\zeta)$ bestimmt.

Beweis. Die Bedingung (3.2) ist wegen Lemma 3.1 notwendig und hinreichend dafür, daß das Element A in der Algebra $\mathfrak{R}_0(V)$ umkehrbar ist.

Wir nehmen an, die Bedingung (3.2) sei erfüllt. Mit $R \in \mathfrak{K}(V)$ bezeichnen wir ein Element, das den Operator A hinreichend gut approximiert. Dann ist R ebenfalls umkehrbar in der Algebra $\mathfrak{R}_0(V)$, und es gilt

$$|R^{-1} \circ A - I| < 1 \tag{3.3}$$

mit R^{-1} invers zu R in $\mathfrak{R}_0(V)$. Aus den Beziehungen (3.3) und

$$\max_{|\zeta|=1} |A(\zeta)| \leqq |A| \tag{3.4}$$

folgt die Ungleichung

$$\max_{|\zeta|=1} |R^{-1}(\zeta)\, A(\zeta) - 1| < 1\,,$$

woraus sich ergibt

$$R(\zeta) \neq 0 \; (|\zeta| = 1 \qquad \text{und} \qquad \varkappa(R) = \varkappa(A)\,.$$

Im Beweis von Theorem 1.1 stellten wir fest, daß der Operator R unter diesen Voraussetzungen in der Form

$$R = R_- \, V^{(\varkappa)} \, R_+$$

dargestellt werden kann, worin $R_\pm$ umkehrbare Operatoren aus $\mathfrak{R}^\pm(V)$ bezeichnen.

Aus

$$A = R \circ (I + C)$$

mit $C = R^{-1} \circ A - I$ und Satz 1° folgt für $\varkappa \geqq 0$

$$A = R_- \, (I + C) \, V^\varkappa \, R_+ \tag{3.5}$$

und für $\varkappa < 0$

$$A = R_- \, V^{(\varkappa)} \, (I + C) \, R_+. \tag{3.6}$$

Da der Operator $I + C$ wegen (3.3) umkehrbar ist, so ist für $\varkappa > 0$ der Operator

$$A^{(-1)} = R_+^{-1} \, V^{(-\varkappa)} \, (I + C)^{-1} \, R_-^{-1}$$

nur von links invers zum Operator A, für $\varkappa < 0$ ist der Operator

$$A^{(-1)} = R_+^{-1} \, (I + C)^{-1} \, V^{-\varkappa} \, R_-^{-1}$$

nur von rechts invers zum Operator A und für $\varkappa = 0$ ist der Operator

$$A^{-1} = R_+^{-1} \, (I + C)^{-1} \, R_-^{-1}$$

invers zu A.

Zur Vervollständigung des Beweises genügt es zu zeigen, daß der Operator A von keiner Seite umkehrbar sein kann, wenn sein Symbol $A(\zeta)$ in wenigstens einem Punkt der Einheitskreislinie Null wird.

Angenommen, es ist $A(\zeta_0) = 0$ ($|\zeta_0| = 1$), und der Operator A ist von wenigstens einer Seite umkehrbar. Dann sind nach Satz 9°, § 1, alle Operatoren $B \in \mathfrak{A}$ mit

$$|B - A| < |A^{(-1)}|^{-1} \; (= \delta)$$

ebenfalls umkehrbar von der gleichen Seite.

Sei $R_1 \in \mathfrak{R}(V)$ ein gewisser Operator mit

$$|R_1 - A| < \delta/2\,.$$

Dann ist wegen (3.4)

$$\max_{|\zeta|=1} |R_1(\zeta) - A(\zeta)| < \delta/2$$

und insbesondere $|R_1(\zeta_0)| < \delta/2$.

Der Operator $R = R_1 - R_1(\zeta_0)\, I$ $(\in \mathfrak{R}(V))$ ist aus der δ-Umgebung des Operators A, deshalb ist er wenigstens von einer Seite umkehrbar. Es gilt aber $R(\zeta_0) = 0$, was im Widerspruch zu Theorem 1.1 steht. Damit ist das Theorem vollständig bewiesen.

Bemerkung 1. Im Beweis der Notwendigkeit der Bedingung (3.2) wurde kein Gebrauch davon gemacht, daß die Operatoren V und $V^{(-1)}$ der Bedingung $(\Sigma\,\mathrm{II})$ genügen.

Bemerkung 2. Wir erinnern daran, daß die Menge aller Elemente x einer kommutativen BANACH-Algebra $\mathfrak{C}$ mit

$$\lim_{n\to\infty} \sqrt[n]{|x^n|} = 0$$

Radikal dieser Algebra $\mathfrak{C}$ heißt.

Bekanntlich (siehe GELFAND, RAIKOW und SCHILOW [1], Seite 29) gehört ein Element x zum Radikal genau dann, wenn die ihm entsprechende Funktion $x(M)$ auf der Menge der maximalen Ideale identisch verschwindet. Die Zuordnung zwischen den Funktionen $x(M)$ und den Elementen x der Algebra $\mathfrak{C}$ ist bei Algebren ohne Radikal eineindeutig.

Es bleibt die Frage offen, ob die Algebra $\mathfrak{R}_0(V)$ im allgemeinen Fall ein von Null verschiedenes Radikal besitzen kann. Wir bemerken, daß bei allen konkreten Algebren $\mathfrak{R}_0(V)$, die in diesem Kapitel vorkommen, das Radikal nur aus der Null besteht.

So ist z.B. das Radikal der Algebra $\mathfrak{R}_0(V)$, worin V einen streng isometrischen Operator im HILBERT-Raum bezeichnet, wegen der Gleichung (2.5) das Nullradikal.

2. Zweite Variante. In diesem Punkt werden wir nicht voraussetzen, daß die Operatoren V und $V^{(-1)}$ der Bedingung $(\Sigma\,\mathrm{II})$ genügen. Unter der Voraussetzung $(\Sigma\,\mathrm{I})$ wird das Theorem 1 für eine gewisse Menge von Operatoren aus $\mathfrak{R}(V)$ bewiesen. Die Frage, ob das Theorem unter dieser Voraussetzung auch für einen beliebigen Operator aus $\mathfrak{R}(V)$ gilt, bleibt offen.

Es sei U eine beschränkte, *umkehrbare* Erweiterung des Operators V in einem gewissen BANACH-Raum $\tilde{\mathfrak{B}} \supset \mathfrak{B}$ mit den folgenden Eigenschaften:

(1) *Die Spektralradien der Operatoren U und U^{-1}* $(\in \mathfrak{A}(\tilde{\mathfrak{B}}))$ *sind gleich* 1.

(2) *Es existiert ein Projektor P* $(\in \mathfrak{A}(\tilde{\mathfrak{B}}))$, *der $\tilde{\mathfrak{B}}$ auf $\mathfrak{B}$ projiziert mit* $P\,U^{-1}\,P = P\,U^{-1}$ (*Invarianz des Unterraumes* $\operatorname{Im}(I - P)$ *bezüglich* U^{-1}) *und* $P\,U^{-1}\,x = V^{(-1)}\,x$ $(x \in \mathfrak{B})$.

Wir bemerken, daß der Raum $\tilde{\mathfrak{B}}$ und der umkehrbare Operator $U \in \mathfrak{A}(\tilde{\mathfrak{B}})$ mit den Bedingungen (1) und (2) stets existieren. Als $\tilde{\mathfrak{B}}$ kann man z.B. die direkte Summe zweier Exemplare des BANACH-Raumes $\mathfrak{B}$ nehmen; die Operatoren P, U, U^{-1} $(\in \mathfrak{A}(\tilde{\mathfrak{B}}))$ werden durch

$$P\{f_1, f_2\} = \{f_1, 0\}\,,$$

$$U = \begin{Vmatrix} V & I - V\,V^{(-1)} \\ 0 & V^{(-1)} \end{Vmatrix}, \qquad U^{-1} = \begin{Vmatrix} V^{(-1)} & 0 \\ I - V\,V^{(-1)} & V \end{Vmatrix}$$

definiert. Aus den Bedingungen (1), (2) folgt, daß die Operatoren U, U^{-1}, P den folgenden Bedingungen genügen:

$$\left.\begin{array}{ll} U\,P = P\,U\,P & (\textit{Invarianz von } \mathrm{Im}\, P \textit{ bezüglich } U)\,, \\ U\,P \neq P\,U & (\textit{d. h., } U \textit{ bildet } \mathrm{Im}\, P \textit{ in einen echten Teil ab})\,, \\ P\,U^{-1} = P\,U^{-1}\,P & (\textit{Invarianz des Unterraumes } \mathrm{Im}\,(I-P) \textit{ bezüglich } U^{-1}). \end{array}\right\} \quad (3.7)$$

Wir zeigen, daß das Spektrum der Operatoren U und U^{-1} mit der Einheitskreislinie zusammenfällt. Offenbar liegen beide Spektren auf der Kreislinie. Unter der Annahme, daß das Spektrum von U nicht mit der Kreislinie zusammenfällt, erhalten wir, daß die Resolventenmenge von U aus einer zusammenhängenden Komponente besteht. Für alle Punkte λ dieser Komponente ist der Operator $V - \lambda I$ offensichtlich von links umkehrbar. Das führt zu einem Widerspruch, weil der Operator V nur von links umkehrbar ist, während der Operator $V - \lambda I$ für hinreichend große $|\lambda|$ umkehrbar ist.

Analog zu den vorangegangenen Paragraphen führen wir die Mengen $\mathfrak{K}(U)$, $\mathfrak{K}^{\pm}(U)$, $\mathfrak{R}(U)$ und $\mathfrak{R}^{\pm}(U)$ ein. Im Unterschied zu $\mathfrak{R}(V)$ ist die Menge $\mathfrak{R}(U)$ bereits eine kommutative BANACH-Algebra. Jedem Operator

$$R = \sum \alpha_j\, U^j \in \mathfrak{K}(U)$$

entspricht ein Polynom, sein *Symbol*

$$R(\zeta) = \sum \alpha_j\, \zeta^j\,;$$

dabei ist

$$\max_{|\zeta|=1} |R(\zeta)| \leqq |R|\,.$$

Diese Beziehung gestattet es nun, jedem Operator $A \in \mathfrak{R}(U)$ eine auf der Einheitskreislinie stetige Funktion $A(\zeta)$ zuzuordnen, das *Symbol* von A, wobei gilt

$$\max_{|\zeta|=1} |A(\zeta)| \leqq |A|\,.$$

Man zeigt leicht, daß die Einheitskreislinie die Menge maximaler Ideale der Algebra $\mathfrak{R}(U)$ und die Funktion $A(\zeta)$ die dem Element $A \in \mathfrak{R}(U)$ entsprechende Funktion auf den maximalen Idealen ist. Daraus ergibt sich der folgende Satz.

3°. *Dafür, daß der Operator $A \in \mathfrak{R}(U)$ in $\mathfrak{A}(\tilde{\mathfrak{B}})$ umkehrbar ist, ist notwendig und hinreichend, daß sein Symbol nicht verschwindet:*

$$A(\zeta) \neq 0 \qquad (|\zeta| = 1)\,. \tag{3.8}$$

Wenn diese Bedingung erfüllt ist, dann gehört der inverse Operator A^{-1} zu $\mathfrak{R}(U)$.

Mit $\hat{\mathfrak{R}}(U)$ bezeichnen wir die Menge aller Einschränkungen der Form $P\,\tilde{A}\,P$ auf $B = \mathrm{Im}\,P$ mit $\tilde{A} \in \mathfrak{R}(U)$. Offensichtlich ist die Menge $\hat{\mathfrak{R}}(U)$ in $\mathfrak{R}(V)$ enthalten, aber sie fällt i. allg. nicht mit $\mathfrak{R}(V)$ zusammen.[1])

[1]) Davon kann man sich leicht anhand des folgenden Beispiels überzeugen. Es sei $\tilde{\mathfrak{B}}$ der Banachraum der Folgen $\xi = \{\xi\}_{-\infty}^{\infty}$ mit der Norm

$$|\xi| = \sum_{j=-\infty}^{-1} |\xi_j| + \left(\sum_{j=0}^{\infty} |\xi_j|^2\right)^{1/2}$$

(direkte Summe von l_1 und l_2). Die Operatoren U und P sind durch die Gleichungen

$$U\,\{\xi_j\}_{-\infty}^{\infty} = \{\xi_{j-1}\}_{-\infty}^{\infty}\,, \qquad P\,\{\xi_j\}_{-\infty}^{\infty} = \{\eta_j\}_{-\infty}^{\infty}\,,$$

$$\eta_j = \begin{cases} \xi_j, & j = 0, \mathrm{Y}1, \ldots, \\ 0, & j = -1, -2, \ldots, \end{cases}$$

definiert, und die Operatoren V und $V^{(-1)}$ sind die Einschränkungen der Operatoren $P\,U\,P$ bzw. $P\,U^{-1}\,P$ auf den Raum $\mathfrak{B} = \mathrm{Im}\,P$.

Wenn der Operator A zu $\hat{\mathfrak{R}}(U)$ gehört und Einschränkung des Operators $P \tilde{A} P$ auf $\mathfrak{B}$ mit $\tilde{A} \in \mathfrak{R}(U)$ ist, dann sieht man leicht, daß die stetigen Funktionen, die den Operatoren $A \in \mathfrak{R}(V)$ und $\tilde{A} \in \mathfrak{R}(U)$ zugeordnet sind, übereinstimmen, d. h., es stimmen die Symbole dieser Operatoren bezüglich der Algebren $\mathfrak{R}(V)$ und $\mathfrak{R}(U)$ überein.

Theorem 3.2. *Die Umkehrbarkeit des Operators A aus $\hat{\mathfrak{R}}(U)$ wird durch sein Symbol $A(\zeta)$ bestimmt.*

Beweis. Wir werden die Einschränkung eines Operators auf den Unterraum $\mathfrak{B}$ durch das Zeichen $|\mathfrak{B}$ rechts vom Operator bezeichnen. Es sei die Bedingung (3.8) erfüllt; sei $A = P \tilde{A} P \,|\, \mathfrak{B}$ $(\tilde{A} \in \mathfrak{R}(U))$, und sei $R \in \mathfrak{R}(U)$ ein Operator mit

$$R^{-1} \tilde{A} = I + C\,, \quad |P\, C\, P| < 1 \quad (C \in \mathfrak{R}(U))\,. \tag{3.9}$$

Wie in dem Beweis von Theorem 3.1 erhält man folgende Darstellung des Operators R:

$$R = R_- \, U^{\varkappa} R_+\,,$$

worin $R_\pm$ umkehrbare Operatoren aus $\mathfrak{R}^\pm(U)$ sind mit $R_\pm^{-1} \in \mathfrak{R}^\pm(U)$.

Aus den Invarianzbeziehungen (3.7) folgen unmittelbar die Gleichungen

$$A_+ P = P A_+ P\,, \quad P A_- = P A_- P$$
$$(A_\pm \in \mathfrak{R}^\pm(U))\,. \tag{3.10}$$

Deshalb gilt

$$P \tilde{A} P = P R_- (I + C)\, U^{\varkappa} R_+ P = P R_- P\, [P\,(I + C)\, U^{\varkappa} P]\, P R_+ P\,.$$

Die Operatoren $P R_\pm^{-1} P$ sind offenbar invers zu den Operatoren $P R_\pm P$, die in Im P wirken.

Für $\varkappa = 0$ ist der Operator A umkehrbar, da wegen (3.9) der Operator $P + P\,C\,P$ in $\mathfrak{A}(\mathfrak{B})$ umkehrbar ist. Mit den Beziehungen (3.10) haben wir

$$P\,(I + C)\, U^{\varkappa} P = (P + P\,C\,P)\, P\, U^{\varkappa} P \quad (\varkappa > 0)\,,$$
$$P\,(I + C)\, U^{\varkappa} P = P\, U^{\varkappa} P\, (P + P\,C\,P) \quad (\varkappa < 0)\,.$$

Aus den Beziehungen (3.10) und (3.7) folgt, daß der Operator $P\, U^{\varkappa} P$ in $\mathfrak{A}(\mathfrak{B})$ für $\varkappa > 0$ nur von links und für $\varkappa < 0$ nur von rechts umkehrbar ist.

Damit ist die Hinlänglichkeit der Bedingungen des Theorems bewiesen. Wenn die Funktion $A(\zeta)$ auf der Einheitskreislinie verschwindet, dann ist der Operator A von keiner Seite umkehrbar. Das ergibt sich aus der Bemerkung zu Theorem 3.1.

§ 4. Allgemeine Sätze über die Umkehrbarkeit von Funktionen von einseitig umkehrbaren Operatoren

1. Im vorangegangenen Paragraphen sind zwei Varianten für die Umkehrung von stetigen Funktionen von einseitig umkehrbaren Operatoren dargelegt. Beide lassen sich in das nun folgende allgemeine Schema einbetten.

Das Lineal $\mathfrak{R}_N$ sei in $\mathfrak{R}(V)$ enthalten; es möge in einer gewissen speziellen Norm $|\ |_N$ einen Banach-Raum[1]) mit folgenden Eigenschaften bilden:

(1) Das Lineal $\mathfrak{K}(V)$ ist in $\mathfrak{R}_N$ enthalten und liegt (in der Norm $|\ |_N$) dicht in $\mathfrak{R}_N$.

(2) $|X| \leqq C\,|X|_N$ $(C > 0;\ X \in \mathfrak{R}_N)$.

(3) Die inversen Operatoren $(V^{(\pm 1)} - \lambda I)^{-1}$, die für $|\lambda| > 1$ stets existieren, gehören zu $\mathfrak{R}_N$.

(4) Wenn $R_1, R_2 \in \mathfrak{K}(V)$ und $R(\zeta) = R_1(\zeta)\,R_2(\zeta)$ ist, so gilt

$$|R|_N \leqq |R_1|_N\,|R_2|_N\,.$$

Der Sinn dieser Bedingungen besteht in folgendem. Uns interessiert, wie man eine Bedingung vom Typ (4) erfüllen kann. Das gelingt nicht in der alten Norm, deshalb wird eine bestimmte neue (größere) Norm $|\ |_N$ gewählt, in der diese Bedingung erfüllbar ist. Dabei hat man die betrachtete Klasse $\mathfrak{R}(V)$ auf $\mathfrak{R}_N$ einzuschränken.

Wie in Punkt 1, § 3, wird im Lineal $\mathfrak{K}(V)$ eine Multiplikation

$$R_1 \circ R_2 = R\ (R_1, R_2 \in \mathfrak{K}(V)$$

eingeführt, worin der Operator R $(\in \mathfrak{K}(V))$ durch das Polynom $R(\zeta) = R_1(\zeta)\,R_2(\zeta)$ bebestimmt ist. Diese Multiplikation ist wegen der Eigenschaft (4) stetig in der Norm $|\ |_N$ und gestattet demzufolge eine Fortsetzung auf alle Paare von Elementen aus $\mathfrak{R}_N$. Damit wird $\mathfrak{R}_N$ eine kommutative Banach-Algebra (im Sinne der neuen Multiplikation).

Führt man die Überlegungen wie in Punkt 1, § 3, weiter, so überzeugt man sich, daß das Theorem 3.1 für einen beliebigen Operator $A \in \mathfrak{R}_N$ gültig bleibt (dabei wird die Bedingung (Σ II) nicht vorausgesetzt).

Wenn die Operatoren V und $V^{(-1)}$ der Bedingung (Σ II) von Punkt 1, § 3, genügen, dann genügt offenbar $\mathfrak{R}(V)$ den Bedingungen (1)—(4) bezüglich der Ausgangsnorm.

2. Wir überzeugen uns nun, daß sich auch die Ergebnisse von Punkt 2, § 3, in das angegebene Schema einbetten lassen. Wir zeigen, daß für das Lineal $\mathfrak{R}_N = \hat{\mathfrak{R}}(U)$ die Bedingungen (1)—(4) bezüglich der Norm

$$|X|_N = \inf |\tilde{X}| \tag{4.1}$$

erfüllt sind, wobei das Infimum über alle Operatoren $\tilde{X} \in \mathfrak{R}(U)$ genommen wird, für die die Einschränkung von $P\,\tilde{X}\,P$ auf $\mathfrak{B} = \operatorname{Im} P$ gleich X ist. Mit $\mathfrak{N}$ bezeichnen wir die Menge aller Operatoren $\tilde{A}$ aus $\mathfrak{R}(U)$ mit $P\,\tilde{A}\,P = 0$. Die Menge $\mathfrak{N}$ ist ein abgeschlossenes Ideal[2]) von $\mathfrak{R}(U)$. Man braucht sich nämlich nur davon zu überzeugen, daß für $\tilde{A} \in \mathfrak{N}$ und $R \in \mathfrak{K}(U)$ auch $\tilde{A}\,R \in \mathfrak{N}$ ist. Das folgt aus den Gleichungen

$$P\,\tilde{A}\,R\,P = P\,\tilde{A}\,R_+\,P + P\,\tilde{A}\,R_-\,P = P\,\tilde{A}\,P\,R_+\,P + P\,R_-\,P\,\tilde{A}\,P = 0$$

mit

$$R = \sum_{j=-n}^{n} \alpha_j\,U^j\,, \qquad R_+ = \sum_{j=0}^{n} \alpha_j\,U^j\,, \qquad R_- = \sum_{j=-n}^{-1} \alpha_j\,U^j\,.$$

Die Gleichung (4.1), die in der Form

$$|X|_N = \inf_{T \in \mathfrak{N}} |\tilde{X} + T|\,, \qquad P\,\tilde{X}\,P\,|\,\mathfrak{B} = X$$

geschrieben werden kann, bedeutet, daß $\mathfrak{R}_N$ isomorph und isometrisch zur Faktoralgebra $\mathfrak{R}(U)/\mathfrak{N}$ ist.

Wir weisen nach, daß die Bedingungen (1)—(4) erfüllt sind. Bei den ersten beiden ist das offensichtlich. Die dritte Bedingung folgt aus den Ungleichungen

$$|V^{(n)}|_N \leqq |U^n| \qquad (n = 0, \pm 1, \ldots)$$

[1]) Der Index N dient nur zur Kennzeichnung des neuen Lineals und der neuen Norm.

[2]) Ohne Mühe überzeugt man sich, daß $\mathfrak{N}$ im Radikal der Algebra $\mathfrak{R}(U)$ enthalten ist.

und die vierte aus den Beziehungen

$$|R|_N = \inf_{T \in \mathfrak{N}} |R(U) + T| = \inf_{T \in \mathfrak{N}} |R_1(U)\, R_2(U) + T| \leqq$$
$$\leqq \inf_{T_1,\, T_2 \in \mathfrak{N}} |(R_1(U) + T_1)\,(R_2(U) + T_2)| \leqq |R_1|_N\, |R_2|_N\,.$$

3. Wir zeigen nun, daß die Algebra $\mathfrak{R}(V)$ zwei spezielle, i. allg. verschiedene Algebren $\mathfrak{R}_N$ enthält, die den Bedingungen (1)—(4) genügen.

Die erste ist die Algebra $\hat{\mathfrak{R}}_N$ (sie ist im gewissen Sinne minimal), sie besteht aus allen Operatoren A, die als Summe einer absolut konvergenten Reihe

$$A = \sum_{j=-\infty}^{\infty} a_j\, V^{(j)}$$

darstellbar sind, wobei die neue Norm definiert wird durch

$$|A|_N = \sum_{j=-\infty}^{\infty} |a_j|\, |V^{(j)}|\,.$$

Einer Nachprüfung bedarf nur die Bedingung (4). Sei

$$R_1 = \sum \alpha_j\, V^{(j)}\,, \quad R_2 = \sum \beta_j\, V^{(j)} \quad \text{und} \quad R(\zeta) = R_1(\zeta)\, R_2(\zeta)\,.$$

Dann ist

$$|R_1|_N\, |R_2|_N = \sum_{j,k} |\alpha_j| \cdot |\beta_k| \cdot |V^{(j)}| \cdot |V^{(k)}| \geqq \sum_{j,k} |\alpha_j| \cdot |\beta_k| \cdot |V^{(j+k)}| \geqq |R|_N\,.$$

Wir konstruieren nun die zweite Algebra, die Algebra $\tilde{\mathfrak{R}}_N$ (sie ist im gewissen Sinne maximal). Sei R ein beliebiger Operator aus $\mathfrak{K}(V)$. Offenbar ist er (auf verschiedene Weise!) darstellbar in der Form

$$R = R_-\, R_+ \qquad (R_\pm \in \mathfrak{K}^\pm(V))\,. \tag{4.2}$$

Für ein beliebiges $X \in \mathfrak{R}(V)$ und $R \in \mathfrak{K}(V)$ führen wir eine neue kommutative Multiplikation $R \circ X$ ein, indem wir

$$R \circ X = R_-\, X\, R_+ \tag{4.3}$$

setzen, wobei $R_\pm$ durch (4.2) bestimmt sind. Man sieht leicht, daß diese Multiplikation unabhängig von der Darstellung (4.2) ist und durch den Operator R eindeutig bestimmt wird. Wenn $X \in \mathfrak{K}(V)$ ist, dann stimmt die Multiplikation (4.3) mit der vorher eingeführten überein.

Für ein beliebiges $R \in \mathfrak{K}(V)$ führen wir den Operator T_R ein, der in $\mathfrak{R}(V)$ nach der Vorschrift

$$T_R X = R \circ X \tag{4.4}$$

wirkt. Da der Operator T_R offenbar abgeschlossen und auf ganz $\mathfrak{R}(V)$ definiert ist, so ist er beschränkt. Man sieht leicht, daß für beliebige $R_1, R_2 \in \mathfrak{K}(V)$

$$T_{R_1}\, T_{R_2} = T_{R_1 \circ R_2} \tag{4.5}$$

gilt.

Auf dem Lineal $\mathfrak{K}(V)$ führen wir eine Norm $|\ |_N$ durch

$$|R|_N = |T_R|$$

ein. Aus (4.4) und (4.5) folgt, daß diese Norm den Beziehungen

$$|R|_N \geqq |R|\,, \qquad |R_1 \circ R_2|_N \leqq |R_1|_N \cdot |R_2|_N \tag{4.6}$$

genügt.

Mit $\tilde{\mathfrak{R}}_N$ bezeichnen wir die Abschließung von $\mathfrak{K}(V)$ in der Norm $|\ |_N$. Offenbar ist $\tilde{\mathfrak{R}}_N \subset \mathfrak{A}(\mathfrak{R}(V))$. Wir zeigen, daß man $\tilde{\mathfrak{R}}_N$ mit einem bestimmten Teil von $\mathfrak{R}(V)$ identifizieren

kann. Da $|\ |_N$ wegen (4.6) stärker als die Ausgangsnorm $|\ |$ ist, genügt es zu zeigen, daß diese Normen verträglich sind, d. h., es genügt zu zeigen, daß aus den Beziehungen

$$\lim_{n\to\infty} |R_n - S|_N = 0\,, \quad \lim_{n\to\infty} |R_n| = 0$$

mit $S \in \mathfrak{A}(\mathfrak{R}(V))$ die Beziehung $S = 0$ folgt.

Mit den Gleichungen

$$R_n \circ V^{(m)} = \begin{cases} R_n V^{(m)}\,, & m \geqq 0\,, \\ V^{(m)} R_n\,, & m < 0 \end{cases}$$

für beliebiges $R \in \mathfrak{K}(V)$ haben wir

$$S\,R = \lim_{n\to\infty} T_{R_n} R = \lim_{n\to\infty} R_n \circ R = \lim_{n\to\infty} (R_- R_n + R_n R_+) = 0\,,$$

wobei

$$R = \sum_j \alpha_j V^{(j)}\,, \quad R_+ = \sum_{j\geqq 0} \alpha_j V^{(j)}\,, \quad R_- = \sum_{j<0} \alpha_j V^{(j)}$$

gilt. Damit ist $S = 0$.

Aus den Beziehungen (4.6) folgt, daß die Algebra $\tilde{\mathfrak{R}}_N$ den Bedingungen (1)—(4) genügt.

§ 5. Die Faktorisierung von Funktionen und ihre Anwendung zur Umkehrung von Operatoren

Im Beweis von Theorem 1.1 (über die Umkehrbarkeit der Polynome von einseitig umkehrbaren Operatoren) war es wesentlich, das Polynom $R(\zeta)$ in der Form (1.24):

$$R(\zeta) = c \prod_{j=1}^{k} (1 - \zeta_j^+ \zeta^{-1})\, \zeta^{\varkappa} \prod_{j=1}^{s} (\zeta - \zeta_j^-)$$

mit $|\zeta_j^+| < 1$ und $|\zeta_j^-| > 1$ darzustellen. Diese *Faktorisierung eines Polynoms* gestattete es, leicht eine effektive Formel für die Umkehrung des Operators R von der entsprechenden Seite anzugeben.

Effektive Formeln zur Umkehrung von Operatoren aus $\mathfrak{R}(V)$ kann man auch im wesentlich allgemeineren Fall angeben.

Die Operatoren V und $V^{(-1)}$ mögen der Bedingung (Σ I) genügen; die Zuordnung zwischen den Mengen $\mathfrak{R}(V)$ und $\mathfrak{R}(\zeta)$ sei eineindeutig. Mit $\mathfrak{R}^+(\zeta)$ ($\mathfrak{R}^-(\zeta)$) bezeichnen wir die Menge der Symbole $A(\zeta)$, die den Operatoren $A \in \mathfrak{R}^+(V)$ ($\mathfrak{R}^-(V)$) zugeordnet sind. Wenn das Symbol $A(\zeta) \in \mathfrak{R}(\zeta)$ eine *Faktorisierung* der Form

$$A(\zeta) = A_-(\zeta)\, \zeta^{\varkappa} A_+(\zeta) \tag{5.1}$$

mit $A_\pm(\zeta) \in \mathfrak{R}^\pm(\zeta)$, $A_\pm^{-1}(\zeta) \in \mathfrak{R}^\pm(\zeta)$ gestattet, dann kann man den Operator A in der Form

$$A = A_- V^{(\varkappa)} A_+ \tag{5.2}$$

darstellen. Der Operator $A^{(-1)}$, der zu A von der entsprechenden Seite invers ist, ergibt sich zu

$$A^{(-1)} = A_+^{-1} V^{(-\varkappa)} A_-^{-1}\,, \tag{5.3}$$

wobei die Operatoren $A_\pm^{-1}$ den Symbolen $A_\pm^{-1}(\zeta)$ entsprechen.

Ähnliche Überlegungen werden ziemlich häufig angewendet. Ihr Hauptziel ist es, eine Gleichheit vom Typ (5.2) — eine *Faktorisierung* des Operators A — zu erhalten, die es ermöglicht, diesen Operator leicht umzukehren.

In der Regel wird die Faktorisierung eines Operators durch eine vorhergehende Faktorisierung einer entsprechenden Funktion erzeugt. Der Übergang von Funktionen zu den Operatoren gelingt jedoch nur dann ohne Schwierigkeiten, wenn die Algebra $\mathfrak{R}_0(V)$ kein Radikal besitzt.

Mitunter gelingt es jedoch, eine Faktorisierung (5.2) direkt zu erhalten, ohne vorher Funktionen zu faktorisieren. Das ist dann wichtig, wenn die Frage des Radikals offen ist.

Nach diesen allgemeinen Bemerkungen gehen wir nun über zur Frage der Möglichkeit einer Faktorisierung stetiger Funktionen aus verschiedenen Algebren. Als *Faktorisierung* einer stetigen Funktion $a(\zeta)$ ($|\zeta| = 1$) bezeichnet man ihre Zerlegung in drei Faktoren

$$a(\zeta) = a_-(\zeta)\, \zeta^\varkappa\, a_+(\zeta)\,. \tag{5.4}$$

Hierbei ist $\varkappa$ eine ganze Zahl; $a_+(\zeta)$ ($|\zeta| = 1$) ist eine Funktion, die eine im Innern des Einheitskreises holomorphe und im Gebiet $|\zeta| \leqq 1$ stetige Fortsetzung gestattet, bei der $a_+(\zeta) \neq 0$ ($|\zeta| \leqq 1$) gilt.

Analoge Eigenschaften (mit $|\zeta| \geqq 1$ anstelle von $|\zeta| \leqq 1$) soll die Funktion $a_-(\zeta)$ besitzen.

Eine BANACH-Algebra $\mathscr{E}$, deren Elemente auf der Einheitskreislinie Γ stetige Funktionen sind, werden wir *R-Algebra* nennen, wenn sie die Menge aller rationalen Funktionen enthält, deren Polstellen nicht auf Γ liegen, und wenn diese Menge rationaler Funktionen in $\mathscr{E}$ dicht ist.

Man sieht leicht, daß die lineare Hülle der Funktionen ζ^j ($j = 0, \pm 1, \ldots$) eine dichte Menge in jeder R-Algebra ist.

Wir bezeichnen mit $\mathscr{E}^+$ ($\mathscr{E}^-$) die Abschließung (in der Norm der R-Algebra $\mathscr{E}$) der linearen Hülle der Funktionen $1, \zeta, \ldots$ ($1, \zeta^{-1}, \ldots$).

Man zeigt leicht, daß, falls $\mathscr{E}$ eine R-Algebra ist, alle Funktionen aus $\mathscr{E}^+$ ($\mathscr{E}^-$) holomorphe Fortsetzungen in das Gebiet $|\zeta| < 1$ ($|\zeta| > 1$) gestatten und daß die Mengen der maximalen Ideale der Algebren $\mathscr{E}$, $\mathscr{E}^+$, $\mathscr{E}^-$ homöomorph zu den Mengen $|\zeta| = 1$, $|\zeta| \leqq 1$ bzw. $|\zeta| \geqq 1$ sind.

Wir führen eine weitere Unteralgebra ein. Sei $\mathscr{E}_0^-$ die Unteralgebra, die die Abschließung der linearen Hülle der Funktionen $\zeta^{-1}, \zeta^{-2}, \ldots$ ist. Offenbar ist $\mathscr{E}_0^-$ eine Unteralgebra von $\mathscr{E}^-$, die aus allen Funktionen besteht, die im unendlich fernen Punkt verschwinden.

Wir nennen eine R-Algebra $\mathscr{E}$ *zerfallend*, wenn sie die direkte Summe ihrer Unteralgebren $\mathscr{E}^+$ und $\mathscr{E}_0^-$ ist: $\mathscr{E} = \mathscr{E}^+ \dotplus \mathscr{E}_0^-$.[1])

Es sei $f(\zeta)$ ein Element einer gewissen R-Algebra $\mathscr{E}$ und f_j ($j = 0, \pm 1, \ldots$) ihre FOURIER-Koeffizienten:

$$f(\zeta) = \sum_{j=-\infty}^{\infty} f_j \zeta^j\,.$$

---

[1]) Anstelle dieser Zerlegung kann man natürlich auch die analoge Zerlegung $\mathscr{E} = \mathscr{E}_0^+ \dotplus \mathscr{E}^-$ nehmen.

Wir setzen

$$f_+(\zeta) = \sum_{j=0}^{\infty} f_j \zeta^j \qquad (|\zeta| = 1)\,.$$

Offenbar ist die Funktion $f^+(\zeta) \in L_2$. Man sieht leicht, daß das Zerfallen der Algebra $\mathscr{C}$ äquivalent dazu ist, daß für eine beliebige Funktion $f(\zeta)$ aus $\mathscr{C}$ die Funktion $f^+(\zeta)$ ebenfalls der Algebra $\mathscr{C}$ angehört.

Ein Beispiel für eine zerfallende Algebra ist die Wienersche Algebra W aller Funktionen $a(\zeta)$ ($|\zeta| = 1$), die eine Entwicklung in eine absolut konvergente Fourier-Reihe

$$a(\zeta) = \sum_{j=-\infty}^{\infty} a_j \zeta^j \qquad \left(\sum_{j=-\infty}^{\infty} |a_j| < \infty\right)$$

gestatten.

Die Norm der Funktion $a(\zeta)$ in W wird durch die Gleichung

$$||a(\zeta)|| = \sum_{j=-\infty}^{\infty} |a_j|$$

definiert.

Die Algebra C aller auf der Einheitskreislinie stetigen Funktionen ist nicht zerfallend. Betrachten wir z.B. die Funktion

$$f(\zeta) = \frac{1}{2\,i} \sum_{n=2}^{\infty} \frac{1}{n \lg n} (\zeta^n - \zeta^{-n}) \qquad (|\zeta| = 1)\,.$$

Die Reihe auf der rechten Seite dieser Gleichung konvergiert gleichmäßig (siehe N. K. Bari [1], Seite 555), folglich ist $f(\zeta) \in C$. Die Funktion

$$f_+(\zeta) = \frac{1}{2\,i} \sum_{n=2}^{\infty} \frac{1}{n \lg n} \zeta^n \qquad (|\zeta| = 1)$$

ist bis auf den Punkt $\zeta = 1$ auf der ganzen Einheitskreislinie stetig, bei $\zeta = 1$ besitzt sie eine Unstetigkeitsstelle 2. Art (siehe N. K. Bari [1], Seite 555).

Theorem 5.1. *Dafür, daß jede nullstellenfreie Funktion $a(\zeta)$ der R-Algebra $\mathscr{C}$ eine Faktorisierung* (5.4) *mit Faktoren $a_\pm(\zeta) \in \mathscr{C}_\pm$ gestattet, ist notwendig und hinreichend, daß die Algebra $\mathscr{C}$ zerfallend ist. Wenn diese Bedingung erfüllt ist, dann wird die Zahl $\varkappa$ in der Faktorisierung* (5.4) *durch die Gleichung* $\varkappa = \operatorname{ind} a(\zeta)$ *bestimmt.*

Der Beweis dieses Theorems basiert auf dem folgenden Lemma über die Faktorisierung von Elementen, die nahe dem Einselement sind.

Lemma 5.1. *Es seien $\mathfrak{A}$ eine Banach-Algebra mit dem Einselement e und $\mathfrak{A}^\pm$ Unteralgebren von $\mathfrak{A}$, deren direkte Summe gleich $\mathfrak{A}$ ist. Ferner sei P der Projektor, der $\mathfrak{A}$ auf $\mathfrak{A}_+$ parallel zu $\mathfrak{A}$ prozijiert, und $Q = I - P$. Wenn das Element $a \in \mathfrak{A}$ der Bedingung*

$$|a| < \min\,(|P|^{-1},\ |Q|^{-1}) \tag{5.5}$$

genügt, dann gestattet das Element $e - a$ folgende Faktorisierung

$$e - a = (e + b_-)\,(e + b_+)\,, \tag{5.6}$$

wobei $b_\pm \in \mathfrak{A}_\pm$ und $(e + b_\pm)^{-1} - e \in \mathfrak{A}_\pm$.

Beweis. In der Algebra $\mathfrak{A}$ betrachten wir die Gleichung

$$x - P\,a\,x = e\,. \tag{5.7}$$

Infolge der Bedingung (5.5) besitzt diese Gleichung eine eindeutig bestimmte Lösung, die offensichtlich von der Form $x = e + x_+$ mit $x_+ \in \mathfrak{A}_+$ ist. Aus (5.7) folgt die Gleichung

$$(e - a)\,(e + x_+) = e + b_- \qquad (b_- \in \mathfrak{A}_-)\,. \tag{5.8}$$

Analog erhalten wir mit Hilfe von

$$x - Q\,x\,a = e$$

die Gleichung

$$(e + x_-)\,(e - a) = e + b_+ \qquad (x_- \in \mathfrak{A}_-,\ b_+ \in \mathfrak{A}_+)$$

oder

$$(e + b_+)\,(e - a)^{-1} = e + x_-\,. \tag{5.9}$$

Durch Multiplikation der Gleichungen (5.8) und (5.9) erhalten wir

$$(e + b_+)\,(e + x_+) = (e + x_-)\,(e + b_-)$$

oder

$$b_+ + x_+ + b_+\,x_+ = b_- + x_- + x_-\,b_-\,.$$

Da sich die Algebren $\mathfrak{A}_+$ und $\mathfrak{A}_-$ nur im Nullelement überschneiden, sind beide Seiten dieser Gleichung gleich Null, so daß gilt

$$(e + b_+)\,(e + x_+) = (e + x_-)\,(e + b_-) = e\,. \tag{5.10}$$

Wenn die Algebra $\mathfrak{A}$ kommutativ ist, kann man den Beweis des Lemmas hier beenden, da aus (5.10) folgt, daß die Elemente $e + b_\pm$ umkehrbar sind und die Inversen die gleiche Gestalt haben. Dann ergibt sich aus (5.8) die Faktorisierung (5.6).

Im allgemeinen Fall jedoch folgt aus (5.10) nur die einseitige Umkehrbarkeit der Elemente $e + b_\pm$.

Um zu beweisen, daß die Elemente $e + x_\pm$ beidseitig invers zu $e + b_\pm$ sind, bemerken wir, daß alle Schlüsse gültig bleiben, wenn das Element a durch $\lambda\,a$ mit $0 \leqq \lambda \leqq 1$ ersetzt wird. Dabei werden die Elemente $b_\pm$ durch gewisse analytische Funktionen $b_\pm(\lambda)$ $(0 \leqq \lambda \leqq 1)$ ersetzt, wobei das Element $e + b_+(\lambda)$ in jedem Punkt λ umkehrbar von rechts und das Element $e + b_+(0) = e$ von beiden Seiten umkehrbar ist. Die beidseitige Umkehrbarkeit des Elementes $e + b_+ = e + b_+(1)$ ergibt sich dann aus dem folgenden Satz (siehe das Buch von I. Z. Gochberg und M. G. Krein [5]).

Sei $\mathfrak{A}$ eine Banach-*Algebra mit Einselement und $a(\lambda)$ eine stetige Funktion, die eine Abbildung des Intervalls $\Delta = [0, 1]$ in $\mathfrak{A}$ vermittelt. Wenn das Element $a(\lambda)$ in jedem Punkt $\lambda \in \Delta$ einseitig umkehrbar und wenn für wenigstens einen Punkt $\lambda_0 \in \Delta$ das Element $a(\lambda_0)$ beidseitig umkehrbar ist, dann ist $a(\lambda)$ in allen Punkten $\lambda \in \Delta$ beidseitig umkehrbar.*

Aus diesem Satz folgt, daß $e + x_\pm$ invers zu $e + b_\pm$ ist, womit der Beweis des Lemmas abgeschlossen ist.

Beweis des Theorems 5.1. Es sei $\mathscr{E}$ eine zerfallende Algebra, P der Projektor, der $\mathscr{E}$ auf $\mathscr{E}^+$ parallel zu $\mathscr{E}_0^-$ projiziert, und $Q = I - P$. Die Funktion $a(\zeta) \in \mathscr{E}$ möge keine Nullstellen auf der Einheitskreislinie besitzen. Mit $r(\zeta)$ bezeichnen wir ein Polynom in ganzen Potenzen von ζ, so daß für die Funktion $b(\zeta) = a(\zeta)\, r^{-1}(\zeta) - 1$ die Bedingung

$$|b| < \min\,(|P|^{-1},\ |Q|^{-1}) \tag{5.11}$$

erfüllt ist.

Die Anwendung des Lemmas 5.1 auf die Algebren

$$\mathfrak{A} = \mathscr{E}\,, \quad \mathfrak{A}_+ = \mathscr{E}^+\,, \quad \mathfrak{A}_- = \mathscr{E}_0^-$$

liefert eine Faktorisierung der Funktion $1 + b(\zeta)$, d. h.

$$a(\zeta)\, r^{-1}(\zeta) = b_-(\zeta)\, b_+(\zeta)\,, \tag{5.12}$$

wobei

$$b_\pm(\zeta) \in \mathscr{E}^\pm\,, \quad b_+(\zeta) \neq 0 \quad (|\zeta| \leqq 1)\,, \quad b_-(\zeta) \neq 0 \quad (|\zeta| \geqq 1)\,.$$

Aus der Bedingung (5.11) und der leicht nachzuweisenden Beziehung

$$\max_{|\zeta|=1} |a(\zeta)\, r^{-1}(\zeta) - 1| \leqq |b|$$

folgt, daß

$$r(\zeta) \neq 0 \ (|\zeta| = 1) \quad \text{und} \quad \operatorname{ind} r(\zeta) = \operatorname{ind} a(\zeta) = \varkappa\,.$$

Wie bereits beim Beweis von Theorem 1.1 bemerkt, gestattet das Polynom $r(\zeta)$ unter diesen Bedingungen die Faktorisierung

$$r(\zeta) = r_-(\zeta)\, \zeta^\varkappa\, r_+(\zeta)\,, \tag{5.13}$$

wobei $r_\pm(\zeta)$ ($\in \mathscr{E}^\pm$) Polynome sind mit

$$r_+(\zeta) \neq 0 \quad (|\zeta| \leqq 1)\,, \quad r_-(\zeta) \neq 0 \quad (|\zeta| \geqq 1)\,.$$

Aus den Gleichungen (5.12) und (5.13) ergibt sich die Faktorisierung der Funktion $a(\zeta)$.

Wenden wir uns nun dem Beweis der Notwendigkeit der Bedingungen des Theorems zu. Es sei $a(\zeta)$ eine beliebige Funktion aus $\mathscr{E}$ und $b(\zeta) = \exp a(\zeta)$. Dann ist

$$b(\zeta) \neq 0 \quad (|\zeta| = 1)\,, \quad \operatorname{ind} b(\zeta) = 0\,,$$

und demzufolge gestattet $b(\zeta)$ eine Faktorisierung

$$b(\zeta) = b_-(\zeta)\, b_+(\zeta) \quad (b_\pm(\zeta) \in \mathscr{E}^\pm\,, \quad b_-(\infty) = 1)\,.$$

Unter Berücksichtigung von $\operatorname{ind} b(\zeta) = 0$ erhalten wir aufgrund eines Satzes von G. E. SCHILOW [1], daß die Funktionen $a^\pm(\zeta) = \log b^\pm(\zeta) \in \mathscr{E}^\pm$, wobei $a_-(\zeta) \in \mathscr{E}^-$. Damit gilt

$$a(\zeta) = a_+(\zeta) + a_-(\zeta)\,,$$

d. h., die Algebra $\mathscr{E}$ ist zerfallend.

Wir bemerken, daß man die Hinlänglichkeit der Bedingungen des Theorems ebenfalls aus dem erwähnten Satz von G. E. SCHILOW erhalten kann. In der Tat, sei $a(\zeta) \neq 0$ ($|\zeta| = 1$) und $\varkappa = \operatorname{ind} a(\zeta)$, dann ist nach dem besagten Satz die Funktion $c(\zeta) = \log \zeta^{-\varkappa} a(\zeta) \in \mathscr{C}$. Da $\mathscr{C}$ zerfallend ist, kann man $c(\zeta)$ darstellen in der Form

$$c(\zeta) = c_+(\zeta) + c_-(\zeta) \qquad (c_\pm(\zeta) \in \mathscr{C}^\pm)\,,$$

woraus folgt

$$a(\zeta) = e^{c_-(\zeta)}\, \zeta^\varkappa\, e^{c_+(\zeta)}\,.$$

Man überzeugt sich leicht, daß diese Gleichung die gesuchte Faktorisierung der Funktion $a(\zeta)$ darstellt.

Der einseitig umkehrbare Operator V möge nun den Bedingungen (Σ I) und (Σ II) von § 3 genügen. Dann ist $R(\zeta)$ eine R-Algebra. Wenn diese Algebra zerfallend und die Zuordnung zwischen den Algebren $\mathfrak{R}(V)$ und $\mathfrak{R}(\zeta)$ umkehrbar eindeutig ist (d. h. die Algebra $\mathfrak{R}_0(V)$ besitzt kein Radikal)[1]), dann kann man effektive Formeln für die Umkehrung von Operatoren in $\mathfrak{R}(V)$ erhalten.

Es sei nämlich für einen Operator $A \in \mathfrak{R}(V)$ die Bedingung

$$A(\zeta) \neq 0 \quad (|\zeta| = 1)$$

erfüllt.

Dann gestattet die Funktion $A(\zeta)$ aufgrund des Theorems 5.1 eine Faktorisierung (5.1), aus der sich die Formel (5.3) für den von der entsprechenden Seite zu A inversen Operator ergibt.

Wir bemerken, daß folgendes gilt. Wenn der Raum $\mathfrak{R}(\zeta)$ zerfallend ist in dem Sinne, daß jede Funktion $a(\zeta) \in \mathfrak{R}(\zeta)$ auf eindeutige Weise in der Form

$$a(\zeta) = a_+(\zeta) + a_-(\zeta) \quad (a_\pm(\zeta) \in \mathfrak{R}^\pm(\zeta)\,, \quad a_-(\infty) = 0)$$

darstellbar ist, dann erweist sich $\mathfrak{R}(\zeta)$ automatisch als Banachsche R-Algebra.

§ 6. Lösung von Gleichungen mit einseitig umkehrbaren Operatoren aus $\mathfrak{R}(V)$

1. In diesem Paragraphen wird vorausgesetzt, daß die Operatoren V und $V^{(-1)}$ den Bedingungen (Σ I) und (Σ II), § 3, genügen. Das Symbol des Operators A aus $\mathfrak{R}(V)$ möge nirgends verschwinden

$$A(\zeta) \neq 0 \quad (|\zeta| = 1)\,. \tag{6.1}$$

Die Lösung der Gleichung

$$A\,\varphi = f \tag{6.2}$$

kann auf eine Gleichung mit umkehrbarem Operator zurückgeführt werden.

Das kann entsprechend der Schemata geschehen, wie sie in den Sätzen 5° bis 8°, § 1, beschrieben wurden. Sei etwa $\varkappa = \operatorname{ind} A(\zeta) > 0$. Dann ist der Operator A darstellbar in der Form

$$A = B\,V^\varkappa\,, \tag{6.3}$$

wobei $B \in \mathfrak{R}(V)$ einen Operator mit dem Symbol $B(\zeta) = \zeta^{-\varkappa} A(\zeta)$ bezeichnet.

[1]) Wir bemerken, daß die angegebenen Resultate auch ohne diese Bedingung gültig bleiben. Man kann nämlich das Theorem über die Faktorisierung für die Algebra $\mathfrak{R}_0(V)$ beweisen.

Offenbar ist ind $B(\zeta) = 0$, folglich ist B umkehrbar. Die Darstellung (6.3) gestattet es, den Satz 5°, § 1, heranzuziehen.

Die Gleichung (6.3) wird von links mit $V^{(-\varkappa)}$ multipliziert, so daß sich unter Berücksichtigung von $V^{(-\varkappa)}\,B\,V^{\varkappa} = B$ die Beziehung

$$V^{(-\varkappa)}\,A = B \tag{6.3'}$$

ergibt.

Diese Gleichung wiederum gestattet es, den Satz 6° heranzuziehen.

Im Falle $\varkappa < 0$ stellt man in analoger Weise die Gleichungen

$$A = V^{(\varkappa)}\,B \tag{6.4}$$

und

$$A\,V^{-\varkappa} = B \tag{6.4'}$$

auf, wobei B einen Operator mit dem Symbol $B(\zeta) = \zeta^{-\varkappa}\,A(\zeta)$ bezeichnet. Diese Gleichungen gestatten es, die Sätze 7° und 8° in Anwendung zu bringen.

Den hierbei auftretenden Operator B nennen wir einen Operator mit *getilgtem* Index.

2. Das folgende Theorem gibt ein genaueres Bild von der Struktur des Kerns des Operators A.

Theorem 6.1. *Für einen Operator* $A \in \mathfrak{R}(V)$ *sei die Bedingung* (6.1) *erfüllt, und es gelte* $\varkappa < 0$. *Dann ist*

$$\dim \operatorname{Ker} A = |\varkappa| \dim \operatorname{Ker} V^{(-1)}\,.$$

Wenn der Operator A darüber hinaus in der Form

$$A = A_-\,V^{(\varkappa)}\,A_+ \quad (A_\pm \in \mathfrak{R}^\pm(V),\ A_\pm^{-1} \in \mathfrak{R}^\pm(V)) \tag{6.5}$$

darstellbar ist, dann existiert ein Unterraum $\mathfrak{L} \subset \mathfrak{B}$ *der Dimension* $\dim \operatorname{Ker} V^{(-1)}$ *derart, daß gilt*

$$\operatorname{Ker} A = \mathfrak{L} \dotplus V\,\mathfrak{L} \dotplus \cdots \dotplus V^{|\varkappa|-1}\,\mathfrak{L}\,. \tag{6.6}$$

Beweis. Betrachten wir zunächst den einfachsten Fall, wo $A = V^{(-n)}$ $(n = 1, 2, \ldots)$. Sei $\mathfrak{L}_n = \operatorname{Ker} V^{(-n)}$ $(n = 1, 2, \ldots)$. Wir zeigen, daß der Unterraum $\mathfrak{L}_n$ als direkte Summe

$$\mathfrak{L}_n = \mathfrak{L}_1 \dotplus V\,\mathfrak{L}_1 \dotplus \cdots \dotplus V^{n-1}\,\mathfrak{L}_1 \tag{6.7}$$

dargestellt werden kann. Dafür genügt es zu zeigen

$$\mathfrak{L}_{k+1} = \mathfrak{L}_k \dotplus V^k\,\mathfrak{L}_1 \quad (k = 1, 2, \ldots)\,. \tag{6.8}$$

Die Unterräume $\mathfrak{L}_k$ und $V^k\,\mathfrak{L}_1$ überschneiden sich nur im Nullelement, da aus der Gleichung

$$V^k\,g = f \quad (f \in \mathfrak{L}_k,\ g \in \mathfrak{L}_1)$$

folgt

$$g = V^{(-k)}\,f = 0\,.$$

Offenbar gilt die Inklusion

$$\mathfrak{L}_k \dotplus V^k\,\mathfrak{L}_1 \subset \mathfrak{L}_{k+1}\,.$$

Sei x ein beliebiger Vektor aus $\mathfrak{L}_{k+1}$. Wir setzen $z = V^{(-k)} x$ und $y = x - V^k z$. Dann ist $z \in \mathfrak{L}_1$, $y \in \mathfrak{L}_k$, und damit ist die Gleichung (6.8) und folglich auch (6.7) bewiesen.

Gehen wir nun zum allgemeinen Fall über. Wie in dem Beweis von Theorem 3.1 gezeigt (siehe Gleichung (3.6)), kann man den Operator A in der Form

$$A = R_- V^{(\varkappa)} (I + C) R_+$$

darstellen, wobei die Operatoren $R_\pm$ ($\in \mathfrak{R}(V)$) und $I + C$ umkehrbar sind.

Aus der Gleichung (6.7) folgt, daß der Unterraum Ker A als direkte Summe

$$\operatorname{Ker} A = B \mathfrak{L}_1 \dotplus B V \mathfrak{L}_1 \dotplus \cdots \dotplus B V^{|\varkappa|-1} \mathfrak{L}_1 \tag{6.9}$$

darstellbar ist mit $B = R_+^{-1} (I + C)^{-1}$. Hieraus folgt die erste Behauptung des Theorems.

Unter Voraussetzung der Beziehungen (6.5) erhält man aus (6.7) die Beziehung (6.9), wobei der Operator $B = A_+^{-1}$ mit V^k ($k = 1, 2, \ldots$) kommutiert. Damit nimmt die Gleichung (6.9) die Form

$$\operatorname{Ker} A = \mathfrak{L} \dotplus V \mathfrak{L} \dotplus \cdots \dotplus V^{|\varkappa|-1} \mathfrak{L}$$

mit $\mathfrak{L} = B \mathfrak{L}_1$ an.

Bemerkung. Die letzte Behauptung des Theorems bleibt gültig, wenn anstelle der Darstellung (6.5) gefordert wird, daß dim Ker $V^{(-1)} < \infty$ und daß für einen beliebigen Vektor $f \in \mathfrak{B}$ ($f \neq 0$) die Vektoren $f, V f, \ldots, V^n f$ ($n = 1, 2, \ldots$) linear unabhängig sind.

Zum Beweis dieser Behauptung bilden wir den Unterraum

$$\mathfrak{N} = \mathfrak{L} \dotplus V \mathfrak{L} \dotplus \cdots \dotplus V^{|\varkappa|-1} \mathfrak{L}$$

mit $\mathfrak{L} = B \mathfrak{L}_1$; B sei wie vorher gleich $R_+^{-1} (I + C)^{-1}$. Wir zeigen, daß $\mathfrak{N} = \operatorname{Ker} A$. Da die Dimensionen dieser Unterräume übereinstimmen ($\dim \mathfrak{N} = \dim \operatorname{Ker} A$), genügt es zu zeigen, daß die Inklusion $\mathfrak{N} \subset \operatorname{Ker} A$ oder, was damit gleichbedeutend ist, die Gleichung

$$V^{(\varkappa)} (I + C) R_+ f = 0 \qquad (f \in \mathfrak{N})$$

gilt.

Wir bemerken, daß für einen beliebigen Operator $F \in \mathfrak{R}(V)$ bei beliebigem $n \geqq 0$ die Gleichung $V^{(-n)} F V^n = F$ gilt. Das ist offensichtlich für $F \in \mathfrak{R}(V)$; für den allgemeinen Fall erhält man diese Beziehung durch Grenzübergang. Deshalb gilt für beliebiges natürliches n

$$V^{(-n)} (I + C) R_+ V^n = (I + C) R_+ .$$

Sei f ein beliebiger Vektor aus $\mathfrak{N}$. Da f in der Form

$$f = \sum_{j=0}^{|\varkappa|-1} V^j B f_j \qquad (f_j \in \mathfrak{L}_1,\ j = 1, 2, \ldots, |\varkappa| - 1)$$

darstellbar ist, gilt

$$V^{(\varkappa)} (I + C) R_+ f = \sum_{j=0}^{|\varkappa|-1} V^{(\varkappa+j)} f_j = 0 .$$

Wir gehen nun zu den Anwendungen der allgemeinen Theorie über.

§ 7. Diskrete Wiener-Hopf-Gleichungen

1. Es sei l_2 der Hilbert-Raum von Folgen komplexer Zahlen $\{\xi_j\}_1^\infty$ und V der isometrische Operator, der in l_2 durch die Gleichung

$$V\{\xi_j\}_1^\infty = \{0, \xi_1, \xi_2, \ldots\}$$

definiert ist.

Der Operator $V^{(-1)}$, der durch die Gleichung

$$V^{(-1)}\{\xi_j\}_1^\infty = \{\xi_{j+1}\}_1^\infty$$

definiert wird, ist offenbar linksinvers zu V, und es gilt $|V| = |V^{(-1)}| = 1$.

Es sei $a(\zeta)$ eine beliebige auf der Einheitskreislinie stetige Funktion und a_j $(j = 0, \pm 1, \ldots)$ ihre Fourier-Koeffizienten. Nach Satz 2°, § 2, existiert ein eindeutig bestimmter Operator $A \in \mathfrak{R}(V)$ derart, daß sein Symbol mit $a(\zeta)$ übereinstimmt: $A(\zeta) = a(\zeta)$. (Hier ist die Algebra $\mathfrak{R}_0(V)$ ohne Radikal!) Wir zeigen, daß der Operator A in l_2 durch die Matrix

$$||a_{j-k}||_{j,k=1}^\infty \tag{7.1}$$

erzeugt wird. Sei $R_n(\zeta) = \sum_{j=-n}^{\infty} \alpha_j^{(n)} \zeta^j$ $(n = 1, 2, \ldots)$ eine Folge von Polynomen, die gleichmäßig gegen $a(\zeta)$ konvergiert. Die Folge der Operatoren $R_n \in \mathfrak{R}(V)$, die durch die Matrizen

$$||\alpha_{j-k}^{(n)}||_{j,k=1}^\infty \quad (\alpha_j^{(n)} = 0 \quad \text{für} \quad |j| > n)$$

erzeugt werden, konvergiert gegen einen gewissen Operator $B \in \mathfrak{R}(V)$, da wegen Gleichung (2.5) die Beziehung

$$|R_{n+p} - R_n| = \max_{|\zeta|=1} |R_{n+p}(\zeta) - R_n(\zeta)| \to 0$$

gilt.

Da die entsprechenden Fourier-Koeffizienten der Funktionen $R_n(\zeta)$ gegen die Fourier-Koeffizienten der Funktion $a(\zeta)$ konvergieren, gilt $B = A$ und $A(\zeta) = a(\zeta)$.

Infolgedessen kann man die Funktion $a(\zeta)$ als *Symbol* des Operators bezeichnen, der in l_2 durch die Matrix (7.1) erzeugt wird.

Das Theorem 3.1 liefert nun folgendes Resultat.

Theorem 7.1. *Sei $a(\zeta)$ eine beliebige auf der Einheitskreislinie stetige Funktion und a_j $(j = 0, \pm 1, \ldots)$ ihre Fourier-Koeffizienten. Dafür, daß der Operator A, der in l_2 durch die Matrix* (7.1) *erzeugt wird, von wenigstens einer Seite umkehrbar ist, ist notwendig und hinreichend, daß sein Symbol nicht verschwindet.*

Wenn diese Bedingung erfüllt ist, dann entspricht die Umkehrbarkeit des Operators A dem Index der Funktion $a(\zeta)$.

Mit anderen Worten, *die Umkehrbarkeit des Operators A wird durch sein Symbol bestimmt.*

Als Realisierung der Sätze 5°—8°, § 1, erhalten wir den folgenden Satz über die diskrete WIENER-HOPF-Gleichung, d. h. über die Gleichung

$$\sum_{k=1}^{\infty} a_{j-k}\,\xi_k = \eta_j \quad (j = 1, 2, \ldots)\,, \tag{7.2}$$

die im Raum l_2 betrachtet wird.

Wir klären zunächst, wie für (7.2) die Gleichung mit getilgtem Index aussieht (siehe Gleichungen (6.3), (6.3′) und (6.4)). Für $\varkappa > 0$ hat die Gleichung mit getilgtem Index die Form

$$\sum_{k=1}^{\infty} a_{j-k}\,\xi_k = \eta_j \quad (j = \varkappa + 1,\ \varkappa + 2, \ldots)\,, \tag{7.3}$$

d. h., man erhält sie aus der Ausgangsgleichung, indem die ersten $\varkappa$ Gleichungen weggelassen werden (siehe (1.10) und (6.3′)).

Für $\varkappa < 0$ hat die „getilgte" Gleichung die Form

$$\sum_{k=-\varkappa+1}^{\infty} a_{j-k}\,\xi_k = \eta_j \quad (j = 1, 2, \ldots)\,, \tag{7.4}$$

d. h., man erhält sie aus der Ausgangsgleichung, indem $\xi_1 = \xi_2 = \cdots = \xi_{-\varkappa} = 0$ gesetzt wird (siehe (1.18) und (6.4′)). Wir bemerken auch, daß bei $\varkappa < 0$ die Lösbarkeitsbedingung die Form

$$\sum_{k=1}^{\infty} a_{j-k}\,\xi_k = \eta_j \quad (j = 1, 2, \ldots, \varkappa) \tag{7.5}$$

hat.

Das sind die ersten $\varkappa$ Gleichungen, die bei (7.3) weggelassen wurden (siehe (1.11)).

Alle Behauptungen der allgemeinen Sätze 6° und 8°, § 1, bleiben hier erhalten und werden vollkommen klar und einsichtig. Für $\varkappa > 0$ ist die Ausgangsgleichung nicht immer lösbar, sondern nur unter der Bedingung (7.5), in der $\xi = \{\xi_j\}$ die Lösung der getilgten Gleichung ist. Offensichtlich führt die Lösung der Ausgangsgleichung auf die Lösung des „Teil"-Systems (7.3) und eines „Rest"-Systems (7.5).

Für $\varkappa < 0$ wird ein Vektor ξ aus der Lösung der Gleichung (7.4) aufgebaut,

$$\xi = \{\underbrace{0, 0, \ldots, 0}_{-\varkappa},\ \xi_{-\varkappa+1}, \ldots, \xi_n, \ldots\}\,,$$

der eine der Lösungen der Ausgangsgleichung (7.2) ist.

Die allgemeine Lösung des homogenen Systems

$$\sum_{k=1}^{\infty} a_{j-k}\,\xi_k = 0 \quad (j = 1, 2, \ldots) \tag{7.6}$$

wird durch

$$\xi = \{x_1, x_2, \ldots, x_{-\varkappa}, \xi_{-\varkappa+1}, \xi_{-\varkappa+2}, \ldots\}$$

gegeben, wobei x_j $(j = 1, 2, \ldots, -\varkappa)$ beliebige Zahlen sind und $\{\xi_j\}_{j=-\varkappa+1}^{\infty}$ die eindeutig bestimmte Lösung des Systems

$$\sum_{k=-\varkappa+1}^{\infty} a_{j-k}\,\xi_k = -\sum_{k=1}^{-\varkappa} a_{j-k}\,x_k \qquad (j = 1, 2, \ldots)$$

ist (siehe Satz 8°, § 1). Wir überlassen es dem Leser, die Realisierungen der Sätze 5° und 7°, § 1, zu formulieren.

Wir bemerken, daß das Theorem 7.1 und die weiteren Aussagen in jedem der Räume l_p $(p \geqq 1)$, m, c, c_0 gültig bleiben, wenn nur die Funktion $a(\zeta)$ der entsprechenden Algebra $\Re(\zeta)$ angehört (z. B., wenn $a(\zeta)$ in eine absolut konvergente Fourier-Reihe entwickelt werden kann, dann gehört sie allen entsprechenden Algebren an). Für alle diese Räume besitzt die Algebra $\Re_0(V)$ kein Radikal.

2. Die allgemeine Lösung des homogenen Systems (7.6) gestattet eine weitere Beschreibung. Dieses System werde in einem der o. a. Räume l_p $(p \geqq 1)$, m, c, c_0 unter der Voraussetzung betrachtet, daß die Funktion $a(\zeta)$ der entsprechenden Algebra $\Re(\zeta)$ angehört. Wegen der Bemerkung zu Theorem 6.1 kann man in dem betreffenden Raum einen Vektor

$$\xi = \{\xi_j\}_1^{\infty} \tag{7.7}$$

auszeichnen, so daß die Vektoren

$$\xi^{(r)} = \{\underbrace{0, \ldots, 0}_{r-1}, \xi_1, \xi_2, \ldots\} \qquad (r = 1, 2, \ldots |\varkappa|)$$

eine Basis aller Lösungen des Systems (7.6) bilden.

3. Wir illustrieren nun am Beispiel der diskreten Wiener-Hopf-Gleichung die Konstruktion des zu A inversen Operators unter Benutzung der Faktorisierung. Der Operator $A \in \Re(V)$ werde wieder von der Matrix (7.1) erzeugt. Wenn sein Symbol $A(\zeta)$ $(= a(\zeta))$ eine Faktorisierung (5.1)

$$A(\zeta) = A_-(\zeta)\,\zeta^{\varkappa}\,A_+(\zeta) \tag{7.8}$$

gestattet, dann wird der entsprechende zu A inverse Operator $A^{(-1)}$ durch die Gleichung (5.3) definiert. Eine direkte Überprüfung zeigt, daß die Matrix des Operators $A^{(-1)}$ folgendermaßen bestimmt werden kann. Wir stellen die Funkton $1/A(\zeta)$ in der Form

$$A^{-1}(\zeta) = B_-(\zeta)\,B_+(\zeta)$$

mit

$$B_+(\zeta) = \begin{cases} A_+^{-1}(\zeta), & \varkappa \geqq 0\,, \\ A_+^{-1}(\zeta)\,\zeta^{-\varkappa}, & \varkappa < 0\,, \end{cases}$$

$$B_-(\zeta) = \begin{cases} A_-^{-1}(\zeta)\,\zeta^{-\varkappa}, & \varkappa \geqq 0\,, \\ A_-^{-1}(\zeta), & \varkappa < 0 \end{cases}$$

dar.

Mit $\gamma_j^{(1)}$ und $\gamma_j^{(2)}$ $(j = 0, 1, \ldots)$ bezeichnen wir die Fourier-Koeffizienten der Funktionen $B_+(\zeta)$ bzw. $B_-(\zeta^{-1})$. Dann ist

$$A^{(-1)} = \|\gamma_{jk}\|_{j,k=1}^{\infty}$$

mit

$$\gamma_{jk} = \sum_{r=1}^{\min(j,k)} \gamma_{j-r}^{(1)} \gamma_{k-r}^{(2)} .$$

Wir bemerken noch, daß im Falle einer Faktorisierung (7.8) des Symbols $A(\zeta)$ als Vektor (7.7) der Vektor

$$\xi = \{c_0, c_1, \ldots \chi\} ,$$

wobei c_j $(j = 0, 1, \ldots)$ die FOURIER-Koeffizienten der Funktion $A_+^{-1}(\zeta)$ sind, genommen werden kann.

§ 8. Wiener-Hopfsche Integralgleichungen

Wir illustrieren nun die allgemeine Theorie am Beispiel der WIENER-HOPFschen Integralgleichungen.

Mit E bezeichnen wir einen der BANACH-Räume L_p $(1 \leqq p < \infty)$, M, M_c, M_u, C und C_0[1]) komplexwertiger Funktionen, die auf der positiven Halbachse definiert sind. In diesem Paragraphen werden Kriterien für die Umkehrbarkeit und die einseitige Umkehrbarkeit von Operatoren der Form

$$(A\,\varphi)\,(t) = \varphi(t) - \int_0^\infty k\,(t-s)\,\varphi(s)\,ds \qquad (0 \leqq t < \infty)\,, \qquad (8.1)$$

die in E mit $k(t) \in \tilde{L}_1$ $(= L_1(-\infty, +\infty))$ wirken, abgeleitet. Der Beweis erfolgt entsprechend der beiden Schemata, die in den Punkten 1 und 2, § 3, dargelegt sind.

Wir betrachten im Raum E die Operatoren

$$\left.\begin{aligned} (V\varphi)\,(t) &= \varphi(t) - 2\int_{-\infty}^{t} e^{s-t}\,\varphi(s)\,ds\,, \\ (V^{(-1)}\varphi)\,(t) &= \varphi(t) - 2\int_{t}^{\infty} e^{t-s}\,\varphi(s)\,ds\,, \end{aligned}\right\} \qquad (0 < t < \infty)\,.$$

Der Operator $V^{(-1)}$ ist eine Linksinverse zum Operator V. Man prüft leicht nach, daß die Operatoren V und $V^{(-1)}$ der Bedingung $(\Sigma\,\mathrm{I})$, § 1, genügen.

1. Sei $\tilde{E}$ einer der BANACH-Räume $\tilde{L}_p$ $(1 \leqq p < +\infty)$, $\tilde{M}_c$, $\tilde{M}_u$, $\tilde{C}$, $\tilde{C}_0$ komplexwertiger Funktionen, die auf der ganzen reellen Achse definiert sind. Den Raum $\tilde{E}$ kann man als eine Erweiterung des entsprechenden Raumes E auffassen.[2]) Zuerst wenden wir das zweite Schema von § 3 an.

[1]) Die Räume M_c und M_u sind Unterräume des Raumes M aller meßbaren beschränkten Funktionen. Der erste besteht aus allen stetigen Funktionen, der zweite aus allen gleichmäßig stetigen Funktionen. C bedeutet hier den Raum aller stetigen Funktionen $f(t)$ $(0 \leqq t < \infty)$, für die der Grenzwert $f(\infty) = \lim_{t\to\infty} f(t)$ existiert. Der Raum C_0 wird in C durch die Beziehung $f(\infty) = 0$ ausgezeichnet.

[2]) Der Raum $\tilde{C}$ besteht aus den auf $(-\infty, +\infty)$ stetigen Funktionen, für die die Grenzwerte $f(+\infty)$ und $f(-\infty)$ existieren, wobei $f(+\infty) = f(-\infty)$; $\tilde{C}_0$ wird in $\tilde{C}$ wieder durch die Bedingung $f(+\infty) = f(-\infty) = 0$ ausgezeichnet.

Man prüft leicht nach, daß die Operatoren U, U^{-1} und P, die in $\tilde{E}$ durch die Gleichungen

$$\left.\begin{aligned}(U\varphi)(t) &= \varphi(t) - 2\int_{-\infty}^{t} e^{s-t}\varphi(s)\,ds\,,\\ (U^{-1}\varphi)(t) &= \varphi(t) - 2\int_{t}^{\infty} e^{t-s}\varphi(s)\,ds\,,\end{aligned}\right\}\quad (-\infty < t < \infty)\,,$$

$$(P\varphi)(t) = \begin{cases}\varphi(t), & 0 < t < \infty,\\ 0, & -\infty < t < 0\end{cases}$$

definiert werden, den Eigenschaften (1) und (2) von Punkt 2, § 3,[1]) genügen; die Menge $\mathfrak{R}(U)$ besteht aus allen Operatoren der Form

$$(R\varphi)(t) = c\,\varphi(t) - \int_{-\infty}^{\infty} r(t-s)\,\varphi(s)\,ds \tag{8.2}$$

mit

$$r(t) = \begin{cases} e^{-t}\,p_1(t), & 0 < t < \infty,\\ e^{t}\,p_2(t), & -\infty < t < 0\,,\end{cases} \tag{8.3}$$

wobei c eine Konstante und $p_1(t)$, $p_2(t)$ beliebige Polynome in nichtnegativen Potenzen von t sind.

Wenn die Funktion $k(t)$ aus $\tilde{L}_1$ ist, dann ist bekanntlich der Operator

$$(\mathcal{K}\varphi)(t) = \int_{-\infty}^{\infty} k(t-s)\,\varphi(s)\,ds$$

in jedem der Räume $\tilde{E}$ beschränkt, wobei gilt

$$|\mathcal{K}|_{\tilde{E}} \leqq |k(t)|_{\tilde{L}_1}\,. \tag{8.4}$$

Da die Menge aller Funktionen der Form (8.3) dicht in $\tilde{L}_1$ ist, enthält die Algebra $\mathfrak{R}(U)$ wegen der Abschätzung (8.4) zumindest alle Operatoren $\tilde{A}$ der Form

$$(\tilde{A}\varphi)(t) = \varphi(t) - \int_{-\infty}^{\infty} k(t-s)\,\varphi(s)\,ds \tag{8.5}$$

mit $k(t) \in \tilde{L}_1$. Für einen beliebigen Raum $\tilde{E}$ gibt es keine exakte Beschreibung dieser Algebra, deshalb beschränken wir uns hier nur auf Operatoren der Form (8.5) mit $k(t) \in \tilde{L}_1$.

Jedem Operator der Form (8.5) ordnen wir die Funktion

$$\mathcal{A}(\lambda) = 1 - \int_{-\infty}^{\infty} k(t)\,e^{i\lambda t}\,dt \quad (-\infty < \lambda < \infty)$$

zu.

Aus den Eigenschaften der FOURIER-Transformation folgt, daß dabei den Operatoren U^n $(n = 0, \pm 1, \ldots)$ die Funktionen $\left(\frac{\lambda - i}{\lambda + i}\right)^n$ entsprechen.

Um solche FOURIER-Transformierten zu erhalten, wurden die Operatoren U und U^{-1} gerade so speziell gewählt.

[1]) Das Nachprüfen erfolgt am einfachsten mit Hilfe der FOURIER-Transformation.

Damit ist das Symbol $R(\zeta)$ ($|\zeta| = 1$) (ein Polynom in positiven und negativen Potenzen von ζ) eines Operators R aus $\mathfrak{R}(U)$ der Form (8.2) durch die Gleichung

$$R\left(\frac{\lambda - i}{\lambda + i}\right) = c - \int_{-\infty}^{\infty} r(t)\, e^{i\lambda t} dt$$

definiert.

Hieraus erhält man leicht: Wenn $\tilde{A} \in \mathfrak{R}(U)$ die Form (8.5) hat, dann wird sein Symbol $A(\zeta)$ ($|\zeta| = 1$) durch die Gleichungen

$$A(\zeta) = \mathcal{A}\left(i\,\frac{1+\zeta}{1-\zeta}\right), \quad \mathcal{A}(\lambda) = 1 - \int_{-\infty}^{\infty} k(t)\, e^{i\lambda t}\, dt \; (-\infty \leqq \lambda \leqq \infty) \tag{8.6}$$

definiert.

Die auf der reellen Achse $-\infty < \lambda < \infty$ definierte Funktion $\mathcal{A}(\lambda)$, die mit dem Symbol $A(\zeta)$ durch eine gebrochen-lineare Transformation des Arguments verknüpft ist, werden wir ebenfalls *Symbol* des Operators A nennen.

Wenden wir nun das Theorem 3.2, das Haupttheorem über die Umkehrbarkeit nach dem zweiten Schema, auf den Operator $A = P\tilde{A}P \mid E \in \tilde{\mathfrak{R}}(U)$ an, wobei der Operator $\tilde{A}$ durch die Gleichung (8.5) definiert ist. Zuvor bemerken wir, daß die Einschränkung des Operators $P\tilde{A}P$ auf den Unterraum E mit dem Operator (8.1) identifiziert werden kann, der in E wirkt. Für diesen Operator liefert das Theorem 3.2 folgendes Bild.

Theorem 8.1. *Sei $k(t) \in \tilde{L}_1$. Dafür, daß der durch die Gleichung* (8.1) *definierte Operator A in E wenigstens von einer Seite umkehrbar ist, ist notwendig und hinreichend, daß sein Symbol nicht verschwindet:*

$$\mathcal{A}(\lambda) = 1 - \int_{-\infty}^{\infty} k(t)\, e^{i\lambda t}\, dt \neq 0 \quad (-\infty < \lambda < \infty)\,. \tag{8.7}$$

Wenn diese Bedingung erfüllt ist, dann entspricht die Umkehrbarkeit des Operators A dem Index des Symbols $\mathcal{A}(\lambda)$:

$$\operatorname{ind} \mathcal{A}(\lambda) = \frac{1}{2}\,[\arg \mathcal{A}(\lambda)]_{\lambda=-\infty}^{\infty}\,.$$

Mit anderen Worten, *die Umkehrbarkeit des Operators A wird durch sein Symbol bestimmt.*

2. Wenden wir uns nun dem ersten Schema aus § 3 zu. Da die Menge $\hat{\mathfrak{R}}(U)$ in $\mathfrak{R}(V)$ enthalten ist, fallen alle Operatoren der Form (8.1) in $\mathfrak{R}(V)$. Dabei wird das Symbol $A(\zeta)$ ($|\zeta| = 1$) eines Operators A der Form (8.1) wieder durch die Gleichung (8.6) bestimmt.

Das Theorem 8.1 kann man nun aus dem Theorem 3.1 erhalten, wenn man ein Lemma über die Bedingung (Σ II) beweist.

Lemma 8.1. *Die Operatoren V und $V^{(-1)}$ genügen der Bedingung* (Σ II), *d. h., wenn R_1, $R_2 \in \mathfrak{R}(V)$ und $R(\zeta) = R_1(\zeta)\, R_2(\zeta)$ ist, so gilt $|R|_E \leqq |R_1|_E\, |R_2|_E$.*

Beweis. Aus der Beziehung (8.2) folgt, daß der Operator $R_j \in \mathfrak{R}(V)$ ($j = 1, 2$) die Darstellung

$$(R_j\varphi)(t) = \sum_k \alpha_k^{(j)}\,(V^{(k)}\varphi)(t) = c_j\,\varphi(t) - \int_0^{\infty} r_j(t-s)\,\varphi(s)\,ds \quad (j = 1, 2)$$

gestattet, wobei c_j Konstanten und die Funktionen $r_j(t)$ von der Form (8.3) sind. Dabei wird das Polynom $R_j(\zeta)$ durch die Gleichung

$$R_j\left(\frac{\lambda - i}{\lambda + i}\right) = c_j - \int_{-\infty}^{\infty} r_j(t)\, e^{i\lambda t}\, dt \quad (-\infty \leqq \lambda \leqq \infty)$$

definiert.

Aus den Eigenschaften der Fourier-Transformation folgt, daß der Operator R mit dem Symbol $R(\zeta) = R_1(\zeta)\, R_2(\zeta)$ nach der Formel

$$(R\varphi)(t) = c_1 c_2 \varphi(t) - c_1 \int_0^{\infty} r_2(t-s)\, \varphi(s)\, ds - \\ - c_2 \int_0^{\infty} r_1(t-s)\, \varphi(s)\, ds + \int_0^{\infty} r(t-s)\, \varphi(s)\, ds \tag{8.8}$$

mit

$$r(t) = \int_{-\infty}^{\infty} r_1(t-s)\, r_2(s)\, ds$$

wirkt.

Andererseits findet man leicht das Produkt der Operatoren R_1 und R_2:

$$(R_1 R_2 \varphi)(t) = c_1 c_2 \varphi(t) - c_1 \int_0^{\infty} r_2(t-s)\, \varphi(s)\, ds - \\ - c_2 \int_0^{\infty} r_1(t-s)\, \varphi(s)\, ds + \int_0^{\infty} \varphi(s)\, ds \int_s^{\infty} r_1(t-s-u)\, r_2(u)\, du\,,$$

so daß wir im Vergleich mit (8.8) die Beziehung

$$(R_1 R_2 \varphi)(t) = (R\varphi)(t) - \int_0^{\infty} \varphi(s)\, ds \int_{-\infty}^{-s} r_1(t-s-u)\, r_2(u)\, du \tag{8.9}$$

erhalten.

Betrachten wir zunächst den Fall $E = L_p$ $(1 \leqq p < \infty)$.

Im Raum $E = L_p$ führen wir die Operatoren

$$(U_\tau \varphi)(t) = \begin{cases} \varphi(t-\tau), & t \geqq \tau, \\ 0, & t < \tau, \end{cases} \quad (U_{-\tau}\varphi)(t) = \varphi(t+\tau) \quad (0 < \tau < \infty)$$

ein. Diese Operatoren U_τ und $U_{-\tau}$ $(\tau > 0)$ sind im Raum L_p beschränkt, und zwar ist $|U_\tau| = |U_{-\tau}| = 1$.

Wenn der Operator A, der in L_p wirkt, die Form

$$(A\varphi)(t) = \int_0^{\infty} k(t, s)\, \varphi(s)\, ds$$

hat, so gilt

$$(U_{-\tau} A\, U_\tau \varphi)(t) = \int_0^{\infty} k(t+\tau, s+\tau)\, \varphi(s)\, ds\,.$$

Wenn insbesondere der Operator A einen Differenzenkern hat, d. h. $k(t, s) = h(t-s)$, dann ist $U_{-\tau} A\, U_\tau = A$.

Aus der Gleichung (8.9) ergibt sich mit den eben gemachten Bemerkungen die Gleichung

$$(U_{-\tau} R_1 R_2 U_\tau \varphi)(t) = (R\varphi)(t) - \int_0^{\infty} \varphi(s)\, ds \int_{-\infty}^{-(s+\tau)} r_1(t-u-s)\, r_2(u)\, du\,. \tag{8.10}$$

Für jedes $\tau > 0$ genügt die Funktion

$$\gamma_\tau(t, s) = \int_{-\infty}^{-(s+\tau)} r_1(t-u-s)\, r_2(u)\, du$$

der Beziehung

$$|\gamma_\tau(t, s)| \leqq h_\tau (t - s)$$

mit

$$h_\tau(t) = \int_{-\infty}^{-\tau} |r_1 (t - u) \, r_2(u)| \, du \qquad (\in \tilde{L}_1) ,$$

wobei gilt

$$|h_\tau|_{\tilde{L}_1} \leqq |r_1|_{\tilde{L}_1} \int_{-\infty}^{-\tau} |r_2(u)| \, du . \tag{8.11}$$

Man sieht leicht, daß für jede finite Funktion $f(t)$ aus L_p die Abschätzung

$$\left| \int_0^\infty \gamma_\tau(t, s) f(s) \, ds \right|_{L_p} \leqq |h_\tau|_{\tilde{L}_1} \cdot |f|_{L_p}$$

gilt. Hieraus folgt, daß der Operator

$$(\Gamma_\tau \varphi) (t) = \int_0^\infty \gamma_\tau(t, s) \, \varphi(s) \, ds$$

in L_p beschränkt ist, wobei für seine Norm die Abschätzung

$$|\Gamma_\tau|_{L_p} \leqq |h_\tau|_{\tilde{L}_1}$$

gilt.

Aus (8.11) ergibt sich $|\Gamma_\tau|_{L_p} \to 0$ für $\tau \to \infty$.

Sei ε eine beliebige positive Zahl. Wir wählen τ hinreichend groß, so daß $|\Gamma_\tau|_{L_p} < \varepsilon$. Dann gilt wegen (8.10)

$$|R|_{L_p} \leqq |U_{-\tau} \, R_1 \, R_2 \, U_\tau|_{L_p} + \varepsilon \leqq |R_1|_{L_p} \, |R_2|_{L_p} + \varepsilon ,$$

woraus die Beziehung

$$|R|_{L_p} \leqq |R_1|_{L_p} \, |R_2|_{L_p}$$

folgt.

Damit ist das Lemma für $E = L_p$ bewiesen. Insbesondere ist es auch für $E = L_1$ bewiesen, woraus bereits die Gültigkeit für den zu L_1 konjugierten Raum M und damit für alle übrigen Räume folgt.

3. Bevor wir eine Folgerung aus Theorem 6.1 ziehen, bemerken wir drei einfache Tatsachen.

Der Operator $V^{(n)}$ $(n = \pm 1, \pm 2, \ldots)$ wird durch die Gleichung

$$(V^{(n)} \varphi) (t) = \varphi(t) - \int_0^\infty l_n (t - s) \, \varphi(s) \, ds$$

definiert mit

$$l_n(t) = \begin{cases} 0, & 0 < t < \infty , \\ \sum_{j=1}^{|n|} C_{|n|}^j \dfrac{2^j}{(j-1)!} t^{j-1} e^t, & -\infty < t < 0 , \end{cases} \qquad (n = -1, -2, \ldots);$$

$$l_n(t) = l_{-n}(t) \qquad (n = 1, 2, \ldots) .$$

(Die Funktion $l_n(t)$ wird durch die Gleichung

$$1 - \int_{-\infty}^{\infty} l_n(t) \, e^{i\lambda t} \, dt = \left(\frac{\lambda - i}{\lambda + i} \right)^n$$

definiert.)

Man sieht leicht, daß der Projektor $P_n = I - V^n V^{(-n)}$ $(n = 1, 2, \ldots)$ nach der Formel

$$(P_n \varphi)(t) = \sum_{j=0}^{n-1} \sqrt{2}\, \Lambda_j(2\,t)\, e^{-t} \int_0^\infty \varphi(s) \sqrt{2}\, \Lambda_j(2\,s)\, e^{-s}\, ds$$

wirkt, wobei $\Lambda_j(t)$ $(j = 0, 1, \ldots)$ die in $L_2(0, \infty)$ normierten Laguerreschen Polynome sind.

Die allgemeine Lösung der homogenen Gleichung $V^{(-n)}\varphi = 0$ $(n = 1, 2, \ldots)$ ist von der Form

$$\varphi(t) = \sum_{j=1}^{n} c_j\, t^{j-1}\, e^{-t} \qquad (0 < t < \infty),$$

wobei c_j beliebige Zahlen sind.

Wir untersuchen nun, wie der Index der Wiener-Hopfschen Integralgleichung

$$\varphi(t) - \int_0^\infty k\,(t-s)\,\varphi(s)\,ds = f(t) \qquad (0 < t < \infty) \tag{8.12}$$

getilgt wird.

Zunächst bemerken wir, daß die Gleichung mit getilgtem Index die Form

$$\varphi(t) - \int_0^\infty k_1\,(t-s)\,\varphi(s)\,ds = g(t) \tag{8.13}$$

hat, wobei der Kern k_1 bei beliebigem $\varkappa$ durch die Gleichung

$$k_1(t) = k(t) + l_{-\varkappa}(t) - \int_{-\infty}^{\infty} k\,(t-s)\, l_{-\varkappa}(s)\,ds$$

gegeben ist.

Die rechte Seite $g(t)$ wird durch die Formel

$$g(t) = \begin{cases} (V^{(-\varkappa)}f)(t) & \text{für} \quad \varkappa > 0, \\ f(t) & \text{für} \quad \varkappa < 0 \end{cases}$$

definiert.

Wir folgen hier den Tilgungsformeln (6.3′) und (6.4′), obwohl man selbstverständlich den Index auch entsprechend den Formeln (6.3) und (6.4) tilgen kann. Damit erhalten wir folgende Realisierung der Sätze 6° und 8°, § 1.

Die getilgte Gleichung ist unter der Standardbedingung $\mathcal{A}(\lambda) = 1 - K(\lambda) \neq 0$, $-\infty < \lambda < +\infty$, stets eindeutig lösbar.

Für $\varkappa > 0$ ist die Ausgangsgleichung (8.12) dann und nur dann lösbar, wenn

$$\int_0^\infty (A\,\varphi - f)(t)\, t^{j-1}\, e^{-t}\, dt = 0 \qquad (j = 1, 2, \ldots, \varkappa)$$

gilt, wobei φ die Lösung der getilgten Gleichung bezeichnet. Unter dieser Voraussetzung ist φ gerade die Lösung der Ausgangsgleichung. Für $\varkappa < 0$ ist die Funktion

$$\psi(t) = \varphi(t) - \int_0^\infty l_{-\varkappa}(t-s)\,\varphi(s)\,ds$$

eine der Lösungen der Ausgangsgleichung (8.12). Die allgemeine Lösung der homogenen Gleichung

$$A\,\psi = 0 \tag{8.14}$$

wird durch

$$\psi(t) = \chi(t) - \int_0^\infty l_{-\varkappa}(t-s)\,\chi(s)\,ds + \sum_{j=1}^{|\varkappa|} c_j\,t^{j-1}\,e^{-t}$$

gegeben, wobei c_j beliebige Zahlen bezeichnen und $\chi(t)$ Lösung der Gleichung

$$\chi(t) - \int_0^\infty k_1(t-s)\,\chi(s)\,ds = -\sum_{j=1}^{|\varkappa|} c_j\,t^{j-1}\,e^{-t} + \int_0^\infty k(t-s)\sum_{j=1}^{|\varkappa|} c_j\,s^{j-1}\,e^{-s}\,ds$$

ist.

Wir geben hier noch ein Ergebnis über die Struktur des Kerns des Operators A an, das im gewissen Sinne ein stetiges Analogon von Theorem 6.1 ist. Der Kürze halber nennen wir hier ein geordnetes System von Funktionen $\{\varphi_0(t), \varphi_1(t), \ldots, \varphi_n(t)\}$ $(0 \leqq t < \infty)$ mit den folgenden Eigenschaften eine *D-Kette*:

(1) Alle Funktionen $\varphi_j(t)$ $(j = 0, 1, \ldots, n)$ sind absolut stetig auf jedem endlichen Intervall.

(2) $\varphi_{k+1}(t) = \dfrac{d\varphi_k}{dt}$, $\varphi_k(0) = 0 \quad (k = 0, 1, \ldots, n-1);\ \varphi_n(0) \neq 0$.

Theorem 8.2. *Für $\varkappa < 0$ ist der Kern des Operators A in allen Räumen E ein und derselbe. Es existiert eine Basis dieses Kerns, die eine D-Kette ist.*

Dieses Theorem kann man als Folgerung aus einem allgemeineren Satz erhalten (siehe Theorem 9.1).

4. Wenn die Standardbedingung (8.7) erfüllt ist, dann kann man mit Hilfe der Ergebnisse von § 5 eine Formel für den Operator $A^{(-1)}$ angeben, der zu A von der entsprechenden Seite invers ist. Dazu bemerken wir, daß alle Definitionen und Ergebnisse von § 5 über die Faktorisierung stetiger Funktionen auf einer Kreislinie ohne weiteres auf Funktionen, die auf der reellen Achse definiert sind, übertragen werden können.

Wir geben einige solcher Ergebnisse an. Als *Faktorisierung* einer Funktion $G(\lambda) \in \tilde{C}$[1]) bezeichnen wir die Darstellung

$$G(\lambda) = G_-(\lambda)\left(\frac{\lambda - i}{\lambda + i}\right)^{\varkappa} G_+(\lambda)\,, \tag{8.15}$$

wobei $\varkappa$ eine ganze Zahl und $G_+(\lambda)$ und $G_-(\lambda)$ Funktionen sind, die in den Halbebenen $\operatorname{Im}\lambda > 0$ bzw. $\operatorname{Im}\lambda < 0$ holomorph und dort einschließlich dem Rand stetig sind, mit

$$G_+(\lambda) \neq 0 \ (\operatorname{Im}\lambda \geqq 0)\,,\quad G_-(\lambda) \neq 0 \ (\operatorname{Im}\lambda \leqq 0)\,.$$

Eine BANACH-Algebra $\mathfrak{E} \subset \tilde{C}$ heißt *R-Algebra,* wenn sie die Menge aller rationalen Funktionen mit Polstellen außerhalb der reellen Achse enthält und diese Menge dicht in $\mathfrak{E}$ ist.

---

[1]) Wir erinnern daran, daß der Raum $\tilde{C}$ aus allen auf $(-\infty, +\infty)$ stetigen Funktionen f besteht, die der Bedingung $f(+\infty) = f(-\infty)$ genügen.

Mit $\mathfrak{C}^+$ ($\mathfrak{C}^-$) bezeichnen wir die Abschließung (in der Norm von $\mathfrak{C}$) der linearen Hülle der Funktionen

$$\left\{\left(\frac{\lambda - i}{\lambda + i}\right)^j\right\}_{j=0}^{\infty} \left(\left\{\left(\frac{\lambda - i}{\lambda + i}\right)^j\right\}_{j=-\infty}^{0}\right)$$

und mit $\mathfrak{C}_0^-$ die Abschließung der linearen Hülle der Funktionen

$$\left\{\left(\frac{\lambda - i}{\lambda + i}\right)^j\right\}_{j=-\infty}^{-1}.$$

Wir nennen eine R-Algebra $\mathfrak{C}$ *zerfallend*, wenn sie die direkte Summe der Unteralgebren $\mathfrak{C}^+$ und $\mathfrak{C}_0^-$ ist. Das folgende Theorem ist ein Analogon des Theorems 5.1.

Theorem 8.3. *Dafür, daß jede nirgends (einschließlich $\pm\infty$) verschwindende Funktion $G(\lambda)$ aus der R-Algebra $\mathfrak{C}$ eine Faktorisierung* (8.15) *mit Faktoren $G_\pm(\lambda) \in \mathfrak{C}^\pm$ gestattet, ist notwendig und hinreichend, daß die Algebra $\mathfrak{C}$ zerfallend ist.*

Wenn diese Bedingung erfüllt ist, dann bestimmt sich die Zahl $\varkappa$ aus der Gleichung

$$\varkappa = \operatorname{ind} G(\lambda) = \frac{1}{2\pi} [\arg G(\lambda)]_{\lambda=-\infty}^{\infty}.$$

Dieses Theorem benötigen wir für den Fall, wo als Algebra $\mathfrak{C}$ die Menge $\mathfrak{L}$ aller Funktionen der Form

$$\mathcal{F}(\lambda) = c + \int_{-\infty}^{\infty} f(t)\, e^{i\lambda t}\, dt$$

genommen wird; dabei ist c eine Konstante und $f(t)$ eine beliebige Funktion aus $\tilde{L}_1$. In $\mathfrak{L}$ wird die Norm

$$|\mathcal{F}| = |c| + \int_{-\infty}^{\infty} |f(t)|\, dt$$

eingeführt.

Dann bestehen die Algebren $\mathfrak{C}^+$, $\mathfrak{C}^-$ und $\mathfrak{C}_0^-$ entsprechend aus allen Funktionen der Form

$$\mathcal{F}(\lambda) = c + \int_{0}^{\infty} f(t)\, e^{i\lambda t}\, dt\,,$$

$$\mathcal{F}(\lambda) = c + \int_{-\infty}^{0} f(t)\, e^{i\lambda t}\, dt\,,$$

$$\mathcal{F}(\lambda) = \int_{-\infty}^{0} f(t)\, e^{i\lambda t}\, dt\,,$$

wobei $f(t)$ den Raum $\tilde{L}_1$ durchläuft.

Wir bezeichnen diese Mengen mit $\mathfrak{L}^+$, $\mathfrak{L}^-$ bzw. $\mathfrak{L}_0^-$. Offenbar gilt $\mathfrak{L} = \mathfrak{L}^+ \dotplus \mathfrak{L}_0^-$, d. h., die Algebra $\mathfrak{L}$ ist zerfallend.

Es sei die Bedingung (8.7) erfüllt; die Gleichung

$$\mathcal{A}(\lambda) = \mathcal{A}_-(\lambda) \left(\frac{\lambda - i}{\lambda + i}\right)^{\varkappa} \mathcal{A}_+(\lambda)$$

liefere die Faktorisierung des Symbols $\mathcal{A}(\lambda)$ in der Algebra $\mathfrak{L}$. Wir stellen die Funktion $\mathcal{A}^{-1}(\lambda)$ in der Form

$$\mathcal{A}^{-1}(\lambda) = G_-(\lambda)\, G_+(\lambda)$$

dar mit

$$G_+(\lambda) = \begin{cases} \mathcal{A}_+^{-1}(\lambda), & \varkappa \geqq 0 \\ \mathcal{A}_+^{-1}(\lambda) \left(\dfrac{\lambda - i}{\lambda + i}\right)^{-\varkappa}, & \varkappa < 0\,, \end{cases}$$

$$G_-(\lambda) = \begin{cases} \mathcal{A}_-^{-1}(\lambda) \left(\dfrac{\lambda - i}{\lambda + i}\right)^{-\varkappa}, & \varkappa \geqq 0\,, \\ \mathcal{A}_-^{-1}(\lambda)\,, & \varkappa < 0\,. \end{cases}$$

Für den Operator A^{-1} erhalten wir folgende Formel:

$$(A^{-1}f)\,(t) = f(t) + \int_0^\infty \gamma(t, s)\, f(s)\, ds$$

mit

$$\gamma(t, s) = \gamma_1(t - s) + \gamma_2\,(s - t) + \int_0^{\min\,(t,s)} \gamma_1\,(t - r)\,\gamma_2\,(s - r)\, dr\,,$$

wobei die Funktionen $\gamma_j(t)$ $(0 < t < \infty;\ j = 1, 2)$ durch die Beziehungen

$$G_+(\lambda) = 1 + \int_0^\infty \gamma_1(t)\, e^{i\lambda t}\, dt\,,$$

$$G_-(\lambda) = 1 + \int_0^\infty \gamma_2(t)\, e^{-i\lambda t}\, dt$$

definiert werden.

§ 9. Funktionen von erzeugenden Operatoren

Die Ergebnisse des letzten Paragraphen gestatten eine Verallgemeinerung. Der Operator A, der in einem der Räume $L_p(0, \infty)$ $(1 \leqq p < +\infty)$ durch die Gleichung (8.1) definiert wird, kann nämlich in der Form

$$A = I - \int_{-\infty}^{\infty} k(t)\, U_t\, dt \tag{9.1}$$

dargestellt werden, wobei die Operatoren U_t für $t \geqq 0$ durch

$$(U_t f)\,(s) = \begin{cases} f\,(s - t), & s \geqq t\,, \\ 0, & s < t \end{cases}$$

und für $t < 0$ durch

$$(U_t f)\,(s) = f\,(s - t)$$

definiert werden. Die Verallgemeinerung besteht nun darin, daß eine allgemeine Klasse von Operatoren der Form (9.1) betrachtet wird, wobei den Operatoren U_t einige natürliche Bedingungen auferlegt werden.

1. Es sei U_t $(0 \leqq t < \infty;\ U_0 = I)$ eine beliebige stark stetige Halbgruppe linearer isometrischer Operatoren, die in einem separablen BANACH-Raum $\mathfrak{B}$ wirken. Wir werden im weiteren voraussetzen, daß die Halbgruppe U_t $(0 \leqq t < \infty)$ folgende Eigenschaften besitzt:

(1) $U_t \mathfrak{B} \neq \mathfrak{B}$ $(0 < t < \infty)$.

(2) *Jeder Operator* U_t *besitzt eine beschränkte Linksinverse* $U_t^{(-1)}$, *die so gewählt werden kann, daß die Menge* $U_t = U_{-t}^{(-1)}$ $(-\infty < t \leqq 0)$ *eine stark stetige Halbgruppe bildet und* $|U_t| = 1$ $(-\infty < t \leqq 0)$ *ist.*

Mit anderen Worten, wir sezten voraus, daß der Operator U_t für jedes $t > 0$ streng isometrisch ist und außerdem die linksinversen Operatoren $U_t^{(-1)}$ „verträglich" sind.

Wenn $\mathfrak{B}$ ein HILBERT-Raum ist, kann man die Bedingung (2) stets erreichen, indem $U_{-t} = U_t^*$ $(0 \leqq t < \infty)$ gesetzt wird.

Mit T bezeichnen wir den erzeugenden Operator der Halbgruppe U_t $(0 \leqq t < \infty)$. Bekanntlich ist T ein abgeschlossener Operator mit dichtem Definitionsgebiet; ferner sind alle Punkte λ mit $\operatorname{Re}\lambda > 0$ reguläre Punkte dieses Operators (siehe E. HILLE und R. PHILLIPS [1]).

Wir beweisen folgenden Satz über den Operator T.

1°. *Für alle Punkte* λ *der linken Halbebene* $\operatorname{Re}\lambda < 0$ *gilt*

$$|(T - \lambda I) f| \geqq |\operatorname{Re}\lambda|\, |f| \quad (f \in D_T), \tag{9.2}$$

und die Zahl $\mathfrak{m} = \dim(\mathfrak{B}/\operatorname{Im}(T - \lambda I))$ *nimmt ein und denselben positiven Wert an.*

Zum Beweis setzen wir

$$F(t) = e^{-\lambda t}\, U_t f.$$

Dann gilt wegen

$$\frac{dU_t f}{dt} = U_t T f \quad (f \in D_T)$$

die Beziehung

$$\frac{dF}{dt} = e^{-\lambda t}\, U_t (Tf - \lambda f),$$

woraus

$$\left|\frac{dF}{dt}\right| = e^{\mu t}\, |Tf - \lambda f| \quad (\mu = -\operatorname{Re} - \lambda)$$

folgt. Da

$$F(t) = f + \int_0^t \frac{dF(\tau)}{d\tau}\, d\tau \qquad (F(0) = f)$$

gilt, ist

$$|F(t)| \leqq |f| + \frac{e^{\mu t} - 1}{\mu}\, |Tf - \lambda f|.$$

Andererseits ist

$$|F(t)| = e^{\mu t}\, |f|.$$

Aus den letzten beiden Beziehungen folgt (9.2).

Daß die Zahl $\mathfrak{m}$ konstant ist, folgt aus (9.2) und aus dem folgenden Satz (siehe I. Z. GOCHBERG und M. G. KREIN [1], Theorem 9.2), den wir ohne Beweis angeben.

Es sei A ein abgeschlossener Operator. Für jeden Punkt λ *einer gewissen zusammenhängenden offenen Menge gelte*

$$|(A - \lambda I)\, x| \geqq \varrho(\lambda)\, |x|,$$

wobei x die Menge D_A *durchläuft und* $\varrho(\lambda) > 0$ *ist.*

Dann ist die Größe $\dim(\mathfrak{B}/\operatorname{Im}(A - \lambda I))$ *konstant für alle* λ *aus diesem Gebiet.*

Wir zeigen, daß $\mathfrak{m}$ von Null verschieden ist. Angenommen, es ist $\mathfrak{m} = 0$. Dann liegt im Innern der linken Halbebene kein Spektrum von T, und es gilt

$$|(T - \lambda I)^{-1}| \leqq \frac{1}{|\mathrm{Re}\,\lambda|}.$$

Nun besitzt der Operator T auch in der rechten Halbebene nach einem Satz von HILLE-YOSIDA (siehe E. HILLE und R. PHILLIPS [1], Theorem 11.7.1) kein Spektrum, und es gilt ebenfalls die Abschätzung

$$|(T - \lambda I)^{-1}| \leqq \frac{1}{\mathrm{Re}\,\lambda} \quad (\mathrm{Re}\,\lambda > 0).$$

Damit ist das Spektrum des Operators T rein imaginär, und es gilt

$$|(T - \lambda I)^{-1}| \leqq \frac{1}{|\mathrm{Re}\,\lambda|} \quad (\mathrm{Re}\,\lambda \neq 0).$$

Aber dann ist T nach Theorem 12.3.2 aus dem Buch von E. HILLE und R. PHILLIPS [1] erzeugender Operator einer stark stetigen Gruppe von Kontraktionen V_t $(-\infty < t < +\infty)$. Offensichtlich ist $V_t = U_t$ $(0 \leqq t < \infty)$; demzufolge besitzen die Operatoren U_t inverse Operatoren V_{-t}, was der Bedingung $U_t\mathfrak{B} \neq \mathfrak{B}$ $(0 < t < \infty)$ widerspricht. Die Behauptung ist bewiesen.

Bekanntlich (siehe E. HILLE und R. PHILLIPS [1]) gilt

$$(T - \lambda I)^{-1} f = -\int_0^\infty e^{-\lambda} \; U_t f\, dt \quad (\mathrm{Re}\,\lambda > 0, f \in \mathfrak{B}),$$

demzufolge kann der Operator V $(\in \mathfrak{A})$, der durch die Gleichung

$$V = (T + I)\,(T - I)^{-1}$$

definiert wird, in der Form

$$V f = f - 2 \int_0^\infty e^{-\lambda t}\, U_t f\, dt \quad (f \in \mathfrak{B})$$

dargestellt werden.

Sei T_1 der erzeugende Operator der Halbgruppe U_{-t} $(0 \leqq t < \infty)$. Wir konstruieren den Operator V_1 $(\in \mathfrak{A})$ durch

$$V_1 f = (T_1 + I)\,(T_1 - I)^{-1} f = f - 2 \int_0^\infty e^{-t}\, U_t f\, dt \quad (f \in \mathfrak{B}).$$

Unter Berücksichtigung der Tatsache, daß für zwei beliebige Funktionen $k_1(t), k_2(t) \in \tilde{L}_1$ mit $k_1(t) = 0$ $(t < 0)$ und $k_2(t) = 0$ $(t > 0)$ die Gleichung

$$\int_{-\infty}^{\infty} k_2(t)\, U_t \int_{-\infty}^{\infty} k_1(s)\, U_s f\, ds\, dt = \int_{-\infty}^{\infty} k(t)\, U_t f\, dt \quad (f \in \mathfrak{B})$$

gilt, wobei

$$k(t) = \int_{-\infty}^{\infty} k_2\,(t - s)\, k_1(s)\, ds$$

ist, erhalten wir leicht $V_1\, V = I$.

Demzufolge ist der Operator V_1 von links invers zum Operator V: $V_1 = V^{(-1)}$.

2°. *Der Operator T_1 ist eine Erweiterung des Operators $-T$.*

Zum Beweis bemerken wir, daß soeben die Gleichung

$$(T_1 + I)\,(T_1 - I)^{-1}\,(T + I)\,(T - I)^{-1} = I$$

oder

$$(I + 2(T_1 - I)^{-1})(I + 2(T - I)^{-1}) = I$$

abgeleitet wurde.

Damit gilt

$$(T_1 - I)^{-1} + (T - I)^{-1} + 2(T_1 - I)^{-1}(T - I)^{-1} = 0 .$$

Nach Multiplikation dieser Gleichung mit $T - I$ erhalten wir

$$(T_1 - I)^{-1}(T - I) + I + 2(T_1 - I)^{-1} = 0$$

oder

$$(T_1 - I)^{-1}(-T - I) = I .$$

Daraus folgt, daß für $g \in D_T$ und $(-T - I)g = f$ die Gleichung

$$(T_1 - I)^{-1} f = g$$

gilt, demzufolge ist $g \in D_{T_1}$ mit $T_1 g = -Tg$.

Jeder Funktion $k(t) \in \tilde{L}_1$ ordnen wir einen Operator $\mathcal{K}$ entsprechend der Formel

$$\mathcal{K} f = \int_{-\infty}^{\infty} k(t)\, U_t f\, dt \qquad (f \in \mathfrak{B}) \tag{9.3}$$

zu.

2. Mit $\mathcal{E}$ bezeichnen wir die Menge aller Operatoren der Form $\mu I + \mathcal{K}$, wobei μ eine beliebige komplexe Zahl und $k(t)$ eine beliebige Funktion aus $\tilde{L}_1$ bezeichnen. Die Abschließung des Lineals $\tilde{\mathcal{E}}$ in der Operatornorm bezeichnen wir mit $\overline{\mathcal{E}}$. Wir bemerken noch, daß für $k_1(t), k_2(t) \in \tilde{L}_1$ die Abschätzung

$$|\mathcal{K}_1 - \mathcal{K}_2| \leqq \int_{-\infty}^{\infty} |k_1(t) - k_2(t)|\, dt \tag{9.4}$$

gilt.

Wir bilden den Raum $\mathfrak{R}(V)$. Aus (9.4) folgt, daß die Menge der Linearkombinationen der Operatoren $V^{(j)}$ $(j = 0, \pm 1, \ldots)$ eine in $\mathcal{E}$ dichte Menge bildet. Daraus folgt, daß $\overline{\mathcal{E}} = \mathfrak{R}(V)$.

Die Operatoren V und $V^{(-1)}$ genügen den Bedingungen $(\Sigma\,\mathrm{I})$ und $(\Sigma\,\mathrm{II})$ von Theorem 3.1. Die Bedingung $(\Sigma\,\mathrm{I})$ ergibt sich unmittelbar aus den Sätzen 1° und 2°. Die Bedingung $(\Sigma\,\mathrm{II})$ wird wie in Lemma 8.1 nachgewiesen.

Sei $A(\zeta) \in \mathfrak{R}(\zeta)$ das Symbol eines Operators $A \in \mathfrak{R}(V)$. Mittels der Variablentransformation

$$\zeta = \frac{\lambda - i}{\lambda + i} \qquad (-\infty < \lambda < \infty)$$

erhalten wir die Funktion $\mathcal{A}(\lambda)$ $(= A(\zeta))$, das Symbol des Operators A auf der λ-Achse.

Den Operator A kann man in natürlicher Weise als Wert der Funktion $\mathcal{A}(\lambda)$ vom Operator $-iT$ auffassen. Wenn A von der Form

$$Af = f - \int_{-\infty}^{\infty} k(t)\, U_t f\, dt \qquad (f \in \mathfrak{B})$$

mit $k(t) \in L_1$ ist, dann ist

$$\mathcal{A}(\lambda) = 1 - \int_{-\infty}^{\infty} k(t)\, e^{i\lambda t}\, dt .$$

Wir geben nun folgende Präzisierung des Theorems 3.1 für den hier vorliegenden Fall an.

Theorem 9.1. *Die Umkehrbarkeit des Operators $A \in \mathcal{E}$ wird durch sein Symbol $\mathcal{A}(\lambda)$ bestimmt.*

Wenn $\mathcal{A}(\lambda) \neq 0$ ist, so gilt für

$$\varkappa = \operatorname{ind} \mathcal{A}(\lambda) = \frac{1}{2\pi}[\arg \mathcal{A}(\lambda)]_{\lambda=-\infty}^{\infty} < 0 \tag{9.5}$$

die Beziehung

$$\dim \operatorname{Ker} A = \mathfrak{m}\,|\varkappa|\,.$$

Wenn darüber hinaus die Algebra $\mathfrak{R}(\zeta)$ zerfallend ist, dann existiert ein $\mathfrak{m}$-dimensionales Lineal $\mathfrak{L}$ derart, daß $\mathfrak{L} \subset D_{T^{|\varkappa|-1}}$ und

$$\operatorname{Ker} A = \mathfrak{L} \dotplus T \dotplus \mathfrak{L} \cdots \dotplus T^{|\varkappa|-1}\,\mathfrak{L}$$

gilt, wobei $T^{|\varkappa|-1}\,\mathfrak{L} \cap D_T = \{0\}$.

Beweis. Nur die letzte Behauptung des Theorems bedarf eines Beweises.

Mit $\mathfrak{L}_k$ bezeichnen wir den Unterraum $\operatorname{Ker} V^{(-k)}$ $(k = 1, 2, \ldots)$. Wegen $V^{(-1)} = I + 2\,(T_1 - I)^{-1}$ gilt für einen beliebigen Vektor $\varphi \in \mathfrak{L}_k$

$$\varphi + c_1\,(T_1 - I)^{-1}\,\varphi + \cdots + c_k\,(T_1 - I)^{-k}\,\varphi = 0\,,$$

worin c_j bestimmte Zahlen sind. Hieraus kann man leicht ableiten, daß $\mathfrak{L}_k \subset D_{T^k}$. Für beliebiges $f \in D_{T^k}$ gilt

$$V^{(-k)} f = ((I + T_1)\,(I - T_1)^{-1})^k f = (I - T_1)^{-k}\,(I + T_1)^k f\,,$$

demzufolge ist $\mathfrak{L}_k \subset \operatorname{Ker}\,(I + T_1)^k$.

Andererseits gilt für $(I + T_1)^k f = 0$ die Beziehung

$$(I - T_1)^{-k}\,(I + T_1)^k f = (I + T_1)^k\,(I - T_1)^{-k} f = 0\,.$$

Damit ist $\mathfrak{L}_k = \operatorname{Ker}\,(I + T_1)^k$.

Unter Berücksichtigung der Identität $(T_1 + I)\,(T - I)^{-1} = (-\,T + I)\,(T - I)^{-1} = -\,I$ erhalten wir durch Wiederholung der Überlegungen aus dem Beweis von Theorem 6.1

$$\mathfrak{L}_{|\varkappa|} = \mathfrak{L}_1 \dotplus (T - I)^{-1}\,\mathfrak{L}_1 \dotplus \cdots \dotplus (T - I)^{\varkappa+1}\,\mathfrak{L}_1\,.$$

Wir folgen dem Beweis des Theorems 6.1 weiter und erhalten die Gleichung

$$\operatorname{Ker} A = A_{\mp}^{-1}\,\mathfrak{L}_1 \dotplus A_{\mp}^{-1}\,(T - I)^{-1}\,\mathfrak{L}_1 \dotplus \cdots \dotplus A_{\mp}^{-1}\,(T - I)^{\varkappa+1}\,\mathfrak{L}_1\,. \tag{9.6}$$

Ohne Mühe zeigt man, daß

$$A_{\mp}^{-1}\,(T - I)^{-1} = (T - I)^{-1}\,A_{\mp}^{-1}$$

gilt, so daß die Gleichung (9.6) die Form

$$\operatorname{Ker} A = \mathfrak{L} \dotplus (T - I)\,\mathfrak{L} \dotplus \cdots \dotplus (T - I)^{|\varkappa|-1}\mathfrak{L} \tag{9.7}$$

annimmt, wobei

$$\mathfrak{L} = (T - I)^{\varkappa+1}\,A_{\mp}^{-1}\,\mathfrak{L}_1$$

ist.

Der Unterraum $\tilde{\mathfrak{L}} = \mathfrak{L} \cap D_{T^{|\varkappa|}}$ ist gleich $\{0\}$. In der Tat, anderenfalls ist $(\{0\} \neq)$ $\tilde{\mathfrak{L}} \subset D_{(T-I)^{|\varkappa|}}$ und

$$\tilde{\mathfrak{L}}_1 = A_+\,(T - I)^{-\varkappa-1}\,\tilde{\mathfrak{L}} \subset D_{(T-I)}\,.$$

Da T_1 eine Erweiterung von $-\,T$ ist, folgt aus der letzten Inklusion, daß $(-\,T + I)\,\mathfrak{L} = 0$ ist, was den Widerspruch liefert.

Analog beweist man

$$(T - I)^r\,\mathfrak{L} \cap D_{(T-I)^{|\varkappa|-r}} = \{0\} \qquad (r = 1, 2, \ldots, |\varkappa| - 1)\,.$$

Daraus erhält man, daß die Lineale $T^r\,\mathfrak{L}$ $(r = 0, 1, \ldots, |\varkappa| - 1)$ sich nur im Nullelement schneiden.

Jeder Vektor φ $(\in \operatorname{Ker} A)$, der in der Form

$$\varphi = \varphi_1 + (T - I)\,\varphi_2 + \cdots + (T - I)^{|\varkappa|-1}\,\varphi_{|\varkappa|} \tag{9.8}$$

mit $\varphi_j \in \mathfrak{L}$ darstellbar ist, ist auch darstellbar zu

$$\varphi = \psi_1 + T\,\psi_2 + \cdots + T^{|\varkappa|-1}\,\psi_{|\varkappa|}\,, \tag{9.9}$$

wobei die ψ_j ebenfalls zu $\mathfrak{L}$ gehören. Man sieht leicht, daß auch umgekehrt jeder Vektor der Gestalt (9.9) in der Form (9.8) dargestellt werden kann. Damit gilt

$$\operatorname{Ker} A = \mathfrak{L} + T\,\mathfrak{L} + \cdots + T^{|\varkappa|-1}\,\mathfrak{L},$$

und das Theorem ist bewiesen.

Wir betrachten speziell den Fall des HILBERT-Raumes $\mathfrak{B} = \mathfrak{H}$. Sei H ein beliebiger maximaler symmetrischer Operator mit den Defektindizes $(0, \mathfrak{m})$. Bekanntlich ist dann der Operator $T = i\,H$ ein erzeugender Operator für eine gewisse Halbgruppe U_t $(0 \leqq t < \infty)$ isometrischer Operatoren. Das System $U_{-t} = U_t^*$ $(0 \leqq t < \infty)$ bildet ebenfalls eine stark stetige Halbgruppe, wobei $U_{-t}\,U_t = I$ $(0 \leqq t < \infty)$ ist. Die Halbgruppe U_t $(-\infty < t \leqq 0$ wird vom Operator $T_1 = -\,i\,H^*$ erzeugt.

Wenn also

$$K(\lambda) = \int_{-\infty}^{\infty} k(t)\, e^{i\lambda t}\, dt,$$

so wird nach den o. a. Definitionen der Operator $K(H)$ durch die Gleichung

$$K(H)\,f = \int_{-\infty}^{\infty} k(t)\, U_t f\, dt \qquad (f \in \mathfrak{B})$$

definiert.

3. Betrachten wir nun das am Anfang dieses Paragraphen erwähnte Beispiel genauer. Sei $E(0, \infty)$ ein beliebiger BANACH-Raum von meßbaren Funktionen auf dem Intervall $[0, \infty)$, in dem die Halbgruppe U_t $(0 \leqq t < \infty)$, die durch

$$(U_t f)(s) = \begin{cases} f(s-t), & s \geqq t, \\ 0, & s < t, \end{cases} \qquad (f \in E)$$

definiert wird, eine stark stetige Halbgruppe isometrischer Operatoren ist. Ferner sei die Halbgruppe U_{-t} $(0 \leqq t < \infty)$, die durch

$$(U_{-t} f)(s) = f(s+t)$$

definiert wird, stark stetig, und es gelte $|U_{-t}| = 1$.

Offenbar kann man als Raum $E(0, \infty)$ jeden der Räume $L_p(0, \infty)$ $(1 \leqq p < \infty)$ oder $C_0(0, \infty)$ wählen.

Für $k(t) \in \tilde{L}_1$ wird die den Operator

$$(\mathcal{K} f)(t) = \int_{-\infty}^{\infty} k(s)\, U_s f\, ds$$

definierende Formel zu

$$(\mathcal{K} f)(t) = \int_{-\infty}^{t} k(s)\, f(t-s)\, ds,$$

demzufolge gilt

$$(\mathcal{K} f)(t) = \int_0^{\infty} k(t-s)\, f(s)\, ds \quad (0 \leqq t < \infty).$$

Man sieht leicht, daß die Halbgruppe U_t vom Operator $T = -\,i\,D$ mit

$$Df = \frac{df}{dt} \quad \text{mit } f(0) = 0$$

erzeugt wird. Also gilt mit den vorangegangenen Definitionen

$$\mathcal{K} = K(-\,i\,D),$$

wobei $K(\lambda)$ die FOURIER-Transformierte der Funktion $k(t)$ ist.

Wir bemerken, daß das Theorem 8.2 über die Struktur des Kernes des WIENER-HOPF-Operators eine Folgerung des hier bewiesenen Theorems 9.1 ist.

§ 10. Gleichungen in endlichen Differenzen

Der isometrische Operator V werde im HILBERT-Raum $L_2(0, \infty)$ durch die Beziehung

$$(V f)(t) = \begin{cases} f(t-1), & t > 1, \\ 0, & t < 1 \end{cases}$$

definiert. Der Operator $V^{(-1)}$, der durch die Gleichung

$$(V^{(-1)} f)(t) = f(t+1)$$

gegeben ist, ist eine Linksinverse zu V; es gilt $|V| = |V^{(-1)}| = 1$.

Man sieht leicht, daß $\mathfrak{K}(V)$ aus allen Operatoren der Form

$$(R f)(t) = \sum_{j=-n}^{n} a_j f(t-j)$$

besteht, wobei a_j beliebige komplexe Zahlen sind. Hier und im folgenden wird vorausgesetzt, daß $f(t-j) = 0$ für $0 \leqq t \leqq j$ ist.

Sei $a(\zeta)$ eine beliebige auf der Einheitskreislinie stetige Funktion und a_j ($j = 0, \pm 1, \ldots$) ihre FOURIER-Koeffizienten. Nach Satz 2°, § 2, existiert ein eindeutig bestimmter Operator $A \in \mathfrak{R}(V)$ derart, daß sein Symbol $\mathcal{A}(\zeta)$ mit $a(\zeta)$ übereinstimmt: $\mathcal{A}(\zeta) = a(\zeta)$. Diesen Operator schreiben wir in der Form

$$(A f)(t) = \sum_{j=-\infty}^{\infty} a_j f(t-j). \tag{10.1}$$

Die Reihe auf der rechten Seite der Gleichung (10.1) konvergiert gegen $(Af)(t)$ in der Norm von L_2 auf jedem endlichen Intervall. Der Beweis dazu ist in § 6, Kap. IV, angegeben.

Wir bemerken, daß wegen (2.5) die Operatoren $P_n(V)$, wobei $P_n(\zeta)$ das arithmetische Mittel der Partialsummen der FOURIER-Reihe für $a(\zeta)$ ist, gleichmäßig gegen den Operator A konvergieren. Die Konvergenz der Reihe (10.1) kann man ebenfals in diesem Sinne verstehen.

Die Anwendung des Theorems 3.1 auf den Operator A ergibt den folgenden Satz.

Theorem 10.1. *Es sei $a(\zeta)$ eine beliebige auf der Einheitskreislinie stetige Funktion und a_j ($j = 0, \pm 1, \ldots$) ihre FOURIER-Koeffizienten. Die Umkehrbarkeit des Operators A, der in L_2 durch die Gleichung* (10.1) *gegeben ist, wird durch sein Symbol $a(\zeta)$ bestimmt.*

Wir bemerken, daß nach (3.5) und (3.6) für $\varkappa > 0$

$$\dim \operatorname{Coker} A = \infty, \tag{10.2}$$

und für $\varkappa < 0$

$$\dim \operatorname{Ker} A = \infty \tag{10.2'}$$

gilt.

Die zu der in L_2 betrachteten Gleichung

$$\sum_{j=-\infty}^{\infty} a_j \varphi(t-j) = f(t) \qquad (0 < t < \infty) \tag{10.3}$$

getilgte Gleichung ist für $\varkappa > 0$

$$\sum_{j=-\infty}^{\infty} a_j \varphi(t - j + \varkappa) = f(t + \varkappa) \qquad (0 < t < \infty) \tag{10.4}$$

und für $\varkappa < 0$

$$\sum_{j=-\infty}^{\infty} a_j \psi(t - j + \varkappa) = f(t) \qquad (0 < t < \infty)\,. \tag{10.5}$$

Die getilgte Gleichung ist stets eindeutig lösbar.

Im ersten Fall ($\varkappa > 0$) ist ihre Lösung zugleich Lösung der Ausgangsgleichung, wenn die zusätzliche Bedingung

$$\sum_{j=-\infty}^{\varkappa} a_j \varphi(t - j) = f(t) \qquad (0 < t < \varkappa)$$

erfüllt ist.

Im zweiten Fall ($\varkappa < 0$) ist die Lösung $\psi(t)$ der Gleichung (10.5) eine der Lösungen von (10.3), die allgemeine Lösung der homogenen Gleichung

$$\sum_{j=-\infty}^{\infty} a_j \varphi(t - j) = 0 \qquad (0 < t < \infty)$$

ist durch

$$\varphi(t) = \chi(t + \varkappa) + g(t)$$

gegeben, wobei $g(t)$ ($\in L_2$) eine beliebige Funktion bezeichnet, die gleich Null ist für $t > -\varkappa$; $\chi(t)$ ist die eindeutig bestimmte Lösung der Gleichung

$$\sum_{j=-\infty}^{\infty} a_j \chi(t - j + \varkappa) = -\sum_{j=\varkappa}^{\infty} a_j g(t - j)\,.$$

Diese Behauptungen ergeben sich aus den Sätzen 6° und 8°, § 1.

Analoge Ergebnisse gelten auch in den Räumen L_p ($p \geqq 1$) u. a. Operatoren eines allgemeineren Typs werden in Kapitel VII betrachtet.

§ 11. Allgemeine Sätze über normal auflösbare Operatoren und deren Indizes

Für das Weitere werden wir einige Ergebnisse der allgemeinen Theorie linearer Operatoren benötigen, deren ausführliche Darlegung man in der Arbeit von I. Z. GOCHBERG und M. G. KREIN [1] finden kann. Wir geben sie hier ohne Beweis an.

Es sei wieder $\mathfrak{A} = \mathfrak{A}(\mathfrak{B})$ die Algebra aller linearen beschränkten Operatoren im BANACH-Raum $\mathfrak{B}$.

Für $A \in \mathfrak{A}$ bezeichnen $\alpha(A)$ und $\beta(A)$ die Dimension der Unterräume Ker A bzw. Ker A^*, wobei A^* der adjungierte Operator ist (der im konjugierten Raum $\mathfrak{B}^*$ wirkt).

Wenn die Wertemenge Im A des Operators A ein Unterraum ist, der ein direktes Komplement in $\mathfrak{B}$ besitzt, dann gilt $\beta(A) = \dim \operatorname{Coker} A$.

Wenn die Zahlen $\alpha(A)$ und $\beta(A)$ endlich sind, dann heißt ihre Differenz

$$\varkappa(A) = \alpha(A) - \beta(A)$$

Index des Operators A.

Der Operator A heißt *normal auflösbar*, wenn die Gleichung $A x = y$ bei beliebigem $y \in \mathfrak{B}$ genau dann lösbar ist, wenn $f(y) = 0$ für alle $f \in \operatorname{Ker} A^*$ gilt. Die normale Auflösbarkeit des Operators A ist gleichbedeutend mit der Abgeschlossenheit seiner Wertemenge.

Ein normal auflösbarer Operator A heißt *$\Phi_+(\Phi_-)$-Operator*, wenn die Zahl $\alpha(A)$ $(\beta(A))$ endlich ist, und *Φ-Operator*, wenn beide Zahlen $\alpha(A)$, $\beta(A)$ endlich sind.

Es gelten die folgenden Sätze.

A) *Für jeden Φ-Operator A existiert eine positive Zahl ϱ derart, daß für alle Operatoren B $(\in \mathfrak{A})$ mit $|B| < \varrho$ der Operator $A + B$ ein Φ-Operator ist, wobei gilt*

$$\varkappa(A + B) = \varkappa(A) \text{ und } \alpha(A + B) \leqq \alpha(A) .$$

B) *Es sei A ein Φ-Operator. Dann ist der Operator $A + T$ für jeden vollstetigen Operator T $(\in \mathfrak{A})$ ein Φ-Operator, und es gilt*

$$\varkappa(A + T) = \varkappa(A) .$$

C) *Das Produkt $A B$ zweier Φ-Operatoren ist wieder ein Φ-Operator, wobei*

$$\varkappa(A B) = \varkappa(A) + \varkappa(B)$$

gilt.

Die Sätze A) und B) lassen sich auch für Φ_+- und Φ_--Operatoren formulieren.

Wir benötigen zwei weitere Hilfssätze.

D) *Sei $A, B \in \mathfrak{A}$. Wenn das Produkt $A B$ ein Φ_+ (Φ_-)-Operator ist, dann ist der Operator $B(A)$ ebenfalls ein Φ_+ (Φ_-)-Operator* (siehe B. Yood [1]).

Wenn die Standardbedingung (3.2) in Theorem 3.1 (oder die entsprechenden Bedingungen in den Theoremen 7.1, 8.1, 9.1, 10.1) nicht erfüllt ist, dann ist der Operator A weder ein Φ_+- noch ein Φ_--Operator. Aufgrund der Sätze A) und B) genügt es, das für den Fall $A \in \mathfrak{R}(V)$ zu zeigen.

Sei $A(\zeta_0) = 0$ $(|\zeta_0| = 1)$, und A sei beispielsweise ein Φ_+-Operator. Wir stellen den Operator A wie in Theorem 1.1 in der Form

$$A = A_1(V - \zeta_0 I) \quad (A_1 \in \mathscr{K}(V))$$

dar.

Nach Satz D) ist der Operator $V - \zeta_0 I$ ein Φ_+-Operator. Das widerspricht aber dem Satz über die Stabilität des Index' eines Φ_+-Operators.

E) *Dafür, daß ein Operator A ein Φ-Operator ist, ist notwendig und hinreichend, daß ein Operator $B \in \mathfrak{A}$ existiert, so daß die Operatoren $A B - I$ und $B A - I$ vollstetig sind* (siehe F. W. Atkinson [2]).

Mit anderen Worten, *dafür, daß ein Operator A ein Φ-Operator ist, ist notwendig und hinreichend, daß die den Operator A enthaltende Restklasse in der Faktoralgebra $\mathfrak{A}/\mathfrak{T}$ umkehrbar ist, wobei $\mathfrak{T}$ das Ideal der vollstetigen Operatoren bezeichnet* (siehe z. B. I. Z. Gochberg, A. S. Markus und I. A. Feldman [1]).

KAPITEL II

DAS GALERKINSCHE VERFAHREN UND PROJEKTIONSVERFAHREN ZUR LÖSUNG LINEARER GLEICHUNGEN

Im vorliegenden Kapitel werden das GALERKINsche Verfahren und Projektionsverfahren allgemein dargelegt und der Zusammenhang zwischen beiden untersucht. Es werden Kriterien dafür angegeben, wann diese Verfahren anwendbar sind. Wichtig für das folgende sind die Theoreme über die Stabilität von Projektionsverfahren hinsichtlich kleiner oder vollstetiger Störungen.

Es wird bewiesen (in Form eines Existenzsatzes), daß jede lineare Gleichung mit einem umkehrbaren Operator im HILBERT-Raum mit Hilfe eines gewissen Projektionsverfahrens gelöst werden kann.

Es wird die Klasse der umkehrbaren Operatoren beschrieben, auf die das GALERKINsche Verfahren nach einer *beliebigen* orthogonalen Basis anwendbar ist. Die gleiche Aufgabe ist bezüglich derjenigen Operatoren gelöst, auf die das GALERKINsche Verfahren nach einer beliebigen Basis, die zu einer orthogonalen Basis äquivalent ist (d. h. nach einer RIESZschen Basis) anwendbar ist.

In den folgenden Kapiteln werden nur die Resultate der ersten drei Paragraphen dieses Kapitels benutzt.

§ 1. Das Gallerkinsche Verfahren und seine Verallgemeinerung

Es seien $\mathfrak{B}_1$, $\mathfrak{B}_2$ zwei BANACH-Räume und $\mathfrak{A}(\mathfrak{B}_1, \mathfrak{B}_2)$ die Menge aller linearen beschränkten Operatoren, die von $\mathfrak{B}_1$ in $\mathfrak{B}_2$ wirken. Ferner sei $\{\varphi_j\}_1^\infty$ ein in $\mathfrak{B}_1$ vollständiges System von Vektoren und $\{f_j\}_1^\infty$ ein totales System von Funktionalen aus $\mathfrak{B}_2^*$. Das folgende Verfahren zur näherungsweisen Lösung der Gleichung

$$A x = y \qquad (y \in \mathfrak{B}_2) \tag{1.1}$$

mit $A \in \mathfrak{A}(\mathfrak{B}_1, \mathfrak{B}_2)$ heißt GALERKINsches Verfahren (oder Verfahren von GALERKIN-PETROW.

Eine Näherungslösung x_n der Gleichung (1.1) wird in Form einer Linearkombination der Vektoren $\{\varphi_j\}_1^n$ gesucht:

$$x_n = \sum_{j=1}^{n} \xi_j \varphi_j \,. \tag{1.2}$$

Die Zahlen ξ_j werden aus dem Gleichungssystem

$$f_j (A x_n - y) = 0 \qquad (j = 1, 2, \ldots, n)$$

bestimmt, das in folgender Weise geschrieben werden kann:

$$\sum_{k=1}^{n} f_j (A \varphi_k) \xi_k = f_j(y) \qquad (j = 1, 2, \ldots, n) \,. \tag{1.3}$$

Wir sagen, daß auf den Operator A das GALERKINsche Verfahren nach dem System (φ_j, f_j) anwendbar ist, wenn das System (1.3) für beliebiges $y \in \mathfrak{B}_2$ von einem gewissen n an eindeutig lösbar ist und die Vektoren x_n, die durch die Gleichung (1.2) bestimmt sind, für $n \to \infty$ gegen die Lösung der Gleichung (1.1) konvergieren.

Das GALERKINsche Verfahren gestattet folgende Verallgemeinerung. Sei Ω eine unbeschränkte Menge positiver Zahlen, $\{\mathfrak{L}_\tau\}$ und $\{\mathfrak{N}_\tau\}$ $(\tau \in \Omega)$ seien zwei Systeme von Unterräumen der Räume $\mathfrak{B}_1$ bzw. $\mathfrak{B}_2$. Das verallgemeinerte Verfahren besteht darin, eine Näherungslösung x_τ $(\tau \in \Omega)$ der Gleichung (1.1) aus den Bedingungen

$$x_\tau \in \mathfrak{L}_\tau\,, \qquad A\,x_\tau - y \in \mathfrak{N}_\tau \tag{1.4}$$

zu bestimmen.

Wenn für beliebiges $y \in \mathfrak{B}_2$ und für beliebiges τ, von einem gewissen τ_0 an, ein eindeutig bestimmter Vektor x_τ existiert, der den Bedingungen (1.4) genügt, und die Vektoren x_τ für $\tau \to \infty$ gegen die Lösung der Gleichung (1.1) konvergieren, dann sagen wir, daß auf den Operator A das verallgemeinerte GALERKINsche Verfahren nach dem System $(\mathfrak{L}_\tau, \mathfrak{N}_\tau)$ anwendbar ist. Mit $\Gamma\{\mathfrak{L}_\tau, \mathfrak{N}_\tau\} \subset \mathfrak{A}(\mathfrak{B}_1, \mathfrak{B}_2)$ bezeichnen wir die Klasse aller Operatoren, auf die das verallgemeinerte GALERKINsche Verfahren $(\mathfrak{L}_\tau, \mathfrak{N}_\tau)$ anwendbar ist.

Offensichtlich fällt das Verfahren (φ_j, f_j) mit dem Verfahren $(\mathfrak{L}_\tau, \mathfrak{N}_\tau)$ zusammen, wenn Ω die Menge der natürlichen Zahlen, $\mathfrak{L}_n$ die lineare Hülle der Vektoren $\{\varphi_j\}_1^n$ und $\mathfrak{N}_n$ den Unterraum aller Nullstellen der Funktionale $\{f_j\}_1^n$ bezeichnen.

Es gilt das folgende Kriterium für die Anwendbarkeit des verallgemeinerten GALERKINschen Verfahrens.

Theorem 1.1. *Dafür, daß auf einen umkehrbaren Operator A das verallgemeinerte GALERKINsche Verfahren $(\mathfrak{L}_\tau, \mathfrak{N}_\tau)$ anwendbar ist, ist notwendig und hinreichend, daß folgende Bedingungen erfüllt sind:*

(1) $\lim\limits_{\tau\to\infty} \varrho(x, \mathfrak{L}_\tau) = 0$ *für beliebiges* $x \in \mathfrak{B}_1$.

(2) *Der Raum $\mathfrak{B}_2$ zerfällt von einem gewissen τ_0 an in die direkte Summe*

$$\mathfrak{B}_2 = A\,\mathfrak{L}_\tau \dotplus \mathfrak{N}_\tau \qquad (\tau \geqq \tau_0)\,.$$

(3) $\sup\limits_{\tau\geqq\tau_0} |P_\tau| < \infty$, *wo bei P_τ den Operator bezeichnet, der $\mathfrak{B}_2$ auf $A\,\mathfrak{L}_\tau$ parallel zu $\mathfrak{N}_\tau$ projiziert.*

Wir erläutern diese Bedingungen. Die Bedingung (1) bedeutet, daß $\bigcup\limits_{\tau\in\Omega} \mathfrak{L}_\tau$ dicht in $\mathfrak{B}_1$ ist. Aus der Bedingung (2) ergibt sich infolge der Umkehrbarkeit des Operators A insbesondere, daß $\bigcap\limits_{\tau\in\Omega} \mathfrak{N}_\tau = \{0\}$. Schließlich bedeutet die Bedingung (3), daß sich die Unterräume $A\,\mathfrak{L}_\tau$ und $\mathfrak{N}_\tau$ bei großem τ nicht unbeschränkt „annähern".

Beweis. Wir zeigen zuerst die Notwendigkeit der Bedingungen des Theorems. Es sei x ein beliebiger Vektor aus $\mathfrak{B}_1$ und $y = A\,x$. Dann konvergieren die Vektoren x_τ $(\in \mathfrak{L}_\tau)$, die nach dem Verfahren $(\mathfrak{L}_\tau, \mathfrak{N}_\tau)$ bestimmt wurden, gegen x, und demzufolge ist die Bedingung (1) erfüllt. Die Bedingung (2) ergibt sich daraus, daß für beliebiges $y \in \mathfrak{B}_2$ ein eindeutig bestimmter Vektor $x_\tau \in \mathfrak{L}_\tau$ existiert, so daß $z_\tau = A\, x_\tau - y \in \mathfrak{N}_\tau$ $(\tau \geqq \tau_0)$ ist. Schließlich gilt infolge der letzten Beziehung $P_\tau\, y = A\, x_\tau$, und da $A\, x_\tau \to y$ konvergiert, gilt auch $P_\tau\, y \to y$, woraus die Bedingung (3) folgt.

Wir gehen nun über zum Beweis der Hinlänglichkeit der Bedingungen des Theorems. Es sei y ein beliebiger Vektor aus $\mathfrak{B}_2$. Aus der Bedingung (2) folgt, daß für $\tau > \tau_0$ ein eindeutig bestimmter Vektor $x_\tau \in \mathfrak{L}_\tau$ existiert, so daß $y - A\, x_\tau = z_\tau \in \mathfrak{N}_\tau$ ist. Zur Vervollständigung des Beweises genügt es offenbar zu zeigen, daß $z_\tau \to 0$ konvergiert für $\tau \to \infty$. Das aber folgt aus den Gleichungen

$$z_\tau = (I - P_\tau)\, y = (I - P_\tau)\,(y - u_\tau)\,,$$

wobei u_τ ein beliebiger Vektor aus $A\, \mathfrak{L}_\tau$ ist, sowie aus den Bedingungen (1) und (3). Nach der Bedingung (1) kann man nämlich die Vektoren u_τ so wählen, daß $y - u_\tau \to 0$ gilt, und nach Bedingung (3) sind die Normen der Operatoren $I - P_\tau$ $(\tau \geqq \tau_0)$ gleichmäßig beschränkt.

§ 2. Projektionsverfahren

Es seien $\{P_\tau\}$ und $\{Q_\tau\}$ $(P_\tau \in \mathfrak{A}(\mathfrak{B}_1),\ Q_\tau \in \mathfrak{A}(\mathfrak{B}_2),\ \tau \in \Omega)$ zwei Mengen von Projektoren und A ein Operator aus $\mathfrak{A}(\mathfrak{B}_1, \mathfrak{B}_2)$. Das Näherungsverfahren zur Lösung der Gleichung (1.1), das darin besteht, eine Lösung $x_\tau \in P_\tau\, \mathfrak{B}_1$ der Gleichung

$$Q_\tau\, A\, P_\tau\, x = Q_\tau\, y \tag{2.1}$$

zu bestimmen, nennen wir *Projektionsverfahren*. Die Gleichung (2.1) nennen wir *abgeschnitten*.

Wenn die Gleichung (2.1) für beliebiges $y \in \mathfrak{B}_2$ von einem gewissen τ_0 an die eindeutig bestimmte Lösung x_τ besitzt, die für $\tau \to \infty$ gegen die Lösung der Gleichung (1.1) konvergiert, so sagen wir, daß auf den Operator A dasProjektionsverfahren nach dem System (P_τ, Q_τ) anwendbar ist. Mit $\Pi\{P_\tau, Q_\tau\} \subset \mathfrak{A}(\mathfrak{B}_1, \mathfrak{B}_2)$ bezeichnen wir die Klasse aller Operatoren, auf die das Projektionsverfahren (P_τ, Q_τ) anwendbar ist.

Untersuchen wir nun den Zusammenhang zwischen dem Galerkinschen Verfahren $(\mathfrak{L}_\tau, \mathfrak{N}_\tau)$ und dem Projektionsverfahren (P_τ, Q_τ).

Man sieht leicht, daß die Verfahren $(\mathfrak{L}_\tau, \mathfrak{N}_\tau)$ und (P_τ, Q_τ) dann und nur dann zusammenfallen, wenn gilt

$$\mathfrak{L}_\tau = P_\tau\, \mathfrak{B}_1 \text{ und } \mathfrak{N}_\tau = (I - Q_\tau)\, \mathfrak{B}_2\,. \tag{2.2}$$

Daraus folgt, daß das verallgemeinerte Galerkinsche Verfahren $(\mathfrak{L}_\tau, \mathfrak{N}_\tau)$ mit einem gewissen Projektionsverfahren dann und nur dann zusammenfällt, wenn alle Unterräume $\mathfrak{L}_\tau$, $\mathfrak{N}_\tau$ direkte Komplemente in $\mathfrak{B}_1$ bzw. $\mathfrak{B}_2$ besitzen. (Die entsprechenden Projektoren P_τ und Q_τ werden so gewählt, daß die Gleichungen (2.2) erfüllt sind.)

Die Klasse der verallgemeinerten Galerkinschen Verfahren ist also formal größer als die Klasse der Projektionsverfahren.

Wenn jedoch ein verallgemeinertes GALERKINsches Verfahren $(\mathfrak{L}_\tau, \mathfrak{R}_\tau)$ zumindest auf einen *umkehrbaren* Operator A anwendbar ist, dann fällt dieses Verfahren mit einem gewissen Projektionsverfahren zusammen.

Diese Feststellung folgt unmittelbar aus Theorem 1.1, nach dem im vorliegenden Fall der Unterraum $A^{-1}\,\mathfrak{R}_\tau$ direktes Komplement zu $\mathfrak{L}_\tau$ und $A\,\mathfrak{L}_\tau$ direktes Komplement zu $\mathfrak{R}_\tau$ ist.

Wir bemerken noch, daß das Projektionsverfahren (P_τ, Q_τ) nicht von den Nullräumen der Projektoren P_τ und den Bildräumen der Projektoren Q_τ abhängt. Aus den Gleichungen (2.2) folgt, daß *dieses Verfahren durch die Bildräume der Projektoren P_τ und die Nullräume der Projektoren Q_τ vollständig bestimmt ist.*

Im weiteren werden wir voraussetzen, daß *die Projektoren P_τ und Q_τ für $\tau \to \infty$ stark gegen den Einheitsoperator in $\mathfrak{B}_1$ bzw. in $\mathfrak{B}_2$ konvergieren.* In diesem Fall ist die Anwendbarkeit des Projektionsverfahrens (P_τ, Q_τ) auf den Operator A gleichbedeutend damit, daß der Operator A umkehrbar ist, die Operatoren $Q_\tau\, A\, P_\tau$ als Operatoren, die aus $P_\tau\,\mathfrak{B}_1$ in $Q_\tau\,\mathfrak{B}_2$ wirken, von einem gewissen τ an umkehrbar sind und die Operatoren $(Q_\tau\, A\, P_\tau)^{-1}\, Q_\tau$ für $\tau \to \infty$ stark gegen den Operator A^{-1} konvergieren.

Für ein solches System von Projektoren (P_τ, Q_τ) kann ein Kriterium für die Anwendbarkeit des Projektionsverfahrens auf einen Operator A aus dem Theorem 1.1 abgeleitet werden. Man kann es aber auch leicht direkt aufstellen.

Theorem 2.1. *Dafür, daß ein umkehrbarer Operator A zu $\Pi\{P_\tau, Q_\tau\}$ gehört, ist notwendig und hinreichend, daß von einem gewissen τ an die folgenden Beziehungen erfüllt sind:*

$$|Q_\tau\, A\, P_\tau\, x| \geqq c\, |P_\tau\, x| \qquad (x \in \mathfrak{B}_1, c > 0)\,, \tag{2.3}$$

$$Q_\tau\, A\, P_\tau\, \mathfrak{B}_1 = Q_\tau\, \mathfrak{B}_2\,. \tag{2.4}$$

Beweis. Sei $A \in \Pi\,\{P_\tau, Q_\tau\}$. Dann konvergieren die Operatoren $(Q_\tau\, A\, P_\tau)^{-1}\, Q_\tau$, wie oben bemerkt wurde, für $\tau \to \infty$ stark gegen den Operator A^{-1}. (Wir heben nochmals hervor, daß der Operator $(Q_\tau\, A\, P_\tau)^{-1}$ die Inverse zu $Q_\tau\, A\, P_\tau$ ist, aber nur als Operator, der aus $P_\tau\,\mathfrak{B}_1$ in $Q_\tau\,\mathfrak{B}_2$ wirkt.) Dann gibt es ein $\tau_0 \in \Omega$ derart, daß

$$\sup_{\tau > \tau_0} |(Q_\tau\, A\, P_\tau)^{-1}\, Q_\tau| = \gamma < \infty$$

und folglich

$$|P_\tau\, x| = |(Q_\tau\, A\, P_\tau)^{-1}\, Q_\tau\, (Q_\tau\, A\, P_\tau\, x)| \leqq \gamma\, |Q_\tau\, A\, P_\tau\, x|$$

gilt, woraus (2.3) folgt. Die Bedingung (2.4) ist offensichtlich erfüllt.

Seien umgekehrt die Bedingungen (2.3) und (2.4) erfüllt. Dann besitzt die abgeschnittene Gleichung (2.1) für beliebiges $y \in \mathfrak{B}_2$ von einem gewissen τ an eine eindeutig bestimmte Lösung x_τ. Wir bezeichnen die Lösung der vollständigen Gleichung (1.1) mit x. Dann erhalten wir aus (1.1) und (2.1) die folgende Gleichung

$$Q_\tau\, A\, P_\tau\, (x_\tau - P_\tau\, x) = Q_\tau\, A\, (I - P_\tau)\, x\,. \tag{2.5}$$

Da die rechte Seite der Gleichung (2.5) für $\tau \to \infty$ gegen Null konvergiert, folgt aus der Bedingung (2.3), daß

$$\lim_{\tau\to\infty} x_\tau = \lim_{\tau\to\infty} P_\tau x = x$$

gilt.

Bemerkung. Aus der Beziehung (2.5) ergibt sich folgende Abschätzung für den Fehler $|x - x_\tau|$:

$$|x - x_\tau| = O(|x - P_\tau x|) \quad (\tau \to \infty).$$

Aus dem Theorem 2.1 kann man leicht die folgende hinreichende Bedingung für die Anwendbarkeit des Projektionsverfahrens ableiten.

1°. *Der Operator A habe die Form $A = H + i\,G$, wobei H ein positiv-definiter und G ein selbstadjungierter Operator im* HILBERT-*Raum $\mathfrak{H}$ sind. Die Orthoprojektoren P_τ ($\tau \in \Omega$) mögen für $\tau \to \infty$ stark gegen den identischen Operator in $\mathfrak{H}$ konvergieren. Dann gilt $A \in \Pi\{P_\tau, P_\tau\}$.*

Aus den Beziehungen

$$|P_\tau x|\,|P_\tau A P_\tau x| \geqq |(P_\tau (H + i\,G) P_\tau x, P_\tau x)| \geqq$$
$$\geqq (H P_\tau x, P_\tau x) \geqq \delta\,|P_\tau x|^2 \; (\delta > 0)$$

folgt nämlich, daß $|P_\tau A P_\tau x| \geqq \delta\,|P_\tau x|$ ($x \in \mathfrak{H}$) gilt. Ferner ist der Operator $P_\tau A P_\tau$ im Unterraum $P_\tau \mathfrak{H}$ umkehrbar, weil die Werte der quadratischen Form $(P_\tau A P_\tau x, x)$ ($x \in P_\tau \mathfrak{H}$; $|x| = 1$) im Inneren der rechten Halbebene liegen.

Die Klasse $\Pi\{P_\tau, Q_\tau\}$ ist bezüglich der Multiplikation mit Operatoren eines bestimmten Typs unempfindlich; es gilt das folgende Theorem.

Theorem 2.2. *Seien $A \in \mathfrak{A}(\mathfrak{B}_2)$, $B \in \mathfrak{A}(\mathfrak{B}_1, \mathfrak{B}_2)$ und $C \in \mathfrak{A}(\mathfrak{B}_1)$ umkehrbare Operatoren. Wenn die folgenden Bedingungen*

(1) $Q_\tau A = Q_\tau A Q_\tau$, *und aus der Gleichung* $Q_\tau A Q_\tau x = 0$ *folgt* $Q_\tau x = 0$;
(2) $B \in \Pi\{P_\tau, Q_\tau\}$;
(3) $C P_\tau = P_\tau C P_\tau$, $P_\tau C P_\tau \mathfrak{B}_1 = P_\tau \mathfrak{B}_1$

erfüllt sind, dann ist $A\,B\,C \in \Pi\{P_\tau, Q_\tau\}$.

Wir erläutern die Bedingung (1). Ihre erste Gleichung bedeutet die Invarianz des Unterraumes $\operatorname{Im}(I - Q_\tau)$ bezüglich A. Die zweite Forderung bedeutet, daß der Operator A diesen Unterraum auf sich abbildet.

Beweis. Wir zeigen zunächst, daß $A \in \Pi\{Q_\tau, Q_\tau\}$ und $C \in \Pi\{P_\tau, P_\tau\}$ gilt. Die Gleichung $Q_\tau A Q_\tau y = Q_\tau f$ besitzt aufgrund der Bedingung (1) im Unterraum $Q_\tau \mathfrak{B}_2$ die eindeutig bestimmte Lösung $y_\tau = Q_\tau A^{-1} f$ für jeden beliebigen Vektor $f \in \mathfrak{B}_2$. Da $\lim y_\tau = A^{-1} f$ ist, gilt $A \in \Pi\{Q_\tau, Q_\tau\}$. Die Gleichung $P_\tau C P_\tau x = P_\tau \varphi$ besitzt aufgrund der Bedingung (3) im Unterraum $P_\tau \mathfrak{B}_1$ die eindeutig bestimmte Lösung $x_\tau = C^{-1} P_\tau \varphi$ für jeden Vektor $\varphi \in \mathfrak{B}_1$. Damit gilt $C \in \Pi\{P_\tau, P_\tau\}$.

Ferner folgt aus der Gleichheit

$$Q_\tau A\, B\, C\, P_\tau = (Q_\tau A\, Q_\tau)\,(Q_\tau B\, P_\tau)\,(P_\tau C\, P_\tau)$$

und aus dem Theorem 2.1, daß

$$|Q_\tau A\, B\, C\, P_\tau x| \geqq \delta\, |P_\tau x| \; (x \in \mathfrak{B}_1, \delta > 0)\,,$$

$$Q_\tau A\, B\, C\, P_\tau \mathfrak{B}_1 = Q_\tau \mathfrak{B}_2$$

gilt. Hieraus ergibt sich — wieder nach Theorem 2.1 — daß $A\, B\, C \in \Pi\{P_\tau, Q_\tau\}$ ist.

Im weiteren benötigen wir noch den folgenden Satz über die blockweise Anwendbarkeit des Projektionsverfahrens.

2°. *Es seien Q_1 und Q_2 zwei ergänzende Projektoren aus* $\mathfrak{A}(\mathfrak{B})$ (d.h. $Q_2 = I - Q_1$); *sie mögen mit den Projektoren P_τ ($\tau \in \Omega$) kommutieren. Ferner mögen die Unterräume* Im Q_1 *und* Im Q_2 *invariant bezüglich des umkehrbaren Operators $A \in \mathfrak{A}(\mathfrak{B})$ sein.*

Mit A_j und $P_{j\tau}$ bezeichnen wir die Einschränkungen der Operatoren A und P_τ auf die Unterräume Im Q_j ($j = 1, 2$).

Dafür, daß $A \in \Pi\{P_\tau, P_\tau\}$ ist, ist notwendig und hinreichend, daß $A_j \in \Pi\{P_{j\tau}, P_{j\tau}\}$, $j = 1, 2$, gilt.

§ 3. Stabilität der Projektionsverfahren

In diesem Paragraphen werden zwei Sätze über Störungen der Operatoren der Klasse $\Pi\{P_\tau, Q_\tau\}$ durch normmäßig kleine oder vollstetige Operatoren bewiesen. Der zweite Satz, das Theorem 3.1, spielt im folgenden eine wesentliche Rolle.

1°. *Sei $A \in \Pi\{P_\tau, Q_\tau\}$. Dann existiert eine Konstante $\gamma > 0$, so daß für alle $B \in \mathfrak{A}(\mathfrak{B}_1, \mathfrak{B}_2)$ mit $|B| < \gamma$ die Beziehung $A + B \in \Pi\{P_\tau. Q_\tau\}$ gilt. Mit anderen Worten, die Klasse $\Pi\{P_\tau, Q_\tau\}$ ist eine offene Menge.*

Beweis. Wir setzen $\gamma = (c - \varepsilon)/m$, wobei c die Konstante aus der Bedingung (2.3) ist, $0 < \varepsilon < c/2$, und $m = \sup_\tau |P_\tau|\,|Q_\tau|$. Dann gilt für $|B| < \gamma$ die Abschätzung

$$|Q_\tau (A + B)\, P_\tau x| \geqq c\, |P_\tau x| - |Q_\tau B\, P_\tau x| \geqq \varepsilon\, |P_\tau x|\,.$$

Außerdem ist der Operator $Q_\tau (A + B)\, P_\tau$, der aus $P_\tau \mathfrak{B}_1$ in $Q_\tau \mathfrak{B}_2$ wirkt, umkehrbar, so daß

$$Q_\tau (A + B)\, P_\tau = Q_\tau A\, P_\tau\, [I_\tau + (Q_\tau A\, P_\tau)^{-1}\, Q_\tau B\, P_\tau]$$

gilt, wo I_τ den identischen Operator in $P_\tau \mathfrak{B}_1$ bezeichnet, und

$$|(Q_\tau A\, P_\tau)^{-1}\, Q_\tau B\, P_\tau| < \frac{c - \varepsilon}{c} < 1\,.$$

Damit sind für $A + B$ die Bedingungen von Theorem 2.1 erfüllt, und folglich ist $A + B \in \Pi\{P_\tau, Q_\tau\}$.

Theorem 3.1. *Es sei $A \in \Pi\{P_\tau, Q_\tau\}$ und T $(\in \mathfrak{A}(\mathfrak{B}_1, \mathfrak{B}_2))$ vollstetig. Wenn der Operator $A + T$ umkehrbar ist, dann gehört er ebenfalls zu $\Pi\{P_\tau, Q_\tau\}$.*

Beweis. Aufgrund der Abschätzung (2.3) gelten die folgenden Beziehungen:

$$|Q_\tau (A + T) P_\tau x| = |Q_\tau A P_\tau [P_\tau x + (Q_\tau A P_\tau)^{-1} Q_\tau T P_\tau x]| \geqq$$
$$\geqq c\, |P_\tau x + (Q_\tau A P_\tau)^{-1} Q_\tau T P_\tau x| \geqq$$
$$\geqq c\, |P_\tau x + A^{-1} T P_\tau x| - c\, |[(Q_\tau A P_\tau)^{-1} Q_\tau T - A^{-1} T] P_\tau x| .$$

Da der Operator $I + A^{-1} T$ $(\in \mathfrak{A}(\mathfrak{B}_1))$ umkehrbar ist, existiert eine Konstante $\gamma > 0$, so daß

$$|P_\tau x + A^{-1} T P_\tau x| \geqq \gamma\, |P_\tau x| \qquad (x \in \mathfrak{B}_1, \tau \in \Omega)$$

gilt. Wegen der Vollstetigkeit des Operators T sieht man leicht, daß die Operatoren $(Q_\tau A P_\tau)^{-1} Q_\tau T$ gleichmäßig gegen den Operator $A^{-1} T$ konvergieren. Das folgt aus der Kompaktheit der Menge $A S$, wenn S die Einheitskugel des Raumes $\mathfrak{B}_1$ bezeichnet, und der starken Konvergenz der Operatoren $(Q_\tau A P_\tau)^{-1} Q_\tau$.

Dann kann man ein τ_0 wählen, so daß

$$|(Q_\tau A P_\tau)^{-1} Q_\tau T - A^{-1} T| < \frac{1}{2} \gamma \qquad (\tau \geqq \tau_0)$$

gilt. Aus diesen Abschätzungen folgt die Ungleichung

$$|Q_\tau (A + T) P_\tau x| \geqq \frac{1}{2} c \gamma\, |P_\tau x| \qquad (\tau \geqq \tau_0) . \tag{3.1}$$

Zur Vervollständigung des Beweises bemerken wir, daß der Operator $Q_\tau (A + T) P_\tau$, der von $P_\tau \mathfrak{B}_1$ in $Q_\tau \mathfrak{B}_2$ wirkt, umkehrbar ist. In der Tat, wegen (3.1) vermittelt der Operator $Q_\tau (A + T) P_\tau$ eine eineindeutige Abbildung, und da er die Summe des umkehrbaren Operators $Q_\tau A P_\tau$ und des vollstetigen Operators $Q_\tau T P_\tau$ ist, so ist er notwendig umkehrbar.

Bemerkung. Aus den Resultaten dieses Punktes folgt die Stabilität des verallgemeinerten Galerkinschen Verfahrens bezüglich kleiner oder vollstetiger Störungen (die die Umkehrbarkeit des Operators erhalten).

§ 4. Ein Existenzsatz

Es sei $\{\varphi_j\}_1^\infty$ eine Basis des separablen Hilbert-Raumes $\mathfrak{H}$. Wir sagen, daß der Operator A eine *Reduktion* bezüglich der Basis $\{\varphi_j\}_1^\infty$ gestattet, wenn $A \in \Pi\{P_n, P_n\}$ ist, wobei P_n der Projektor auf die lineare Hülle der Vektoren $\varphi_1, \varphi_2, \ldots, \varphi_n$ ist, der die Vektoren $\varphi_{n+1}, \varphi_{n+2}, \ldots$ annulliert. Der Operator A gestattet dann und nur dann eine Reduktion bezüglich der Basis $\{\varphi_j\}_1^\infty$, wenn auf ihn das Galerkinsche Verfahren (φ_j, ψ_j) anwendbar ist, wobei $\{\psi_j\}_1^\infty$ eine zu $\{\varphi_j\}_1^\infty$ biorthogonale Basis ist.

Es sei A $(\in \mathfrak{A}(\mathfrak{H}))$ ein umkehrbarer Operator und $||a_{jk}||_1^\infty$ die Matrix des Operators A in der Basis $\{\varphi_j\}_1^\infty$. Der Operator A gestattet eine Reduktion bezüglich der Basis $\{\varphi_j\}_1^\infty$, wenn die Matrizen $A^{(n)} = ||a_{jk}||_1^n$ von einem gewissen n an umkehrbar sind und die Vektoren

$$x^{(n)} = \sum_{j=1}^{n} \xi_j^{(n)} \varphi_j$$

mit

$$\{\xi_j^{(n)}\}_1^n = (A^{(n)})^{-1} \{\eta_j\}_1^n, \qquad y = \sum_{j=1}^{\infty} \eta_j \varphi_j$$

für $n \to \infty$ normmäßig gegen die Lösung der Gleichung $A x = y$ konvergieren.

Theorem 4.1. *Für jeden umkehrbaren Operator $A \in \mathfrak{A}(\mathfrak{H})$ existiert eine orthonormierte Basis $\{\varphi_j\}_1^\infty$, bezüglich der A eine Reduktion gestattet.*

Beweis. Wir benutzen die Polardarstellung des Operators A, $A = H U$, wobei U ein unitärer und H ein positiver Operator ist.

Wir zerlegen das Spektrum des Operators U in eine Summe abgeschlossener Mengen σ_k ($k = 1, 2, \ldots, q$), so daß der Durchschnitt $\sigma_j \cap \sigma_k$ ($j \neq k$) aus höchstens einem Punkt besteht und der Durchmesser jeder dieser Mengen σ_j nicht größer als ε ist (die Zahl ε wird später gewählt). Dann kann man den Raum $\mathfrak{H}$ als orthogonale Summe von Unterräumen $\mathfrak{H}_k$ ($k = 1, 2, \ldots, q$) darstellen, die invariant bezüglich U sind, so daß das Spektrum des Operators $U_k = U \mid \mathfrak{H}_k$ (U_k ist die Einschränkung von U_k auf $\mathfrak{H}_k$) in σ_k enthalten ist.

Sei I_k der identische Operator in $\mathfrak{H}_k$ und $t_k \in \sigma_k$. Dann gilt offenbar

$$|U_k - t_k I_k| \leqq \varepsilon \qquad (k = 1, 2, \ldots, q)\,,$$

und demzufolge ist für jeden Orthoprojektor R in $\mathfrak{H}_k$ und beliebiges $x \in \mathfrak{H}_k$

$$|R\, U_k\, R\, x| \geqq |R\, x| - |R\,(U_k - t_k I_k)\, R\, x| \geqq (1 - \varepsilon)\, |R\, x|\,. \tag{4.1}$$

Sei $\{\varphi_j\}_1^\infty$ irgendeine orthonormierte Basis des Raumes $\mathfrak{H}$, die die Vereinigung der Basen der Unterräume $\mathfrak{H}_k$ ($k = 1, 2, \ldots, q$) ist, und

$$P_n\, x = \sum_{j=1}^{n} (x, \varphi_j)\, \varphi_j\,.$$

Mit Hilfe der Ungleichung (4.1) erhält man leicht, daß für einen beliebigen Vektor $x \in \mathfrak{H}$ die Abschätzung

$$|P_n\, U\, P_n\, x| \geqq (1 - \varepsilon)\, |P_n\, x| \qquad (n = 1, 2, \ldots) \tag{4.2}$$

gilt.

Mit $Q_n = I - P_n$ erhalten wir

$$|Q_n\, U\, P_n\, x|^2 = |U\, P_n\, x|^2 - |P_n\, U\, P_n\, x|^2 \leqq$$
$$\leqq |P_n\, x|^2 - (1 - \varepsilon)^2\, |P_n\, x|^2 = (2\,\varepsilon - \varepsilon^2)\, |P_n\, x|^2\,. \tag{4.3}$$

Da für jeden Orthoprojektor P ($\in \mathfrak{H}(\mathfrak{A})$) und jedes $y \in \mathfrak{H}$ die Abschätzung

$$|P\, H\, P\, y| \geqq m |P\, y| \qquad (m = |H^{-1}|^{-1} = |A^{-1}|^{-1})$$

gilt, erhalten wir mit $M = |\mathfrak{H}|$ aufgrund von (4.2) und (4.3)

$$\begin{aligned} |P_n H U P_n x| &\geqq |P_n H P_n U P_n x| - |P_n H Q_n U P_n x| \geqq \\ &\geqq m\,|P_n U P_n x| - M\,|Q_n U P_n x| \geqq \\ &\geqq [m\,(1-\varepsilon) - M\sqrt{2\varepsilon - \varepsilon^2}\,|P_n x|]\,. \end{aligned}$$

Wir wählen nun die Zahl ε $(1 > \varepsilon > 0)$ so, daß der Ausdruck in den eckigen Klammern positiv ist. Dann erhalten wir, daß der Operator A eine Reduktion bezüglich der orthonormierten Basis $\{\varphi_j\}_1^\infty$ gestattet, was zu beweisen war.

§ 5. Operatoren, die eine Reduktion bezüglich einer beliebigen orthonormierten Basis gestatten

Aus Satz 1°, § 2, und Theorem 3.1 folgt, daß jeder umkehrbare Operator $A \in \mathfrak{H}(\mathfrak{A})$ der Form

$$A = c\,(H + i\,G) + T\,, \tag{5.1}$$

worin c eine komplexe Zahl, H einen positiv-definiten, G einen selbstadjungierten und T einen vollstetigen Operator bezeichnen, eine Reduktion bezüglich jeder *beliebigen* orthonormierten Basis gestattet. Es zeigt sich nun, daß auch die umgekehrte Aussage gilt.

Bevor wir das beweisen, bemerken wir, daß die Darstellung (5.1) der folgenden äquivalent ist:

$$A = \alpha\,(I + S) + T\,, \tag{5.2}$$

wobei α eine komplexe Zahl, $S \in \mathfrak{A}(\mathfrak{H})$, $|S| < 1$ und T ein vollstetiger Operator ist. Das ergibt sich aus dem folgenden Satz.

Lemma 5.1. *Der Operator $A \in \mathfrak{A}$ hat dann und nur dann die Form*

$$A = \alpha\,(I + S)\,, \tag{5.3}$$

wobei α $(\neq 0)$ eine komplexe Zahl und S ein Operator mit $|S| < 1$ ist, wenn die Abschließung des Zahlenbereichs

$$W(A) = \{(A\,x, x) : |x| = 1\}$$

des Operators A den Punkt $\lambda = 0$ nicht enthält.

Beweis. Wenn A von der Form (5.3) ist, dann ist $W(A)$ offenbar im Kreis $\Gamma = \{\lambda : |\lambda - \alpha| \leqq |\alpha|\,|S|\}$ enthalten.

Für den Beweis der Hinlänglichkeit erinnern wir daran, daß die Menge $W(A)$ konvex ist, so daß bei $0 \,\overline{\in}\, \overline{W(A)}$ eine komplexe Zahl z existiert derart, daß

$$\operatorname{Re}\,(z\,A) \geqq \delta\,I \qquad (\delta > 0)\,.$$

Sei $B = z\,A$ und $\varepsilon > 0$. Dann gilt

$$(I - \varepsilon\,B)\,(I - \varepsilon\,B)^* = I - \varepsilon\,(2\operatorname{Re} B - \varepsilon\,B\,B^*)\,.$$

Wegen $B\,B^* > 0$ und $\operatorname{Re} B > \delta\,I$ ist der Operator

$$C = 2\operatorname{Re} B - \varepsilon\,B\,B^*$$

für hinreichend kleines $\varepsilon > 0$ positiv, wobei $|C| < 2\,|\mathrm{Re}\, B|$ ist. Folglich gilt für hinreichend kleines $\varepsilon > 0$

$$|I - \varepsilon C| < 1\,,$$

und demzufolge ist

$$|I - \varepsilon B| < 1\,.$$

Den Operator $\varepsilon B - I$ bezeichnen wir mit S, dann gilt

$$A = \frac{1}{z\,\varepsilon}(I + S)\,,$$

womit das Lemma bewiesen ist.

Wir benötigen einen weiteren Hilfssatz.

Lemma 5.2. *Wenn der Operator A nicht in der Form* (5.2) *darstellbar ist, dann gibt es eine orthonormierte Folge $\{g_j\}_1^\infty$, so daß*

$$\lim_{j\to\infty} (A\,g_j, g_j) = 0$$

gilt.

Beweis. Sei $\mathfrak{N}$ ein Unterraum von endlicher Kodimension und P der Orthoprojektor auf $\mathfrak{N}$, ferner sei $\hat{A} = P\,A|\mathfrak{N}$. Der Operator $A - \hat{A}\,P$ ist endlichdimensional; deshalb gestattet der Operator $\hat{A}$ ebenfalls keine Darstellung der Form $\alpha\,(\hat{I} + \hat{S})$, wobei $\hat{I}$ der identische Operator in $\mathfrak{N}$ und $\hat{S} \in \mathfrak{A}(\mathfrak{A})$ mit $|\hat{S}| < 1$ ist. Nach Lemma 5.1 ist $0 \in \overline{W(\hat{A})}$, deshalb gibt es zu beliebigem $\varepsilon > 0$ einen Vektor $x \in \mathfrak{N}$, so daß gilt

$$|x| = 1 \text{ und } |(\hat{A}\,x, x)| < \varepsilon\,, \text{ d. h. } |(A\,x, x)| < \varepsilon\,.$$

Wir wählen einen Vektor $g_1 \in \mathfrak{H}$, so daß $|(A\,g_1, g_1)| < 1$ ist. Die Konstruktion der nächsten Vektoren der Folge g_j erfolgt durch vollständige Induktion. Die Vektoren $g_1, g_2, \ldots, g_n$ mögen bereits gewählt sein, so daß die Beziehungen

$$(g_j, g_k) = \delta_{jk} \qquad (j, k = 1, 2, \ldots, n)\,,$$

$$|(A\,g_j, g_j)| < 1/j \quad (j = 1, 2, \ldots, n)$$

erfüllt sind. Mit $\mathfrak{N}_n$ bezeichnen wir das orthogonale Komplement zum Unterraum, der von den Vektoren g_j $(j = 1, 2, \ldots, n)$ aufgespannt wird. Dann gibt es entsprechend der obigen Feststellung einen Vektor $g_{n+1} \in \mathfrak{N}_n$, so daß gilt

$$|g_{n+1}| = 1 \text{ und } |(A\,g_{n+1}, g_{n+1})| < 1/(n+1)\,,$$

womit das Lemma bewiesen ist.

Theorem 5.1. *Der umkehrbare Operator $A \in \mathfrak{A}(\mathfrak{H})$ gestattet dann und nur dann eine Reduktion bezüglich einer beliebigen orthonormierten Basis $\{\varphi_j\}_1^\infty$ des Raumes $\mathfrak{H}$, wenn er eine Darstellung* (5.2) *gestattet.*

Beweis. Die Hinlänglichkeit der Bedingung (5.2) ist bereits nachgewiesen. Wir gehen über zum Beweis der Notwendigkeit.

Wir nehmen an, der Operator A ist nicht in der Form (5.2) darstellbar, und es sei $\{g_j\}_1^\infty$ das orthonormierte System, dessen Existenz im Lemma 5.2 nachgewiesen wurde. Aus der Folge $\{g_j\}_1^\infty$ kann man eine Teilfolge $\{\tilde{g}_j\}_1^\infty$ auswählen, so daß

$$\lim_{n\to\infty} |R_n A g_n| = 0 \tag{5.4}$$

gilt, wobei R_n durch

$$R_n = x \sum_{j=1}^{n} (x, \tilde{g}_j)\, \tilde{g}_j$$

definiert ist.

In der Tat, wir setzen $\tilde{g}_1 = g_1$. Dann gilt $(A\, g_j, \tilde{g}_1) = (g_j, A^* \tilde{g}_1) \to 0$, deshalb kann man aus der Folge $\{g_j\}_2^\infty$ einen Vektor $\tilde{g}_2$ derart auswählen, daß $|(A\, \tilde{g}_2, \tilde{g}_1)| < 1/2$ ist. Durch Wiederholung dieser Konstruktion erhalten wir eine Teilfolge $\{\tilde{g}_j\}_1^\infty$ der Folge $\{g_j\}_1^\infty$ derart, daß gilt

$$|(A\, \tilde{g}_j, \tilde{g}_k)| < 1/j \qquad (k < j;\ j = 2, 3, \ldots)\,.$$

Dann gilt

$$|R_n A\, \tilde{g}_n|^2 \leqq \frac{n-1}{n^2} + |(A\, \tilde{g}_n, \tilde{g}_n)|^2\,.$$

Da $(A\, \tilde{g}_n, \tilde{g}_n)$ gegen Null konvergiert, ist (5.4) gezeigt.

Es sei $\{\psi_j\}_1^\infty$ irgendeine Folge, die $\{\tilde{g}_j\}_1^\infty$ zu einer orthonormierten Basis des Raumes $\mathfrak{H}$ erweitert.

Wegen

$$\lim_{j\to\infty} (A\, \tilde{g}_j, \psi_k) = \lim_{j\to\infty} (\tilde{g}_j, A^* \psi_k) = 0 \qquad (k = 1, 2, \ldots)$$

läßt sich eine Teilfolge $\{j_n\}$ der natürlichen Zahlen angeben, so daß

$$|(A\, \tilde{g}_{j_n}, \psi_k)| < 1/n \qquad (k \leqq n,\ n = 1, 2, \ldots) \tag{5.5}$$

gilt. Wir ordnen nun das System $\{\tilde{g}_j\}_1^\infty \cup \{\psi_k\}_1^\infty$ in folgender Weise:

$$\tilde{g}_1, \ldots, \tilde{g}_{j_1}, \psi_1, \tilde{g}_{j_1+1}, \ldots, \tilde{g}_{j_2}, \psi_2, \tilde{g}_{j_2+1}, \ldots,$$

und bezeichnen mit φ_k den an der k-ten Stelle stehenden Vektor dieser Folge.

Wir setzen

$$P_n x = \sum_{j=1}^{n} (x, \varphi_j)\, \varphi_j\,.$$

Wie man leicht sieht, gilt die Gleichung

$$P_{j_n+n-1} A\, \varphi_{j_n+n-1} = R_{j_n} A\, \tilde{g}_{j_n} + \sum_{k=1}^{n-1} (A\, \tilde{g}_{j_n}, \psi_k)\, \psi_k\,.$$

Mit den Ungleichungen (5.4) und (5.5) folgt hieraus die Beziehung

$$\lim_{n\to\infty} |P_{j_n+n-1} A \varphi_{j_n+n-1}| = 0\,.$$

Damit ist für den Operator A und das System P_n $(n = 1, 2, \ldots)$ von Projektoren die Bedingung (2.3) nicht erfüllt, und demzufolge gestattet A keine Reduktion bezüglich der Basis $\{\varphi_j\}_1^\infty$.

§ 6. Operatoren, die eine Reduktion bezüglich einer beliebigen Basis gestatten, die einer orthonormierten äquivalent ist

Zwei Basen $\{\varphi_j\}_1^\infty$ und $\{\psi_j\}_1^\infty$ des Raumes $\mathfrak{H}$ heißen *äquivalent*, wenn ein umkehrbarer Operator $B \in \mathfrak{A}$ existiert, so daß $B\varphi_j = \psi_j$ $(j = 1, 2, \ldots)$ gilt. Nach einem Satz von LORCH-GELFAND (siehe das Buch von I. Z. GOCHBERG und M. G. KREIN [4], Seite 381) *ist eine Basis $\{\psi_j\}_1^\infty$ einer orthonormierten Basis dann und nur dann äquivalent, wenn sie unbedingt ist und die Beziehungen*

$$\sup_j |\psi_j| < \infty, \qquad \inf_j |\psi_j| > 0$$

gelten.

In diesem Paragraphen wird eine Klasse von Operatoren beschrieben, die eine Reduktion bezüglich einer beliebigen Basis gestatten, die einer orthonormierten Basis äquivalent ist. Eine wesentliche Rolle spielt hierbei das Theorem 6.1. Für seine Formulierung führen wir einige Bezeichnungen ein.

Sei $A \in \mathfrak{A}$, $x \in \mathfrak{H}$ mit $|x| = 1$ und $\mathfrak{M}$ ein Unterraum von $\mathfrak{H}$. Wir setzen

$$\eta_A(x) = |A\,x - (A\,x, x)\,x|\,,$$

$$\eta_A(\mathfrak{M}) = \sup\,\{\eta_A(x) : x \in \mathfrak{M}, \quad |x| = 1\}\,.$$

Theorem 6.1. *Dafür, daß ein Operator $A \in \mathfrak{H}$ die Form*

$$A = \alpha\,I + T$$

hat, wobei α eine Zahl und T einen vollstetigen Operator bezeichnen, ist notwendig und hinreichend, daß gilt

$$\inf \eta_A(\mathfrak{M}) = 0\,,$$

wobei das Infimum über alle Unterräume $\mathfrak{M}$ von endlicher Kodimension genommen wird.

Der Beweis dieses Theorems beruht auf einigen Lemmata.

Sei $x, y \in \mathfrak{H}$ und $|x| = 1$. Mit $\theta_x(y)$ bezeichnen wir die Zahl

$$\theta_x(y) = |y - (y, x)\,x|\,.$$

Die Beziehung $\theta_x(y) = 0$ bedeutet offenbar die lineare Abhängigkeit der Vektoren x und y. Wenn $\theta_x(y) > 0$ ist, dann bilden die Vektoren x und

$$e = \frac{y - (y, x)\,x}{\theta_x(y)}$$

eine orthonormierte Basis der linearen Hülle der Vektoren x und y.

Ebenso offensichtlich sind die folgenden Eigenschaften der Funktion $\theta_x(y)$:

$$\theta_x^2(y) = |y|^2 - |(y, x)|^2\,, \qquad \theta_x(y + \alpha\,x) = \theta_x(y)\,.$$

Lemma 6.1. *Es seien $\mathfrak{P}_1$, $\mathfrak{P}_2$ zweidimensionale Räume und T ein linearer Operator aus $\mathfrak{P}_1$ in $\mathfrak{P}_2$, der eine orthonormierte Basis des Raumes $\mathfrak{P}_1$ in linear unabhängige Vektoren x und y ($\in \mathfrak{P}_2$) abbildet, wobei $|x| = 1$ ist. Dann gilt*

$$|T| \leqq (1 + |y|^2)^{1/2} \text{ und } |T^{-1}| \leqq (1 + |y|^2)^{1/2}\,\theta_x(y)\,.$$

Beweis. Offenbar genügt es, das Lemma für den Fall zu beweisen, wo $\mathfrak{P}_1 = \mathfrak{P}_2$ ist und die orthonormierte Basis x, e vom Operator T in die Vektoren x bzw. y überführt wird. Wegen

$$y = (y, x)\, x + \theta_x(y)\, e$$

haben die Matrizen der Operatoren T und T^{-1} in der Basis x, e die folgende Form:

$$T = \begin{Vmatrix} 1 & (y, x), \\ 0 & \theta_x(y) \end{Vmatrix}, \qquad T^{-1} = \begin{Vmatrix} 1 & -(y,x)/\theta_x(y) \\ 0 & 1/\theta_x(y) \end{Vmatrix}.$$

Hieraus folgen die Behauptungen des Lemmas.

Die Größen η_A und θ_x sind offenbar durch

$$\eta_A(x) = \theta_x(A\, x)$$

miteinander verknüpft. Hieraus folgt, daß die Gleichung $\eta_A(x) = 0$ dann und nur dann gilt, wenn x ein Eigenvektor des Operators A ist. Wenn $\mathfrak{M}$ ein Unterraum des Raumes $\mathfrak{H}$ ist, so gilt, wie man leicht sieht,

$$\eta_A(\mathfrak{M}) \leqq |A|\mathfrak{M}|, \qquad \eta_{A+\lambda I}(\mathfrak{M}) = \eta_A(\mathfrak{M}), \tag{6.1}$$

wobei $|A|\mathfrak{M}| = \sup\{|A\, x| : x \in \mathfrak{M},\ |x| = 1\}$ ist.

Mit $W_A(\mathfrak{M})$ bezeichnen wir den Zahlenbereich des Operators A auf dem Unterraum $\mathfrak{M}$, d. h.

$$W_A(\mathfrak{M}) = \{(A\, x, x) : x \in \mathfrak{M},\ |x| = 1\}.$$

Bekanntlich ist $W_A(\mathfrak{M})$ eine konvexe Menge.

Lemma 6.2. *Sei $A \in \mathfrak{A}$ und $\mathfrak{M}$ ein Unterraum in $\mathfrak{H}$. Dann gilt*

$$\operatorname{diam} W_A(\mathfrak{M}) \leqq 8\, |A|^{1/2}\, \eta_A^{1/2}(\mathfrak{M}).$$

Beweis. Es seien x und y zwei beliebige Einheitsvektoren aus $\mathfrak{M}$ und $\lambda = (A\, x, x)$, $\mu = (A\, y, y)$. Die Zahl $\eta_A(\mathfrak{M})$ bezeichnen wir mit η_0. Es genügt zu zeigen, daß die Ungleichung

$$|\lambda - \mu|^2 \leqq 64\, |A|\, \eta_0 \tag{6.2}$$

gilt.

Wenn die Vektoren x und y linear abhängig sind, dann ist $\lambda = \mu$. Wir wollen annehmen, daß sie linear unabhängig sind. Wir führen die Bezeichnungen $\alpha = (y, x)$ und $\beta = \theta_x(y)$ ein. Dann ist $\beta > 0$; man kann annehmen, daß auch $\alpha \geqq 0$ gilt, was man gegebenenfalls durch Multiplikation von x mit einer Zahl vom Betrage 1 erreichen kann. Die Vektoren x und $e = (y - \alpha\, x)/\beta$ bilden eine orthonormierte Basis des Unterraumes $\mathfrak{P}$, der von x und y aufgespannt wird. Wegen $y = \alpha\, x + \beta\, e$ gilt $\alpha^2 + \beta^2 = 1$, so daß für den Vektor $w = x - y$ die Beziehungen

$$|w|^2 = (1 - \alpha)^2 + \beta^2 = 2\,(1 - \alpha) \leqq 2\,\beta^2$$

gelten. Aus den Gleichungen

$$\lambda = (A\, x, x) = (A\, y + A\, w, y + w) = \mu + (A\, w, y) + (A\, y, w) + (A\, w, w)$$

folgt

$$|\lambda - \mu| \leqq 2\,|A|\,|w| + |A|\,|w|^2 \leqq 4\,|A|\,|w| \leqq 4\sqrt{2}\,|A|\,\beta\,. \tag{6.3}$$

Wir setzen nun $z = (x + y)/|x + y|$ und $\nu = (A\,z, z)$. Dann gilt

$$\eta_A(z) = |A\,z - \nu\,z| = \frac{|A(x+y) - \nu\,(x+y)|}{|x+y|} \leqq \eta_0$$

und

$$|A\,(x + y) - \nu\,(x + y)| < 2\,\eta_0\,.$$

Wegen $|A\,x - \lambda\,x| < \eta_0$ und $|A\,y - \mu\,y| < \eta_0$ gilt

$$|(\lambda - \nu)\,x + (\mu - \nu)\,y| = |\lambda\,x + \mu\,y - \nu\,(x + y)| \leqq 4\,\eta_0\,.$$

Wir betrachten den Operator T, der das Paar komplexer Zahlen (γ, δ) in den Vektor $\gamma\,x + \delta\,y \in \mathfrak{P}$ überführt. Nach Lemma 6.1 ist $|T^{-1}| \leqq \sqrt{2}/\beta$; deshalb gilt

$$(|\lambda - \nu|^2 + |\mu - \nu|^2)^{1/2} \leqq \frac{\sqrt{2}}{\beta}\,|(\lambda - \nu)\,x + (\mu - \nu)\,y| \leqq \frac{4\sqrt{2}\,\eta_0}{\beta}$$

und folglich

$$|\lambda - \mu| \leqq \frac{8\sqrt{2}\,\eta_0}{\beta}\,. \tag{6.4}$$

Aus (6.3) und (6.4) folgt (6.2), womit das Lemma bewiesen ist. Wir benötigen noch den folgenden Satz.

Lemma 6.3. *Sei $A \in \mathfrak{A}$ und $\mathfrak{M}$ ein Unterraum von $\mathfrak{H}$. Der Punkt λ_0 möge zur Abschließung der Menge $W_A(\mathfrak{M})$ gehören. Dann gilt*

$$|(A - \lambda_0\,I)|\,\mathfrak{M}\,| \leqq 65\,|A|\,\eta_A(\mathfrak{M})\,.$$

Beweis. Die Abschließung der Menge $W_{A-\lambda_0 I}(\mathfrak{M}) = W_A(\mathfrak{M}) - \lambda_0$ enthält den Punkt $\lambda = 0$, und deshalb gilt nach Lemma 6.2

$$|(A\,x - \lambda_0\,x, x)|^2 \leqq [\operatorname{diam} W_{A-\lambda_0 I}(\mathfrak{M})]^2 =$$
$$= [\operatorname{diam} W_A(\mathfrak{M})]^2 \leqq 64\,|A|\,\eta_A(\mathfrak{M})$$

für einen beliebigen Vektor $x \in \mathfrak{M}$ ($|x| = 1$). Folglich gilt

$$|(A - \lambda_0\,I)\,x|^2 \leqq |(A\,x - \lambda_0\,x, x)|^2 + \eta_A^2(x) \leqq 65\,|A|\,\eta_A(\mathfrak{M})\,.$$

Beweis von Theorem 6.1. Sei $A = \alpha\,I + T$, wo T ein vollstetiger Operator ist. Dann gilt nach (6.1) $\eta_A(\mathfrak{M}) = \eta_T(\mathfrak{M})$ für einen beliebigen Unterraum $\mathfrak{M}$. Sei P_n ($n = 1, 2, \ldots$) eine Folge endlichdimensionaler Orthoprojektoren, die stark gegen I konvergiert. Dann gilt

$$\lim_{n\to\infty} |T\,(I - P_n)| = 0\,.$$

Wir setzen $\mathfrak{M}_n = (I - P_n)\,\mathfrak{H}$. Wegen (6.1) gilt dann

$$\eta_A(\mathfrak{M}_n) = \eta_T(\mathfrak{M}_n) \leqq |T|\,\mathfrak{M}_n| = |T\,(I - P_n)| \to 0\,.$$

Sei umgekehrt $\inf \eta_A(\mathfrak{M}) = 0$, wobei das Infimum über alle Unterräume von endlicher Kodimension genommen wird. Dann gibt es eine Folge von Unterräumen $\mathfrak{M}_n$ von endlicher Kodimension, so daß gilt

$$\lim_{n\to\infty} \eta_A(\mathfrak{M}_n) = 0 .$$

Man kann offenbar annehmen, daß $\mathfrak{M}_{j+1} \subset \mathfrak{M}_j$ $(j = 1, 2, \ldots)$ ist.

Dann erhalten wir für die Folge abgeschlossener konvexer Mengen $\overline{W_A(\mathfrak{M}_n)}$ die Beziehung

$$\overline{W_A(\mathfrak{M}_{j+1})} \subset \overline{W_A(\mathfrak{M}_j)} \qquad (j = 1, 2, \ldots) .$$

Nach Lemma 6.2 gilt

$$\lim_{n\to\infty} \operatorname{diam} \overline{W_A(\mathfrak{M}_n)} = 0 .$$

Deshalb existiert ein eindeutig bestimmter Punkt α, der allen Mengen $\overline{W_A(\mathfrak{M}_n)}$ $(n = 1, 2, \ldots)$ angehört. Sei $T = A - \alpha I$, Q_n bezeichne den Orthoprojektor auf $\mathfrak{M}_n$ und $P_n = I - Q_n$. Dann gilt nach Lemma 6.3

$$|T\, Q_n|^2 = |T|\, \mathfrak{M}_n|^2 \leqq 65\, |A|\, \eta_A(\mathfrak{M}_n) \to 0 ,$$

und demzufolge konvergiert die Folge endlichdimensionaler Operatoren $T\, P_n$ gleichmäßig gegen T. Demnach ist der Operator T vollstetig.

Theorem 6.2. *Ein umkehrbarer Operator $A \in \mathfrak{A}$ gestattet dann und nur dann eine Reduktion bezüglich einer beliebigen Basis, die einer orthonormierten Basis äquivalent ist, wenn*

$$A = \alpha\, I + T \tag{6.5}$$

ist, wobei α eine Zahl und T einen vollstetigen Operator bezeichnen.

Beweis. Die Hinlänglichkeit der Bedingung (6.5) folgt aus dem Theorem 3.1. Wir beweisen die Notwendigkeit.

Wir nehmen an, daß der Operator A keine Darstellung der Form (6.5) gestattet. Dann existiert nach Theorem 6.1 eine Zahl $\delta > 0$, so daß es in jedem Unterraum $\mathfrak{N}$ von endlicher Kodimension einen Vektor x mit der Norm 1 gibt, für den

$$|A\, x - (A\, x, x)\, x| > \delta$$

gilt.

Sei $x_1 \in \mathfrak{H}$ $(|x_1| = 1)$ ein Vektor, für den

$$|A\, x_1 - (A\, x_1, x_1)\, x_1| > \delta$$

erfüllt ist; des weiteren sei $\mathfrak{M}_1$ die lineare Hülle der Vektoren x_1 und $A\, x_1$, $\mathfrak{H}_1 = \mathfrak{H} \ominus \mathfrak{M}_1$ und $\mathfrak{N}_1 = A^{-1}\, \mathfrak{H}_1 \cap \mathfrak{H}_1$. Dann ist $\mathfrak{N}_1$ von endlicher Kodimension, es gibt also einen Vektor $x_2 \in \mathfrak{N}_1$ $(|x_2| = 1)$, so daß gilt

$$|A\, x_2 - (A\, x_2, x_2)\, x_2| > \delta .$$

Mit $\mathfrak{M}_2$ bezeichnen wir die lineare Hülle der Vektoren x_2 und $A\, x_2$. Offenbar ist $\mathfrak{M}_2 \subset \mathfrak{H}_1$, so daß $\mathfrak{M}_2$ und $\mathfrak{M}_1$ orthogonal sind.

Durch Fortsetzen dieser Konstruktion erhalten wir eine Folge paarweise orthogonaler zweidimensionaler Unterräume $\mathfrak{M}_j$ $(j = 1, 2, \ldots)$, die von den Vektoren x_j und $A\,x_j$ aufgespannt werden, wobei

$$|x_j| = 1\,, \quad |A\,x_j - (A\,x_j, x_j)\,x_j| > \delta \qquad (j = 1, 2, \ldots) \tag{6.6}$$

gilt.

Mit $\mathfrak{M}$ bezeichnen wir die orthogonale Summe der Unterräume $\mathfrak{M}_j$ $(j = 1, 2, \ldots)$.

Wir setzen $\varphi_{2j-1} = x_j$, $\varphi_{2j} = A\,x_j$ $(j = 1, 2, \ldots)$ und zeigen, daß $\{\varphi_j\}_1^\infty$ eine Basis des Unterraumes $\mathfrak{M}$ ist, die einer orthonormierten Basis äquivalent ist.

Offenbar gilt für jede beliebige natürliche Zahl n und beliebige komplexe Zahlen a_j $(j = 1, 2, \ldots, 2\,n)$

$$|\sum_{j=1}^{2n} a_j\,\varphi_j|^2 = \sum_{j=1}^{n} |a_{2j-1}\,x_j + a_{2j}\,A\,x_j|^2\,. \tag{6.7}$$

Aus der Parallelogrammgleichung

$$\begin{aligned} |a_{2j-1}\,x_j + a_{2j}\,A\,x_j|^2 + |a_{2j-1}\,x_j - a_{2j}\,A\,x_j|^2 = \\ = 2\,(|a_{2j-1}\,x_j|^2 + |a_{2j}\,A\,x_j|^2) \end{aligned} \tag{6.8}$$

folgt, daß

$$|\sum_{j=1}^{2n} a_j\,\varphi_j|^2 \leqq 2 \sum_{j=1}^{n} (|a_{2j-1}|^2 + |a_{2j}|^2\,|A|^2) \leqq c \sum_{j=1}^{2n} |a_j|^2 \tag{6.9}$$

gilt.

Andererseits ist

$$|a_{2j-1}\,x_j - a_{2j}\,A\,x_j| \leqq |a_{2j-1}\,x_j + a_{2j}\,A\,x_j| + 2\,|a_{2j}\,A\,x_j|\,. \tag{6.10}$$

Da die Zahl $\varrho_j = |A\,x_j - (A\,x_j, x_j)\,x_j|$ gleich dem Abstand des Vektors $A\,x_j$ zum eindimensionalen Unterraum ist, der vom Vektor x_j aufgespannt wird, gilt wegen (6.6)

$$|a_{2j}\,A\,x_j + a_{2j-1}\,x| \geqq |a_{2j}|\,\varrho_j > |a_{2j}|\,\delta \geqq \frac{\delta}{|A|}\,|a_{2j}\,A\,x_j|\,. \tag{6.11}$$

Aus den Beziehungen (6.7), (6.8), (6.10), (6.11) folgt nun

$$\begin{aligned} \sum_{j=1}^{2n} |a_j|^2 &\leqq \sum_{j=1}^{n} (|a_{2j-1}\,x_j|^2 + |A^{-1}|^2\,|a_{2j}\,A\,x_j|^2) \leqq \\ &\leqq c_1 \sum_{j=1}^{n} (|a_{2j-1}\,x_j|^2 + |a_{2j}\,A\,x_j|^2) \leqq \\ &\leqq c_2 \sum_{j=1}^{n} |a_{2j-1}\,x_j + a_{2j}\,A\,x_j|^2 = c_2\,|\sum_{j=1}^{2n} a_j\,\varphi_j|^2\,. \end{aligned} \tag{6.12}$$

Nach bekannten Ergebnissen von N. K. BARI (siehe das Buch von I. Z. GOCHBERG und M. G. KREIN [4], Theorem VI.2.1) folgt aus den Ungleichungen (6.9) und (6.12), daß die Folge $\{\varphi_j\}_1^\infty$ eine Basis des Unterraumes $\mathfrak{M}$ ist, die einer orthonormierten Basis äquivalent ist.

Mit $\mathfrak{N}$ bezeichnen wir das orthogonale Komplement von $\mathfrak{M}$ in $\mathfrak{H}$. Wir nehmen zunächst an, daß der Unterraum $\mathfrak{N}$ unendlichdimensional ist; sei $\{g_j\}_1^\infty$ eine orthonormierte Basis von $\mathfrak{N}$. Wir setzen

$$\psi_{3j-2} = x_j, \quad \psi_{3j-1} = A\,x_j, \quad \psi_{3j} = g_j \quad (j = 1, 2, \ldots)$$

und

$$P_n\,x = \sum_{j=1}^{n} (x, f_j)\,\psi_j .$$

Dann gilt

$$P_{3j-2}\,A\,P_{3j-2}\,\psi_{3j-2} = 0 \quad (j = 1, 2, \ldots),$$

und demzufolge gestattet der Operator A keine Reduktion bezüglich der Basis $\{\psi_j\}_1^\infty$.

Wenn dagegen $\dim \mathfrak{N} = r < +\infty$ ist, dann setzen wir

$$\psi_j = g_j \quad (j \leqq r), \quad \psi_j = \varphi_{j-r} \quad (j > r).$$

Dann gilt

$$P_{r+2k-1}\,A\,P_{r+2k-1}\,\psi_{r+2k-1} = 0 \quad (k = 1, 2, \ldots),$$

und der Operator A gestattet wiederum keine Reduktion bezüglich der Basis $\{\psi_j\}_1^\infty$, womit das Theorem bewiesen ist.

KAPITEL III

PROJEKTIONSVERFAHREN ZUR LÖSUNG DER WIENER-HOPF-GLEICHUNG UND IHRES DISKRETEN ANALOGONS

In diesem Kapitel erfahren einige Projektionsverfahren (insbesondere das Reduktionsverfahren) hinsichtlich der Anwendung auf den WIENER-HOPFschen Integraloperator und sein diskretes Analogon ihre Begründung. Zunächst werden diese Verfahren für Funktionen von abstrakten, einseitig umkehrbaren Operatoren entwickelt. Daran anschließend wird ihre Anwendbarkeit auf die verschiedensten konkreten Typen der WIENER-HOPF-Gleichung aus dem abstrakten Schema abgeleitet. Wir weisen auf das in diesem Kapitel entwickelte Verfahren zur Umkehrung einer endlichen TOEPLITZ-Matrix und ihres stetigen Analogons hin sowie auf ein Iterationsverfahren zur Berechnung des Index eines Polynoms.

Im Zusammenhang mit zwei noch ungelösten Problemen gehen wir (in Übersichtsform) auf den Fall einer mehrdimensionalen diskreten WIENER-HOPF-Gleichung ein.

§ 1. Projektionsverfahren für Funktionen von einseitig umkehrbaren Operatoren

In diesem Paragraphen wird die abstrakte Grundlage des ganzen Kapitels entwickelt.

Aus den Ergebnissen dieses Paragraphen läßt sich die Anwendbarkeit einiger Projektionsverfahren zur Lösung der WIENER-HOPFschen Integralgleichung und ihres diskreten Analogons ableiten, was in den Paragraphen 2 und 3 dargelegt wird.

Theorem 1.1. *Sei* V $(\in \mathfrak{A}(\mathfrak{B}))$ *ein nur von links umkehrbarer Operator und* $V^{(-1)}$ *ein von links inverser Operator zu* V. *Wir setzen voraus, daß die Projektoren* P_τ $(\tau \in \Omega)$, *die für* $\tau \to \infty$ *stark gegen den identischen Operator konvergieren, mit den Operatoren* V *und* $V^{(-1)}$ *durch folgende Beziehungen verknüpft sind:*

(1) *Die Operatoren* V *und* $V^{(-1)}$ *besitzen die Eigenschaften* $(\Sigma\,\mathrm{I})$ *und* $(\Sigma\,\mathrm{II})$ *von* § 3, *Kapitel* I;

(2) $\dim \operatorname{Coker} V < \infty$;

(3) $P_\tau V P_\tau = P_\tau V, \qquad P_\tau V^{(-1)} P_\tau = V^{(-1)} P_\tau \qquad (\tau \in \Omega).$

Wenn für einen Operator $A \in \mathfrak{R}(V)$ *das Symbol nicht verschwindet und der Index des Symbols gleich Null ist,*

$$A(\zeta) \neq O \ (|\zeta| = 1) \quad \text{und} \quad \varkappa = \operatorname{ind} A(\zeta) = 0\,,$$

dann gilt $A \in \Pi\,\{P_\tau, P_\tau\}$.

Beweis. Der Operator A genügt dem Hauptsatz über die Umkehrbarkeit (Theorem 3.1, Kapitel I). Demzufolge gestattet er (vergleiche Formel (3.5), Kapitel I) die Darstellung $A = R_- (I + C) R_+$, wobei $R_\pm$ umkehrbare Operatoren aus $\mathfrak{R}^\pm(V)$ mit $R_\pm^{-1} \in \mathfrak{R}^\pm(V)$ sind und der Operator $C \in \mathfrak{R}(V)$ normmäßig so klein gewählt werden kann, daß $I + C \in \Pi\{P_\tau, P_\tau\}$ ist.

Wir führen den Hilfsoperator $B = B_+ (I + C) R_-$ ein und zeigen, daß er aus der Klasse $\Pi\{P_\tau, P_\tau\}$ ist. Aus der Bedingung (3) folgen unmittelbar die Gleichungen $P_\tau R_+ P_\tau = P_\tau R_+$, $P_\tau R_- P_\tau = R_- P_\tau$ $(\tau \in \Pi)$ sowie analoge Gleichungen für die Operatoren $R_\pm^{-1}$. Deshalb gilt $(P_\tau R_\pm P_\tau)^{-1} = P_\tau R_\pm^{-1} P_\tau$, und nach dem Multiplikationssatz (Theorem 2.2, Kapitel II) ist $B \in \Omega\{P_\tau, P_\tau\}$.

Der Operator A ist umkehrbar, deshalb genügt es aufgrund des Satzes über vollstetige Störungen (Theorem 3.1, Kapitel II) zur Vollendung des Beweises zu zeigen, daß der Operator $A - B$ vollstetig ist. Wir werden einen etwas allgemeineren Fakt beweisen, nämlich daß *für zwei beliebige Operatoren* $A_1, A_2 \in \mathfrak{R}(V)$ *der Operator* $A_1 A_2 - A_2 A_1$ *vollstetig ist.* Zuerst zeigen wir, daß der Operator $N = V^{(j)} V^{(k)} - V^{(k)} V^{(j)}$ endlichdimensional ist (j, k — beliebige ganze Zahlen). Wenn j und k von gleichem Vorzeichen sind, ist offenbar $N = 0$. Der Bestimmtheit halber sei nun $j < 0$ und $k > 0$. Dann gilt $V^{(j)} V^k = V^{(j+k)}$, $V^k = V^{(j+k)} V^{-j}$ und

$$N = V^{(j+k)} - V^{(j+k)} V^{-j} V^{(j)} = V^{(j+k)} (I - V^{-j} V^{(j)}) .$$

Aufgrund der Bedingung (2) ist der Operator $I - V^{-j} V^{(j)}$ ein endlichdimensionaler Projektor, deshalb ist der Operator N endlichdimensional. Hieraus folgt, daß für beliebige $A_1, A_2 \in \widetilde{\mathfrak{R}}(V)$ der Operator $A_1 A_2 - A_2 A_1$ endlichdimensional ist. Der Beweis für den allgemeinen Fall $A_1, A_2 \in \mathfrak{R}(V)$ ergibt sich dann durch Grenzübergang.

Das Theorem ist damit bewiesen. Es gestattet, Projektionsverfahren zur Umkehrung von Operatoren A aus $\mathfrak{R}(V)$ im „Haupt“fall, d. h. für $\varkappa = 0$, anzuwenden.

Wenn $\varkappa \neq 0$ ist, dann ist der Index zu tilgen, d. h., es wird ein Operator

$$B = \begin{cases} V^{(-\varkappa)} A & \text{für } \varkappa > 0 , \\ A V^{-\varkappa} & \text{fur } \varkappa < 0 \end{cases}$$

eingeführt, der den Index Null besitzt.

Aufgrund des soeben bewiesenen Theorems sind die Operatoren $P_\tau B P_\tau$ von einem gewissen τ an umkehrbar im Unterraum $P_\tau \mathfrak{R}$, und die inversen Operatoren konvergieren stark gegen den Operator B^{-1}.

Deshalb konvergieren die Operatoren [1] $(P_\tau B P_\tau)^{-1} P_\tau V^{(-\varkappa)}$ für $\varkappa > 0$ bzw. die Operatoren $V^{-\varkappa} (P_\tau B P_\tau)^{-1} P_\tau$ für $\varkappa < 0$ stark gegen den entsprechenden (links- oder rechts-) inversen Operator zu A.

---

[1]) Wenn $\mathfrak{A} \in A(\mathfrak{B})$ und der Operator $P_\tau A P_\tau$ umkehrbar im Unterraum $P_\tau \mathfrak{B}$ ist, so bezeichnet $(P_\tau A P_\tau)^{-1}$ wie bisher den Operator, der zum Operator $P_\tau A P_\tau$ im Unterraum $P_\tau \mathfrak{B}$ invers ist.

Bemerkung. Wenn man sich in der Forderung (1) von Theorem 1.1 von der Bedingung (Σ II) befreit, indem man sie durch $A \in \hat{\mathfrak{R}}(U)$ ersetzt (siehe das zweite Schema, Punkt 2 von § 3, Kapitel I), so bleibt das Theorem 1.1 gültig.

Der Operator A $(\in \mathfrak{A}(\mathfrak{B}))$ heißt Operator von *regulärem* Typ, wenn seine Bildmenge $A\,\mathfrak{B}$ ein abgeschlossener Unterraum und $\operatorname{Ker} A = \{0\}$ ist. Aus dem Satz von Banach über den inversen Operator folgt sofort, daß ein Operator A dann und nur dann von regulärem Typ ist, wenn eine Konstante $\gamma > 0$ existiert, so daß für alle $x \in \mathfrak{B}$ die Beziehung

$$|A\,x| \geqq \gamma\,|x|$$

gilt.

Lemma 1.1. *Die Folge der umkehrbaren Operatoren A_n $(\in \mathfrak{A}(\mathfrak{B}))$ möge stark gegen einen Operator A konvergieren, und es gelte $\sup_n |A_n^{-1}| < \infty$. Dann ist der Operator A von regulärem Typ.*

Wenn darüber hinaus die Folge A_n^* stark gegen den Operator A^* konvergiert, so ist der Operator A umkehrbar.

Beweis. Aus der Ungleichung

$$|x| \leqq A_n^{-1}|\,|A_n\,x| \qquad (x \in \mathfrak{B})$$

folgt die Beziehung

$$|A_n\,x| \geqq \frac{1}{M}\,|x| \tag{1.1}$$

mit $M = \sup_n |A_n^{-1}|$. Geht man in der Beziehung (1.1) zum Grenzwert über, erhält man die Ungleichung

$$|A\,x| \geqq \frac{1}{M}\,|x|\,,$$

die die erste Behauptung des Lemmas beweist.

Wenn darüberhinaus die zusätzliche Forderung erfüllt ist, kann man mit analogen Überlegungen zeigen, daß auch der Operator A^* von regulärem Typ ist. Hieraus folgt bereits die Umkehrbarkeit des Operators A.

Wir führen folgende Definition ein. Wenn der Banach-Raum $\mathfrak{B}$ konjugiert zu einem Banach-Raum $\mathfrak{B}_1$ ist, so sagen wir, der Raum $\mathfrak{B}_1$ ist *präkonjugiert* zu $\mathfrak{B}$ und bezeichnen ihn mit dem Symbol $^*\mathfrak{B}$. Genauso werden wir sagen, daß ein Operator A_1 *präadjungiert* zu einem Operator A ist, $A_1 = {}^*A$, wenn der Operator $A \in \mathfrak{B}(\mathfrak{A})$ adjungiert zum Operator A_1 aus $\mathfrak{A}(^*\mathfrak{B})$ ist.

Lemma 1.2. *Das Lemma* 1.1 *bleibt gültig, wenn die zusätzliche Bedingung durch die folgende ersetzt wird.*

Für die Operatoren A_n und A existieren Präadjungierte $^*A_n$ und $^*A \in \mathfrak{A}(^*\mathfrak{B})$, und die Folge $^*A_n$ konvergiert stark gegen $^*A$.

Der Beweis wird analog geführt. Man hat lediglich nachzuweisen, daß der Operator $^*A$ von regulärem Typ ist. Hieraus folgt dann wie in Lemma 1.1 bereits die Umkehrbarkeit des Operators A.

Theorem 1.2. *Das System von Projektoren P_τ ($\tau \in \Omega$) möge für $\tau \to \infty$ stark gegen den identischen Operator konvergieren, und für einen Operator $A \in \mathfrak{R}(V)$ gelte*

$$\lim_{\tau \to \infty} |(P_\tau A P_\tau)^{-1}| < \infty.\text{[1]}$$

Ferner sei wenigstens eine der folgenden beiden Bedingungen erfüllt:

(1) *Die Projektoren P_τ^* konvergieren stark gegen den identischen Operator in B^*.*

(2) *Es existiert der präkonjugierte Raum $^*\mathfrak{B}$ und Operatoren $^*A$, $^*P_\tau \in \mathfrak{A}(^*\mathfrak{B})$ derart, daß $^*P_\tau$ für $\tau \to \infty$ stark gegen den identischen Operator in $^*\mathfrak{B}$ konvergieren.*

Dann gilt

$$A(\zeta) \neq 0 \; (|\zeta| = 1) \quad \textit{und} \quad \operatorname{ind} A(\zeta) = 0\,. \tag{1.2}$$

Beweis. Sei $\tau_n \to \infty$ ($\tau_n \in \Omega$) eine Folge, für die die Operatoren $A_n = P_{\tau_n} A P_{\tau_n} + Q_{\tau_n}$ ($Q_{\tau_n} = I - P_{\tau_n}$) umkehrbar sind mit $\sup_n |A_n^{-1}| < \infty$. Wenden wir auf die Folge A_n und den Operator A Lemma 1.1 oder Lemma 1.2 an, so erhalten wir, daß der Operator A umkehrbar ist, was wegen des Hauptsatzes über die Umkehrbarkeit (Theorem 3.1, Kapitel I) den Bedingungen (1.2) äquivalent ist.

Bemerkung. Wenn der Raum $\mathfrak{B}$ reflexiv ist, $P_\tau \to I$ konvergiert und aus der Gleichung $P_\tau x = 0$ die Gleichung $P_\nu x = 0$ für alle $\nu < \tau$ folgt, dann gilt $P_\tau^* \to I^*$.

Zum Beweis sei

$$\mathfrak{L} = \bigcup_{\tau \in \Omega} P_\tau^* \mathfrak{B}^*\,.$$

Da $P_\nu^* \mathfrak{B}^* \subset P_\tau^* \mathfrak{B}^*$ ($\nu < \tau$) ist, gilt $P_\tau^* \varphi \to \varphi$ für beliebiges $\varphi \in \mathfrak{L}$ (von einem gewissen τ an gilt $P_\tau^* \varphi = \varphi$). Hieraus erhält man leicht, daß $P_\tau^* \varphi \to \varphi$ für alle $\varphi \in \overline{\mathfrak{L}}$. Wir zeigen nun, daß $\overline{\mathfrak{L}} = \mathfrak{B}^*$ ist. Angenommen, das wäre nicht der Fall; dann gibt es ein Funktional $\varphi (\in \mathfrak{B}^*)$, das nicht aus $\overline{\mathfrak{L}}$ ist. Weiter gibt es dann ein solches Element $f \in \mathfrak{B}^{**}$, so daß $f(\psi) = 0$ für alle $\psi \in \overline{\mathfrak{L}}$ und $f(\varphi) = 1$. Hieraus folgt, daß $P_\tau^{**} f = 0$ ($\tau \in \Omega$), und da $P_\tau^{**} f \to f$, gilt $f = 0$, was der Beziehung $f(\varphi) = 1$ widerspricht.

§ 2. Lösung der diskreten Gleichungen mit dem Reduktionsverfahren

1. Wir gehen nun zur Anwendung der allgemeinen Sätze über. Eine Folgerung der Theoreme 1.1 und 1.2 ist das folgende Theorem.

Theorem 2.1. *Es sei $a(\zeta)$ eine beliebige auf der Einheitskreislinie stetige Funktion und $\{a_j\}_{-\infty}^{+\infty}$ die Folge ihrer* Fourier-*Koeffizienten.*

---

[1] Wenn der Operator $P_\tau A P_\tau$ im Unterraum $P_\tau \mathfrak{B}$ nicht umkehrbar ist, dann setzen wir $|(P_\tau A P_\tau)^{-1}| = \infty$.

Wenn für die Matrix $A_n = \|a_{j-k}\|_{j,k=1}^n$ *die Beziehung*

$$\varlimsup_{n\to\infty} |A_n^{-1}| < \infty^{1)}$$

erfüllt ist, dann gilt

$$a(\zeta) \neq 0 \ (|\zeta| = 1) \quad \textit{und} \quad \varkappa = \operatorname{ind} a(\zeta) = 0\,. \tag{2.1}$$

Wenn umgekehrt die Bedingungen (2.1) *erfüllt sind, dann hat das Gleichungssystem*

$$\sum_{k=1}^{n} a_{j-k}\,\xi_k = \eta_j \qquad (j = 1, 2, \ldots, n)$$

von einem gewissen n *an eine eindeutig bestimmte Lösung* $\{\xi_j^{(n)}\}_{j=1}^n$, *und die Vektoren* $\xi^{(n)} = \{\xi_1^{(n)}, \ldots, \xi_n^{(n)}, 0, \ldots\}$ *konvergieren für* $n \to \infty$ *in der Norm des Raumes* l_2 *gegen die Lösung des Systems*

$$\sum_{k=1}^{\infty} a_{j-k}\,\xi_k = \eta_j \qquad (j = 1, 2, \ldots)$$

bei einem beliebigen Vektor $\{\eta_n\}_1^\infty \in l_2$.

Beweis. Wir realisieren den Raum $\mathfrak{B}$ und die Operatoren V und $V^{(-1)}$ wie in § 7, Kapitel I, d. h., wir setzen $\mathfrak{B} = l_2$ und

$$V\,\{\xi_j\}_1^\infty = \{0, \xi_1, \xi_2, \ldots\}\,,$$
$$V^{(-1)}\,\{\xi_j\}_1^\infty = \{\xi_2, \xi_3, \ldots\}\,.$$

Wir betrachten die Projektoren P_n ($n = 1, 2, \ldots$), die durch

$$P_n\{\xi_j\}_1^\infty = \{\xi_1, \xi_2, \ldots, \xi_n, 0, \ldots\}$$

definiert sind.

Man sieht leicht, daß die Operatoren V und $V^{(-1)}$ sowie die Projektoren P_n allen Bedingungen der Theoreme 1.1 und 1.2 genügen, und daß der Operator A, der im l_2 durch die Matrix

$$\|a_{j-k}\|_{j,k=1}^\infty$$

erzeugt wird, wie in § 7, Kapitel I, gezeigt, zur Menge $\mathfrak{R}(V)$ gehört, wobei $A(\zeta) = a(\zeta)$ gilt.

Damit ist das Theorem bewiesen.

Wir bemerken, daß aus den Theoremen 1.1 und 1.2 folgt, daß das Theorem 2.1 auch für den Fall der Räume l_p ($p \geqq 1$) und c_0 gilt, wenn nur die stetige Funktion $a(\zeta)$ so beschaffen ist, daß $a(V) \in \mathfrak{R}(V)$ (d.h. daß $a(\zeta) \in \mathfrak{R}(\zeta)$) ist. Das gilt insbesondere dann für alle l_p ($p \geqq 1$) und c_0, wenn $a(\zeta)$ in eine absolut konvergente Fourier-Reihe entwickelt werden kann. Unter dieser Bedingung wurde der zweite Teil des Theorems 2.1 von G. Baxter für den Raum l_1 bewiesen.

---

[1]) Wenn die Matrix A_n singulär ist, dann setzen wir $|A_n^{-1}| = \infty$; die Norm $|\ |$ ist die des Raumes l_2.

Wir geben den von Baxter stammenden Beweis an. Sei $\{\xi_0, \xi_1, \ldots, \xi_n\}$ ein beliebiger Vektor und

$$\eta_j = \sum_{k=0}^{n} a_{j-k}\,\xi_k \qquad (j = 0, 1, \ldots, n)\,. \tag{2.2}$$

Mit $\xi_j = \eta_j = 0$ für $j < 0$ und $j > n$ kann das System (2.2) in der Form

$$\sum_{k=-\infty}^{\infty} a_{j-k}\,\xi_k = \eta_j + g_{1j} + g_{2j} \qquad (j = 0, \pm 1, \ldots) \tag{2.3}$$

geschrieben werden, wobei gilt

$$g_{1j} = \begin{cases} \sum\limits_{k=0}^{n} a_{j-k}\,\xi_k\,, & j > n\,, \\ 0, & j \leqq n\,, \end{cases}$$

$$g_{2j} = \begin{cases} \sum\limits_{k=0}^{n} a_{j-k}\,\xi_n\,, & j < 0\,, \\ 0, & j \geqq 0\,. \end{cases}$$

Die Vektoren $\{g_{1j}\}_{-\infty}^{\infty}$ und $\{g_{2j}\}_{-\infty}^{\infty}$ sind offenbar Elemente des Raumes $\tilde{l}_1$. Wenn man in (2.3) die j-te Gleichung mit ζ^j multipliziert und dann über j von $-\infty$ bis $+\infty$ summiert, erhält man

$$a(\zeta)\,\xi(\zeta) = \eta(\zeta) + g_1(\zeta) + g_2(\zeta)\,.$$

Alle Funktionen in dieser Gleichung sind Elemente der Wienerschen Algebra W von Funktionen, die eine Entwicklung in eine absolut konvergente Fourier-Reihe gestatten und die mit der folgenden Norm versehen ist: Wenn

$$c(\zeta) = \sum_{j=-\infty}^{+\infty} c_j\,\zeta^j\,,$$

so gilt

$$|c| = \sum_{j=-\infty}^{+\infty} |c_j|\,.$$

Nach dem Satz über die Faktorisierung einer Funktion aus einer zerfallenden Algebra (Theorem 5.1, Kapitel I) gestattet die Funktion $a(\zeta)$ die Faktorisierung

$$a(\zeta) = a_-(\zeta)\,a_+(\zeta) \quad \text{mit} \quad a_+^{\pm 1}(\zeta) \in W^+\,, \quad a_-^{\pm 1}(\zeta) \in W^-\,.$$

In der Algebra W führen wir die Projektoren $P_m (m = 0, \pm 1, \ldots)$ durch die Gleichungen

$$P_m\Big(\sum_{j=-\infty}^{\infty} c_j\,\zeta^j\Big) = \sum_{j=-\infty}^{m} c_j\,\zeta^j$$

ein.

Da $\xi(\zeta)\,a_+(\zeta) \in W^+$ und $g_2(\zeta)\,a_-^{-1}(\zeta) \in W^-$ sind, folgt aus der Gleichung

$$\xi\,a_+ = \eta\,a_-^{-1} + g_1\,a_-^{-1} + g_2\,a_-^{-1} \tag{2.4}$$

die Beziehung $g_2 a_-^{-1} = - P_{-1}(\eta a_-^{-1} + g_1 a_-^{-1})$. Man überzeugt sich leicht, daß $P_{-1}(g_1 a_-^{-1}) = P_{-1}(g_1 P_{-n} a_-^{-1})$ ist. Deshalb gilt

$$g_2 a_-^{-1} = - P_{-1}(\eta a_-^{-1}) - P_{-1}(g_1 P_{-n} a_-^{-1}),$$

$$|g_2 a_-^{-1}| \leqq |\eta|\, |a_-^{-1}| + |g_1 a_+^{-1}|\, |a_+ P_{-n} a_-^{-1}| .$$

Für beliebiges $\varepsilon > 0$ ist bei hinreichend großem n die Beziehung $|a_+ P_{-n} a_-^{-1}| < \varepsilon$ erfüllt, und demzufolge ist

$$|g_2 a_-^{-1}| \leqq c\, |\eta| + \varepsilon\, |g_1 a_+^{-1}| \tag{2.5}$$

mit $c = \max\{|a_-^{-1}|, |a_+^{-1}|\}$. Analog kann man für hinreichend großes n die Beziehung

$$|g_1 a_+^{-1}| \leqq c\, |\eta| + \varepsilon\, |g_2 a_-^{-1}| \tag{2.6}$$

zeigen.

Wenn n so groß gewählt wird, daß die Zahl ε in den Beziehungen (2.5) und (2.6) kleiner als 1 ist, erhalten wir

$$|g_2 a_-^{-1}| \leqq \frac{c}{1-\varepsilon} |\eta| , \qquad |g_1 a_+^{-1}| \leqq \frac{c}{1-\varepsilon} |\eta| .$$

Aus diesen Beziehungen und der Gleichung (2.4) folgt

$$|\xi| \leqq \frac{c^2 (3-\varepsilon)}{1-\varepsilon} |\eta| ,$$

was mit der Ungleichung

$$\sup_n |A_n^{-1}| < \infty$$

äquivalent ist. Hieraus folgt bereits die zweite Behauptung von Theorem 2.1.

Wir geben einen weiteren Beweis des zweiten Teils von Theorem 2.1 an.

Dritter Beweis. Mit A bezeichnen wir den Operator, der in l_2 durch die Matrix $\|a_{j-k}\|_{j,k=1}^{\infty}$ erzeugt wird, und mit B den Operator, der im Raum $\tilde{l}_2$ der Folgen $\{\xi_j\}_{-\infty}^{\infty}$ durch die Matrix $\|a_{j-k}\|_{j,k=-\infty}^{\infty}$ erzeugt wird; Q_n bezeichnet den Projektor, der in $\tilde{l}_2$ durch die Gleichung

$$Q_n\{\xi_j\}_{-\infty}^{\infty} = \{\ldots, \xi_{-1}, \xi_0, \xi_1, \ldots, \xi_n, 0, \ldots\} \qquad (n = 0, 1, \ldots)$$

definiert wird.

Die Operatoren $Q_n B Q_n$ $(n = 0, 1, \ldots)$ sind offenbar umkehrbar im Unterraum $Q_n \tilde{l}_2$, weil sie in allen (für diese Operatoren) in natürlicher Weise ausgewählten Basen stets die Matrixdarstellung $A' = \|a_{k-j}\|_{j,k=1}^{\infty}$ haben. Deshalb gilt $|(Q_n B Q_n)^{-1}| = |(A')^{-1}|$. Nach dem Satz über die Anwendbarkeit von Projektionsverfahren (Theorem 2.1, Kapitel II) ist der Operator B aus $\Pi\{Q_n, Q_n\}$.

Nach Lemma 1.1, Kapitel VI, ist der Operator $T = P B Q + Q B P$ vollstetig. (Hier ist $Q = Q_0$, $P = I - Q_0$.) Der Operator $C = Q B Q + P B P$ ist umkehrbar, und da $C = B - T$ ist, gehört dieser Operator nach Theorem 3.1, Kapitel II, der Klasse $\Pi\{Q_n, Q_n\}$ an.

Aus der Gleichung $Q_n C Q_n = Q B Q + Q_n P B P Q_n$ folgt, daß die Operatoren, die durch die Matrizen $\|a_{j-k}\|_1^n$ erzeugt werden, von einem gewissen $n > 0$ an umkehrbar im Unterraum $P_n l_2$ sind und daß die Normen der inversen Operatoren gleichmäßig beschränkt sind, woraus $A \in \Pi\{P_n, P_n\}$ folgt.

Bemerkung. Für den Fall ind $a(\zeta) \neq 0$ erhält man leicht ein Näherungsverfahren zur Lösung der WIENER-HOPF-Gleichung mit Hilfe des Vorgehens von § 7, Kapitel I.

2. Als Folgerung des Theorems 2.1 kann man folgenden Satz angeben.

Theorem 2.2. *Sei* $a(\zeta)$ $(|\zeta| = 1)$ *eine beliebige stetige Funktion mit* $a(\zeta) \neq 0$ $(|\zeta| = 1)$, ind $a(\zeta) = 0$, *und* a_j $(j = 0, \pm 1, \ldots)$ *ihre* FOURIER-*Koeffizienten. Dann sind die Determinanten* $D_n(a) =$ det $\|a_{j-k}\|_{j,k=1}^n$ *von einem gewissen* n *an von Null verschieden, und es gilt*

$$\lim_{n\to\infty} \frac{D_n(a)}{D_{n-1}(a)} = \exp\left\{\frac{1}{2\pi}\int_{-\pi}^{\pi} \lg a(e^{i\varphi})\, d\varphi\right\}.$$

Beweis. Daß die Determinanten $D_n(a)$ von einem gewissen n an nicht verschwinden, folgt aus Theorem 2.1.

Wir betrachten das System

$$\sum_{k=1}^{n} a_{j-k}\, x_k = \delta_{j1} \qquad (j = 1, 2, \ldots, n), \tag{2.7}$$

wobei n so groß sei, daß D_n und alle folgenden Determinanten nicht verschwinden. Sei $\{x_j^{(n)}\}_{j=1}^n$ die Lösung dieses Systems. Offensichtlich ist $x_1^{(n)} = D_{n-1}/D_n$. Aus dem Theorem 2.1 folgt, daß $x_1^{(n)}$ für $n \to \infty$ gegen die erste Koordinate der Lösung $\{x_j\}_1^\infty$ des Systems

$$\sum_{k=1}^{\infty} a_{j-k}\, x_k = \delta_{j1} \qquad (j = 1, 2, \ldots) \tag{2.8}$$

konvergiert.

Demzufolge existiert $\lim (D_{n-1}/D_n)$ und ist gleich x_1. Wir beweisen die Gleichung

$$x_1 = \exp\left\{-\frac{1}{2\pi}\int_{-\pi}^{\pi} \lg a(e^{i\varphi})\, d\varphi\right\}. \tag{2.9}$$

Wir gehen zunächst von der Annahme aus, daß sich die Funktion $a(\zeta)$ in eine absolut konvergente FOURIER-Reihe entwickeln läßt. Das System (2.8) ist dann der Gleichung

$$a(\zeta) \sum_{j=1}^{\infty} x_j\, \zeta^{j-1} = 1 + \varphi(\zeta) \tag{2.10}$$

äquivalent, wobei die Funktion $\varphi(\zeta)$ eine absolut konvergente FOURIER-Reihenentwicklung gestattet, deren sämtliche Koeffizienten bei nichtnegativen Potenzen von ζ gleich Null sind. Nach dem Satz von WIENER gestattet die Funktion $b(\zeta) = \lg a(\zeta)$ eine absolut konvergente FOURIER-Reihenentwicklung

$$b(\zeta) = \sum_{j=-\infty}^{\infty} b_j\, \zeta^j .$$

Aus (2.10) erhält man leicht, daß

$$(\exp b_+(\zeta)) \sum_{j=1}^{\infty} x_j \zeta^{j-1} = 1$$

mit $b_+(\zeta) = \sum_{j=0}^{\infty} b_j \zeta^j$ gilt. Hieraus folgt $(\exp b_0) x_1 = 1$, wobei $b_0 = \frac{1}{2\pi} \int_{-\pi}^{\pi} \lg a(e^{i\varphi})\, d\varphi$; damit ist die Gleichung (2.9) bewiesen.

Sei nun $a(\zeta)$ eine beliebige stetige Funktion, für die die Voraussetzungen des Theorems erfüllt sind. Mit $p_m(\zeta)$ bezeichnen wir eine Folge von Polynomen, die auf der Einheitskreislinie gleichmäßig gegen $a(\zeta)$ konvergiert, und $\{p_j^{(m)}\}_{j=-\infty}^{\infty}$ seien die Fourier-Koeffizienten von $p_m(\zeta)$. Dann besitzt das System

$$\sum_{k=1}^{\infty} p_{j-k}^{(m)} y_k = \delta_{j1} \qquad (j = 1, 2, \ldots)$$

von einem gewissen n an die eindeutig bestimmte Lösung $\{y_k^{(m)}\}_{k=1}^{\infty}$, wobei $y_1^{(m)} \to x_1$ für $m \to \infty$ gilt.

Infolge des bereits bewiesenen Teils des Theorems gilt

$$y_1^{(m)} = \exp\left\{-\frac{1}{2\pi} \int_{-\pi}^{\pi} \lg p_m(e^{i\varphi})\, d\varphi\right\}.$$

Durch Grenzübergang $m \to \infty$ in dieser Gleichung erhält man die Behauptung des Theorems.

§ 3. Projektionsverfahren zur Lösung von Integralgleichungen

In diesem Paragraphen bringen wir das stetige Analogon zum Hauptsatz von § 2.

Darüber hinaus wird eine Begründung des Galerkinschen Verfahrens (nach einem speziellen Funktionensystem) für die Wiener-Hopfsche Integralgleichung gegeben.

1. Mit P_τ $(0 < \tau < \infty)$ bezeichnen wir den Projektor, der im Raum $L_p(0, \infty)$ $(1 \leqq p < \infty)$[1]) durch die Gleichung

$$(P_\tau \varphi)(t) = \begin{cases} \varphi(t), & 0 < t < \tau, \\ 0, & \tau < t < \infty \end{cases}$$

definiert wird.

Die Projektorenschar P_τ konvergiert für $\tau \to \infty$ stark gegen den identischen Operator und genügt mit den Operatoren V und $V^{(-1)}$, die in § 8, Kapitel I, eingeführt wurden, den Bedingungen (1)—(3) von Theorem 1.1.

[1]) Der Fall $p = \infty$ wird ausgeschlossen, da hier die Projektoren P_τ nicht gegen den identischen Operator (stark) konvergieren.

Auf den Operator $A \in \mathfrak{R}(V)$, der durch die linke Seite der Gleichung

$$\varphi(t) - \int_0^\infty k(t-s)\,\varphi(s)\,ds = f(t) \qquad (0 < t < \infty;\ k(t) \in \tilde{L}_1) \tag{3.1}$$

erzeugt wird, und die Projektorenschar P_τ kann man die Theoreme 1.1 und 1.2 anwenden.

Wenn der Operator

$$P_\tau A P_\tau \varphi = \varphi(t) - \int_0^\tau k(t-s)\,\varphi(s)\,ds \qquad (0 < t < \tau)$$

im Unterraum $P_\tau L_p$ umkehrbar ist, bezeichnen wir wie bisher mit $(P_\tau A P_\tau)^{-1}$ den Operator, der zu diesem auf dem Unterraum $P_\tau L_p$ invers ist. Wenn der Operator $P_\tau A P_\tau$ nicht umkehrbar ist, dann setzen wir $|(P A P)^{-1}| = \infty$.

Theorem 3.1. *Sei $k(t) \in \tilde{L}_1$. Wenn $\varliminf_{\tau\to\infty} |(P_\tau A P_\tau)^{-1}| < \infty$ ist, dann gilt*

$$\left.\begin{aligned} \mathcal{A}(\lambda) &= 1 - \int_{-\infty}^\infty k(t)\, e^{i\lambda t}\,dt \neq 0 \quad (-\infty < \lambda < \infty)\,,\\ \varkappa = \operatorname{ind} \mathcal{A}(\lambda) &= \frac{1}{2\pi}[\arg \mathcal{A}(\lambda)]_{-\infty}^{\infty} = 0\,. \end{aligned}\right\} \tag{3.2}$$

Wenn diese Bedingungen erfüllt sind, dann besitzt die Gleichung

$$\varphi(t) - \int_0^\tau k(t-s)\,\varphi(s)\,ds = f(t) \qquad (0 < t < \tau)$$

von einem gewissen τ an eine eindeutig bestimmte Lösung $\varphi_\tau(t)$, und die Funktionen

$$\tilde{\varphi}_\tau(t) = \begin{cases} \varphi_\tau(t), & 0 < t < \tau\,,\\ 0, & \tau < t < \infty \end{cases}$$

konvergieren für $\tau \to \infty$ in der Norm des Raumes L_p gegen die Lösung der Gleichung (3.1).

Die Überlegungen, die dem Theorem 1.1 folgten, gestatten es, auch im Falle $\varkappa \neq 0$ ein Näherungsverfahren zur Lösung der Gleichung (3.1) zu begründen. Wir bemerken noch, daß für die zweite Behauptung von Theorem 3.1 auch hier zwei weitere Beweise möglich sind, analog zu den in § 2 für den diskreten Fall angegebenen.

2. Im Falle des HILBERT-*Raumes* L_2 kann man aus dem allgemeinen Satz über das Projektionsverfahren (Theorem 1.1) die Begründung eines GALERKINschen Verfahrens für die Integralgleichung (3.1) nach einem gewissen Funktionensystem ableiten.

Im Falle des Raumes L_2 ist der Operator V streng isometrisch, und der Operator $V^{(-1)}$ ist adjungiert zu V. Wir definieren ein System von Funktionen $\psi_j(t)$ durch

$$\psi_0(t) = \sqrt{2}\, e^{-t},\ \psi_{j+1}(t) = (V\psi_j)(t) \quad (j = 0, 1, \ldots;\ 0 < t < \infty)\,. \tag{3.3}$$

Das System (3.3) ist eine orthonormierte Basis im L_2. Die Beziehung $|\psi_j| = 1$ folgt aus der Isometrie des Operators V, die Orthogonalität zweier Elemente ψ_j und ψ_k $(j > k)$ ergibt sich aus den Gleichungen

$$\psi_m = V^m \psi_0 , \quad V^{(-1)} \psi_0 = 0 ,$$
$$(V^j \psi_0, V^k \psi_0) = (V^{j-k-1} \psi_0, \quad V^{(-1)} \psi_0) = 0 .$$

Man stellt leicht eine Beziehung zwischen den Funktionen $\psi_j(t)$ $(j = 0, 1, \ldots)$ und den normierten LAGUERRE-Polynomen $\Lambda_j(t)$ $(j = 0, 1, \ldots)$ her:

$$\psi_n(t) = \sqrt{2}\, e^{-t} \Lambda_n (2\, t) \quad (n = 0, 1, \ldots) . \tag{3.4}$$

In der Tat, die Funktion $\psi_n(t)$ hat die Form $p_n(t)\, e^{-t}$, wobei $p_n(t)$ ein Polynom vom Grade n ist, und wegen der Orthonormiertheit des Systems (3.3) gilt

$$\int_0^\infty e^{-2t}\, p_j(t)\, p_k(t)\, dt = \delta_{jk} \quad (j, k = 0, 1, \ldots) .$$

Andererseits sind die Polynome $\Lambda_j(t)$ bekanntlich mit dem Gewicht e^{-t} orthogonal:

$$\int_0^\infty e^{-t} \Lambda_j(t)\, \Lambda_k(t)\, dt = \delta_{jk} \quad (j, k = 0, 1, \ldots) .$$

Ein Vergleich der letzten beiden Gleichungen liefert gerade die Beziehung (3.4).

Wie in § 8, Kapitel I, bemerkt, ist der Operator

$$P_n = I - V^n V^{(-n)} \quad (n = 1, 2, \ldots) \tag{3.5}$$

ein Orthoprojektor, der den Raum L_2 auf die lineare Hülle der Funktionen $\psi_j(t)$ $(j = 0, 1, \ldots, n-1)$ projiziert.

Wir bemerken noch, daß für die FOURIER-Transformierte $\psi_n(t)$ der durch Null auf die negative Halbachse fortgesetzten Funktion $\psi_n(t)$ die Formel

$$\Psi_n(\lambda) = \int_0^\infty e^{i\lambda t}\, \psi_n(t)\, dt = \left(\frac{\lambda - i}{\lambda + i}\right)^n \frac{i\sqrt{2}}{\lambda + i} \quad (n = 0, 1, \ldots)$$

gilt.

Das folgt aus den Gleichungen (3.3), wenn man darauf die FOURIER-Transformation anwendet.

Die Operatoren V, $V^{(-1)}$ und das System von Projektoren P_n, das durch (3.5) definiert wird, genügen offenbar den Voraussetzungen der Theoreme 1.1 und 1.2. Bevor wir diese Theoreme auf den hier vorliegenden Fall konkretisieren, bemerken wir, daß die Gleichung $P_n A P_n \varphi = P_n f$ dem algebraischen Gleichungssystem

$$\sum_{k=0}^{n-1} (A \psi_k, \psi_j)\, c_k = (f, \psi_j) \quad (j = 0, 1, \ldots, n-1) \tag{3.6}$$

äquivalent ist.

Theorem 3.2. *Sei $k(t) \in \tilde{L}_1$, und der Operator A werde durch die Gleichung* (3.1) *definiert. Wenn* $\varliminf_{n\to\infty} |A_n^{-1}| < \infty$ *mit* $A_n = ||(A\,\psi_k, \psi_j)||_{j,k=0}^{n-1}$ *gilt, dann sind die Bedingungen* (3.2) *erfüllt.*

Wenn diese Bedingungen erfüllt sind, dann besitzt das System (3.6) *von einem gewissen n an eine eindeutig bestimmte Lösung* $\{c_j^{(n)}\}_{j=0}^{n-1}$, *und die Funktionen*

$$\varphi_n(t) = \sum_{j=0}^{n-1} c_j^{(n)}\,\psi_j(t)$$

konvergieren für $n \to \infty$ in der Norm von L_2 gegen die Lösung der Gleichung (3.1) *bei beliebiger rechter Seite $f(t) \in L_2$.*

Bemerkung. Wenn die Bedingungen (3.2) erfüllt sind, dann ist auf die Gleichung (3.1) das GALERKINsche Verfahren auch nach dem Funktionensystem $\chi_j(t) = t^j\,e^{-t}$ $(j = 0, 1, \ldots)$ anwendbar, denn die Funktion

$$\tilde{\varphi}_n(t) = \sum_{j=0}^{n-1} \tilde{c}_j^{(n)}\,\chi_j(t)\,,$$

wobei der Vektor $\{\tilde{c}_j^{(n)}\}_{j=0}^{n-1}$ die Lösung des Systems

$$\sum_{k=0}^{n-1} (A\,\chi_k, \chi_j)\,c_k = (f, \chi_j) \qquad (j = 0, 1, \ldots, n-1) \tag{3.7}$$

bezeichnet, stimmt mit der Funktion $\varphi_n(t)$ überein.

Das System (3.6) besitzt gegenüber dem System (3.7) den Vorteil, daß die Elemente der Systemmatrix nur von der Differenz der Indizes abhängen. In der Tat, es ist

$$\begin{aligned} a_{j+m,\,k+m} &= (A\,\psi_{k+m}, \psi_{j+m}) = (A\,V^m\,\psi_k, \psi\,V^m\,\psi_j) = \\ &= (V^{(-m)}\,A\,V^m\,\psi_k, \psi_j) = a_{jk}\,, \end{aligned}$$

weil $V^{(-m)}\,A\,V^m = A$ ist.

Andererseits sind die Funktionen $\chi_j(t)$ einfacher als die Funktionen $\psi_j(t)$.

Bei der Bestimmung der Koeffizienten der Systeme (3.6) und (3.7) können folgende Formeln von Nutzen sein:

$$(A\,\psi_k, \psi_j) = \frac{1}{\pi}\int_{-\infty}^{\infty} \frac{1 - K(\lambda)}{\lambda^2 + 1}\left(\frac{\lambda - i}{\lambda + i}\right)^{k-j} d\lambda\,,$$

$$(f, \psi_j) = -\frac{i}{\pi\sqrt{2}}\left(F(\lambda), \left(\frac{\lambda - i}{\lambda + i}\right)^j \frac{1}{\lambda + i}\right),$$

$$(A\,\chi_k, \chi_j) = \frac{j!\,k!\,i^{k-j}}{2\pi}\int_{-\infty}^{\infty} \frac{1 - K(\lambda)}{(\lambda + i)^{k+1}\,(\lambda - i)^{j+1}}\,d\lambda\,,$$

$$(f, \chi_j) = \frac{j!\,(-i)^{j+1}}{2\pi}\left(F(\lambda), \frac{1}{(\lambda + i)^{j+1}}\right);$$

dabei sind $K(\lambda)$ und $F(\lambda)$ die FOURIER-Transformierten der Funktionen $k(t)$ bzw. $f(t)$.

Mit Hilfe dieser Formeln erhält man leicht die Äquivalenz der Gleichung (3.1) und des unendlichen Gleichungssystems

$$\sum_{k=0}^{\infty} a_{j-k}\, \xi_k = b_j \qquad (j = 0, 1, \ldots)\,, \tag{3.8}$$

wobei $\{a_j\}_{-\infty}^{\infty}$ und $\{b_j\}_0^{\infty}$ die FOURIER-Koeffizienten der Funktionen $1 - K\left(i\frac{1+\zeta}{1-\zeta}\right)$ bzw. $F\left(i\frac{1+\zeta}{1-\zeta}\right)$ ($|\zeta| = 1$) sind. Dabei ist die Funktion

$$\varphi(t) = \sum_{j=0}^{\infty} \xi_j\, \psi_j(t)$$

genau dann Lösung der Gleichung (3.1), wenn der Vektor $\{\xi_j\}_0^{\infty}$ Lösung des Systems (3.8) ist.

Das System (3.6) des GALERKINschen Verfahrens stimmt mit dem „abgeschnittenen" System (3.8)

$$\sum_{k=0}^{n-1} a_{j-k}\, \xi_k = b_j \qquad (j = 0, 1, \ldots, n-1)\,,$$

überein; somit haben wir einen weiteren Beweis für die Konvergenz des GALERKINschen Verfahrens erhalten.

Nun sieht man leicht, wie das GALERKINsche Verfahren zur Lösung der Gleichung (3.1) anzuwenden ist, wenn nur die erste der Bedingungen (3.2) erfüllt ist, d. h. wenn $\varkappa = \operatorname{ind} \mathcal{A}(\lambda) \neq 0$ ist.

Wenn z. B. $\varkappa > 0$ ist, dann besitzt das Gleichungssystem

$$\sum_{k=0}^{n-1} (A\, \psi_k, \psi_j)\, c_k = (f, \psi_j) \qquad (j = \varkappa, \varkappa + 1, \ldots, \varkappa + n - 1)$$

von einem gewissen n an eine eindeutig bestimmte Lösung $\{c_j^{(n)}\}_{j=0}^{n-1}$, und die Funktionen

$$\varphi_n(t) = \sum_{j=0}^{n-1} c_j^{(n)}\, \psi_j(t)$$

konvergieren für $n \to \infty$ gegen eine Funktion $\varphi(t)$. Wenn die Gleichung (3.1) *lösbar ist, dann ist $\varphi(t)$ ihre Lösung.*

§ 4. Mehrdimensionale diskrete Gleichungen

In diesem Paragraphen wird eine Übersicht über vorliegende Ergebnisse gegeben; es werden zwei Aufgaben formuliert.

1. Mit R bezeichnen wir die Menge aller Vektoren $j = (j_0, j_1, \ldots, j_n)$ mit ganzzahligen Koordinaten und mit R^+ eine Untermenge von R, den durch die Ungleichung $j_0 \geqq 0$ definierten „Halbraum".

Mit $l_p(R^+)$ $(1 \leqq p < \infty)$ bezeichnen wir den Raum der Folgen $\xi = \{\xi_j\}_{j \in R^+}$ komplexer Zahlen ξ_j mit der Norm

$$|\xi|_p = \Big(\sum_{j \in R^+} |\xi_j|^p\Big)^{1/p}.$$

Analog wird der Raum $l_p(R)$ eingeführt. Schließlich bezeichnen wir mit T_{n+1} die Menge aller Punkte $\zeta = \{\zeta_0, \zeta_1, \ldots, \zeta_n\}$ des $(n+1)$-dimensionalen komplexen euklidischen Raumes mit $|\zeta_j| = 1$ $(j = 0, 1, \ldots, n)$.

Jeder Folge $a = \{a_j\}_{j\in R} \in l_1(R)$ ordnen wir die Funktion

$$a(\zeta) = \sum_{j\in R} a_j \zeta^j \qquad (\zeta \in T_{n+1}; j = (j_0, \ldots, j_n);\ \zeta^j = \zeta_0^{j_0} \cdots \zeta_n^{j_n})$$

und einen linearen beschränkten Operator A zu, der im Raum $l_p(R^+)$ durch die mehrdimensionale Matrix

$$\|a_{j-k}\|_{j,k\in R^+}$$

erzeugt wird.

Die Gleichung

$$\eta = A\,\xi \qquad (\xi = \{\xi_j\}_{j\in R^+},\ \eta = \{\eta_j\}_{j\in R^+} \in l_p(R^+))$$

bedeutet, daß

$$\eta_j = \sum_{j\in R^+} a_{j-k}\,\xi_k \qquad (j \in R^+)\,.$$

Theorem 4.1. *Dafür, daß der Operator A von wenigstens einer Seite umkehrbar ist, ist notwendig und hinreichend, daß die Bedingung*

$$a(\zeta) \neq 0 \qquad (\zeta \in T_{n+1})$$

erfüllt ist.

Wenn diese Bedingung erfüllt ist, dann ist der Operator A umkehrbar, umkehrbar von links bzw. umkehrbar von rechts, je nachdem, ob die Zahl

$$\varkappa_0 = \frac{1}{2\pi}[\arg a\,(e^{i\varphi}, \zeta_1, \zeta_2, \ldots, \zeta_n)]_{\varphi=0}^{2\pi} \qquad (|\zeta_1| = |\zeta_2| = \cdots = |\zeta_n| = 1)$$

gleich Null, positiv oder negativ ist.

Die Hinlänglichkeit ist in einer Arbeit von L. S. Goldenschtein und I. Z. Gochberg [1] bewiesen, die Notwendigkeit in einer Arbeit von L. S. Goldenschtein [1].

In den Arbeiten von L. S. Goldenschtein [1, 2] sind verschiedene Verallgemeinerungen dieses Satzes enthalten. Insbesondere konnte er das im Kapitel I angegebene Schema auf den mehrdimensionalen Fall verallgemeinern.

Mit P_m $(m = 1, 2, \ldots)$ bezeichnen wir den Projektor, der durch die Gleichung

$$P_m\{\xi_j\} = \{\eta_j\} \qquad (j \in R^+)$$

definiert wird, wobei

$$\eta_j = \xi_j \quad (j_0 = 0, 1, \ldots, m), \qquad \eta_j = 0 \quad (j_0 = m+1, m+2, \ldots)$$

gilt.

Theorem 4.2. *Sei $\{a_j\} \in l_1(R)$ und $a(\zeta)$ sowie A die dieser Folge entsprechende Funktion bzw. der zugehörige Operator.*

Dafür, daß der Operator $P_m A P_m$ von einem gewissen m an umkehrbar im Unterraum $P_m l_p(R^+)$ ist und daß für die inversen Operatoren $(P_m A P_m)^{-1}$ die Bedingung

$$\overline{\lim_{m\to\infty}}\ |(P_m A P_m)^{-1}| < \infty$$

erfüllt ist, ist notwendig und hinreichend, daß gilt

$$a(\zeta) \neq 0 \qquad (\zeta \in T_{n+1}) \text{ und } \varkappa_0 = 0\,.$$

Wenn diese Bedingung erfüllt ist, dann ist $A \in \Pi\{P_m, P_m\}$.

Die Hinlänglichkeit der Bedingungen dieses Theorems wurde von L. S. Goldenschtein in der Arbeit [2] bewiesen. Der Beweis verläuft analog zum Baxterschen Beweis der Hinlänglichkeit beim Theorem 2.1.

Die Notwendigkeit der Bedingungen des Theorems wird ebenso bewiesen wie im Falle $n = 0$ (siehe § 2).

Das Theorem 4.2 bleibt gültig, wenn der Operator $\tilde{A}$ durch den Operator $\tilde{A}$ ersetzt wird, der im Raum $l_p(R)$ durch die Matrix

$$\|a_{j-k}\|_{j,k\in R}$$

erzeugt wird, und die Projektoren P_m durch die Projektoren $\tilde{P}_m$, die durch die Gleichungen

$$\tilde{P}_m(\xi_j) = \{\eta_j\} \qquad (j \in R)$$

mit $\eta_j = \xi_j$ $(|j_0| \leqq m)$, $\eta_j = 0$ $(|j_0| > m)$ erzeugt werden.

Es lassen sich noch weitere Sätze aus den Kapiteln I und III auf den mehrdimensionalen Fall übertragen. Insbesondere gelten für diese Sätze die entsprechenden stetigen Analoga.

2. *Offen* bleibt die folgende Frage: *Wie müssen notwendige und hinreichende Bedingungen beschaffen sein, damit der Operator A zur Klasse $\Pi\{\hat{P}_m, \hat{P}_m\}$ gehört, wenn der Projektor $\hat{P}_m$ durch die Gleichung*

$$\hat{P}_m\{\xi_j\} = \{\eta_j\} \qquad (j \in R^+)$$

definiert wird, wobei

$$\eta_j = \begin{cases} \xi_j & \text{für } |j_k| \leqq m \quad (k = 0, 1, \ldots, m), \\ 0 & \text{für die restlichen Indizes} \end{cases}$$

ist.

Möglicherweise sind das die Bedingungen

$$a(\zeta) \neq 0 \ (\zeta \in T_{n+1}), \quad \varkappa_j = 0 \quad (j = 0, 1, \ldots, n)$$

mit

$$\varkappa_j = \frac{1}{2\pi}[\arg a(\zeta_0, \ldots, \zeta_{j-1}, e^{i\varphi}, \zeta_{j+1}, \ldots, \zeta_n)]_{\varphi=0}^{2\pi}.$$

Die gleiche Frage besteht hinsichtlich des Operators A.

§ 5. Ein iteratives Verfahren zur Berechnung des Index einer Funktion

1. Aus den vorangegangenen Paragraphen ist ersichtlich, daß die Anwendbarkeit dieses oder jenes Projektionsverfahrens auf die WIENER-HOPFsche Integralgleichung vom Index der Funktion $1 - K(\lambda)$,

$$\varkappa = \operatorname{ind}\big(1 - K(\lambda)\big) = \frac{1}{2\pi}[\arg\big(1 - K(\lambda)\big)]_{\lambda=-\infty}^{\infty},$$

bestimmt wird, wobei $K(\lambda)$ die FOURIER-Transformierte des Kerns $k(t)$ ist.

Der Index einer Funktion ändert sich bei kleinen Störungen nicht, und die Funktion $1 - K(\lambda)$ kann man hinreichend gut durch eine rationale Funktion approximieren, so daß die Berechnung des Index einer „beliebigen" Funktion auf die Berechnung des Index einer rationalen Funktion

$$R(\lambda) = \frac{p_1(\lambda)}{p_2(\lambda)}$$

zurückgeführt werden kann, wobei $p_j(\lambda)$ $(j = 1, 2)$ Polynome sind.

Bekanntlich gilt $\operatorname{ind} R(\lambda) = r_1 - r_2$, wenn r_j die Anzahl der Nullstellen (mit Berücksichtigung ihrer Vielfachheiten) in der oberen Halbebene des Polynoms $p_j(\lambda)$ bezeichnet.

Somit ist das Problem auf die Berechnung der Anzahl der Nullstellen eines Polynoms zurückgeführt, die in der oberen Halbebene liegen.

2. Das Polynom

$$p(\lambda) = a_0\lambda^n + a_1\lambda^{n-1} + \cdots + a_n \qquad (a_0 \neq 0)$$

möge der Bedingung

$$p(\lambda) \neq 0 \quad (-\infty < \lambda < \infty) \tag{5.1}$$

genügen.

Man überzeugt sich leicht, daß die Funktion $p(\lambda)\, p\left(-\frac{1}{\lambda}\right)$ ein Polynom n-ten Grades in der Veränderlichen

$$\lambda^{(1)} = \frac{1}{2}\left(\lambda - \frac{1}{\lambda}\right)$$

ist. Dieses Polynom bezeichnen wir mit $p_1(\lambda)$ (hierbei ist bereits das Argument $\lambda^{(1)}$ wieder mit λ bezeichnet worden):

$$p_1(\lambda) = a_0^{(1)} \lambda^n + a_1^{(1)} \lambda^{n-1} + \cdots + a_n^{(1)} .$$

Die Koeffizienten $a_j^{(1)}$ berechnen sich aus den Koeffizienten a_j nach folgender Formel

$$a_j^{(1)} = 2^{n-j} \sum_{k=0}^{j} a_k\, a_{n-j+k}\, (-1)^{j-k} - \\ - \sum_{k=1}^{[j/2]} C_{n-j+2k}^{k}\, 2^{-2k} a_{j-2k}^{(1)} (-1)^k \quad (j = 0, 1, \ldots, n) .$$

Der Übergang vom Polynom $p(\lambda)$ zum Polynom $p_1(\lambda)$ ist der erste Schritt des iterativen Prozesses. Durch Fortsetzung dieses Prozesses erhalten wir eine Folge von Polynomen

$$p_k(\lambda) = a_0^{(k)} \lambda^n + a_1^{(k)} \lambda^{n-1} + \cdots + a_n^{(k)} \quad (k = 1, 2, \ldots) .$$

Theorem 5.1. *Das Polynom $p(\lambda)$ möge der Bedingung* (5.1) *genügen. Dann besitzt die Folge der Zahlen*

$$c_k = \frac{a_1^{(k)}}{a_0^{(k)}} \quad (k = 1, 2, \ldots)$$

einen Grenzwert, und die Anzahl r der in der oberen Halbebene gelegenen Nullstellen des Polynoms $p(\lambda)$ berechnet sich nach der Formel

$$r = \frac{1}{2}\left(n + i \lim_{k\to\infty} c_k\right).$$

Beweis. Mit $\lambda_j^{(k)}$ $(j = 1, 2, \ldots, n)$ bezeichnen wir die Nullstellen des Polynoms $p_k(\lambda)$. Man sieht leicht, daß die Zahlen

$$\lambda_j^{(k+1)} = \frac{1}{2}\left(\lambda_j^{(k)} - \frac{1}{\lambda_j^{(k)}}\right) \quad (j = 1, 2, \ldots, n) \tag{5.2}$$

und nur diese Nullstellen des Polynoms $p_{k+1}(\lambda)$ sind. Demzufolge ist die Anzahl der in der oberen (unteren) Halbebene liegenden Nullstellen des Polynoms $p_k(\lambda)$ nicht von k abhängig und gleich r (gleich $n-r$).

Wir zeigen, daß gilt

$$\lim_{k\to\infty} \lambda_j^{(k)} = \alpha_j \quad (j = 1, 2, \ldots, n) \tag{5.3}$$

mit

$$\alpha_j = \begin{cases} i, & \operatorname{Im} \lambda_j > 0, \\ -i, & \operatorname{Im} \lambda_j < 0. \end{cases}$$

Es sei λ_j eine solche Nullstelle des Polynoms $p(\lambda)$, daß bei einem Schritt k_j die Nullstelle $\lambda_j^{(k_j)} = -i$ ist. Dann folgt aus der Gleichung (5.2), daß auch in allen folgenden Schritten $\lambda_j^{(k_j+l)} = -i$ $(l = 1, 2, \ldots)$ gilt, d. h., es gilt (5.3).

Sei nun λ_j eine solche Nullstelle, daß $\lambda_j^{(k)} \neq -i$ $(k = 1, 2, \ldots)$ gilt.

Dann folgen aus der Gleichung (5.2) die Beziehungen

$$\lambda_j^{(k+1)} - i = \frac{1}{2\lambda_j^{(k)}} (\lambda_j^{(k)} - i)^2$$

und

$$\lambda_j^{(k+1)} + i = \frac{1}{2\lambda_j^{(k)}} (\lambda_j^{(k)} + i)^2,$$

demzufolge ergibt sich

$$\frac{\lambda_j^{(k+1)} - i}{\lambda_j^{(k+1)} + i} = \left(\frac{\lambda_j^{(k)} - i}{\lambda_j^{(k)} + i}\right)^2.$$

Mit der Bezeichnung

$$q_j = \left|\frac{\lambda_j - i}{\lambda_j + i}\right|$$

erhalten wir

$$\left|\frac{\lambda_j^{(k)} - i}{\lambda_j^{(k)} + i}\right| = q_j^{2^k}. \tag{5.4}$$

Wenn nun $\operatorname{Im} \lambda_j > 0$, dann gilt $q_j < 1$, und aus der Beziehung (5.4) folgt, daß $\lim\limits_{k\to\infty} \lambda_j^{(k)} = i$ ist.

Wenn $\operatorname{Im} \lambda_j < 0$, dann gilt $q_j > 1$, und aus der gleichen Beziehung (5.4) folgt, daß

$$\lim_{k\to\infty} \lambda_j^{(k)} = -i$$

gilt.

Damit ist die Beziehung (5.3) für alle Nullstellen nachgewiesen.

Nun gilt

$$c_k = -\sum_{\operatorname{Im} \lambda_j > 0} \lambda_j^{(k)} - \sum_{\operatorname{Im} \lambda_j < 0} \lambda_j^{(k)}$$

und

$$\lim_{k\to\infty} \sum_{\operatorname{Im} \lambda_j > 0} \lambda_j^{(k)} = r\, i, \quad \lim_{k\to\infty} \sum_{\operatorname{Im} \lambda_j < 0} \lambda_j^{(k)} = -(n - r)\, i,$$

so daß das Theorem bewiesen ist.

Die Berechnung des Index einer rationalen Funktion bezüglich der Einheitskreislinie wird in offensichtlicher Weise auf den hier betrachteten Fall zurückgeführt.

§ 6. Umkehrung endlicher Toeplitz-Matrizen

Dieser Paragraph beschäftigt sich mit der Umkehrung Toeplitzscher Matrizen, d. h. Matrizen der Form

$$\|a_{j-k}\|_{j,k=0}^{n} .$$

1. Grundlegend für diesen Paragraphen ist das folgende Theorem.

Theorem 6.1. *Wenn für die Toeplitzsche Matrix $\mathcal{A}_n = \|a_{j-k}\|_{j,k=0}^{n}$ jedes der beiden Gleichungssysteme*

$$\sum_{k=0}^{n} a_{j-k} x_k = \delta_{j0} \qquad (j = 0, 1, \ldots, n), \tag{6.1}$$

$$\sum_{k=0}^{n} a_{j-k} y_{k-n} = \delta_{jn} \qquad (j = 0, 1, \ldots, n) \tag{6.2}$$

lösbar ist und die Bedingung $x_0 \neq 0$ erfüllt ist, dann ist die Matrix $\mathcal{A}_n$ umkehrbar, und ihre Inverse bestimmt sich nach der Formel

$$\mathcal{A}_n^{-1} = x_0^{-1} \left\{ \begin{Vmatrix} x_0 & 0 & & 0 \\ x_1 & x_0 & & 0 \\ . & . & & . \\ x_n & x_{n-1} & \ldots & x_0 \end{Vmatrix} \cdot \begin{Vmatrix} y_0 & y_{-1} & & y_{-n} \\ 0 & y_0 & & y_{-n+1} \\ . & . & . & . \; . \\ 0 & 0 & & y_0 \end{Vmatrix} - \right.$$

$$\left. - \begin{Vmatrix} 0 & 0 & 0 & & 0 & 0 \\ y_{-n} & 0 & 0 & & 0 & 0 \\ y_{-n+1} & y_{-n} & 0 & \ldots & 0 & 0 \\ . & . & . & . & . & . \\ y_{-1} & y_{-2} & y_{-3} & \ldots & y_{-n} & 0 \end{Vmatrix} \begin{Vmatrix} 0 & x_n & x_{n-1} & \ldots & x_1 \\ 0 & 0 & x_n & \ldots & x_2 \\ . & . & . & . & . \\ 0 & 0 & 0 & & x_n \\ 0 & 0 & 0 & & 0 \end{Vmatrix} \right\} . \tag{6.3}$$

Beweis. Die Umkehrbarkeit der Matrix $\mathcal{A}_n$ beweisen wir indirekt.

Es sei $\det \mathcal{A}_n = 0$. Dann sind die Zeilen $\Gamma_k = (a_k, a_{k-1}, \ldots, a_{k-n})$ der Matrix $\mathcal{A}_n$ linear abhängig. Aus der Lösbarkeit des Gleichungssystems (6.1) folgt $\Gamma_0 \neq 0$, so daß eine der Zeilen der Matrix $\mathcal{A}_n$ als Linearkombination der vorangegangenen Zeilen geschrieben werden kann. Wir bezeichnen mit p ($\geqq 1$) die größte natürliche Zahl, für die

$$\Gamma_p = \sum_{j=0}^{p-1} \alpha_j \Gamma_j$$

gilt, wobei $\alpha_0, \alpha_1, \ldots, \alpha_{p-1}$ komplexe Zahlen sind. Wir zeigen, daß $p = n$ gilt. Sei $p < n$. Wegen

$$a_{p-k} = \sum_{j=0}^{p-1} \alpha_j a_{j-k} \qquad (k = 0, 1, \ldots, n)$$

gilt

$$a_{p+1-k} = \sum_{j=1}^{p} \alpha_{j-1} a_{j-k} \qquad (k = 1, 2, \ldots, n) . \tag{6.4}$$

Aufgrund der Lösbarkeit des Gleichungssystems (6.1) haben wir

$$0 = \sum_{k=0}^{n} a_{p+1-k} x_k - \sum_{j=1}^{p} \alpha_{j-1} \sum_{k=0}^{n} a_{j-k} x_k =$$
$$= \left(a_{p+1} - \sum_{j=1}^{p} \alpha_{j-1} a_j\right) x_0 + \sum_{k=1}^{n} \left(a_{p+1-k} - \sum_{j=1}^{p} \alpha_{j-1} a_{j-k}\right) x_k .$$

Unter Berücksichtigung der Gleichungen (6.4) und der Bedingung $x_0 \neq 0$ erhalten wir

$$a_{p+1} = \sum_{j=1}^{p} \alpha_{j-1} a_j . \tag{6.5}$$

Fassen wir (6.4) und (6.5) zusammen, so gilt

$$\Gamma_{p+1} = \sum_{j=1}^{p} \alpha_{j-1} \Gamma_j ,$$

was der Wahl der Zahl p widerspricht.

Demzufolge ist die Zeile Γ_n eine Linearkombination der vorangegangenen Zeilen. Das widerspricht aber der Lösbarkeit des Gleichungssystems (6.2).

Aus der Umkehrbarkeit der Matrix $\mathcal{A}_n$ folgt

$$x_0 = y_0 = \det \mathcal{A}_{n-1} / \det \mathcal{A}_n . \tag{6.6}$$

Mit $\mathfrak{B} = ||b_{jk}||_0^n$ bezeichnen wir die Matrix auf der rechten Seite der Gleichung (6.3). Man sieht leicht, daß die Elemente dieser Matrix nach der Formel

$$b_{jk} = x_0^{-1} \sum_{s=0}^{\min(j,k)} (x_{j-s} y_{s-k} - y_{-n-1+j-s} x_{n+1+s-k})$$

für alle $j, k = 0, 1, \ldots, n$ berechnet werden können. Hierbei ist $x_{n+1} = y_{-n-1} = 0$ gesetzt worden.

Aus dieser Formel und (6.6) folgen unmittelbar die Gleichungen

$$b_{jk} = b_{j-1, k-1} + x_0^{-1} (x_j y_{-k} - y_{-n-1+j} x_{n+1-k}) \quad (j, k = 1, 2, \ldots, n), \tag{6.7}$$

$$b_{0k} = y_{-k}, \quad b_{k0} = x_k \quad (k = 0, 1, \ldots, n) \tag{6.8}$$

sowie die Gleichungen

$$b_{nk} = x_{n-k}, \quad b_{kn} = y_{k-n} \quad (k = 0, 1, \ldots, n). \tag{6.9}$$

Wir zeigen, daß die Matrix $\mathcal{C} = \mathcal{A}_n \mathfrak{B} = ||c_{jk}||_0^n$ eine TOEPLITZsche Matrix ist.

Aufgrund der Gleichungen (6.7) gilt für $j, k = 1, 2, \ldots, n$

$$c_{jk} = a_j b_{0k} + \sum_{s=1}^{n} a_{j-s} [b_{s-1, k-1} + x_0^{-1} (x_s y_{-k} - y_{-n-1+s} x_{n+1-k})] ,$$

woraus mit (6.6), (6.8) und (6.9) die Beziehung

$$c_{jk} = \sum_{s=0}^{n} a_{j-1-s} b_{s, k-1} - x_0^{-1} b_{n, k-1} a_{j-1-n} y_0 + x_0^{-1} b_{0k} \sum_{s=1}^{n} a_{j-s} x_s +$$
$$+ x_0^{-1} b_{0k} a_j x_0 - x_0^{-1} b_{n, k-1} \sum_{s=0}^{n-1} a_{j-1-s} y_{s-n}$$

folgt. Damit gilt

$$c_{jk} = c_{j-1,k-1} + x_0^{-1} b_{0k} \sum_{s=0}^{n} a_{j-s} x_s - x_0^{-1} b_{n,k-1} \sum_{s=0}^{n} a_{j-1-s} y_{s-n} .$$

Unter Berücksichtigung der Gleichungen (6.1) und (6.2) erhalten wir $c_{jk} = c_{j-1,k-1}$ $(j, k = 1, 2, \ldots, n)$. Folglich ist $\mathscr{C}$ eine TOEPLITZsche Matrix.

Wegen (6.8) und (6.9) stimmen die erste und die letzte Spalte der Matrix $\mathscr{C}$ mit den entsprechenden Spalten der Einheitsmatrix überein. Folglich stimmt die TOEPLITZsche Matrix $\mathscr{C}$ mit der Einheitsmatrix überein, womit das Theorem vollständig bewiesen ist.

Man überzeugt sich leicht davon, daß die Bedingung $x_0 \neq 0$ im Theorem 6.1 wesentlich ist. Wenn die Systeme (6.1) und (6.2) lösbar sind und $x_0 = 0$ gilt, dann kann die Matrix $\mathscr{A}_n$ singulär sein; wenn sie regulär ist, dann braucht ihre Inverse nicht durch die Lösungen der Systeme (6.1) und (6.2) bestimmt zu werden.

Wir bemerken, daß im folgenden Paragraphen eine andere Formel zur Umkehrung einer TOEPLITZschen Matrix $\mathscr{A}_n = \|a_{j-k}\|_0^n$ angegeben wird.

2. Man sieht leicht, daß unter den Voraussetzungen des Theorems 6.1 die Matrix $\mathscr{A}_{n-1} = \|a_{j-k}\|_{j,k=0}^{n-1}$ ebenfalls umkehrbar ist. Es zeigt sich sogar, daß auch in diesem Fall die Matrix $\mathscr{A}_{n-1}^{-1}$ aus den Lösungen der Gleichungssysteme (6.1) und (6.2) konstruiert werden kann.

Theorem 6.2. *Wenn Lösungen $x_0, x_1, \ldots, x_n$ und $y_{-n}, y_{-n+1}, \ldots, y_0$ der Gleichungssysteme* (6.1) *und* (6.2) *existieren und die Bedingung $x_0 \neq 0$ erfüllt ist, dann ist die Matrix $\mathscr{A}_{n-1} = \|a_{j-k}\|_{j,k=0}^{n-1}$ umkehrbar, und ihre Inverse wird nach folgender Formel konstruiert:*

$$\mathscr{A}_{n-1}^{-1} = x_0^{-1} \left\{ \begin{Vmatrix} x_0 & 0 & \ldots & 0 \\ x_1 & x_0 & \ldots & 0 \\ \cdot & \cdot & \cdot & \cdot \\ x_{n-1} & x_{n-2} & \ldots & x_0 \end{Vmatrix} \begin{Vmatrix} y_0 & y_{-1} & \ldots & y_{-n+1} \\ 0 & y_0 & \ldots & y_{-n+2} \\ \cdot & \cdot & \cdot & \cdot \\ 0 & 0 & & y_0 \end{Vmatrix} - \right.$$

$$\left. - \begin{Vmatrix} y_{-n} & 0 & & 0 \\ y_{-n+1} & y_{-n} & & 0 \\ \cdot & \cdot & \cdot & \cdot \\ y_{-1} & y_{-2} & \ldots & y_{-n} \end{Vmatrix} \begin{Vmatrix} x_n & x_{n-1} & \ldots & x_1 \\ 0 & x_n & \ldots & x_2 \\ \cdot & \cdot & \cdot & \cdot \\ 0 & 0 & \ldots & x_n \end{Vmatrix} \right\} . \quad (6.10$$

Beweis. Mit $\mathscr{D} = \|d_{jk}\|_0^{n-1}$ bezeichnen wir die Matrix auf der rechten Seite von (6.10). Man sieht leicht, daß

$$d_{jk} = x_0^{-1} \sum_{s=0}^{\min(j,k)} (x_{j-s} y_{s-k} - y_{-n+j-s} x_{n+s-k})$$

für alle $j, k = 0, 1, \ldots, n-1$ gilt. Hieraus folgt mit $x_0 = y_0$ unmittelbar

$$d_{k0} = x_k - x_0^{-1} x_n y_{k-n}; \quad d_{0k} = y_{-k} - x_0^{-1} y_{-n} x_{n-k} \qquad (k = 0, 1, \ldots, n-1) , \quad (6.11)$$

$$d_{jk} = d_{j-1,k-1} + x_0^{-1} (x_j y_{-k} - y_{-n+j} x_{n-k}) \quad (j, k = 1, 2, \ldots, n-1) . \quad (6.12)$$

Desweiteren erhält man leicht die Gleichungen

$$d_{k,n-1} = y_{-n+k+1} - x_0^{-1}\, y_{-n}\, x_{k+1}; \qquad d_{n-1,k} = x_{n-k-1} - x_0^{-1}\, x_n\, y_{-k-1} \tag{6.13}$$

für $k = 0, 1, \ldots, n-1$.

Wir überzeugen uns davon, daß die erste und die letzte Spalte der Matrix $\mathcal{E} = \mathcal{A}_{n-1}\, \mathcal{D} = \|e_{jk}\|_0^{n-1}$ mit den entsprechenden Spalten der Einheitsmatrix übereinstimmen.

Unter Berücksichtigung der Gleichungen (6.11), (6.13) und (6.6) erhalten wir die Gleichungen

$$e_{j0} = \sum_{k=0}^{n-1} a_{j-k}\, d_{k0} = \sum_{k=0}^{n-1} a_{j-k}\, x_k - x_0^{-1}\, x_n \sum_{k=0}^{n-1} a_{j-k}\, y_{k-n} =$$

$$= \sum_{k=0}^{n} a_{j-k}\, x_k - x_0^{-1}\, x_n \sum_{k=0}^{n} a_{j-k}\, y_{k-n} = \delta_{j0} \qquad (j = 0, 1, \ldots, n-1)$$

sowie die Gleichungen

$$e_{j,n-1} = \sum_{k=0}^{n-1} a_{j-k}\, d_{k,n-1} = \sum_{k=0}^{n-1} a_{j-k}\, (y_{-n+k+1} - x_0^{-1}\, y_{-n}\, x_{k+1}) =$$

$$= \sum_{k=1}^{n} a_{j+1-k}\, y_{k-n} - x_0^{-1}\, y_n \sum_{k=1}^{n} a_{j+1-k}\, x_k = \sum_{k=0}^{n} a_{j+1-k}\, y_{k-n} -$$

$$- x_0^{-1}\, y_{-n} \sum_{k=0}^{n} a_{j+1-k}\, x_k = \delta_{j,n-1} \qquad (j = 0, 1, \ldots, n-1)\,.$$

Zur Vervollständigung des Beweises bleibt noch zu zeigen, daß die Matrix $\mathcal{E}$ Toeplitzsch ist. Unter Benutzung der Gleichungen (6.11), (6.12), (6.13) und (6.6) erhalten wir für $j, k = 1, 2, \ldots, n-1$ die Beziehungen

$$e_{jk} = \sum_{s=0}^{n-1} a_{j-s}\, d_{sk} = a_j\, d_{0k} + \sum_{s=1}^{n-1} a_{j-s}\, [d_{s-1,k-1} + x_0^{-1}\, (x_s\, y_{-k} - y_{-n+s}\, x_{n-k})] =$$

$$= \sum_{s=0}^{n-2} a_{j-1-s}\, d_{s,k-1} + a_j\, d_{0k} + x_0^{-1}\, y_{-k} \sum_{s=1}^{n-1} a_{j-s}\, x_s - x_0^{-1}\, x_{n-k} \sum_{s=1}^{n-1} a_{j-s}\, y_{s-n} =$$

$$= \sum_{s=0}^{n-1} a_{j-1-s}\, d_{s,k-1} - a_{j-n}\, (x_{n-k} - x_0^{-1}\, x_n\, y_{-k}) + a_j\, (y_{-k} - x_0^{-1}\, y_{-n}\, x_{n-k}) +$$

$$+ x_0^{-1}\, y_{-k} \sum_{s=1}^{n-1} a_{j-s}\, x_s - x_0^{-1}\, x_{n-k} \sum_{s=1}^{n-1} a_{j-s}\, y_{s-n}\,.$$

Folglich gilt mit (6.1) und (6.2)

$$e_{jk} = e_{j-1,k-1} \qquad (j, k = 1, 2, \ldots, n-1)\,,$$

womit das Theorem bewiesen ist.

3. Wir geben eine weitere Möglichkeit der Umkehrung einer nichtsingulären Toeplitz-Matrix $\mathcal{A}_n = ||a_{j-k}||_{j,k=0}^n$ an. Diese Methode ist auch für den Fall geeignet, wo det $\mathcal{A}_{n-1} = 0$ ist.

Wir betrachten die Matrix

$$\mathcal{A}_{n+1}(\zeta) = \begin{Vmatrix} a_0 & a_{-1} \cdots a_{-n} & \zeta \\ a_1 & a_0 \quad \cdots a_{-n+1} & a_{-1} \\ \cdots & & \\ a_n & a_{n-1} \cdots a_0 & a_{-1} \\ a_{n+1} & a_n \quad \cdots a_1 & a_0 \end{Vmatrix},$$

wobei a_{n+1} eine gewisse feste Zahl und ζ ein komplexer Parameter ist. Wir zeigen, daß, falls die Matrix $\mathcal{A}_n$ nichtsingulär ist, auch die Matrix $\mathcal{A}_{n+1}(\zeta)$ nichtsingulär ist für alle ζ bis auf möglicherweise eine Ausnahme.

Für ein $\zeta = \zeta_0$ sei det $\mathcal{A}_{n+1}(\zeta_0) = 0$. Aus der Beziehung det $\mathcal{A}_n \neq 0$ erhält man, daß die erste Zeile der Matrix $\mathcal{A}_{n+1}(\zeta_0)$ eine Linearkombination der übrigen Zeilen ist. Folglich besitzt auch die erste Zeile der Matrix $\mathcal{M} = ||a_{j-k}||_{j=0,\,k=0}^{n+1,\;n}$ diese Eigenschaft. Wegen det $\mathcal{A}_n \neq 0$ ist der Rang der Matrix $\mathcal{M}$ gleich $n + 1$. Folglich gilt det $||a_{1+j-k}||_{j,k=0}^n \neq 0$.

Die Determinante der Matrix $\mathcal{A}_{n+1}(\zeta)$ ist eine lineare Funktion von ζ:

$$\det \mathcal{A}_{n+1}(\zeta) = a\,\zeta + b$$

mit $a = \det ||a_{1+j-k}||_{j,k=0}^n \neq 0$. Demzufolge wird diese Determinante für $\zeta \neq \zeta_0$ nicht Null.

Folglich genügt die Matrix $\mathcal{A}_{n+1}(\zeta)$ für alle ζ bis auf möglicherweise eine Ausnahme den Voraussetzungen von Theorem 6.2, d. h., die Matrix $\mathcal{A}_n$ kann nach den Formeln (6.10) umgekehrt werden.

4. Im Theorem 6.1 ist eine Möglichkeit angegeben, wie die Inverse einer gegebenen Toeplitzschen Matrix aus der ersten und der letzten Spalte dieser inversen Matrix konstruiert werden kann. Hier wird die Aufgabe betrachtet, die Ausgangs-Toeplitz-Matrix aus der ersten und der letzten Spalte der inversen Matrix zu rekonstruieren.

Theorem 6.3. *Es seien $x_0, x_1, \ldots, x_n$ und $y_{-n}, y_{-n+1}, \ldots, y_0$ zwei vorgegebene Systeme komplexer Zahlen und $x_0 \neq 0$.*

Dafür, daß eine Toeplitzsche Matrix $\mathcal{A}_n = ||a_{j-k}||_{j,k=0}^n$ existiert derart, daß

$$\sum_{k=0}^{n} a_{j-k}\, x_k = \delta_{j0}\,, \quad \sum_{k=0}^{n} a_{j-k}\, y_{k-n} = \delta_{jn} \qquad (j = 0, 1, \ldots, n) \tag{6.14}$$

gilt, ist notwendig und hinreichend, daß die Bedingung

$$x_0 = y_0 \tag{6.15}$$

erfüllt ist und die Matrix

$$\mathcal{P} = \begin{Vmatrix} y_0 & y_{-1} & \cdots & y_{-n+1} & y_{-n} & 0 & \cdots & 0 \\ 0 & y_0 & \cdots & y_{-n+2} & y_{-n+1} & y_{-n} & \cdots & 0 \\ \cdots \\ 0 & 0 & \cdots & y_0 & y_{-1} & y_{-2} & \cdots & y_{-n} \\ x_n & x_{n-1} & \cdots & x_1 & x_0 & 0 & \cdots & 0 \\ 0 & x_n & \cdots & x_2 & x_1 & x_0 & \cdots & 0 \\ \cdots \\ 0 & 0 & \cdots & x_n & x_{n-1} & x_{n-2} & \cdots & x_0 \end{Vmatrix}$$

regulär ist.

Wenn diese Bedingungen erfüllt sind, dann ist die Matrix $\mathcal{A}_n$ regulär und durch die Formel (6.3) *eindeutig bestimmt.*

Beweis. Die Notwendigkeit der Bedingung (6.15) ist eine einfache Folgerung aus dem Theorem 6.1. Wir zeigen, daß die Matrix $\mathcal{P}$ nichtsingulär ist. Dazu zerlegen wir diese Matrix in vier quadratische Blöcke

$$\mathcal{P} = \begin{Vmatrix} \mathcal{Y} & \mathcal{U} \\ \mathcal{V} & \mathcal{X} \end{Vmatrix}$$

mit

$$\mathcal{X} = \begin{Vmatrix} x_0 & 0 & \cdots & 0 \\ x_1 & x_0 & \cdots & 0 \\ \cdots \\ x_{n-1} & x_{n-2} & \cdots & x_0 \end{Vmatrix}, \quad \mathcal{Y} = \begin{Vmatrix} y_0 & y_{-1} & \cdots & y_{-n+1} \\ 0 & y_0 & \cdots & y_{-n+2} \\ \cdots \\ 0 & 0 & \cdots & y_0 \end{Vmatrix},$$

$$\mathcal{U} = \begin{Vmatrix} y_{-n} & 0 & \cdots & 0 \\ y_{-n+1} & y_{-n} & \cdots & 0 \\ \cdots \\ y_{-1} & y_{-2} & \cdots & y_{-n} \end{Vmatrix}, \quad \mathcal{V} = \begin{Vmatrix} x_n & x_{n-1} & \cdots & x_1 \\ 0 & x_n & \cdots & x_2 \\ \cdots \\ 0 & 0 & \cdots & x_n \end{Vmatrix}.$$

Infolge eines bekannten Satzes aus der Determinantentheorie (siehe F. R. GANTMACHER [1], Seite 43) gilt

$$\det \mathcal{P} = \det (\mathcal{Y} - \mathcal{U}\mathcal{X}^{-1}\mathcal{V}) \cdot \det \mathcal{X}.$$

Die Matrizen $\mathcal{X}$ und $\mathcal{U}$ sind vertauschbar, so daß gilt

$$\det \mathcal{P} = \det (\mathcal{X}\mathcal{Y} - \mathcal{U}\mathcal{V}).$$

Hieraus folgt, daß die Matrix $\mathcal{P}$ genau dann nichtsingulär ist, wenn die Matrix $\mathcal{X}\mathcal{Y} - \mathcal{U}\mathcal{V}$ nichtsingulär ist. Aus Theorem 6.2 (siehe Gleichung (6.10)) folgt nun, daß die Matrix $\mathcal{X}\mathcal{Y} - \mathcal{U}\mathcal{V}$ nichtsingulär ist.

Wir gehen nun über zum Beweis der Hinlänglichkeit der Bedingungen des Theorems. Wir schreiben die Gleichungen (6.14) als Gleichungssystem mit den Unbekannten $a_{-n}, a_{-n+1}, \ldots, a_{-1}, a_0, a_1, \ldots, a_{n-1}, a_n$:

$$\left.\begin{aligned} \sum_{k=j}^{j+n} y_{j-k}\, a_k &= \delta_{j0} \qquad (j = -n, -n+1, \ldots, 0)\,,\\ \sum_{k=j-n}^{j} x_{j-k}\, a_k &= \delta_{j0} \qquad (j = 0, 1, \ldots, n)\,. \end{aligned}\right\} \tag{6.16}$$

Die Matrix dieses Systems hat die Form

$$\mathcal{Q} = \begin{Vmatrix} y_0 & y_{-1} & \cdots & y_{-n+1} & y_{-n} & 0 & \cdots 0 & 0\\ 0 & y_0 & \cdots & y_{-n+2} & y_{-n+1} & y_{-n} & \cdots 0 & 0\\ \cdots & & & & & & & \\ 0 & 0 & \cdots & y_0 & y_{-1} & y_{-2} & \cdots y_{-n} & 0\\ 0 & 0 & \cdots & 0 & y_0 & y_{-1} & \cdots y_{-n+1} & y_{-n}\\ x_n & x_{n-1} & \cdots & x_1 & x_0 & 0 & \cdots 0 & 0\\ 0 & x_n & \cdots & x_2 & x_1 & x_0 & \cdots 0 & 0\\ \cdots & & & & & & & \\ 0 & 0 & \cdots & x_n & x_{n-1} & x_{n-2} & \cdots x_0 & 0\\ 0 & 0 & \cdots & 0 & x_n & x_{n-1} & \cdots x_1 & x_0 \end{Vmatrix}.$$

Wenn in der Matrix $\mathcal{Q}$ die $(n+1)$-te Zeile gestrichen wird, erhält man eine Matrix, deren Determinante gleich $x_0 \cdot \det \mathcal{P}$ ist. Folglich hat die Matrix $\mathcal{Q}$ maximalen Rang, nämlich $2n + 1$.

Mit $\widetilde{\mathcal{Q}}$ bezeichnen wir die erweiterte Matrix des Systems (6.16). Durch Entwicklung der Matrix $\widetilde{\mathcal{Q}}$ nach den Elementen der letzten Spalte erhalten wir $\det \widetilde{\mathcal{Q}} = (-1)^n (y_0 - x_0) \cdot \det \mathcal{P}$. Folglich gilt wegen (6.15), daß $\det \widetilde{\mathcal{Q}} = 0$ ist. Demzufolge ist das Gleichungssystem (6.16) eindeutig lösbar. Die letzte Behauptung des Theorems folgt aus Theorem 6.1, und der Beweis des Theorems ist beendet.

§ 7. Eine weitere Formel zur Umkehrung Toeplitzscher Matrizen

1. Es seien a_j $(j = 0, \pm 1, \ldots, \pm n)$ komplexe Zahlen. Für die quadratische Toeplitz-Matrix $\mathcal{A}_n = \|a_{j-k}\|_{j,k=0}^{n}$ betrachten wir die beiden Gleichungssysteme

$$\sum_{k=0}^{n} a_{j-k}\, x_k = \delta_{j0} \qquad (j = 0, 1, \ldots, n) \tag{7.1}$$

und

$$\sum_{k=0}^{n} a_{j-k}\, z_k = \delta_{j1} \qquad (j = 0, 1, \ldots, n)\,. \tag{7.2}$$

In diesem Paragraphen soll eine Formel hergeleitet werden, nach der die Matrix $\mathcal{A}_n^{-1}$ mittels der Lösungen $x_0, x_1, \ldots, x_n$ und $z_0, z_1, \ldots, z_n$ der Gleichungen (7.1) bzw. (7.2) konstruiert werden kann. Es wird eine Reihe weiterer Resultate angegeben, die mit dieser Formel zusammenhängen.

Theorem 7.1. *Wenn Lösungen $x_0, x_1, \ldots, x_n$ und $z_0, z_1, \ldots, z_n$ der Gleichungssysteme* (7.1) *bzw.* (7.2) *existieren und $x_n \neq 0$ ist, dann ist die* TOEPLITZ*sche Matrix $\mathcal{A}_n = \|a_{j-k}\|_{j,k=0}^n$ umkehrbar und ihre Inverse wird bestimmt nach der Formel*

$$\mathcal{A}_n^{-1} = x_n^{-1}\left\{\begin{Vmatrix} x_0 x_n & x_0 x_{n-1} & \cdots & x_0^2 \\ x_1 x_n & x_1 x_{n-1} & \cdots & x_1 x_0 \\ \cdots \\ x_n^2 & x_n x_{n-1} & \cdots & x_n x_0 \end{Vmatrix} + \right. \tag{7.3}$$

$$\left. + \begin{Vmatrix} z_0 & 0 & \cdots & 0 \\ z_1 & z_0 & \cdots & 0 \\ \cdots \\ z_n & z_{n-1} & \cdots & z_0 \end{Vmatrix}\begin{Vmatrix} 0 & x_n & \cdots & x_1 \\ 0 & 0 & \cdots & x_2 \\ \cdots \\ 0 & 0 & \cdots & x_n \\ 0 & 0 & \cdots & 0 \end{Vmatrix} - \begin{Vmatrix} x_0 & 0 & \cdots & 0 \\ x_1 & x_0 & \cdots & 0 \\ \cdots \\ x_n & x_{n-1} & \cdots & x_0 \end{Vmatrix}\begin{Vmatrix} 0 & z_n & \cdots & z_1 \\ 0 & 0 & \cdots & z_2 \\ \cdots \\ 0 & 0 & \cdots & z_n \\ 0 & 0 & \cdots & 0 \end{Vmatrix}\right\}.$$

Beweis. Die Umkehrbarkeit der Matrix $\mathcal{A}_n$ beweisen wir indirekt. Wir nehmen an, daß die Voraussetzungen des Theorems erfüllt sind und $\mathcal{A}_n$ nicht umkehrbar ist. Dann sind die Zeilen $\Gamma_k = (a_k, a_{k-1}, \ldots, a_{k-n})$ $(k = 0, 1, \ldots, n)$ der Matrix $\mathcal{A}_n$ linear abhängig. Es sei p die kleinste natürliche Zahl, für die der Vektor Γ_p eine Linearkombination der Vektoren $\Gamma_{p+1}, \ldots, \Gamma_n$ ist. Aus der Existenz der Lösungen der Gleichungen (7.1) und (7.2) folgt unmittelbar, daß jede der ersten beiden Zeilen Γ_0, Γ_1 keine Linearkombination der übrigen Zeilen sein kann. Folglich ist $p \geqq 2$. Für ein p $(\geqq 2)$ und für gewisse komplexe Zahlen $c_{p+1}, \ldots, c_n$ gelte nun die Beziehung

$$\Gamma_p = \sum_{k=p+1}^{n} c_k \Gamma_k$$

oder, was dasselbe ist,

$$a_{p-j} = \sum_{k=p+1}^{n} c_k a_{k-j} \quad (j = 0, 1, \ldots, n)\,. \tag{7.4}$$

Durch Aufsummieren der Gleichungen

$$c_{k+1} \sum_{j=0}^{n} a_{k-j} x_j = 0 \quad (k = p, p+1, \ldots, n-1)$$

erhalten wir (wegen (7.4) und der Bedingung $x_n \neq 0$) die Gleichung

$$a_{p-1-n} = \sum_{k=p+1}^{n} c_k a_{k-n-1}\,. \tag{7.5}$$

Aus den Gleichungen (7.4) und (7.5) folgt, daß

$$a_{p-1-j} = \sum_{k=p}^{n-1} c_{k+1} a_{k-j} \qquad (j = 0, 1, \ldots, n)$$

ist. Folglich gilt

$$\Gamma_{p-1} = \sum_{k=p}^{n-1} c_{k+1} \Gamma_k ,$$

und diese letzte Gleichung widerspricht der Annahme. Somit ist die Matrix $\mathcal{A}_n$ umkehrbar.

Die Herleitung der Formel (7.3) erfolgt mit Hilfe des Theorems 6.1.

Mit $b_{j-k}(\varepsilon)$ bezeichnen wir die Elemente der Toeplitzschen Matrix $\mathcal{B}(\varepsilon) = \mathcal{A}_n - \varepsilon \mathcal{J}$, wobei ε ein reeller Parameter ist. Wir wählen eine Zahl $\delta > 0$, so daß für $0 < \varepsilon < \delta$ die Beziehungen

$$\det \mathcal{B}(\varepsilon) \neq 0 \qquad \text{und} \qquad \det \|b_{j-k}(\varepsilon)\|_{j,k=0}^{n-1} \neq 0$$

erfüllt sind.

Nach Formel (6.3) bestimmen sich die Elemente $d_{jk}(\varepsilon)$ $(j, k = 0, 1, \ldots, n)$ der Matrix $\mathcal{B}^{-1}(\varepsilon)$ $(0 < \varepsilon < \delta)$ aus den Gleichungen

$$d_{jk}(\varepsilon) = x_0^{-1}(\varepsilon) \left[\sum_{r=0}^{\min(j,k)} x_{j-r}(\varepsilon)\, y_{r-k}(\varepsilon) - \sum_{r=1}^{\min(j,k)} y_{j-n-r}(\varepsilon)\, x_{n-k+r}(\varepsilon) \right], \tag{7.6}$$

wobei $x_j(\varepsilon)$ und $y_{-j}(\varepsilon)$ die Lösungen der folgenden beiden Gleichungssysteme sind:

$$\sum_{k=0}^{n} b_{j-k}(\varepsilon)\, x_k(\varepsilon) = \delta_{j0} \qquad (j = 0, 1, \ldots, n),$$

$$\sum_{k=0}^{n} b_{j-k}(\varepsilon)\, y_{k-n}(\varepsilon) = \delta_{jn} \qquad (j = 0, 1, \ldots, n).$$

Aus den Gleichungen (7.6) folgt insbesondere, daß

$$d_{01}(\varepsilon) = y_{-1}(\varepsilon), \qquad x_0(\varepsilon) = y_0(\varepsilon) \tag{7.7}$$

und

$$d_{j1}(\varepsilon) = x_0^{-1}(\varepsilon)\, [x_j(\varepsilon)\, y_{-1}(\varepsilon) + x_{j-1}(\varepsilon)\, y_0(\varepsilon) - y_{j-n-1}(\varepsilon)\, x_n(\varepsilon)] \tag{7.8}$$

gilt. Demzufolge ist

$$d_{n+1-j,1}(\varepsilon) = x_0^{-1}(\varepsilon)\, [x_{n+1-j}(\varepsilon)\, d_{01}(\varepsilon) + x_{n-j}(\varepsilon)\, x_0(\varepsilon) - y_{-j}(\varepsilon)\, x_n(\varepsilon)] .$$

Folglich gilt

$$y_{-j}(\varepsilon) = x_n^{-1}(\varepsilon)\, [x_{n+1-j}(\varepsilon)\, d_{01}(\varepsilon) + x_{n-j}(\varepsilon)\, x_0(\varepsilon) - d_{n+1-j,1}(\varepsilon)\, x_0(\varepsilon)] .$$

Wir bemerken, daß die Funktion $x_n(\varepsilon)$ stetig ist und somit in einer gewissen Nullumgebung nicht verschwindet.

Durch Einsetzen der Beziehungen für $y_{-j}(\varepsilon)$ in die Gleichungen (7.6) erhalten wir die Gleichungen

$$d_{jk}(\varepsilon) = x_n^{-1}(\varepsilon)\left[x_j(\varepsilon)\, x_{n-k}(\varepsilon) + \sum_{r=0}^{\min(j,\,k-1)} \left(x_{n-k+r+1}(\varepsilon)\, d_{j-r,\,1}(\varepsilon) - \right.\right.$$
$$\left.\left. - x_{j-r}(\varepsilon)\, d_{n-k+r+1,\,1}(\varepsilon)\right)\right] \qquad (j, k = 0, 1, \ldots, n). \qquad (7.9)$$

Man sieht leicht, daß die Funktionen $x_j(\varepsilon)$ und $d_{jk}(\varepsilon)$ $(j, k = 0, 1, \ldots, n)$ in einer Umgebung des Punktes $\varepsilon = 0$ stetig sind, wobei die Gleichungen

$$x_j(0) = x_j\,, \quad d_{j1}(0) = z_j \qquad (j = 0, 1, \ldots, n)$$

gelten.

Darüber hinaus sind die Zahlen $d_{jk} = d_{jk}(0)$ offensichtlich Elemente der Matrix $\mathcal{A}_n^{-1}$. Wir setzen in (7.9) $\varepsilon = 0$ und erhalten

$$d_{jk} = x_n^{-1}\left[x_j\, x_{n-k} + \sum_{r=0}^{\min(j,\,k-1)} (x_{n-k+r-1}\, z_{j-r} - x_{j-r}\, z_{n-k+r-1})\right].$$
$$(j, k = 0, 1, \ldots, n).$$

Diese Gleichungen sind den Gleichungen (7.3) äquivalent, und das Theorem ist bewiesen.

3. Sei $\mathcal{A}_n = \|a_{j-k}\|_{j,k=0}^n$ eine TOEPLITZsche Matrix. Wir betrachten die Matrix $\tilde{\mathcal{A}}_{n-1}$, die durch

$$\tilde{\mathcal{A}}_{n-1} = \begin{Vmatrix} a_1 & a_0 & a_{-1} & \cdots & a_{-n+2} \\ a_2 & a_1 & a_0 & \cdots & a_{-n+3} \\ \cdots \\ a_n & a_{n-1} & a_{n-2} & \cdots & a_1 \end{Vmatrix}$$

gegeben ist. Aus Theorem 7.1 folgt, daß die Lösbarkeit der Gleichungen (7.1) und (7.2) zusammen mit der Bedingung $x_n \neq 0$ äquivalent ist zu

$$\det \mathcal{A}_n \neq 0 \qquad \text{und} \qquad \det \tilde{\mathcal{A}}_{n-1} \neq 0\,.$$

Es gilt das folgende umfassendere Theorem über die Matrix $\tilde{\mathcal{A}}_{n-1}$.

Theorem 7.2. *Wenn Lösungen $x_0, x_1, \ldots, x_n$ und $z_0, z_1, \ldots, z_n$ der Gleichungssysteme* (7.1) *bzw.* (7.2) *existieren und die Bedingung $x_n \neq 0$ erfüllt ist, dann ist die TOEPLITZsche Matrix $\tilde{\mathcal{A}}_{n-1}$ umkehrbar und ihre Inverse bestimmt sich nach der Formel*

$$\tilde{\mathcal{A}}_{n-1}^{-1} = x_n^{-1}\left\{\begin{Vmatrix} z_0 & 0 & \cdots & 0 \\ z_1 & z_0 & \cdots & 0 \\ \cdots \\ z_{n-1} & z_{n-2} & \cdots & z_0 \end{Vmatrix} \cdot \begin{Vmatrix} x_n & x_{n-1} & \cdots & x_1 \\ 0 & x_n & \cdots & x_2 \\ \cdots \\ 0 & 0 & \cdots & x_n \end{Vmatrix} - \right.$$
$$\left. - \begin{Vmatrix} x_0 & 0 & \cdots & 0 \\ x_1 & x_0 & \cdots & 0 \\ \cdots \\ x_{n-1} & x_{n-2} & \cdots & x_0 \end{Vmatrix} \begin{Vmatrix} z_n & z_{n-1} & \cdots & z_1 \\ 0 & z_n & \cdots & z_2 \\ \cdots \\ 0 & 0 & \cdots & z_n \end{Vmatrix}\right\}. \qquad (7.10)$$

Beweis. Wir bilden die quadratische Matrix $(n+1)$-ter Ordnung

$$\mathcal{M} = \begin{Vmatrix} x_0 & 1 & 0 \cdots 0 \\ x_1 & 0 & 1 \cdots 0 \\ \cdots & & \\ x_{n-1} & 0 & 0 \cdots 1 \\ x_n & 0 & 0 \cdots 0 \end{Vmatrix}.$$

Man sieht leicht, daß

$$\mathcal{A}_n \mathcal{M} = \begin{Vmatrix} 1 & a_0 & a_{-1} \cdots a_{-n+1} \\ 0 & & \\ \vdots & & \tilde{\mathcal{A}}_{n-1} \\ 0 & & \end{Vmatrix}.$$

Folglich gilt

$$\mathcal{M}\mathcal{A}_n^{-1} = \begin{Vmatrix} 1 & * & * \cdots * \\ 0 & & \\ \vdots & & \tilde{\mathcal{A}}_{n-1}^{-1} \\ 0 & & \end{Vmatrix}, \tag{7.11}$$

wobei mit einem Sternchen solche Elemente bezeichnet wurden, die im weiteren keine wesentliche Rolle spielen.

Die letzte Gleichung wird zur Herleitung der Formel (7.10) benutzt.

Nach Theorem 7.1 kann man die Matrix $\mathcal{A}_n^{-1}$ in der Form

$$\mathcal{A}_n^{-1} = x_n^{-1}(\mathcal{K} + \mathcal{R} - \mathcal{S})$$

darstellen, wobei

$$\mathcal{K} = \|x_j\, x_{n-k}\|_{j,k=0}^{n},$$

$$\mathcal{R} = \begin{Vmatrix} z_0 & 0 & \cdots 0 \\ z_1 & z_0 & \cdots 0 \\ \cdots & & \\ z_n & z_{n-1} & \cdots z_0 \end{Vmatrix} \begin{Vmatrix} 0 & x_n & x_{n-1} \cdots x_1 \\ 0 & 0 & x_n \cdots x_2 \\ \cdots & & \\ 0 & 0 & 0 \cdots 0 \end{Vmatrix},$$

$$\mathcal{S} = \begin{Vmatrix} x_0 & 0 & \cdots 0 \\ x_1 & x_0 & \cdots 0 \\ \cdots & & \\ x_n & x_{n-1} & \cdots x_0 \end{Vmatrix} \begin{Vmatrix} 0 & z_n & z_{n-1} \cdots z_1 \\ 0 & 0 & z_n \cdots z_2 \\ \cdots & & \\ 0 & 0 & 0 \cdots 0 \end{Vmatrix}.$$

Die Matrix $\mathcal{M}^{-1}$ hat die Gestalt

$$\mathcal{M}^{-1} = x_n^{-1} \begin{Vmatrix} 0 & 0 & \cdots & 0 & 1 \\ 1 & 0 & \cdots & 0 & -x_0 \\ 0 & 1 & \cdots & 0 & -x_1 \\ \cdots & & & & \\ 0 & 0 & \cdots & 1 & -x_{n-1} \end{Vmatrix}. \tag{7.12}$$

Durch unmittelbares Ausrechnen überzeugt man sich, daß in der Matrix $\mathcal{M}^{-1}\mathcal{K}$ die Elemente aller Zeilen bis auf die in der ersten Null sind.

Man überzeugt sich ebenso leicht davon, daß die Differenz $\mathcal{R} - \mathcal{S}$ von der Gestalt

$$\mathcal{R} - \mathcal{S} = x_n \begin{Vmatrix} 0 & & & \\ 0 & & & \\ \vdots & & \mathcal{B} & \\ 0 & 0 & \cdots & 0 \end{Vmatrix}$$

ist, wobei B eine quadratische Matrix n-ter Ordnung ist, die mit der rechten Seite der Gleichung (7.10) übereinstimmt.

Unter Berücksichtigung der Gleichung (7.12) und der oben angegebenen Eigenschaften der Elemente der Matrizen $\mathcal{M}^{-1}\mathcal{K}$ und $\mathcal{R} - \mathcal{S}$ erhalten wir

$$\mathcal{M}^{-1}\mathcal{A}_n = \mathcal{M}^{-1}(\mathcal{R} - \mathcal{S}) + \mathcal{M}^{-1}\mathcal{K} = \begin{Vmatrix} * & * & \cdots & * \\ 0 & & & \\ \vdots & & \mathcal{B} & \\ 0 & & & \end{Vmatrix}.$$

Hieraus und aus Gleichung (7.11) folgt die Gleichung (7.10), womit das Theorem bewiesen ist.

4. Mit dem Theorem 7.2 kann die Formel (7.10) zur Umkehrung einer beliebigen nichtsingulären Matrix $\mathcal{A}_n = \|a_{j-k}\|_{j,k=0}^n$ (insbesondere auch für den Fall, wo det $\tilde{\mathcal{A}}_{n-1} = 0$ ist) benutzt werden. Wir bilden die TOEPLITZsche Matrix

$$\mathcal{A}_{n+1}(\zeta) = \begin{Vmatrix} a_{-1} & a_{-2} & \cdots & a_{-n-1} & \zeta \\ a_0 & a_{-1} & \cdots & a_{-n} & a_{n-1} \\ \cdots & & & & \\ a_n & a_{n-1} & \cdots & a_0 & a_{-1} \end{Vmatrix},$$

wobei a_{-n-1} eine feste komplexe Zahl und ζ ein komplexer Parameter sind. Die Funktion det $\mathcal{A}_{n+1}(\zeta)$ ist linear in ζ und wird nur für einen Wert von ζ Null. Auf die Matrix $\mathcal{A}_{n+1}(\zeta)$ ist für alle Werte ζ bis auf den ausgenommenen das Theorem 7.2 anwendbar, so daß die Matrix $\mathcal{A}_n$ mit Hilfe der Formel (7.10) umgekehrt werden kann.

5. In dem nun folgenden Theorem werden Bedingungen dafür angegeben, daß für zwei vorgegebene Systeme komplexer Zahlen $x_0, x_1, \ldots, x_n$ ($x_n \neq 0$) und $z_0, z_1, \ldots, z_n$ eine TOEPLITZsche Matrix $\mathcal{A}_n = \|a_{j-k}\|_{j,k=0}^n$ existiert, so daß die Beziehungen (7.1) und (7.2) gelten.

Theorem 7.3. *Es seien $x_0, x_1, \ldots, x_n$ und $z_0, z_1, \ldots, z_n$ vorgegebene komplexe Zahlen mit $x_n \neq 0$.*

Dafür, daß eine TOEPLITZ*sche Matrix $\mathcal{A}_n = \|a_{j-k}\|_{j,k=0}^n$ existiert, so daß*

$$\sum_{k=0}^{n} a_{j-k}\, x_k = \delta_{j0}\,, \quad \sum_{k=0}^{n} a_{j-k}\, z_k = \delta_{j1} \qquad (j = 0, 1, \ldots, n) \tag{7.13}$$

gilt, ist notwendig und hinreichend, daß die Bedingung

$$z_n = x_{n-1} \tag{7.14}$$

erfüllt ist und die Matrix

$$\mathcal{N} = \begin{Vmatrix} x_n & x_{n-1} & \cdots & x_1 & x_0 & 0 & \cdots & 0 \\ 0 & x_n & \cdots & x_2 & x_1 & x_0 & \cdots & 0 \\ \cdots \\ 0 & 0 & \cdots & x_n & x_{n-1} & x_{n-2} & \cdots & x_0 \\ z_n & z_{n-1} & \cdots & z_1 & z_0 & 0 & \cdots & 0 \\ 0 & z_n & \cdots & z_2 & z_1 & z_0 & \cdots & 0 \\ \cdots \\ 0 & 0 & \cdots & z_n & z_{n-1} & z_{n-2} & \cdots & z_0 \end{Vmatrix}$$

regulär ist.

Wenn diese Bedingungen erfüllt sind, dann ist die Matrix $\mathcal{A}_n$ umkehrbar, und sie bestimmt sich eindeutig aus den Systemen $x_0, x_1, \ldots, x_n$ und $z_0, z_1, \ldots, z_n$ mit Hilfe der Formel (7.3).

Beweis. Die Notwendigkeit der Bedingung (7.14) ist offensichtlich. Wir zeigen, daß auch die Bedingung det $\mathcal{N} \neq 0$ notwendig ist. Nach Theorem 7.1 folgt aus (7.13), daß die Matrix $\mathcal{A}_n$ umkehrbar ist und ihre Inverse in der Form

$$\mathcal{A}_n^{-1} = x_n^{-1} (\mathcal{B}\mathcal{C} - \mathcal{D}\mathcal{F}) \tag{7.15}$$

dargestellt werden kann, wobei gilt

$$\mathcal{B} = \begin{Vmatrix} z_0 & 0 & \cdots & 0 \\ z_1 & z_0 & \cdots & 0 \\ \cdots \\ z_n & z_{n-1} & \cdots & z_0 \end{Vmatrix}, \qquad \mathcal{C} = \begin{Vmatrix} 0 & x_n & \cdots & x_1 \\ \cdots \\ 0 & 0 & \cdots & x_n \\ 0 & 0 & \cdots & 0 \end{Vmatrix},$$

$$\mathcal{D} = \begin{Vmatrix} x_0 & 0 & \cdots & 0 \\ x_1 & x_0 & \cdots & 0 \\ \cdots \\ x_n & x_{n-1} & \cdots & x_0 \end{Vmatrix} \quad \text{und} \quad \mathcal{F} = \begin{Vmatrix} 0 & z_n & \cdots & z_1 \\ \cdots \\ 0 & 0 & \cdots & z_n \\ 0 & 0 & \cdots & 0 \end{Vmatrix} - \begin{Vmatrix} x_n & x_{n-1} & \cdots & x_0 \\ 0 & 0 & \cdots & 0 \\ \cdots \\ 0 & 0 & \cdots & 0 \end{Vmatrix}.$$

Wegen $\mathcal{B}\mathcal{D} = \mathcal{D}\mathcal{B}$ gilt nach einem bekannten Satz (siehe F. R. Gantmacher [1], Seite 43)

$$\det (\mathcal{B}\mathcal{C} - \mathcal{D}\mathcal{F}) = \det \begin{Vmatrix} \mathcal{B} & \mathcal{F} \\ \mathcal{D} & \mathcal{C} \end{Vmatrix}. \tag{7.16}$$

Man sieht leicht, daß

$$\left| \det \begin{Vmatrix} \mathcal{B} & \mathcal{F} \\ \mathcal{D} & \mathcal{C} \end{Vmatrix} \right| = |x_n|^2 \, |\det \mathcal{N}| \tag{7.17}$$

gilt. Aus den Gleichungen (7.15), (7.16) und (7.17) folgt unmittelbar, daß

$$|\det \mathcal{N}| = |x_n|^{-1} \, |\det \mathcal{A}_n^{-1}|$$

ist. Folglich gilt det $\mathcal{N} \neq 0$.

Wir beweisen nun die Hinlänglichkeit der Bedingungen des Theorems. Es sei $\det \mathcal{N} \neq 0$ und $z_n = x_{n-1}$. Wir betrachten die Gleichungen (7.13) als Gleichungssystem mit $2n + 2$ Gleichungen für die $2n + 1$ Unbekannten $a_{-n}, \ldots, a_{-1}, a_0, a_1, \ldots, a_n$. Die Matrix dieses Systems hat die Gestalt

$$\mathcal{S} = \left\| \begin{matrix} x_n & x_{n-1} & \cdots & x_1 & x_0 & 0 & \cdots & 0 \\ 0 & x_n & \cdots & x_2 & x_1 & x_0 & \cdots & 0 \\ \cdots \\ 0 & 0 & \cdots & 0 & x_n & x_{n-1} & \cdots & x_0 \\ z_n & z_{n-1} & \cdots & z_1 & z_0 & 0 & \cdots & 0 \\ 0 & z_n & \cdots & z_2 & z_1 & z_0 & \cdots & 0 \\ \cdots \\ 0 & 0 & \cdots & 0 & z_n & z_{n-1} & \cdots & z_0 \end{matrix} \right\|.$$

Wenn man in $\mathcal{S}$ die $(n + 2)$-te Zeile streicht, dann unterscheidet sich die Determinante der verbleibenden Matrix von $\det \mathcal{N}$ nur um den Faktor $\pm x_n$. Demzufolge ist der Rang von $\mathcal{S}$ maximal. Mit $\tilde{\mathcal{S}}$ bezeichnen wir die Matrix, die aus $\mathcal{S}$ entsteht, wenn man zu $\mathcal{S}$ die Spalte der rechten Seiten des Systems (7.13) hinzufügt. Da

$$\left\| \begin{matrix} x_n & x_{n-1} & \cdots & x_0 \\ 0 & x_n & \cdots & x_1 \\ \cdots \\ 0 & 0 & \cdots & x_n \end{matrix} \right\| \left\| \begin{matrix} z_n & z_{n-1} & \cdots & z_0 \\ 0 & z_n & \cdots & z_1 \\ \cdots \\ 0 & 0 & \cdots & z_n \end{matrix} \right\| = \left\| \begin{matrix} z_n & z_{n-1} & \cdots & z_0 \\ 0 & z_n & \cdots & z_1 \\ \cdots \\ 0 & 0 & \cdots & z_n \end{matrix} \right\| \left\| \begin{matrix} x_n & x_{n-1} & \cdots & x_0 \\ 0 & x_n & \cdots & x_1 \\ \cdots \\ 0 & 0 & \cdots & x_n \end{matrix} \right\|$$

ist, gilt aufgrund des bereits zitierten Satzes (siehe F. R. GANTMACHER [1], Seite 43)

$$\det \tilde{\mathcal{S}} = \det \left\{ \left\| \begin{matrix} x_n & z_{n-1} & \cdots & x_0 \\ 0 & x_n & \cdots & x_1 \\ \cdots \\ 0 & 0 & \cdots & x_n \end{matrix} \right\| \left\| \begin{matrix} 0 & 0 & \cdots & 0 \\ z_0 & 0 & \cdots & 1 \\ z_1 & z_0 & \cdots & 0 \\ \cdots \\ z_{n-1} & z_{n-2} & \cdots & 0 \end{matrix} \right\| - \right.$$

$$\left. - \left\| \begin{matrix} z_n & x_{n-1} & \cdots & z_0 \\ 0 & z_n & \cdots & z_1 \\ \cdots \\ 0 & 0 & \cdots & z_n \end{matrix} \right\| \left\| \begin{matrix} 0 & 0 & \cdots & 1 \\ x_0 & 0 & \cdots & 0 \\ x_1 & x_0 & \cdots & 0 \\ \cdots \\ x_{n-1} & x_{n-2} & \cdots & 0 \end{matrix} \right\| \right\}.$$

Durch unmittelbares Ausrechnen überzeugt man sich davon, daß alle Elemente der ersten Zeile der Matrix auf der rechten Seite der letzten Gleichung Null sind, so daß also $\det \tilde{\mathcal{S}} = 0$ ist.

Damit haben wir also gezeigt, daß das System (7.13) bezüglich der Unbekannten a_j $(j = 0, \pm 1, \ldots, \pm n)$ lösbar ist. Mit diesen Zahlen a_j bauen wir die

Toeplitzsche Matrix $\mathcal{A}_n = ||a_{j-k}||_0^n$ auf. Dann folgt aus Theorem 7.1, daß die Matrix $\mathcal{A}_n$ umkehrbar ist und ihre Inverse eindeutig durch die Gleichung (7.3) bestimmt wird, was zu beweisen war.

§ 8. Die Umkehrung abgeschnittener Wiener-Hopfscher Integraloperatoren

1. In diesem Paragraphen werden die stetigen Analoga der Theoreme 6.1 und 6.3 entwickelt.

Theorem 8.1. *Es sei $k(t)$ eine Funktion aus $L_1(-\tau, \tau)$ derart, daß die Gleichungen*

$$\gamma_+(t) - \int_0^\tau k(t-s)\,\gamma_+(s)\,ds = k(t) \qquad (0 \leqq t \leqq \tau), \tag{8.1}$$

$$\gamma_-(-t) - \int_0^\tau k(s-t)\,\gamma_-(-s)\,ds = k(-t) \qquad (0 \leqq t \leqq \tau) \tag{8.2}$$

die Lösungen $\gamma_+(t) \in L_1(0, \tau)$ bzw. $\gamma_-(t) \in L_1(-\tau, 0)$ besitzen.

Dann hat die Gleichung

$$\varphi(t) - \int_0^\tau k(t-s)\,\varphi(s)\,ds = f(t) \qquad (0 \leqq t \leqq \tau) \tag{8.3}$$

eine eindeutig bestimmte Lösung $\varphi(t) \in L_p(0, \tau)$ $(1 \leqq p < \infty)$ für eine beliebige rechte Seite $f(t) \in L_p(0, \tau)$, und diese Lösung kann nach der Formel

$$\varphi(t) = f(t) + \int_0^\tau \gamma(t, s)\,f(s)\,ds$$

bestimmt werden, wobei

$$\gamma(t, s) = \gamma_+(t-s) + \gamma_-(t-s) + \int_0^{\min(t,s)} \gamma_+(t-r)\,\gamma_-(r-s)\,dr -$$

$$- \int_\tau^{\tau+\min(t,s)} \gamma_-(t-r)\,\gamma_+(r-s)\,dr \qquad (0 \leqq t,\ s \leqq \tau) \tag{8.4}$$

gilt und

$$\gamma_+(-t) = \gamma_-(t) = 0 \qquad (0 \leqq t \leqq \tau)$$

ist.

Wir bemerken, daß die formalen stetigen Analoga der Gleichungen (6.1) und (6.2) die folgenden Gleichungen sind, die die δ-Funktion enthalten:

$$x(t) - \int_0^\tau k(t-s)\,x(s)\,ds = \delta(t) \qquad (0 \leqq t \leqq \tau)$$

und

$$y(t-\tau) - \int_0^\tau k(t-s)\,y(s-\tau)\,ds = \delta(t-\tau) \qquad (0 \leqq t \leqq \tau).$$

Aus diesen Gleichungen erhält man die Gleichungen (8.1) und (8.2), wenn die gesuchten Funktionen $x(t)$ und $y(t)$ in folgender Form angesetzt werden:

$$x(t) = \delta(t) + \gamma_+(t), \quad y(t) = \delta(-t) + \gamma_-(-t) \qquad (0 \leqq t \leqq \tau).$$

Beweis von Theorem 8.1. Der Integraloperator in der Gleichung (8.3) ist im Raum $L_p(0, \tau)$ $(1 \leqq p < \infty)$ vollstetig. Deshalb genügt es zu zeigen, daß die Funktion $\gamma(t, s)$ $(0 \leqq t, s \leqq \tau)$, die durch Gleichung (8.4) definiert wird, der Gleichung

$$\gamma(t, s) - \int_0^\tau k\,(t-u)\,\gamma(u, s)\,du = k\,(t-s) \qquad (0 \leqq t, s \leqq \tau) \tag{8.5}$$

genügt.

Wir betrachten zunächst den Fall $t \geqq s$. In diesem Fall ist

$$\gamma(t, s) = \gamma_+\,(t-s) + \chi_1(t, s) - \chi_2(t, s)\,, \tag{8.6}$$

wobei

$$\chi_1(t, s) = \int_0^s \gamma_+\,(t-r)\,\gamma_-\,(r-s)\,dr\,, \quad \chi_2(t, s) = \int_\tau^{\tau+s} \gamma_-\,(t-r)\,\gamma_+\,(r-s)\,dr$$

gesetzt wurde. Da die Funktion $\gamma_+(t)$ Lösung der Gleichung (8.1) ist, erhalten wir

$$\chi_1(t, s) = \int_0^s \Big[k\,(t-r) + \int_0^\tau k\,(t-r-u)\,\gamma_+(u)\,du\Big]\,\gamma_-\,(r-s)\,dr =$$

$$= \int_0^s k\,(t-r)\,\gamma_-\,(r-s)\,dr + \int_0^s \gamma_-\,(r-s)\,dr \int_r^{\tau+r} k\,(t-u)\,\gamma_+\,(u-r)\,du\,.$$

Durch Vertauschen der Integrationsreihenfolge ergibt sich

$$\int_0^s \gamma_-\,(r-s)\,dr \int_r^{\tau+r} k\,(t-u)\,\gamma_+\,(u-r)\,du =$$

$$= \int_0^s k\,(t-u)\,du \int_0^u \gamma_+\,(u-r)\,\gamma_-(r-s)\,dr +$$

$$+ \int_s^\tau k\,(t-u)\,du \int_0^s \gamma_+\,(u-r)\,\gamma_-\,(r-s)\,dr +$$

$$+ \int_\tau^{\tau+s} k\,(t-u)\,du \int_{-\tau+u}^s \gamma_+\,(u-r)\,\gamma_-\,(r-s)\,dr$$

oder, was dasselbe ist,

$$\int_0^s \gamma_-\,(r-s)\,dr \int_r^{\tau+r} k\,(t-u)\,\gamma_+\,(u-r)\,du = \int_0^\tau k\,(t-u)\,du \int_0^{\min(u,s)} \gamma_+\,(u-r)\,\gamma_-\,(r-s)\,dr +$$

$$+ \int_\tau^{\tau+s} k\,(t-u)\,du \int_u^{\tau+s} \gamma_-\,(u-r)\,\gamma_+\,(r-s)\,dr\,.$$

Folglich gilt

$$\chi_1(t, s) = \int_0^s k\,(t-u)\,\gamma_-\,(u-s)\,du + \int_0^\tau k\,(t-u)\,du \int_0^{\min(u,s)} \gamma_+\,(u-r)\,\gamma_-\,(r-s)\,dr +$$

$$+ \int_\tau^{\tau+s} k\,(t-u)\,du \int_u^{\tau+s} \gamma_-\,(u-r)\,\gamma_+\,(r-s)\,dr\,. \tag{8.7}$$

Wir formen das Integral $\chi_2(t, s)$ um, indem wir die Funktion $\gamma_-(t - r)$ mit Hilfe der Gleichung (8.2) ersetzen. Dann gilt

$$\chi_2(t, s) = \int_\tau^{\tau+s} [k(t - r) + \int_0^\tau k(u + t - r)\gamma_-(-u)\,du]\,\gamma_+(r - s)\,dr =$$

$$= \int_s^{\tau+s} k(t - u)\gamma_+(u - s)\,du - \int_s^\tau k(t - u)\gamma_+(u - s)\,du +$$

$$+ \int_\tau^{\tau+s} \gamma_+(r - s)dr \int_{r-\tau}^{r} k(t - u)\gamma_-(u - r)\,du\,.$$

Durch Vertauschen der Integrationsreihenfolge im letzten Integral erhalten wir die Gleichung

$$\int_\tau^{\tau+s} \gamma_+(r - s)\,dr \int_{r-\tau}^{r} k(t - u)\gamma_-(u - r)\,du$$

$$= \int_0^\tau k(t - u)\,du \int_\tau^{\tau+\min(u,s)} \gamma_-(u - r)\gamma_+(r - s)\,dr +$$

$$+ \int_\tau^{\tau+s} k(t - u)\,du \int_u^{\tau+s} \gamma_-(u - r)\gamma_+(r - s)\,dr\,.$$

Folglich gilt

$$\chi_2(t, s) = \int_0^\tau k(t - s - r)\gamma_+(r)\,dr - \int_s^\tau k(t - u)\gamma_+(u - s)\,du +$$

$$+ \int_0^\tau k(t - u)\,du \int_\tau^{\tau+\min(u,s)} \gamma_-(u - r)\gamma_+(r - s)\,dr +$$

$$+ \int_\tau^{\tau+s} k(t - u)\,du \int_u^{\tau+s} \gamma_-(u - r)\gamma_+(r - s)\,dr\,. \tag{8.8}$$

Ersetzt man nun in der Gleichung (8.6) die Funktionen $\chi_1(t, s)$ und $\chi_2(t, s)$ durch die Ausdrücke (8.7) bzw. (8.8), so erhält man

$$\gamma(t, s) = \gamma_+(t - s) - \int_0^\tau k(t - s - r)\gamma_+(r)\,dr + \int_0^\tau k(t - u)\gamma_+(u - s)\,du +$$

$$+ \int_0^s k(t - u)\gamma_-(u - s)\,du + \int_0^\tau k(t - u)\,du \int_0^{\min(u,s)} \gamma_+(u - r)\gamma_-(r - s)\,dr -$$

$$- \int_0^\tau k(t - u)\,du \int_\tau^{\tau+\min(u,s)} \gamma_-(u - r)\gamma_+(r - s)\,dr\,.$$

Da die Funktion $\gamma_+(t) \in L_1(0, \tau)$ Lösung der Gleichung (8.1) ist, gilt

$$\gamma(t, s) = k(t - s) + \int_0^\tau k(t - u)\,[\gamma_+(u - s) + \gamma_-(u - s) +$$

$$+ \int_0^{\min(u,s)} \gamma_+(u - r)\gamma_-(r - s)\,dr - \int_\tau^{\tau+\min(u,s)} \gamma_-(u - r)\gamma_+(r - s)\,dr]\,du\,.$$

Somit gilt die Gleichung (8.5).

Wir beweisen nun die Gleichung (8.5) für den Fall $t < s$. Hierbei wird die Funktion $\gamma(t, s)$ durch die Gleichung

$$\gamma(t, s) = \gamma_- (t - s) + \int_0^t \gamma_+ (t - r) \gamma_- (r - s)\, dr - \int_\tau^{\tau + t} \gamma_- (t - r) \gamma_+ (r - s)\, dr$$

definiert.

Aus der Gleichung (8.4) folgt, daß

$$\int_0^\tau k(t - u)\, \gamma(u, s)\, du = \int_s^\tau k(t - u)\, \gamma_+ (u - s)\, du +$$

$$+ \int_0^s k(t - u)\, \gamma_- (u - s)\, du + \omega_1(t, s) - \omega_2(t, s) \qquad (8.9)$$

ist, wobei

$$\omega_1(t, s) = \int_0^\tau k(t - u)\, du \int_0^{\min(u, s)} \gamma_+ (u - r)\, \gamma_- (r - s)\, dr ,$$

$$\omega_2(t, s) = \int_0^\tau k(t - u)\, du \int_\tau^{\tau + \min(u, s)} \gamma_- (u - r)\, \gamma_+ (r - s)\, dr .$$

Wenn $u + s - r$ als neue Integrationsvariable im inneren Integral für $\omega_1(t, s)$ genommen wird, dann ist

$$\omega_1(t, s) = \int_0^\tau k(t - u)\, du \int_{\max(u, s)}^{u + s} \gamma_- (u - r)\, \gamma_+ (r - s)\, dr .$$

Durch Vertauschen der Integrationsreihenfolge in den Integralen $\omega_1(t, s)$ und $\omega_2(t, s)$ erhalten wir

$$\omega_1(t, s) = \int_s^\tau \gamma_+ (r - s)\, dr \int_{r - s}^{r} k(t - u)\, \gamma_- (u - r)\, du +$$

$$+ \int_\tau^{\tau + s} \gamma_+ (r - s)\, dr \int_{r - s}^{\tau} k(t - u)\, \gamma_- (u - r)\, du$$

und

$$\omega_2(t, s) = \int_\tau^{\tau + s} \gamma_+ (r - s)\, dr \int_{-\tau + r}^{\tau} k(t - u)\, \gamma_- (u - r)\, du .$$

Folglich gilt

$$\omega_1(t, s) - \omega_2(t, s) = \int_s^\tau \gamma_+ (r - s)\, dr \int_{r - s}^{r} k(t - u)\, \gamma_- (u - r)\, du$$

$$- \int_\tau^{\tau + s} \gamma_+ (r - s)\, dr \int_{-\tau + r}^{r - s} k(t - u)\, \gamma_- (u - r)\, du .$$

Durch offensichtliche Substitution der Integrationsvariablen kann man diese Differenz in der folgenden Form darstellen:

$$\omega_1(t, s) - \omega_2(t, s) = \int_0^{\tau-s} \gamma_+(r)\, dr \int_0^s k(u + t - s - r)\, \gamma_-(-u)\, du - \\ - \int_{\tau-s}^{\tau} \gamma_+(r)\, dr \int_s^{\tau} k(u + t - s - r)\, \gamma_-(-u)\, du$$

oder, was dasselbe ist,

$$\omega_1(t, s) - \omega_2(t, s) = \int_0^{\tau-s} \gamma_+(r)\, dr \int_0^{\tau} k(u + t - s - r)\, \gamma_-(-u)\, du - \\ - \int_s^{\tau} \gamma_-(-u)\, du \int_0^{\tau} k(u + t - s - r)\, \gamma_+(r)\, dr\,.$$

Da die Funktionen $\gamma_+(t) \in L_1(0, \tau)$ und $\gamma_-(t) \in L_1(-\tau, 0)$ Lösungen der Gleichungen (8.1) bzw. (8.2) sind, gilt

$$\int_s^{\tau} \gamma_-(-u)\, du \int_0^{\tau} k(u + t - s - r)\, \gamma_+(r)\, dr = \\ = \int_s^{\tau} \gamma_+(u + t - s)\, \gamma_-(-u)\, du - \int_s^{\tau} k(u + t - s)\, \gamma_-(-u)\, du \tag{8.10}$$

und

$$\int_0^{\tau-s} \gamma_+(r)\, dr \int_0^{\tau} k(u + t - r - s)\, \gamma_-(-u)\, du = \\ = \int_0^{\tau-s} \gamma_-(t - s - r)\, \gamma_+(r)\, dt - \int_0^{\tau-s} k(t - s - r)\, \gamma_+(r)\, dr\,. \tag{8.11}$$

Darüber hinaus gelten die Beziehungen

$$\int_0^{\tau-s} \gamma_-(t - s - r)\, \gamma_+(r)\, dr = \int_0^{t} \gamma_-(t - s - r)\, \gamma_+(r)\, dr + \\ + \int_t^{\tau-s} \gamma_-(t - s - r)\, \gamma_+(r)\, dr = \int_0^{t} \gamma_+(t - r)\, \gamma_-(r - s)\, dr + \\ + \int_{t+s}^{\tau} \gamma_-(t - r)\, \gamma_+(r - s)\, dr \tag{8.12}$$

und

$$\int_s^{\tau} \gamma_+(u + t - s)\, \gamma_-(-u)\, du = \int_{t+s}^{\tau+t} \gamma_-(t - r)\, \gamma_+(r - s)\, dr\,. \tag{8.13}$$

Subtrahiert man die Gleichung (8.10) von (8.11), so erhält man unter Berücksichtigung der Beziehungen (8.12) und (8.13)

$$\omega_1(t, s) - \omega_2(t, s) = \int_s^{\tau} k(u + t - s)\, \gamma_-(-u)\, du - \int_s^{\tau} k(t - u)\, \gamma_+(u - s)\, du + \\ + \int_0^{t} \gamma_+(t - r)\, \gamma_-(r - s)\, dr - \int_{\tau}^{\tau+t} \gamma_-(t - r)\, \gamma_+(r - s)\, dr\,.$$

Schließlich erhält man aus (8.9) und der letzten Gleichung

$$k(t-s)+\int_0^\tau k(t-u)\,\gamma(u,s)\,du = k(t-s)+\int_0^\tau k(u+t-s)\,\gamma_-(-u)\,du +$$
$$+\int_0^t \gamma_+(t-r)\,\gamma_-(r-s)\,dr - \int_\tau^{\tau+t}\gamma_-(t-r)\,\gamma_+(r-s)\,dr\,,$$

was unter Berücksichtigung der Gleichung (8.2) die Beziehung

$$k(t-s)+\int_0^\tau k(t-u)\,\gamma(u,s)\,du = \gamma_-(t-s) +$$
$$+\int_0^t \gamma_+(t-r)\,\gamma_-(r-s)\,dr - \int_\tau^{\tau+t}\gamma_-(t-r)\,\gamma_+(r-s)\,dr$$

liefert. Folglich gilt auch für $t < s$ die Gleichung (8.5), womit das Theorem bewiesen ist.

2. Das folgende Theorem ist das stetige Analogon von Theorem 6.3.

Theorem 8.2. *Es seien die Funktionen $\gamma_+(t)\in L_1(0,\tau)$ und $\gamma_-(t)\in L_1(-\tau,0)$ gegeben. Dafür, daß eine Funktion $k(t)\in L_1(-\tau,\tau)$ existiert, so daß die Gleichungen*

$$\gamma_+(t)-\int_0^\tau k(t-s)\,\gamma_+(s)\,ds = k(t) \qquad (0\leqq t\leqq\tau)\,, \tag{8.14}$$

$$\gamma_-(-t)-\int_0^\tau k(s-t)\,\gamma_-(-s)\,ds = k(-t) \qquad (0\leqq t\leqq\tau) \tag{8.15}$$

erfüllt sind, ist notwendig und hinreichend, daß der Operator $\mathcal{P}$, der im Raum $L_1(-\tau,\tau)$ durch die Gleichungen

$$(\mathcal{P}\,\omega)(t) = \begin{cases} \omega(t) + \int_t^{t+\tau}\gamma_-(t-s)\,\omega(s)\,ds & (-\tau\leqq t\leqq 0)\,,\\ \omega(t)+\int_{t-\tau}^{t}\gamma_+(t-s)\,\omega(s)\,ds & (0\leqq t\leqq\tau)\end{cases}$$

definiert wird, umkehrbar ist. Wenn diese Bedingung erfüllt ist, dann ist die Funktion $k(t)$ eindeutig bestimmt.

Beweis. Wir beweisen zuerst die Notwendigkeit der Bedingungen des Theorems.

Wir führen die Operatoren $\mathcal{X}$, $\mathcal{V}$ und $\mathcal{H}_+$ ein, die in den entsprechenden Räumen L_1 durch die Gleichungen

$$(\mathcal{X}\,\varphi)(t) = \varphi(t) + \int_0^t \gamma_+(t-s)\,\varphi(s)\,ds \qquad (0\leqq t\leqq\tau)\,,$$

$$\left.\begin{aligned}(\mathcal{V}\,\psi)(t) &= \int_{-\tau+t}^{0}\gamma_+(t-s)\,\psi(s)\,ds\,,\\ (\mathcal{H}_+\,\psi)(t) &= \psi(t-\tau)\,,\end{aligned}\right\}\quad (0\leqq t\leqq\tau)$$

definiert werden, wobei $\varphi(t) \in L_1(0, \tau)$, $\psi(t) \in L_1(-\tau, 0)$ sind, sowie die Operatoren $\mathcal{Y}$, $\mathcal{U}$ und $\mathcal{H}_-$ durch die Gleichungen

$$\left.\begin{aligned} (\mathcal{Y}\,\psi)\,(t) &= \psi(t) + \int_t^0 \gamma_-\,(t-s)\,\psi(s)\,ds\,,\\ (\mathcal{U}\,\varphi)\,(t) &= \int_0^{\tau+t} \gamma_-\,(t-s)\,\varphi(s)\,ds\,,\\ (\mathcal{H}_-\,\varphi)\,(t) &= \varphi\,(t+\tau)\,, \end{aligned}\right\}\qquad (-\tau \leqq t \leqq 0)\,,$$

wobei wieder $\varphi(t) \in L_1(0, \tau)$, $\psi(t) \in L_1(-\tau, 0)$ gilt.

Der Raum $L_1(-\tau, \tau)$ kann als direkte Summe der beiden Räume $L_1(-\tau, 0)$ und $L_1(0, \tau)$ aufgefaßt werden, so daß der Operator $\mathcal{P}$ in der Matrixform

$$\mathcal{P} = \begin{Vmatrix} \mathcal{Y} & \mathcal{U} \\ \mathcal{V} & \mathcal{X} \end{Vmatrix}$$

dargestellt werden kann. Der Operator $\mathcal{X}$ ist im Raum $L_1(0, \tau)$ umkehrbar. Man überzeugt sich leicht davon, daß

$$\mathcal{P} = \begin{Vmatrix} \mathcal{I}_- & \mathcal{U}\mathcal{X}^{-1} \\ 0 & \mathcal{I}_+ \end{Vmatrix} \begin{Vmatrix} \mathcal{Y}_-\mathcal{U}\mathcal{X}^{-1}\mathcal{V} & 0 \\ 0 & \mathcal{X} \end{Vmatrix} \begin{Vmatrix} \mathcal{I}_- & 0 \\ \mathcal{X}^{-1}\mathcal{V} & \mathcal{I}_+ \end{Vmatrix}$$

gilt, wobei $\mathcal{I}_-$ und $\mathcal{I}_+$ die identischen Operatoren in $L_1(-\tau, 0)$ bzw. $L_1(0, \tau)$ sind.

Die beiden äußeren Faktoren im Produkt der letzten Gleichung sind umkehrbar. Demzufolge ist der Operator $\mathcal{P}$ im Raum $L_1(-\tau, \tau)$ dann und nur dann umkehrbar, wenn der Operator $\mathcal{Y} - \mathcal{U}\mathcal{X}^{-1}\,\mathcal{V}$ im Raum $L_1(-\tau, 0)$ umkehrbar ist.

Nach Theorem 8.1 ist der Operator $\mathcal{I}_+ - \mathcal{K}$ umkehrbar, wobei $\mathcal{K}$ der im Raum $L_1(0, \tau)$ definierte Operator

$$(\mathcal{K}\,\varphi)\,(t) = \int_0^\tau k\,(t-s)\,\varphi(s)\,ds$$

ist, und es gilt

$$(\mathcal{I}_+ - \mathcal{K})^{-1} = \mathcal{X}\mathcal{H}_+\,\mathcal{Y}\mathcal{H}_- - \mathcal{H}_+\mathcal{U}\mathcal{V}\mathcal{H}_-\,.$$

Man prüft leicht nach, daß

$$\mathcal{U}\mathcal{X}^{-1} = \mathcal{H}_-\,\mathcal{X}^{-1}\,\mathcal{H}_+\,\mathcal{U}\,.$$

Aus diesen Beziehungen folgt

$$\mathcal{Y} - \mathcal{U}\mathcal{X}^{-1}\mathcal{V} = \mathcal{H}_-\,\mathcal{X}^{-1}\,(\mathcal{I}_+ - \mathcal{K})^{-1}\,\mathcal{H}_+\,.$$

Folglich ist der Operator $\mathcal{Y} - \mathcal{U}\mathcal{X}^{-1}\,\mathcal{V}$ und damit auch der Operator $\mathcal{P}$ umkehrbar.

Wir beweisen nun die Hinlänglichkeit der Bedingungen des Theorems.

Wir betrachten die Beziehungen (8.14) und (8.15) als Gleichungen mit der gesuchten Funktion $k(t) \in L_1(-\tau, \tau)$. Nach einfachen Umformungen nehmen diese Gleichungen die Form

$$k(t) + \int_{t}^{\tau+t} \gamma_{-}(t-s)\, k(s)\, ds = \gamma_{-}(t) \qquad (-\tau \leqq t \leqq 0)\,,$$

$$k(t) + \int_{-\tau+t}^{t} \gamma_{+}(t-s)\, k(s)\, ds = \gamma_{+}(t) \qquad (0 \leqq t \leqq \tau) \tag{8.16}$$

an. Wegen der Umkehrbarkeit des Operators $\mathscr{P}$ ist die Funktion $k(t)$ eindeutig durch die Gleichungen (8.16) bestimmt, womit das Theorem bewiesen ist.

KAPITEL IV

WIENER-HOPF-GLEICHUNGEN MIT UNSTETIGEN FUNKTIONEN

In diesem Kapitel werden einige Ergebnisse aus vorangegangenen Kapiteln auf *stückweise stetige* Funktionen von isometrischen Operatoren, die in einem HILBERT-*Raum* wirken, verallgemeinert. Die Aufgabe, diese Operatoren mit Näherungsverfahren umzukehren, wird ebenfalls gelöst.

Die dabei erzielten abstrakten Ergebnisse werden anschließend auf TOEPLITZsche Matrizen, deren Elemente FOURIER-Koeffizienten von stückweise stetigen Funktionen sind, sowie auf deren stetige Analoga angewandt.

Einige Ergebnisse kann man sogar auf den Fall meßbarer beschränkter Funktionen erweitern. Im letzten Paragraphen werden Differenzengleichungen betrachtet.

§ 1. Unstetige Funktionen von isometrischen Operatoren

1. Sei V ein isometrischer Operator, der im HILBERT-Raum $\mathfrak{H}$ wirkt, und U die unitäre Erweiterung des Operators V, die in einem erweiterten HILBERT-Raum $\tilde{\mathfrak{H}} \supset \mathfrak{H}$ wirkt; mit P wird der Operator der orthogonalen Projektion von $\tilde{\mathfrak{H}}$ auf $\mathfrak{H}$ bezeichnet.

Mit Λ bezeichnen wir die Algebra aller stückweise stetigen[1]) und von links stetigen Funktionen auf der Einheitskreislinie, in der die Norm durch die Beziehung

$$||a(\zeta)|| = \sup_{|\zeta|=1} |a(\zeta)|$$

gegeben ist.

Jeder Funktion $a(\zeta) \in \Lambda$ kann in natürlicher Weise ein Operator $a(U) \in \mathfrak{A}(\tilde{\mathfrak{H}})$ zugeordnet werden.[2]) Die Menge aller dieser Operatoren bildet eine Algebra, die isomorph und isometrisch zur Algebra Λ ist. Wir werden jedoch aus Gründen, die später sichtbar werden, die Funktionen $a(\zeta)$ nicht als Symbol des Operators $a(U)$ bezeichnen.

---

[1]) Eine Funktion $a(\zeta)$ heißt stückweise stetig, wenn in einem beliebigen Punkt $\zeta \in \Gamma$ die Grenzwerte $a(\zeta \pm 0)$ existieren und die Anzahl der Unstetigkeitsstellen endlich ist.

[2]) Die Zuordnung $a(\zeta) \to a(U)$ wird in folgender Weise vorgenommen. Sei E_ζ ($|\zeta| = 1$) die von links stetige Zerlegung der Einheit des unitären Operators U und $\zeta_0, \zeta_1, \ldots, \zeta_n$ die Unstetigkeitspunkte der Funktion $a(\zeta)$. Der Operator $a(U)$ wird dann durch die Gleichung

$$a(U) = \sum_{j=0}^{n-1} \int_{\zeta_j+0}^{\zeta_{j+1}} a(\zeta)\, dE_\zeta + \int_{\zeta_n+0}^{\zeta_0} a(\zeta)\, dE_\zeta$$

gegeben.

Für $a(\zeta) \in \Lambda$ bezeichnen wir mit $a(V)$ die Einschränkung des Operators $Pa(U)\,P$ auf den Unterraum $\mathfrak{H}(= P\,\tilde{\mathfrak{H}})$.[1])

Lemma 1.1. *Die Funktion $b(\zeta) \in \Lambda$ sei von der Form*

$$b(\zeta) = a_-(\zeta)\,a(\zeta)\,a_+(\zeta)\,,$$

wobei $a_+(\zeta)$ und $a_-(\zeta)$ stetige Funktionen sind, deren FOURIER-*Koeffizienten mit nichtpositiven bzw. mit nichtnegativen Indizes gleich Null sind, und $a(\zeta) \in \Lambda$. Dann gilt*

$$b(V) = a_-(V)\,a(V)\,a_+(V)\,.$$

Beweis. In der Tat, aus den Gleichungen $P\,U\,P = U\,P$ und $P\,U^{-1}\,P = P\,U^{-1}$ folgt

$$P\,a_+(U)\,P = a_+(U)\,P\,, \qquad P\,a_-(U)\,P = P\,a_-(U)\,.$$

Deshalb gilt

$$b(V) = P\,a_-(U)\,a(U)\,a_+(U)\,P = P\,a_+(U)\,P\,a(U)P\,a_+(U)\,P = \\ = a_-(V)\,a(V)\,a_+(V)\,.$$

2. Die Funktion $a(\zeta)$ sei aus Λ. Wir betrachten die Funktion

$$a(\zeta, \mu) = \mu\,a\,(\zeta + 0) + (1 - \mu)\,a(\zeta) \\ (|\zeta| = 1,\ 0 \leqq \mu \leqq 1)\,.$$

Die Menge Γ_a der Werte der Funktion $a(\zeta, \mu)$ ist eine geschlossene Kurve in der Ebene. Diese Kurve ist die Vereinigung der Wertemenge von $a(\zeta)$ $(|\zeta| = 1)$ und der Segmente

$$\mu\,a\,(\zeta_k + 0) + (1 - \mu)\,a(\zeta_k) \qquad (0 \leqq \mu \leqq 1,\ k = 1, 2, \ldots, n)\,,$$

wobei $\zeta_1, \zeta_2, \ldots, \zeta_n$ alle Unstetigkeitspunkte der Funktion $a(\zeta)$ sind.

Die Kurve Γ_a kann man in natürlicher Weise orientieren. Wenn diese Kurve nicht durch den Nullpunkt hindurchgeht, heißt die Funktion $a(\zeta)$ *nichtsingulär*. Die Anzahl der Windungen einer solchen Kurve um den Punkt $\zeta = 0$ heißt *Index der Funktion* $a(\zeta)$ und wird mit ind $a(\zeta)$ bezeichnet.

Man zeigt leicht, daß folgendes gilt: *Wenn $a(\zeta)$ ($\in \Lambda$) eine nichtsinguläre Funktion und $b(\zeta)$ eine stetige Funktion ist, die auf Γ nicht Null wird, dann ist auch die Funktion $c(\zeta) = a(\zeta)\,b(\zeta)$ nichtsingulär, und es gilt* ind c = ind a + ind b.

Die Funktion $a(\zeta, \mu)$ der zwei Veränderlichen $|\zeta| = 1$, $0 \leqq \mu \leqq 1$, werden wir *Symbol des Operators* $a(U)$ nennen.

Lemma 1.2. *Jede nichtsinguläre Funktion $a(\zeta)$ kann in der Form*

$$a(\zeta) = r(\zeta)\,g(\zeta) \tag{1.1}$$

dargestellt werden, wobei $r(\zeta)$ ein Polynom in ganzen Potenzen von ζ und $g(\zeta) \in \Lambda$

---

[1]) Die Funktion $a(V)$ kann man auch definieren, ohne den Grundraum $\mathfrak{H}$ zu verlassen. Dazu kann man die Darstellung des Operators V in Form einer orthogonalen Summe eines unitären Operators und einer endlichen oder unendlichen Anzahl von Verschiebungsoperatoren benutzen.

ist mit

$$\sup_{|\zeta|=1} |g(\zeta) - 1| < 1 .$$

Beweis. Da die Funktion $a(\zeta)$ nichtsingulär ist, kann man sie in der Form

$$a(\zeta) = |a(\zeta)| \exp \big(i\, \varphi(\zeta)\big)$$

darstellen, wobei die reelle Funktion $\varphi(\zeta)$ so gewählt ist, daß in den Unstetigkeitsstellen $\zeta_1, \ldots, \zeta_n$ der Funktion $a(\zeta)$ die Beziehungen

$$|\varphi(\zeta_k) - \varphi\,(\zeta_k + 0)| < \pi - \delta \qquad (\delta > 0)$$

erfüllt sind. Als Anfangspunkt für die Argumentwerte wird ein Stetigkeitspunkt ζ_0 der Funktion $a(\zeta)$ gewählt. In diesem Punkt ist die Differenz $\varphi\,(\zeta_0 + 0) - \varphi(\zeta_0)$ ein Vielfaches von $2\,\pi$, in allen anderen Punkten ist die Funktion $\varphi(\zeta)$ stetig.

Wir definieren die reellen Funktionen $b(\zeta)$ und $c(\zeta)$ durch

$$b(\zeta_k) = \varphi(\zeta_k)\,, \quad b\,(\zeta_k + 0) = \varphi\,(\zeta_k + 0) \qquad (k = 0, 1, \ldots, n)\,,$$

$$c(\zeta_0) = \varphi(\zeta_0)\,, \quad c\,(\zeta_0 + 0) = \varphi\,(\zeta_0 + 0)\,,$$

$$c(\zeta_k) = \frac{1}{2}\big(\varphi(\zeta_k) + \varphi\,(\zeta_k + 0)\big) \qquad (k = 1, 2, \ldots, n);$$

in den übrigen Punkten der Kreislinie werden diese Funktionen durch lineare Interpolation nach Kreisbögen definiert. Man sieht leicht, daß gilt

$$\sup_{|\zeta|=1} |b(\zeta) - c(\zeta)| < \frac{\pi - \delta}{2}\,. \tag{1.2}$$

Da die Funktion

$$f(\zeta) = \exp\,[i\,\big(\varphi(\zeta) - b(\zeta) + c(\zeta)\big)]$$

auf Γ stetig ist, gibt es ein Polynom $r_1(\zeta)$, das die Beziehung

$$f(\zeta) = r_1(\zeta)\,\big(1 + m(\zeta)\big)$$

erfüllt mit

$$\sup_{|\zeta|=1} |m(\zeta)| < \frac{1}{2}\,, \qquad |\arg\big(1 + m(\zeta)\big)| < \frac{\delta}{4}\,. \tag{1.3}$$

Betrachten wir die Funktion

$$F(\zeta) = |a(\zeta)|\,\big(1 + m(\zeta)\big) \exp\,[i\,\big(b(\zeta) - c(\zeta)\big)]\,.$$

Es ist $\inf |F(\zeta)| > 0$, und nach (1.2) und (1.3) gilt die Beziehung $|\arg F(\zeta)| < \pi/2 - \delta/4$; es gibt also eine Zahl $\gamma > 0$ derart, daß $\sup |1 - \gamma\, F(\zeta)| < 1$ ist. Wir setzen nun $g(\zeta) = \gamma\, F(\zeta)$, $r(\zeta) = \gamma^{-1}\, r_1(\zeta)$. Dann gilt $a(\zeta) = r(\zeta)\, g(\zeta)$, und das Lemma ist bewiesen.

3. Theorem 1.1. *Sei* $a(\zeta) \in \Lambda$. *Die Umkehrbarkeit des Operators* $A = a(V)$ *wird durch sein Symbol* $a(\zeta, \mu)$ *bestimmt. Wenn die Funktion* $a(\zeta)$ *nichtsingulär ist, dann ist der Index des Operators* A *gleich* $-\varkappa$ dim Coker V *mit* $\varkappa =$ ind $a(\zeta)$.

Beweis. Wenn $a(\zeta)$ nichtsingulär ist, dann wird das Polynom $r(\zeta)$ in der Gleichung (1.1) auf Γ nicht Null, und es ist $\operatorname{ind} r = \operatorname{ind} a = \varkappa$.

Die Gleichung

$$r(\zeta) = r_-(\zeta)\, \zeta^\varkappa\, r_+(\zeta) \tag{1.4}$$

liefere die Faktorisierung des Polynoms $r(\zeta)$ (siehe Gleichung (1.24), Kapitel I). Dann gilt nach (1.1) und (1.4) die Beziehung

$$a(\zeta) = r_-(\zeta)\, \zeta^\varkappa\, g(\zeta)\, r_+(\zeta)\,.$$

Nach Lemma 1.1 gilt

$$A = r_-(V)\, g(V)\, V^\varkappa\, r_+(V) \tag{1.5}$$

für $\varkappa \geqq 0$ und

$$A = r_-(V)\, V^{(\varkappa)}\, g(V)\, r_+(V) \tag{1.6}$$

für $\varkappa < 0$.

Wie bereits mehrfach bemerkt, sind die Operatoren $r_\pm(V)$ umkehrbar. Der Operator $g(V)$ ist ebenfalls umkehrbar. Das folgt aus den Beziehungen

$$|g(V) - I| = |P(g(U) - I)\, P| \leqq \sup_{|\zeta|=1} |g(\zeta) - 1| < 1\,.$$

Die Formel für den Index folgt offenbar aus (1.5) und (1.6), womit die Hinlänglichkeit der Bedingungen des Theorems bewiesen ist.

Wir gehen nun über zum Beweis der Notwendigkeit.[1]) Nehmen wir an, der Operator A ist von wenigstens einer Seite umkehrbar, und die Kurve Γ_a geht durch den Punkt $\zeta = 0$. Wir betrachten zunächst den Fall, wo in einer gewissen Umgebung S des Punktes $\zeta = 0$ die Kurve Γ_a eine einfache glatte Linie ist. Diese Nullumgebung sei so klein, daß für beliebige $\lambda \in S$ der Operator $A - \lambda I$ von der gleichen Seite wie A umkehrbar ist und sein Index gleich dem Index des Operators A ist. Wenn $\lambda_1, \lambda_2 \in S$ auf verschiedenen Seiten von Γ_a liegen, dann ist $\operatorname{ind}(a(\zeta) - \lambda_1) \neq \operatorname{ind}(a(\zeta) - \lambda_2)$, und die Formel für den Index führt zu einem Widerspruch.

Der allgemeine Fall wird auf den soeben betrachteten Fall in üblicher Weise zurückgeführt. Man bestimmt eine Funktion $b(\zeta) \in \Lambda$ derart, daß die Größe $\sup |a(\zeta) - b(\zeta)|$ so klein ist, daß $b(V)$ wenigstens von einer Seite umkehrbar ist, die Kurve Γ_b durch den Punkt $\zeta = 0$ hindurchgeht und in einer gewissen Umgebung dieses Punktes eine einfache glatte Linie ist.

Damit ist das Theorem bewiesen.

Wir bemerken noch, daß für eine singuläre Funktion $a(\zeta)$ der Operator A weder ein Φ_+- noch ein Φ_--Operator ist, wie aus den angeführten Überlegungen folgt.

§ 2. Anwendungen auf diskrete und Integralgleichungen

1. Wie in § 7, Kapitel I, sei l_2 der HILBERT-Raum von Folgen komplexer Zahlen $\{\xi_j\}_1^\infty$ und V der isometrische Operator, der in l_2 durch

$$V\{\xi_j\}_1^\infty = \{0, \xi_1, \xi_2, \ldots\} \tag{2.1}$$

definiert wird.

---

[1]) Der Einfachheit halber wird hier vorausgesetzt, daß $\dim \operatorname{Coker} V < \infty$. Der Beweis für den allgemeinen Fall wird auf diesen zurückgeführt.

Wenn $a(\zeta) \in \Lambda$ ist, dann wird der Operator $a(V)$, wie man leicht sieht, durch die Matrix

$$\|a_{j-k}\|_{j,k=1}^{\infty} \tag{2.2}$$

erzeugt, wobei a_j ($j = 0, \pm 1, \ldots$) die FOURIER-Koeffizienten der Funktion $a(\zeta)$ sind.

Das folgende Theorem ist eine Folgerung des Theorems 1.1.

Theorem 2.1. *Die Funktion $a(\zeta)$ sei aus Λ, und $\{a_j\}_{-\infty}^{+\infty}$ seien ihre* FOURIER-*Koeffizienten. Die Umkehrbarkeit des Operators A, der in l_2 durch die Matrix* (2.2) *gegeben ist, wird durch sein Symbol $a(\zeta, \mu)$ bestimmt.*

2. Es sei H_2 der HARDY-Raum über der oberen Halbebene, d. h. der HILBERT-Raum aller Funktionen $\Phi(\lambda)$ der Form

$$\Phi(\lambda) = \int_0^\infty \varphi(t)\, e^{i\lambda t}\, dt \qquad (\operatorname{Im} \lambda \geqq 0)$$

mit $\varphi(t) \in L_2(0, \infty)$. Der Raum H_2 kann als Unterraum des Raumes $L_2(-\infty, \infty)$ aufgefaßt werden, indem das Argument λ auf die reelle Achse ($-\infty < \lambda < +\infty$ eingeschränkt wird. Mit P bezeichnen wir den Operator der orthogonalen Projektion des Raumes $L_2(-\infty, \infty)$ auf H_2. Im Raum H_2 betrachten wir den isometrischen Operator

$$(V\,\Phi)\,(\lambda) = \frac{\lambda - i}{\lambda + i}\,\Phi(\lambda) \qquad (-\infty < \lambda < \infty)\,. \tag{2.3}$$

Der Operator U, der in $L_2(-\infty, \infty)$ durch die Gleichung

$$(U\,f)\,(\lambda) = \frac{\lambda - i}{\lambda + i}\,f(\lambda) \qquad (-\infty < \lambda < \infty)$$

definiert wird, ist eine unitäre Erweiterung des Operators V.

Wenn $a(\zeta) \in \Lambda$ ist, dann prüft man leicht nach, daß der Operator $a(V)$ in H_2 nach der Vorschrift

$$a(V)\,\Phi = P\,a\left(\frac{\lambda - i}{\lambda + i}\right)\Phi(\lambda) \qquad (\Phi(\lambda) \in H_2) \tag{2.4}$$

wirkt.

Wir bemerken, daß die Gleichung

$$P\,a\left(\frac{\lambda - i}{\lambda + i}\right)\Phi(\lambda) = F(\lambda)$$

der in $L_2(0, \infty)$ betrachteten Integralgleichung

$$\int_0^\infty k\,(t - s)\,\varphi(s)\,ds = f(t) \qquad (0 < t < \infty)$$

äquivalent ist, wobei $k(t)$ eine im gewissen Sinne verallgemeinerte Funktion ist, deren FOURIER-Transformierte gleich $a\left(\frac{\lambda - i}{\lambda + i}\right)$ ist.

Die Anwendung von Theorem 1.1 liefert folgendes Resultat.

Theorem 2.2. *Sei $a(\zeta) \in \Lambda$. Die Umkehrbarkeit des Operators $a(V)$, der in H_2 durch die Gleichung* (2.4) *gegeben ist, wird durch sein Symbol $a(\zeta, \mu)$ bestimmt.*

§ 3. Projektionsverfahren für stückweise stetige Funktionen von einseitig umkehrbaren Operatoren

In diesem Paragraphen setzen wir voraus, daß der isometrische Operator V der Bedingung

$$\dim \operatorname{Coker} V < \infty \tag{3.1}$$

genügt.

Wir benötigen folgendes Lemma.

Lemma 3.1. *Sei $f(\zeta)$ ($|\zeta| = 1$) eine beliebige stetige Funktion. Für einen beliebigen Operator $B \in \mathfrak{A}(\mathfrak{H})$ mit*

$$V^{(-1)} B V = B \tag{3.2}$$

ist der Operator $f(V) B - B f(V)$ vollstetig.

Beweis. Man sieht leicht, daß es genügt, das Lemma für den Fall $f(\zeta) = \zeta^j$ ($j = 0, \pm 1, \ldots$) nachzuweisen. Aus (3.2) folgt, daß für alle $k \geqq 0$

$$V^{(-k)} B V^k = B$$

gilt.

Wir multiplizieren diese Gleichung von links mit V^k und anschließend von rechts mit $V^{(-k)}$, dann erhalten wir die Beziehungen

$$(I - P_k) B V^k = V^k B, \quad V^{(-k)} B (I - P_k) = B V^{(-k)} \tag{3.3}$$

mit $P_k = I - V^k V^{(-k)}$. Wegen (3.1) sind diese Orthoprojektoren endlichdimensional.

Aus den Beziehungen (3.3) folgt, daß die Operatoren $V^{(j)} B - B V^{(j)}$ ($j = 0, \pm 1, \ldots$) endlichdimensional sind, womit das Lemma bewiesen ist.

Wir nehmen an, daß Bedingungen erfüllt sind, die analog zu denen von § 1, Kapitel III, sind, d. h., es sei Ω eine unbeschränkte Menge positiver Zahlen, und die Orthoprojektoren P_τ ($\in \mathfrak{A}(\mathfrak{H})$) ($\tau \in \Omega$) mögen für $\tau \to \infty$ stark gegen den identischen Operator konvergieren, ferner mögen die Operatoren V und P_τ der Bedingung

$$P_\tau V P_\tau = P_\tau V \quad (\tau \in \Omega) \tag{3.4}$$

genügen.

Theorem 3.1. *Die Funktion $a(\zeta)$ sei aus Λ. Wenn gilt*

$$\varlimsup_{\tau \to \infty} |(P_\tau a(V) P_\tau)^{-1}| < \infty, \tag{3.5}$$

dann ist die Funktion $a(\zeta)$ nichtsingulär, und es gilt ind $a(\zeta) = 0$.

Wenn diese Bedingungen erfüllt sind, dann ist der Operator $a(V)$ aus $\Pi\{P_\tau, P_\tau\}$.

Beweis. Wenn die Bedingung (3.5) erfüllt ist, dann ist der Operator $a(V)$ nach Lemma 1.1, Kapitel III, umkehrbar, demzufolge ist die Funktion $a(\zeta)$ nichtsingulär, und es gilt ind $a(\zeta) = 0$.

Wenn nun diese Bedingungen erfüllt sind, dann kann der Operator $a(V)$ wegen der Faktorisierung (1.5) in der Form

$$a(V) = r_-(V)\, g(V)\, r_+(V)$$

dargestellt werden.

Wir erinnern daran, daß der Operator $V^{(-1)}$ mit dem adjungierten Operator V^* zusammenfällt. Deshalb folgt aus (3.4) die Beziehung

$$P_\tau V^{(-1)} P_\tau = V^{(-1)} P_\tau \qquad (\tau \in \Omega)\,. \tag{3.6}$$

Wir führen den Hilfsoperator $B = r_+(V)\, g(V)\, r_-(V)$ ein und zeigen, daß er zur Klasse $\Pi\{P_\tau, P_\tau\}$ gehört. Es ist $g(V) \in \Pi\{P_\tau, P_\tau\}$ nach Satz 1° von § 3, Kapitel II. Aus den Bedingungen (3.4) und (3.6) folgen die Gleichungen

$$P_\tau r_+(V)\, P_\tau = P_\tau r_+(V)\,, \qquad P_\tau r_-(V)\, P_\tau = r_-(V)\, P_\tau$$

sowie analoge Gleichungen für $r_\pm^{-1}(V)$, so daß gilt

$$(P_\tau r_\pm (V)\, P_\tau)^{-1} = P_\tau r_\pm^{-1} (V)\, P_\tau\,.$$

Dann ist der Operator B nach dem Multiplikationssatz (Theorem 2.2, Kapitel II) aus $\Pi\{P_\tau, P_\tau\}$.

Nun ist der Operator $a(V)$ umkehrbar, und nach Lemma 3.1 ist $a(V) - B$ vollstetig. Dann gehört der Operator $a(V)$ nach Theorem 3.1, Kapitel II, ebenfalls zu $\Pi\{P_\tau, P_\tau\}$.

§ 4. Das Reduktionsverfahren für Toeplitzsche Matrizen und ihre stetigen Analoga

Wir wenden nun die Ergebnisse des vorangegangenen Paragraphen auf konkrete Klassen von Gleichungen an.

1. Der isometrische Operator V sei im Raum l_2 durch die Gleichung (2.1) definiert, die Orthoprojektoren P_n $(n = 1, 2, \ldots)$ werden durch die Gleichungen

$$P_n\{\xi_j\}_1^\infty = \{\xi_1, \xi_2, \ldots, \xi_n, 0, \ldots\}$$

erklärt.

Die Operatoren V und P_n $(n = 1, 2, \ldots)$ genügen den Voraussetzungen des Theorems 3.1. Für $a(\zeta) \in \Lambda$ werden die Operatoren $a(V)$ und $P_n\, a(V)\, P_n$ durch die Matrizen

$$a(V) = \|a_{j-k}\|_{j,k=1}^\infty\,, \qquad P_n\, a(V)\, P_n = \|a_{j-k}\|_{j,k=1}^n$$

erzeugt, wobei $\{a_j\}_{-\infty}^\infty$ die FOURIER-Koeffizienten der Funktion $a(\zeta)$ sind. Als Konkretisierung des Theorems 3.1 erhalten wir das folgende Theorem.

Theorem 4.1. *Die Funktion $a(\zeta)$ sei aus Λ, und a_j $(j = 0, \pm 1, \ldots)$ seien ihre FOURIER-Koeffizienten. Wenn für die abgeschnittenen Matrizen $A_n = \|a_{j-k}\|_{j,k=1}^n$ die Beziehung*

$$\varlimsup_{n\to\infty} |A_n^{-1}| < \infty$$

gilt, dann ist die Funktion $a(\zeta)$ nichtsingulär, und es gilt ind $a(\zeta) = 0$.

Wenn diese Bedingungen erfüllt sind, dann besitzt das Gleichungssystem

$$\sum_{k=1}^{n} a_{j-k}\,\xi_k = \eta_j \qquad (j = 1, 2, \ldots, n)$$

von einem gewissen n an die eindeutig bestimmte Lösung $\{\xi_j^{(n)}\}_{j=1}^{n}$, *und die Vektoren*

$$\xi^{(n)} = \{\xi_1^{(n)}, \xi_2^{(n)}, \ldots, \xi_n^{(n)}, 0, \ldots\}$$

konvergieren für $n \to \infty$ *in der Norm von* l_2 *gegen die Lösung des vollständigen Systems*

$$\sum_{k=1}^{\infty} a_{j-k}\,\xi_k = \eta_j \qquad (j = 1, 2, \ldots)$$

bei beliebiger rechter Seite $\{\eta_j\}_1^\infty \in l_2$.

2. Wir wollen nun zum Theorem 4.1 ein Analogon für Gleichungssysteme aufstellen, die nach beiden Seiten hin unendlich sind. Jeder Funktion $a(\zeta) \in \Lambda$ ordnen wir einen Operator A zu, der im Raum $\tilde{l}_2$ der Folgen $\{\xi_j\}_{-\infty}^{\infty}$ durch die Matrix

$$\|a_{j-k}\|_{j,k=-\infty}^{\infty}$$

erzeugt wird, wobei $\{a_j\}_{-\infty}^{\infty}$ wieder die FOURIER-Koeffizienten von $a(\zeta)$ bezeichnen.

Offensichtlich ist der Operator A genau dann umkehrbar, wenn gilt

$$\inf_{|\zeta|=1} |a(\zeta)| > 0 \,.$$

Mit $\tilde{P}_n$ $(n = 1, 2, \ldots)$ bezeichnen wir den Orthoprojektor, der in $\tilde{l}_2$ durch die Beziehung

$$\tilde{P}_n\{\xi_j\}_{-\infty}^{\infty} = \{\ldots, 0, \xi_{-n}, \ldots, \xi_n, 0, \ldots\}$$

definiert wird.

Theorem 4.2. *Die Funktion* $a(\zeta)$ *sei aus* Λ, *und* $\{a_j\}_{-\infty}^{\infty}$ *seien ihre FOURIER-Koeffizienten. Wenn für die abgeschnittenen Matrizen* $\tilde{A}_n = \|a_{j-k}\|_{j,k=-n}^{n}$ *die Beziehung*

$$\varlimsup_{n\to\infty} |\tilde{A}_n^{-1}| < \infty$$

gilt, dann ist die Funktion $a(\zeta)$ *nichtsingulär, und es gilt* ind $a(\zeta) = 0$.

Wenn diese Bedingungen erfüllt sind, dann besitzt das Gleichungssystem

$$\sum_{k=-n}^{n} a_{j-k}\,\xi_k = \eta_j \qquad (j = 0, \pm 1, \ldots, \pm n)$$

von einem gewissen n an die eindeutig bestimmte Lösung $\{\xi_j^{(n)}\}_{j=-n}^{n}$, *und die Vektoren*

$$\xi^{(n)} = \{\ldots, 0, \xi_{-n}^{(n)}, \ldots, \xi_n^{(n)}, 0, \ldots\}$$

konvergieren für $n \to \infty$ *in der Norm von* $\tilde{l}_2$ *gegen die Lösung des vollständigen*

Systems

$$\sum_{k=-\infty}^{\infty} a_{j-k}\,\xi_k = \eta_j \qquad (j = 0, \pm 1, \ldots)$$

bei beliebiger rechter Seite $\{\eta_j\}_{-\infty}^{\infty} \in \tilde{l}_2$.

Das Theorem ist eine Folge des vorangegangenen und des Theorems 2.1, Kapitel II, denn die Matrix $\tilde{A}_n$ stimmt mit der Matrix A_{2n+1} von Theorem 4.1 überein.

3. Wir betrachten nun im Raum H_2 den isometrischen Operator V, der durch (2.3) definiert wird, und die Projektoren

$$\tilde{P}_\tau = F\,P_\tau\,F^{-1} \qquad (0 < \tau < \infty)\,,$$

wobei F der Operator der FOURIER-Transformation ist und die Projektoren P_τ in $L_2(0, \infty)$ durch die Gleichungen

$$(P_\tau\,\varphi)\,(t) = \begin{cases} \varphi(t), & 0 < t < \tau\,, \\ 0, & \tau < t < \infty \end{cases}$$

definiert werden.

Man sieht leicht, daß der Operator V und das System der Projektoren $\tilde{P}_\tau$ den Voraussetzungen von Theorem 3.1 genügen, das ein Kriterium für die Anwendbarkeit des Projektionsverfahrens $(\tilde{P}_\tau, \tilde{P}_\tau)$ auf den durch (2.4) definierten Operator $a(V)$ gibt.

Wir betrachten das Funktionensystem

$$\Psi_0(\lambda) = \frac{1}{\sqrt{\pi}}\,\frac{1}{\lambda + i}, \qquad \Psi_k(\lambda) = (V^k\,\Psi_0)\,(\lambda) =$$

$$= \frac{1}{\sqrt{\pi}}\left(\frac{\lambda - i}{\lambda + i}\right)^k \frac{1}{\lambda + i} \quad (k = 1, 2, \ldots) \tag{4.1}$$

und die Operatoren

$$\mathcal{P}_n\,\Phi = \sum_{k=0}^{n-1} (\Phi, \Psi_k)\,\Psi_k \qquad (\Phi(\lambda) \in H_2;\ n = 1, 2, \ldots)\,.$$

Das System (4.1) ist eine orthonormierte Basis im Raum H_2, demzufolge sind die Operatoren $\mathcal{P}_n$ Orthoprojektoren. Sie konvergieren für $n \to \infty$ stark gegen den identischen Operator.

Man sieht leicht, daß der Operator V und die Projektoren $\mathcal{P}_n$ den Voraussetzungen von Theorem 3.1 genügen. Die Gleichung

$$\mathcal{P}_n\,a(V)\,\mathcal{P}_n\,\Phi = \mathcal{P}_n\,\mathcal{B} \qquad (\mathcal{B}(\lambda) \in H_2)$$

ist dem algebraischen Gleichungssystem

$$\sum_{k=0}^{n-1} a_{j-k}\,\xi_k = b_j \qquad (j = 0, 1, \ldots, n-1) \tag{4.2}$$

äquivalent, wobei $\{a_j\}_{j=-\infty}^{\infty}$ und $\{b_j\}_{j=0}^{\infty}$ die FOURIER-Koeffizienten der Funktionen $a(\zeta)$ bzw. $\mathfrak{B}\left(i\,\frac{1+\zeta}{1-\zeta}\right)$ sind.

Eine weitere Realisierung des Theorems 3.1 enthält der folgende Satz.

Theorem 4.3. *Die Funktion* $a(\zeta)$ *sei aus* Λ, *und der Operator* $a(V)$ *werde durch* (2.4) *definiert. Wenn*

$$\varlimsup_{n\to\infty} |(\mathcal{P}_n a(V) \mathcal{P}_n)^{-1}| < \infty$$

gilt, dann ist die Funktion $a(\zeta)$ *nichtsingulär, und es gilt* ind $a(\zeta) = 0$.

Wenn diese Bedingungen erfüllt sind, dann besitzt das abgeschnittene System (4.2) *von einem gewissen* n *an die eindeutig bestimmte Lösung* $\{\xi_j^{(n)}\}_{j=0}^{n-1}$, *und die Funktionen*

$$\Phi_n(\lambda) = \sum_{j=0}^{n-1} \xi_j^{(n)} \Psi_j(\lambda)$$

konvergieren für $n \to \infty$ *in der Norm von* H_2 *gegen die Lösung der vollständigen Gleichung*

$$a(V)\, \Phi = \mathcal{B}$$

bei beliebiger rechter Seite $\mathcal{B}(\lambda) \in H_2$.

Wir halten uns nicht mit der Formulierung entsprechender Theoreme für Integralgleichungen auf der ganzen Achse auf.

§ 5. Toeplitzsche Matrizen, deren Elemente Fourier-Koeffizienten meßbarer Funktionen sind

Mit M bezeichnen wir die Algebra der beschränkten meßbaren Funktionen auf der Einheitskreislinie Γ und mit M_R die Menge aller Funktionen $a(\zeta) \in M$, die in der Form

$$a(\zeta) = r(\zeta)\,(1 + m(\zeta)) \tag{5.1}$$

darstellbar sind, wobei $r(\zeta)$ ein Polynom ist, das auf Γ nicht verschwindet, und die Funktion $m(\zeta) \in M$ der Bedingung

$$\sup_{|\zeta|=1} |m(\zeta)| < 1$$

genügt.

Nach Lemma 1.2 gehört jede nichtsinguläre Funktion $a(\zeta)$ aus Λ auch zu M_R.

Wenn eine Funktion $a(\zeta)$ aus M_R zwei Darstellungen der Form (5.1) gestattet,

$$a(\zeta) = r_1(\zeta)\,(1 + m_1(\zeta)) = r_2(\zeta)\,(1 + m_2(\zeta)),$$

so gilt, wie man leicht sieht,

$$\text{ind}\, r_1(\zeta) = \text{ind}\, r_2(\zeta).$$

Damit kann man den Begriff des *Index* für beliebige Funktionen $a(\zeta) \in M_R$ einführen,

$$\text{ind}\, a(\zeta) = \text{ind}\, r(\zeta),$$

wobei $r(\zeta)$ das Polynom aus der Darstellung (5.1) der Funktion $a(\zeta)$ ist.

Jeder Funktion $a(\zeta) \in M$ (und damit auch jeder Funktion $a(\zeta) \in M_R$) ordnen wir einen beschränkten linearen Operator $A = a(V)$ zu, der im l_2 durch die

Matrix

$$\|a_{j-k}\|_{j,k=1}^{\infty}$$

erzeugt wird, wobei a_j ($j = 0, \pm 1, \ldots$) die FOURIER-Koeffizienten der Funktion $a(\zeta)$ sind.

Diese Definition des Operators $a(V)$ stellt eine natürliche Erweiterung des in § 2 eingeführten Begriffs der Funktion eines isometrischen Operators V auf eine umfangreichere Funktionenklasse dar.[1])

Theorem 5.1. *Sei $a(\zeta) \in M_R$. Dann entspricht die Umkehrbarkeit des Operators $a(V)$ dem Index der Funktion $a(\zeta)$.*

Wir bemerken, daß das Lemma 1.1 für Funktionen $b(\zeta)$, $a(\zeta) \in M_R$ gültig bleibt, und der Beweis von Theorem 5.1 verläuft genauso wie der Beweis der Hinlänglichkeit von Theorem 1.1.

Theorem 5.2. *Sei $a(\zeta) \in M_R$, und es seien $\{a_j\}_{-\infty}^{+\infty}$ ihre FOURIER-Koeffizienten. Wenn* ind $a(\zeta) = 0$ *ist, dann besitzt das abgeschnittene Gleichungssystem*

$$\sum_{k=1}^{n} a_{j-k}\,\xi_k = \eta_j \qquad (j = 1, 2, \ldots, n)$$

von einem gewissen n an die eindeutig bestimmte Lösung $\{\xi_j^{(n)}\}_{j=1}^{n}$, und die Vektoren

$$\xi^{(n)} = \{\xi_1^{(n)}, \xi_2^{(n)}, \ldots, \xi_n^{(n)}, 0, \ldots\}$$

konvergieren für $n \to \infty$ in der Norm von l_2 gegen die Lösung des vollständigen Systems

$$\sum_{k=1}^{\infty} a_{j-k}\,\xi_k = \eta_j \qquad (j = 1, 2, \ldots)$$

bei beliebiger rechter Seite $\{\eta_j\}_1^{\infty} \in l_2$.

Der Beweis dieses Theorems verläuft genauso wie der Beweis der zweiten Behauptung von Theorem 3.1.

Theorem 5.3. *Sei $a(\zeta) \in M_R$, und $\{a_j\}_{j=-\infty}^{\infty}$ seien ihre FOURIER-Koeffizienten. Wenn* ind $a(\zeta) = 0$ *ist, dann besitzt das abgeschnittene Gleichungssystem*

$$\sum_{k=-n}^{n} a_{j-k}\,\xi_k = \eta_j \qquad (j = 0, \pm 1, \ldots, \pm n)$$

von einem gewissen n an die eindeutig bestimmte Lösung $\{\xi_j^{(n)}\}_{j=-n}^{n}$, und die Vektoren

$$\xi^{(n)} = \{\ldots, 0, \xi_{-n}^{(n)}, \ldots, \xi_n^{(n)}, 0, \ldots\}$$

konvergieren für $n \to \infty$ in der Norm von $\tilde{l}_2$ gegen die Lösung des vollständigen Systems

$$\sum_{k=-\infty}^{\infty} a_{j-k}\,\xi_k = \eta_j \qquad (j = 0, \pm 1, \ldots)$$

bei beliebiger rechter Seite $\{\eta_j\}_{-\infty}^{\infty} \in \tilde{l}_2$.

---

[1]) Die Frage nach einer entsprechenden Definition des Symbols bleibt in diesem Fall offen.

Dieses Theorem ist eine Folgerung des vorangegangenen und des Theorems 2.1, Kapitel II.

§ 6. Gleichungen in endlichen Differenzen

1. Der isometrische Operator V werde wie in § 10, Kapitel I, im HILBERT-Raum $L_2(0, \infty)$ durch die Gleichung

$$(V f)(t) = \begin{cases} f(t-1), & t > 1, \\ 0, & t < 1 \end{cases}$$

definiert.

In diesem Fall kann man den Operator $a(V)$ für eine beliebige beschränkte meßbare Funktion $a(\zeta)$ ($|\zeta| = 1$) definieren. Wir betrachten die unitäre Erweiterung U des Operators V, die im Raum $\tilde{L}_2 = L_2(-\infty, \infty)$ nach der Vorschrift

$$(U f)(t) = f(t-1)$$

wirkt, und den unitären Operator

$$U_1 = F U F^{-1},$$

wobei F den Operator der FOURIER-Transformation bezeichnet.

Man sieht leicht, daß der Operator U_1 der Operator der Multiplikation mit der Funktion $e^{i\lambda}$ ist. Wir definieren den Operator $a(U_1)$ als den Operator der Multiplikation mit der Funktion $a(e^{i\lambda})$ und den Operator $a(U)$ durch die Gleichung $a(U) = F^{-1} a(U_1) F$.

Wenn $a(\zeta)$ aus Λ (d. h. eine stückweise stetige Funktion) ist, dann stimmt, wie man leicht sieht, die Definition des Operators $a(U)$ mit der Definition von § 1 überein.

Wenn $a(\zeta)$ eine Entwicklung in eine absolut konvergente FOURIER-Reihe gestattet, dann gilt offenbar

$$(a(U f))(t) = \sum_{j=-\infty}^{\infty} a_j f(t-j) \qquad (-\infty < t < \infty), \tag{6.1}$$

wobei a_j ($j = 0, \pm 1, \ldots$) die FOURIER-Koeffizienten der Funktion $a(\zeta)$ bezeichnen. Wir bemerken, daß die Reihe (6.1) in der Norm des Raumes L_2 auf einem beliebigen endlichen Intervall für eine beliebige Funktion $a(\zeta) \in L_2(\Gamma)$ konvergiert. Das folgt aus den Abschätzungen

$$\int_{-N}^{N} \Big| \sum_{j=n}^{m} a_j f(t-j)\Big|^2 dt \leqq \int_{-N}^{N} \sum_{j=n}^{m} |a_j|^2 \sum_{j=n}^{m} |f(t-j)|^2 dt =$$

$$= \sum_{j=n}^{m} |a_j|^2 \sum_{r=-N}^{N-1} \sum_{j=n}^{m} \int_{r}^{r+1} |f(t-j)|^2 dt \leqq 2N \sum_{j=n}^{m} |a_j|^2 \, |f|_{L_2}^2$$

und analogen Abschätzungen für die Summe

$$\sum_{j=-m}^{-n} a_j f(t-j).$$

Man prüft leicht nach, daß die Gleichheit (6.1) auch für eine beliebige beschränkte meßbare Funktion $a(\zeta)$ gilt.

Wir definieren nun entsprechend der Definition aus § 1 den Operator $a(V)$ für eine beliebige beschränkte meßbare Funktion $a(\zeta)$ durch die Gleichung

$$(a(V)\, f)\,(t) = \sum_{j=-\infty}^{\infty} a_j\, f\,(t-j) \qquad (0 < t < \infty)\,, \tag{6.2}$$

wobei wir wie bisher $f\,(t-j) = 0$ für $t < j$ setzen.

Eine Realisierung des Theorems 1.1 (über die Umkehrbarkeit) gibt der folgende Satz.

Theorem 6.1. *Sei* $a(\zeta) \in \Lambda$, *und* a_j $(j = 0, \pm 1, \ldots)$ *seien ihre* Fourier-*Koeffizienten. Die Umkehrbarkeit des Operators* $a(V)$, *der in* $L_2(0, \infty)$ *durch die Gleichung* (6.2) *gegeben ist, wird durch sein Symbol* $a(\zeta, \mu)$ *bestimmt. Wenn die Funktion* $a(\zeta)$ *nichtsingulär ist, dann gilt*

$$\dim \operatorname{Coker} \; a(V) = \infty \qquad (\operatorname{ind} a(\zeta) > 0)\,,$$
$$\dim \operatorname{Ker} \; a(V) = \infty \qquad (\operatorname{ind} a(\zeta) < 0)\,.$$

2. Wir betrachten nun das Projektionsverfahren für Gleichungen in endlichen Differenzen. Mit P_n $(n = 1, 2, \ldots)$ bezeichnen wir den Projektor, der im Raum $L_2\,(0, \infty)$ durch die Gleichung

$$(P_n f)\,(t) = \begin{cases} f(t), & t < n\,, \\ 0, & t > n \end{cases}$$

definiert wird.

Theorem 6.2. *Sei* $a(\zeta) \in \Lambda$, *und* a_j $(j = 0, \pm 1, \ldots)$ *seien ihre* Fourier-*Koeffizienten. Wenn*

$$\varliminf_{n\to\infty} |(P_n\, a(V)\, P_n)^{-1}| < \infty \tag{6.3}$$

gilt, dann ist die Funktion $a(\zeta)$ *nichtsingulär, und es gilt* $\operatorname{ind} a(\zeta) = 0$.

Wenn diese Bedingungen erfüllt sind, dann besitzt die Gleichung

$$\sum_{t-n<j<t} a_j\, \varphi\,(t-j) = f(t) \qquad (0 < t < n) \tag{6.4}$$

von einem gewissen n *an die eindeutig bestimmte Lösung* $\varphi_n(t) \in L_2(0, n)$, *und die Funktionen*

$$\tilde{\varphi}_n(t) = \begin{cases} \varphi_n(t), & t < n\,, \\ 0, & t > n \end{cases} \tag{6.5}$$

konvergieren für $n \to \infty$ *in der Norm des Raumes* $L_2(0, \infty)$ *gegen die Lösung der Gleichung*

$$\sum_{j=-\infty}^{\infty} a_j\, \varphi\,(t-j) = f(t) \qquad (0 < t < \infty) \tag{6.6}$$

bei beliebiger rechter Seite $f(t) \in L_2(0, \infty)$.

Dieses Theorem ist keine Realisierung von Theorem 3.1, denn der Operator V genügt der Bedingung (3.1) eines endlichdimensionalen Cokerns nicht. Zum

Beweis benötigen wir das folgende einfache Lemma. Mit $(L_p)_n$ bezeichnen wir den Raum der n-dimensionalen Vektorfunktionen $f = f\{_1, f_2, \ldots, f_n\}$ mit Komponenten aus $L_p(0, 1)$, in dem die Norm durch

$$|f| = \left(\sum_{j=1}^{n} |f_j|^p\right)^{1/p}$$

definiert wird.

Lemma 6.1. *Sei A der Operator, der durch die Matrix $||a_{jk}||_1^n$ mit komplexen Elementen im n-dimensionalen Raum l_p erzeugt wird, und $\tilde{A}$ der Operator, der durch dieselbe Matrix im Raum $(L_p)_n$ erzeugt wird. Dann gilt*

$$|A|_p = |\tilde{A}|_p .$$

Beweis. Die Ungleichung

$$|A|_p \leqq |\tilde{A}|_p$$

ist offensichtlich. Sei $f(x)$ eine stetige Vektorfunktion aus $(L_p)_n$. Für jedes feste x gilt

$$|(\tilde{A}\, f)\, (x)|_p^p = \sum_{j=1}^{n} \Big| \sum_{k=1}^{n} a_{jk}\, f_k(x)\, \Big|^p \leqq |A|_p^p \sum_{k=1}^{n} |f_k(x)|^p .$$

Durch Integration dieser Beziehung nach x von 0 bis 1 erhalten wir

$$|\tilde{A}\, f|_p^p \leqq |A|_p^p\, |f|_p^p ,$$

woraus

$$|\tilde{A}|_p \leqq |A|_p$$

folgt. Damit ist das Lemma bewiesen.

Beweis von Theorem 6.1. Wenn die Bedingung (6.3) erfüllt ist, dann ist der Operator $a(V)$ nach Lemma 1.1, Kapitel III, umkehrbar, demzufolge ist $a(\zeta)$ eine nichtsinguläre Funktion, und es gilt ind $a(\zeta) = 0$. Zum Beweis der zweiten Behauptung bemerken wir, daß die Gleichung (6.4) oder, was dasselbe ist, die Gleichung $P_n\, a(V)\, P_n\, \varphi = P_n\, f$ dem System

$$\sum_{k=1}^{n} a_{j-k}\, \varphi_k(t) = f_j(t) \qquad (j = 1, 2, \ldots, n)$$

äquivalent ist, wobei die Funktionen $\varphi_j(t)$ und $f_j(t)$ durch

$$\varphi_j(t) = \varphi\, (t + j - 1)\, , \qquad f_j(t) = f\, (t + j - 1)$$

$$(0 \leqq t \leqq 1;\; j = 1, 2, \ldots, n)$$

definiert werden. Diese Funktionen gehören dem Raum $L_2(0, 1)$ an. Wegen dieser Äquivalenz gilt nach Lemma 6.1

$$|(P_n\, a(V)\, P_n)^{-1}| = |A_n^{-1}|$$

mit

$$A_n = ||a_{j-k}||_{j,k=1}^{n};$$

die Norm $|A_n^{-1}|$ ist die Norm im n-dimensionalen Raum l_2. Wenden wir jetzt Theorem 4.1 dieses Kapitels und Theorem 2.1, Kapitel II, an, so erhalten wir $a(V) \in \Pi\{P_n, P_n\}$.

Bemerkung. Theorem 6.2 und der Beweis dazu bleiben auch im Raum $L_p(0, \infty)$ $(p \geqq 1)$ gültig, wenn die Funktion $a(\zeta)$ nur der entsprechenden Algebra $\mathfrak{R}(\zeta)$ angehört (siehe § 2, Kapitel I).

Eine Folgerung der Theoreme 5.1 und 5.2 sowie des Lemmas 6.1 ist der folgende Satz.

Theorem 6.3. *Sei* $a(\zeta) \in M_R$, *und es seien* a_j $(j = 0, \pm 1, \ldots)$ *ihre* FOURIER-*Koeffizienten. Der Operator* $a(V)$ *ist umkehrbar, umkehrbar nur von links oder umkehrbar nur von rechts, je nachdem, ob die Zahl* ind $a(\zeta)$ *gleich Null, positiv oder negativ ist.*

Wenn ind $a(\zeta) = 0$ *ist, dann besitzt die Gleichung* (6.4) *von einem gewissen* n *an eine eindeutig bestimmte Lösung* $\varphi_n(t) \in L_2(0, n)$, *und die Funktionen* (6.5) *konvergieren für* $n \to \infty$ *in der Norm des Raumes* $L^2(0, \infty)$ *gegen die Lösung der Gleichung* (6.6) *bei beliebiger rechter Seite* $f(t) \in L_2(0, \infty)$.

KAPITEL V

PAARIGE GLEICHUNGEN

In diesem Kapitel werden paarige diskrete und Integralgleichungen vom Faltungstypus und die zu ihnen transponierten Gleichungen betrachtet. Zu dieser Gleichungsklasse gehören insbesondere die singulären Integralgleichungen auf dem Kreis und die Gleichungen von Randwertaufgaben für Funktionen einer komplexen Veränderlichen.

Die grundlegenden Sätze dieses Kapitels werden aus den Resultaten des ersten und vierten Kapitels und einigen einfachen allgemeinen Sätzen, die im ersten Paragraphen dargelegt sind, gefolgert.

§ 1. Allgemeine Sätze

Es sei $\mathfrak{M}$ ($\subset \mathfrak{A}(\mathfrak{B})$) eine gewisse Algebra linearer Operatoren im BANACH-Raum $\mathfrak{B}$, $P(\in \mathfrak{A}(\mathfrak{B}))$ ein Projektor in demselben Raum und $Q = I - P$.

A und B seien zwei Operatoren aus M. Ein Operator der Form $P A + Q B$ wird *paariger Operator* genannt. Ein Operator der Form $A P + B Q$ heißt *transponiert* zu einem paarigen.

Soweit daraus keine Unklarheiten entstehen, werden wir sowohl die einen als auch die anderen Operatoren als *paarig* bezeichnen.

In diesem Paragraphen werden einige einfache Zusammenhänge zwischen paarigen Operatoren $A P + B Q$ und $P A + Q B$ (A und $B \in \mathfrak{M}$) und Operatoren der Form $P X P$ oder $Q X Q$ ($X \in \mathfrak{M}$), betrachtet in den entsprechenden Unterräumen $P \mathfrak{B}$, $Q \mathfrak{B}$, aufgezeigt. Wir werden voraussetzen, daß die Algebra $\mathfrak{M}$ die folgenden zwei Eigenschaften besitzt:

(1) Die Menge aller in $\mathfrak{M}$ umkehrbaren Operatoren bildet eine (im Sinne der Operatorennorm) dichte Menge in $\mathfrak{M}$;

(2) wenn mindestens eine der Einschränkungen $P X P \mid P \mathfrak{B}$, $Q X Q \mid Q \mathfrak{B}$ ($X \in \mathfrak{M}$) von irgendeiner Seite umkehrbar ist, so ist X in $\mathfrak{M}$ umkehrbar.

Beispiel. $\mathfrak{M}$ sei die Algebra aller Operatoren im Raum $\tilde{l}_2$, die durch eine aus den FOURIER-Koeffizienten einer stetigen Funktion gebildete TOEPLITZsche Matrix $A = \|a_{j-k}\|_{j,k=-\infty}^{\infty}$ definiert sind. P sei wie üblich der Projektor, der alle Komponenten mit negativen Indizes annulliert.

Offenbar besitzt die Algebra $\mathfrak{M}$ die Eigenschaft (1), da $|A| = \max |a(\zeta)|$ ist und diejenigen Operatoren aus $\mathfrak{M}$, die zu Funktionen ohne Nullstellen gehören, eine überall dichte Menge in $\mathfrak{M}$ bilden.

Die Algebra $\mathfrak{M}$ hat auch die Eigenschaft (2), da aus der einseitigen Umkehrbarkeit des diskreten WIENER-HOPF-Operators zu A, d. h. des Operators $P\,A\,P \mid P\,\tilde{l}_2$, folgt, daß die zugehörige Funktion $a(\zeta)$ keine Nullstellen hat, was die Umkehrbarkeit des Operators A bedeutet.

Es ist klar, daß man mit Integraloperatoren, Differenzenoperatoren und anderen analoge Beispiele konstruieren kann.

Für derartige *spezifische* Algebren $\mathfrak{M}$ gilt das folgende Theorem.

Theorem 1.1. *A und B seien Operatoren aus $\mathfrak{M}$. Der Operator $A\,P + B\,Q$ ist genau dann von mindestens einer Seite umkehrbar, wenn die Operatoren A und B in $\mathfrak{M}$ umkehrbar sind und $P\,B^{-1}\,A\,P \mid P\,\mathfrak{B}$ von der gleichen Seite wie $A\,P + B\,Q$ umkehrbar ist.*

Das Theorem bleibt richtig, wenn man $P\,B^{-1} A\,P \mid P\,\mathfrak{B}$ durch $Q\,A^{-1}\,B\,Q \mid Q\,\mathfrak{B}$ ersetzt.

Beweis. Es seien A und B umkehrbare Operatoren aus M. Dann kann man den Operator $A\,P + B\,Q$ in der Form

$$A\,P + B\,Q = B\,(P\,B^{-1}\,A\,P + Q)\,(I + Q\,B^{-1}\,A\,P) \tag{1.1}$$

darstellen. Wegen $(Q\,B^{-1}\,A\,P)^2 = 0$ ist der Operator $I + Q\,B^{-1}\,A\,P$ umkehrbar, wobei gilt:

$$(I + Q\,B^{-1}\,A\,P)^{-1} = I - Q\,B^{-1}\,A\,P\,.$$

Außerdem gilt die Gleichung

$$A\,P + B\,Q = A\,(P + Q\,A^{-1}\,B\,Q)\,(I + P\,A^{-1}\,B\,Q)\,, \tag{1.2}$$

in welcher der Operator $I + P\,A^{-1}\,B\,Q$ umkehrbar ist:

$$(I + P\,A^{-1}\,B\,Q)^{-1} = I - P\,A^{-1}\,B\,Q\,.$$

Aus den erhaltenen Darstellungen (1.1) und (1.2) des Operators $A\,P + B\,Q$ folgt, daß im Fall, wo mindestens einer der Operatoren $AP + B\,Q$, $P\,B^{-1}\,A\,P \mid P\,\mathfrak{B}$, $Q\,A^{-1}\,B\,Q \mid Q\,\mathfrak{B}$ von irgendeiner Seite umkehrbar ist, die übrigen Operatoren von der gleichen Seite umkehrbar sind.

Um den Beweis des Theorems zu beenden, verbleibt zu zeigen, daß aus der Umkehrbarkeit des Operators $A\,P + B\,Q$ von irgendeiner Seite die zweiseitige Umkehrbarkeit der Operatoren A und B ($\in \mathfrak{M}$) folgt.

Wir setzen zuerst voraus, daß nur einer der Operatoren A und B umkehrbar ist. Es sei dies der Operator B. Dann gilt die Gleichung (1.1). Aus dieser Gleichung folgt, daß der Operator $P\,B^{-1}\,A\,P \mid P\,\mathfrak{B}$ von der gleichen Seite umkehrbar ist wie $A\,P + B\,Q$. Gemäß Bedingung (2) folgt daraus, daß $B^{-1}\,A$ und somit auch A umkehrbar ist, was der Voraussetzung widerspricht.

Wir setzen jetzt voraus, daß beide Operatoren A und B nicht umkehrbar sind, daß jedoch $A\,P + B\,Q$ von irgendeiner Seite umkehrbar ist. Wegen

Eigenschaft (1) kann B mit beliebiger Genauigkeit durch umkehrbare Operatoren aus $\mathfrak{M}$ approximiert werden. Man kann also einen umkehrbaren Operator B' aus $\mathfrak{M}$ so nahe (in der Norm) an B wählen, daß $A P + B' Q$ von der gleichen Seite wie $A P + B Q$ umkehrbar ist. Auf Grund des bewiesenen folgt daraus die Umkehrbarkeit von A. Das letzte widerspricht der Voraussetzung. Damit ist das Theorem bewiesen.

Es sei bemerkt, daß, wenn die Operatoren A und B umkehrbar sind, aus den Formeln (1.1) und (1.2) die Gleichungen

$$\dim \operatorname{Ker} (A P + B Q) = \dim \operatorname{Ker} (P B^{-1} A P \mid P \mathfrak{B}) = \\ = \dim \operatorname{Ker} (Q A^{-1} B Q \mid Q \mathfrak{B}) \qquad (1.3)$$

und

$$\dim \operatorname{Coker} (A P + B Q) = \dim \operatorname{Coker} (P B^{-1} A P \mid P \mathfrak{B}) = \\ = \dim \operatorname{Coker} (Q A^{-1} B Q \mid Q \mathfrak{B}) \qquad (1.4)$$

folgen.

Aus den Formeln (1.1) und (1.2) folgt auch eine Regel für die Konstruktion einer einseitigen Umkehrung zu $A P + B Q$, falls eine entsprechende Umkehrung zu mindestens einem der Operatoren $P B^{-1} A P \mid P \mathfrak{B}$, $Q A^{-1} B Q \mid Q \mathfrak{B}$ bekannt ist.

Wir bemerken noch, daß, falls man die Bedingung (2) für die Algebra $\mathfrak{M}$ durch die stärkere Bedingung

(2') ist mindestens einer der Operatoren $P X P \mid P \mathfrak{B}$ und $Q X Q \mid Q \mathfrak{B}$ ($X \in \mathfrak{M}$) ein Φ_+- oder Φ_--Operator, so ist X umkehrbar[1]) ersetzt, die folgende Verschärfung von Theorem 1.1 gilt.

Theorem 1.2. *Der Operator $A P + B Q$ ($A, B \in \mathfrak{M}$) ist genau dann ein Φ_+-Operator, wenn A und B in $\mathfrak{M}$ umkehrbar sind und $P B^{-1} A P \mid P \mathfrak{B}$ ($Q A^{-1} B Q \mid Q \mathfrak{B}$) ein Φ_+-Operator ist.*

In diesem Fall bleiben die Gleichungen (1.3) und (1.4) gültig.

Der Beweis dieses Theorems unterscheidet sich im wesentlichen nicht vom Beweis des vorhergehenden Satzes.

Ebenfalls gültig ist das Theorem, daß man aus Theorem 1.2 erhält, wenn man Φ_+ durch Φ_- ersetzt.

Zum Schluß des Paragraphen sei bemerkt, daß alles, was über Operatoren der Form $A P + B Q$ gesagt wurde, auf natürliche Weise für Operatoren der Form $P A + Q B$ umformuliert werden kann. Die Rolle der grundlegenden Gleichungen (1.1) und (1.2) spielen dabei die Gleichungen

$$P A + Q B = (I + P A B^{-1} Q) (P A B^{-1} P + Q) B$$

und

$$P A + Q B = (I + Q B A^{-1} P) (P + Q B A^{-1} Q) A .$$

---

[1]) Die oben angeführten Beispiele besitzen auch diese stärkere Eigenschaft.

§ 2. Kriterien für die einseitige Umkehrbarkeit einer Klasse von paarigen Operatoren

Wir setzen voraus, daß der umkehrbare Operator $U(\in \mathfrak{A}(\mathfrak{B}))$ und der Projektor $P(\in \mathfrak{A}(\mathfrak{B}))$ den Bedingungen von Punkt 2, § 3 aus Kapitel I genügen, d. h.,

(1) die Spektralradien der Operatoren U und U^{-1} sind gleich Eins und

(2) $$U P = P U P, \quad U P \neq P U, \quad P U^{-1} = P U^{-1} P. \tag{2.1}$$

Wie auch im Punkt 2 führen wir die Algebren $\mathfrak{K}(U)$, $\mathfrak{R}(U)$, $\mathfrak{R}^{\pm}(U)$ ein. Aus den Beziehungen (2.1) erhält man leicht die Gleichungen

$$A_+ P = P A_+ P, \quad A_- Q = Q A_- Q \; (Q = I - P, A_{\pm} \in \mathfrak{R}^{\pm}(U)).$$

Uns werden im weiteren paarige Operatoren der Form $A_1 P + A_2 Q$ (oder $P A_1 + Q A_2$) interessieren, wobei A_1 und A_2 die Algebra $\mathfrak{R}(U)$ durchlaufen. Für $A_1, A_2 \in \mathfrak{R}(U)$ und $A_{\pm} \in \mathfrak{R}^{\pm}(U)$ gilt die folgende Multiplikationsregel:

$$(A_1 P + A_2 Q)(A_+ P + A_- Q) = A_1 A_+ P + A_2 A_- Q. \tag{2.2}$$

Gleichung (2.2) wird häufig für die Zerlegung des rechtsstehenden Operators in die linksstehenden Faktoren verwendet.

Wir bemerken noch die analoge Regel

$$P A_1 A_- + Q A_2 A_+ = (P A_- + Q A_+)(P A_1 + Q A_2). \tag{2.2'}$$

Die Algebra $\mathfrak{R}(U)$ wird im weiteren die Rolle der Algebra $\mathfrak{M}$ spielen. In der Tat, im zweiten Schema von § 3, Kapitel I, wurde gezeigt, daß jede Algebra $\mathfrak{R}(U)$ die Eigenschaft (2) und sogar die verschärfte Eigenschaft (2′) (s. § 11, Kapitel I) besitzt. Wir zeigen, daß $\mathfrak{R}(U)$ auch die Eigenschaft (1) hat, d. h., daß die Menge der umkehrbaren Operatoren aus $\mathfrak{R}(U)$ dicht in $\mathfrak{R}(U)$ liegt. In der Tat, jeder Operator $X \in \mathfrak{R}(U)$ kann mit beliebiger Genauigkeit durch Operatoren aus $\mathfrak{K}(U)$ approximiert werden, d. h. durch Operatoren der Form

$$Y = U^l \prod_{k=1}^{m} (U - \alpha_k I),$$

wobei l eine ganze Zahl, m eine natürliche Zahl und α_k komplexe Zahlen sind. Wenn keine der Zahlen α_k auf dem Einheitskreis liegt, so ist Y der gesuchte umkehrbare Operator. Liegen jedoch einige der Zahlen α_k auf dem Einheitskreis, so erhalten wir den gesuchten Operator, indem wir die α_k durch hinreichend nahe, nicht auf dem Einheitskreis gelegene Zahlen ersetzen.

1. Das grundlegende Theorem in diesem Paragraphen ist das folgende

Theorem 2.1. *Es sei $U(\in \mathfrak{A})$ ein umkehrbarer Operator, der den Bedingungen* (1) *und* (2) *dieses Paragraphen genügt.*

Der Operator $A P + B Q$ mit $A, B \in \mathfrak{R}(U)$ ist genau dann von mindestens einer Seite umkehrbar, wenn gilt:

$$A(\zeta) \neq 0, \quad B(\zeta) \neq 0 \quad (|\zeta| = 1). \tag{2.3}$$

Ist die Bedingung (2.3) *erfüllt, so entspricht die Umkehrbarkett des Operators* $A\,P + B\,Q$ *dem Index der Funktion* $A(\zeta)/B(\zeta)$

$$\varkappa = \operatorname{ind}\,[A(\zeta)/B(\zeta)] = \frac{1}{2\,\pi}[\arg\,(A(e^{i\varphi})/B(e^{i\varphi}))]_{\varphi=0}^{2\pi}.$$

Das Theorem bleibt richtig, wenn die Operatoren der Form $A\,P + B\,Q$ durch Operatoren der Form $P\,A + Q\,B$ ersetzt werden.

In Analogie zur Definition des Symbols eines individuellen Operators A bezeichnen wir als *Symbol des paarigen Operators* $A\,P + B\,Q$ oder $P\,A + Q\,B$ $(A,\ B \in \mathfrak{R}(U))$ das Paar $(A(\zeta),\ B(\zeta))$ individueller Symbole. Unter dem Index des Paares $(A(\zeta),\ B(\zeta))$ werden wir die Differenz der Indizes von $A(\zeta)$ und $B(\zeta)$ oder, was dasselbe ist, den Index des Quotienten $A(\zeta)/B(\zeta)$

$$\varkappa = \operatorname{ind}\,(A(\zeta),\ B(\zeta)) = \operatorname{ind} A(\zeta) - \operatorname{ind} B(\zeta) =$$
$$= \operatorname{ind}\,[A(\zeta)/B(\zeta)]$$

verstehen.

Dabei wird natürlich vorausgesetzt, daß keine der Funktionen $A(\zeta)$, $B(\zeta)$ auf dem Einheitskreis $|\zeta| = 1$ den Wert Null annimmt.

In Analogie zum Fall eines individuellen Operators werden wir auch sagen, daß die Umkehrbarkeit eines paarigen Operators *durch sein Symbol definiert ist*, wenn der paarige Operator genau dann von mindestens einer Seite umkehrbar ist, wenn beide Komponenten seines Symbols keine Nullstellen haben und wenn bei Erfüllung dieser Bedingung die Umkehrbarkeit des paarigen Operators dem Index seines Symbols entspricht.

Wir können Theorem 2.1 jetzt folgendermaßen umformulieren.

Es sei U $(\in \mathfrak{A})$ *ein umkehrbarer Operator, der den Bedingungen* (1) *und* (2) *dieses Paragraphen genügt. Dann ist die Umkehrbarkeit des Operators* $A\,P + B\,Q$ *mit Koeffizienten* A *und* B *aus* $\mathfrak{R}(U)$ *durch sein Symbol definiert.*

Beweis. Wenn wir $\mathfrak{M} = \mathfrak{R}(U)$ setzen, so folgt das formulierte Theorem unmittelbar aus Theorem 1.1 dieses Kapitels und Theorem 3.2 von Kapitel I.

Wir bringen hier trotzdem einen direkten Beweis für die Hinlänglichkeit der Bedingungen des Theorems, weil dabei Formeln entstehen, die für die Umkehrung von Operatoren der Form $A\,P + B\,Q$ bequem sind.

Es sei die Bedingung (2.3) erfüllt. Dann sind die Operatoren A und B umkehrbar. Wir bezeichnen mit R irgendeinen Operator aus $\mathfrak{K}(U)$, für den

$$|C\,R - I| < \varepsilon\,(< 1) \tag{2.4}$$

gilt, wobei $C = B^{-1}\,A$ ist. Aus (2.4) folgt, daß

$$\max_{|\zeta|=1} |C(\zeta)\,R(\zeta) - 1| < 1$$

und somit $R(\zeta) \neq 0$ $(|\zeta| = 1)$ und $\operatorname{ind} R(\zeta) = -\varkappa$ gilt.

Das Polynom $R(\zeta)$ kann man faktorisieren: $R(\zeta) = R_-(\zeta)\,\zeta^{-\varkappa}\,R_+(\zeta)$ (s. Gleichung (1.24), Kapitel I), wobei die Operatoren $R_\pm$ $(\in \mathfrak{K}^\pm(U))$ umkehrbar sind und $R_\pm^{-1} \in \mathfrak{R}^\pm(U)$ ist.

Berücksichtigt man die Gleichung $C = R_-^{-1} U^\varkappa R_+^{-1} (I + S)$, wobei $S = C R - I$ ($|S| < \varepsilon$) ist, so erhält man

$$A P + B Q = B [R_-^{-1} U^\varkappa R_+^{-1} (I + S) P + Q] .$$

Hieraus erhalten wir mit (2.2) die Zerlegung in Faktoren

$$A P + B Q = B R_-^{-1} \big(U^\varkappa (I + S) P + Q\big) (R_+^{-1} P + R_- Q) . \tag{2.5}$$

Den Operator $U^\varkappa (I + S) P + Q$ seinerseits kann man für $\varkappa \geqq 0$ auf die gleiche Weise in Faktoren zerlegen

$$U^\varkappa (I + S) P + Q = \big((I + S) P + Q\big) (U^\varkappa P + Q) = (I + S P) (U^\varkappa P + Q) .$$

Somit gilt für $\varkappa \geqq 0$

$$A P + B Q = B R_-^{-1} (I + S P) (U^\varkappa P + Q) (R_+^{-1} P + R_- Q) . \tag{2.6}$$

Offensichtlich sind für hinreichend kleines ε alle Faktoren aus (2.6) umkehrbar, mit möglicher Ausnahme des Faktors $U^\varkappa P + Q$. Deshalb ist $A P + B Q$ genau dann von irgendeiner Seite umkehrbar, wenn $U^\varkappa P + Q$ von der betreffenden Seite umkehrbar ist. Für $\varkappa = 0$ ist $U^\varkappa P + Q$ gleich I und daher $A P + B Q$ umkehrbar. Für $\varkappa > 0$ ist der Operator $U^\varkappa P + Q$ nur von links umkehrbar. In der Tat, wegen der gleichen Regel (2.2) gilt

$$(U^{-\varkappa} P + Q) (U^\varkappa P + Q) = I .$$

Multiplizieren wir diese Operatoren in der umgekehrten Reihenfolge, so erhalten wir

$$(U^\varkappa P + Q) (U^{-\varkappa} P + Q) = U^\varkappa P U^{-\varkappa} + Q U^{-\varkappa} P + Q .$$

Wäre jetzt $U^\varkappa P U^{-\varkappa} + Q U^\varkappa P + Q = I$, so hätten wir $U^\varkappa P U^{-\varkappa} = P$ oder $P U^\varkappa P = P U^\varkappa$, was Bedingung (2.1) widerspricht.

Es sei jetzt $\varkappa < 0$. Auf Grund des bewiesenen ist der Hilfsoperator $U^{-\varkappa} A P + B Q$ umkehrbar. Zerlegen wir ihn gemäß (2.2), so erhalten wir

$$U^{-\varkappa} A P + B Q = (A P + B Q) (U^{-\varkappa} P + Q) ,$$

woraus folgt, daß der Operator $A P + B Q$ von rechts umkehrbar ist. Wäre er zweiseitig umkehrbar, so wäre dies auch der Operator $U^{-\varkappa} P + Q$, was dem bereits gezeigten widerspricht. Somit ist die Hinlänglichkeit der Bedingungen des Theorems bewiesen.

Gleichung (2.6) gestattet, im Fall $\varkappa \geqq 0$ eine linke Umkehrung zu $A P + B Q$ zu konstruieren. Außerdem erhält man leicht aus Gleichung (2.5), daß für $\varkappa < 0$

$$A P + B Q = B R^{-1} (U^\varkappa P + Q) [I + (U^{-\varkappa} P + Q) U^\varkappa S P] \times \\ \times (R_+^{-1} P + R_- Q) \tag{2.7}$$

gilt.

Mit Hilfe dieser Gleichung kann man für $\varkappa < 0$ eine rechte Umkehrung zu $A P + B Q$ konstruieren.

Der direkte Beweis der Hinlänglichkeit ist damit erbracht.

Obgleich es die erhaltenen Formeln (2.6) und (2.7) erlauben, einseitige Umkehrungen für den Operator $A\,P + B\,Q$ zu konstruieren, erweist sich diese Methode als wenig effektiv. Effektivere Formeln kann man erhalten, wenn der Operator $B^{-1}A$ eine Faktorisierung

$$B^{-1}A = C_-\,U^{\varkappa}\,C_+\,, \qquad \left(C_\pm \in \mathfrak{R}^\pm(U),\; C_\pm^{-1} \in \mathfrak{R}^\pm(U)\right)$$

gestattet (Die Operatoren A und B setzen wir als umkehrbar voraus).

Dann wird die entsprechende Umkehrung des Operators $A\,P + B\,Q$ (bei beliebigem $\varkappa$) durch folgende Formel gegeben:

$$(A\,P + B\,Q)^{(-1)} = (C_+^{-1}\,P + C_-\,Q)\,(U^{-\varkappa}\,P + Q)\,C^{-1}\,B^{-1}\,.$$

Unter den gleichen Bedingungen gilt auch die Formel

$$(P\,A + Q\,B)^{(-1)} = B^{-1}\,C_+^{-1}\,(P\,U^{-\varkappa} + Q)\,(P\,C^{-1} + Q\,C_+)\,.$$

Eine Faktorisierung des Operators $B^{-1}A$ ist leicht zu erhalten, wenn die Funktion $A(\zeta)/B(\zeta)$ eine Faktorisierung gestattet und die Algebra $\mathfrak{R}(U)$ kein Radikal hat.

Wir bemerken noch, daß im Fall, wo mindestens eine der Bedingungen (2.3) nicht erfüllt ist, wegen Theorem 1.2 dieses Kapitels und Theorem 3.2 des Kapitels I der Operator $A\,P + B\,Q$ ($P\,A + Q\,B$) weder Φ_+- noch Φ_--Operator ist.

2. Wir werden jetzt klären, wie man den Index eines paarigen Operators tilgen kann. Wir betrachten am Anfang den Fall des Operators $C = A\,P + B\,Q$. Die Art der Indextilgung hängt hier vom Vorzeichen der Zahl $\varkappa = \varkappa_1 - \varkappa_2$ ab, wobei $\varkappa_1 = \operatorname{ind} A(\zeta)$, $\varkappa_2 = \operatorname{ind} B(\zeta)$ ist.

Für $\varkappa_1 \geqq \varkappa_2$ ergibt die Multiplikationsregel (2.2) die Gleichung

$$C = (A\,U^{-\varkappa}\,P + B\,Q)\,(U^{\varkappa}\,P + Q) = (A_1\,P + B_1\,Q)\,(U^{\varkappa}\,P + Q)\,, \tag{2.8}$$

wobei $A_1 = A\,U^{-\varkappa}$, $B_1 = B$ ist.

Es ist leicht zu sehen, daß $\operatorname{ind} A_1(\zeta) = \operatorname{ind} B_1(\zeta) = \varkappa_2$ gilt, woraus folgt, daß der Operator $A_1\,P + B_1\,Q$ umkehrbar ist. Die Gleichung (2.8) erlaubt es, Satz 5°, § 1, Kapitel I, anzuwenden. Wir bemerken, daß man die Indizes *beider* Operatoren A und B mit Hilfe der Darstellung

$$C = U^{\varkappa_2}\,(A\,U^{-\varkappa_1}\,P + B\,U^{-\varkappa_2}\,Q)\,(U^{\varkappa_1-\varkappa_2}\,P + Q) \tag{2.9}$$

tilgen kann. Eine solche Tilgung ist bei der Anwendung von Projektionsverfahren vorteilhaft. Im Fall $\varkappa_1 \leqq \varkappa_2$ wird die Tilgung mit Hilfe der Gleichungen

$$C\,(U^{-\varkappa}\,P + Q) = A\,U^{-\varkappa}\,P + B\,Q = A_1\,P + B_1\,Q \tag{2.10}$$

mit $A_1 = A\,U^{-\varkappa}$, $B_1 = B$ und

$$U^{-\varkappa_2}\,C\,(U^{\varkappa_2-\varkappa_1}\,P + Q) = A\,U^{-\varkappa_1}\,P + B\,U^{-\varkappa}\,Q \tag{2.11}$$

durchgeführt. Diese Gleichungen gestatten es, im betrachteten Fall Satz 8°, § 1, Kapitel I, anzuwenden.

Wir werden jetzt die entsprechende Konkretisierung der Sätze 5° und 8° formulieren. Wir führen den Projektor

$$\mathcal{P} = I - (U^{|\varkappa|} P + Q)\,(U^{-|\varkappa|} P + Q) \tag{2.12}$$

ein.

Für $\varkappa > 0$ ist die Gleichung

$$(A\,P + B\,Q)\,\varphi = f \tag{2.13}$$

genau dann lösbar, wenn für die Lösung ψ der Gleichung

$$(A\,U^{-\varkappa}\,P + B\,Q)\,\psi = f \tag{2.14}$$

die Bedingung

$$\mathcal{P}\,\psi = 0 \tag{2.15}$$

erfüllt ist. Ist diese Bedingung erfüllt, so wird die Lösung φ der Gleichung (2.13) *durch die Formel*

$$\varphi = (U^{-\varkappa}\,P + Q)\,\psi \tag{2.16}$$

gegeben. Für $\varkappa < 0$ ist der Vektor

$$\varphi = (U^{-\varkappa}\,P + Q)\,\psi\,, \tag{2.17}$$

wobei ψ die Lösung der Gleichung

$$(A\,U^{-\varkappa}\,P + B\,Q)\,\psi = f \tag{2.18}$$

ist, stets eine der Lösungen der Ausgangsgleichung. Die allgemeine Lösung der homogenen Gleichung

$$(A\,P + B\,Q)\,\chi = 0 \tag{2.19}$$

wird durch die Formel

$$\chi = [I - (U^{-\varkappa}\,P + Q)\,(A\,U^{-\varkappa}\,P + B\,Q)^{-1}\,(A\,P + B\,Q)\,\mathcal{P}\,h \tag{2.20}$$

gegeben, wobei h ein beliebiger Vektor ist.

Die Formel (2.20) *ist der folgenden gleichwertig:*

$$\chi = (U^{-\varkappa}\,P + Q)\,g + \mathcal{P}\,h\,, \tag{2.21}$$

wobei h ein beliebiger Vektor und g Lösung der Gleichung

$$(A U^{-\varkappa}\,P + B\,Q)\,g = -\,(A\,P + B\,Q)\,\mathcal{P}\,h \tag{2.22}$$

ist. Analoge Resultate kann man für den Operator $C = P\,A + Q\,B$ formulieren. In diesem Fall werden die Beziehungen

$$(P\,U^{-\varkappa} + Q)\,C = P\,A\,U^{-\varkappa} + Q\,B \tag{2.23}$$

für $\varkappa > 0$ und

$$C = (P\,U^{\varkappa} + Q)\,(P\,A\,U^{-\varkappa} + Q\,B) \tag{2.24}$$

für $\varkappa < 0$ benutzt.

Somit werden in diesem Fall die Sätze 6° und 7° aus § 1, Kapitel I, verwendet.

3. Aus den Resultaten von § 1 folgt zusammen mit den Resultaten von § 9, Kapitel I, das folgende Theorem über Algebren, die durch eine einparametrige Operatorengruppe erzeugt sind.

Es sei U_t $(-\infty < t < \infty)$ eine stark stetige Gruppe isometrischer Operatoren im BANACH-Raum $\mathfrak{B}$ und P ein Projektor mit folgenden Eigenschaften:

$$P\,U_t\,P = U_t\,P,\ U_t\,P \neq P\,U_t \quad (0 < t < \infty),$$
$$P\,U_t\,P = P\,U_t\,(-\infty < t < 0).$$

Wir bezeichnen mit H den erzeugenden Operator der Gruppe U_t und mit $\mathfrak{M}$ $(\neq 0)$ die Zahl $\dim\,[(H - i\,I)\,P\,\mathfrak{B}/P\,\mathfrak{B}]$.

Theorem 2.4. *Der Operator* $A_1\,P + A_2\,Q$ *mit*

$$A_j = \alpha_j\,I + \int_{-\infty}^{\infty} k_j(t)\,U_t\,dt\,, \qquad Q = I - P\,,$$

α_j *sind komplexe Zahlen und* $k_j(t) \in L_1\,(-\infty, \infty)$ $(j = 1, 2)$, *ist genau dann von irgendeiner Seite umkehrbar, wenn die Bedingung*

$$\mathcal{A}_j(\lambda) \overset{\text{def}}{=} \alpha_j + \int_{-\infty}^{\infty} k_j(t)\,e^{i\lambda t}\,dt \neq 0 \qquad (-\infty < \lambda < \infty;\ j = 1, 2)\,.$$

erfüllt ist.

Ist diese Bedingung erfüllt, so entspricht die Umkehrbarkeit des Operators $A_1\,P + A_2\,Q$ *dem Index*

$$\varkappa = \operatorname{ind}\big(\mathcal{A}_1(\lambda)\,/\,\mathcal{A}_2(\lambda)\big)\,.$$

Für $\varkappa > 0$ *gilt*

$$\dim \operatorname{Coker}\,(A_1\,P + A_2\,Q) = \mathfrak{M}\,\varkappa\,,$$

und für $\varkappa < 0$ *gilt*

$$\dim \operatorname{Ker}\,(A_1\,P + A_2\,Q) = -\,\mathfrak{M}\,\varkappa\,.$$

Wir sehen hier davon ab, Analoga anderer Sätze dieses Paragraphen zu formulieren.

§ 3. Allgemeine Sätze über diskrete Systeme

Wir bezeichnen mit U den Operator, der im HILBERT-Raum $\tilde{l}_2$ der zweiseitigen Folgen $\{\xi_j\}_{-\infty}^{\infty}$ durch die Gleichung

$$U\,\{\xi_j\} = \{\xi_{j-1}\}$$

definiert ist.

Der Operator U ist umkehrbar, wobei seine Umkehrung durch die Formel

$$U^{-1}\,\{\xi_j\} = \{\xi_{j+1}\}$$

gegeben ist.

Der Operator U ist unitär und sein Spektrum besteht aus allen Punkten des Einheitskreises. Die Algebra $\mathfrak{R}(U)$ hat kein Radikal und ist der Algebra aller stetigen Funktionen auf dem Einheitskreis isomorph.

Wir bezeichnen mit P den Projektor, der in $\tilde{l}_2$ durch die Gleichungen

$$P\,\{\xi_j\} = \{\eta_j\},\quad \eta_j = \begin{cases} \xi_j, & j = 0, 1, \ldots, \\ 0, & j = -1, -2, \ldots \end{cases}$$

definiert ist.

Die Operatoren U, U^{-1} und P genügen offenbar den Bedingungen (2.1).

Es seien $a(\zeta)$ eine beliebige stetige Funktion auf dem Einheitskreis und a_j ($j = 0, \pm 1, \ldots$) ihre FOURIER-Koeffizienten. Man zeigt wie in § 7, Kapitel I, daß der Operator A aus $\Re(U)$ mit dem Symbol $a(\zeta)$ durch die Matrix $\|a_{j-k}\|_{j,k=-\infty}^{\infty}$ definiert wird.

Durch Anwendung von Theorem 2.1 auf den betrachteten Fall erhält man folgenden Satz.

Theorem 3.1. *Es seien $a(\zeta)$, $b(\zeta)$ beliebige stetige Funktionen auf dem Einheitskreis und $\{a_j\}_{-\infty}^{\infty}$, $\{b_j\}_{-\infty}^{\infty}$ ihre* FOURIER-*Koeffizienten. Die Umkehrbarkeit des in $\tilde{l}_2$ durch das System*

$$\sum_{k=0}^{\infty} a_{j-k}\,\xi_k + \sum_{k=-\infty}^{-1} b_{j-k}\,\xi_k = \eta_j \qquad (j = 0, \pm 1, \ldots) \tag{3.1}$$

definierten paarigen Operators $A\,P + B\,Q$ ist durch sein Symbol $\big(a(\zeta), b(\zeta)\big)$ definiert. Mit anderen Worten, der Operator ist genau dann von mindestens einer Seite unkehrbar, wenn

$$a(\zeta) \neq 0\,, \quad b(\zeta) \neq 0 \quad (|\zeta| = 1) \tag{3.2}$$

gilt.

Ist die Bedingung (3.2) *erfüllt, so ist $A\,P + B\,Q$ umkehrbar, nur von links umkehrbar, nur von rechts umkehrbar in Abhängigkeit davon, ob die Zahl*

$$\varkappa = \frac{1}{2\,\pi}\,[\arg a\,(e^{i\varphi})/b(e^{i\varphi})]_{\varphi=0}^{2\pi}$$

gleich Null, positiv oder negativ ist.

Das Theorem gilt auch für den Operator $P\,A + Q\,B$, der durch das System

$$\left.\begin{aligned} &\sum_{k=-\infty}^{\infty} a_{j-k}\,\xi_k = \eta_j \qquad (j = 0, 1, \ldots),\\ &\sum_{k=-\infty}^{\infty} b_{j-k}\,\xi_k = \eta_j \qquad (j = -1, -2, \ldots) \end{aligned}\right\} \tag{3.3}$$

definiert wird.

Das System (3.3) ist paarig und das System (3.1) ist *transponiert* zu einem paarigen.

Sind die Bedingungen (3.2) erfüllt, so kann man den Index des Systems (3.1) oder des Systems (3.3) tilgen. Die folgenden zwei Theoreme sind Konkretisierungen der Sätze von Punkt 2, § 2.

Theorem 3.2. *Es seien für die auf dem Einheitskreis stetigen Funktionen $a(\zeta)$ und $b(\zeta)$ die Bedingungen* (3.2) *erfüllt.*

Für $\varkappa > 0$ ist das System (3.1) *genau dann lösbar, wenn*

$$\psi_0 = \psi_1 = \cdots = \psi_{\varkappa-1} = 0 \tag{3.4}$$

gilt, wobei $\psi = \{\psi_j\}_{-\infty}^{\infty}$ Lösung des Systems

$$\sum_{k=-\infty}^{-1} b_{j-k}\,\psi_k + \sum_{k=0}^{\infty} a_{j-k+\varkappa}\,\psi_k = \eta_j \qquad (j = 0, \pm 1, \ldots) \tag{3.5}$$

ist.

Ist Bedingung (3.4) *erfüllt, so ist der Vektor*

$$\xi_j = \begin{cases} \psi_j, & j = -1, -2, \ldots, \\ \psi_{j+\varkappa}, & j = 0, 1, \ldots \end{cases}$$

Lösung des Systems (3.1).

Für $\varkappa < 0$ *ist der Vektor* $\xi = \{\xi_j\}_{-\infty}^{\infty}$ *mit*

$$\xi_j = \begin{cases} \psi_j, & j = -1, -2, \ldots, \\ 0, & j = 0, 1, \ldots, -\varkappa - 1, \\ \psi_{j+\varkappa}, & j = -\varkappa, -\varkappa + 1, \ldots, \end{cases}$$

wobei $\{\psi_j\}_{-\infty}^{\infty}$ *Lösung des Systems* (3.5) *ist, eine der Lösungen des Systems* (3.1). *Die allgemeine Lösung des homogenen Systems*

$$\sum_{k=0}^{\infty} a_{j-k}\,\xi_k + \sum_{k=-\infty}^{-1} b_{j-k}\,\xi_k = 0$$

wird durch die Gleichungen

$$\xi = \{\xi_j\}_{-\infty}^{\infty}, \quad \xi_j = \begin{cases} \psi_j, & j = -1, -2, \ldots, \\ \alpha_j & j = 0, 1, \ldots, -\varkappa - 1, \\ \psi_{j+\varkappa}, & j = -\varkappa, -\varkappa + 1, \ldots \end{cases}$$

definiert, wobei α_j $(j = 0, 1, \ldots, -\varkappa - 1)$ *beliebige Zahlen sind und der Vektor* $\{\psi_j\}_{-\infty}^{\infty}$ *Lösung des Systems*

$$\sum_{k=-\infty}^{-1} b_{j-k}\,\psi_k + \sum_{k=0}^{\infty} a_{j-k+\varkappa}\,\psi_k = -\sum_{k=0}^{-\varkappa-1} a_{j-k}\,\alpha_k \qquad (j = 0, \pm 1, \ldots)$$

ist.

Theorem 3.3. *Es seien für die stetigen Funktionen* $a(\zeta)$ *und* $b(\zeta)$ *auf dem Einheitskreis die Bedingungen* (3.2) *erfüllt.*

Für $\varkappa > 0$ *hat das System*

$$\sum_{k=-\infty}^{\infty} b_{j-k}\,\xi_k = \eta_j \qquad (j = -1, -2, \ldots),$$

$$\sum_{k=-\infty}^{\infty} a_{j-k}\,\xi_k = \eta_j \qquad (j = \varkappa, \varkappa + 1, \ldots)$$

eine eindeutig bestimmte Lösung $\xi = \{\xi_j\}_{-\infty}^{\infty}$*, die genau dann Lösung des Systems* (3.3) *ist, wenn die Bedingungen*

$$\sum_{k=-\infty}^{\infty} a_{j-k}\,\xi_k = \eta_j \qquad (j = 0, 1, \ldots, \varkappa - 1)$$

erfüllt sind. Für $\varkappa < 0$ ist die eindeutig bestimmte Lösung des Systems

$$\sum_{k=-\infty}^{\infty} b_{j-k}\,\xi_k = \eta_j \qquad (j = -1, -2, \ldots)\,,$$

$$\sum_{k=-\infty}^{\infty} a_{j-k+\varkappa}\,\xi_k = 0 \qquad (j = 0, 1, \ldots, -\varkappa - 1)\,,$$

$$\sum_{k=-\infty}^{\infty} a_{j-k+\varkappa}\,\xi_k = \eta_{j+\varkappa} \qquad (j = -\varkappa, -\varkappa + 1, \ldots)$$

eine der Lösungen des Systems (3.3), *und die allgemeine Lösung des homogenen Systems*

$$\sum_{k=-\infty}^{\infty} a_{j-k}\,\xi_k = 0 \qquad (j = 0, 1, \ldots),$$

$$\sum_{k=-\infty}^{\infty} b_{j-k}\,\xi_k = 0 \qquad (j = -1, -2, \ldots)$$

stellt die Gesamtheit aller Lösungen des Systems

$$\sum_{k=-\infty}^{\infty} b_{j-k}\,\xi_k = 0 \qquad (j = -1, -2, \ldots)\,,$$

$$\sum_{k=-\infty}^{\infty} a_{j-k+\varkappa}\,\xi_k = \alpha_j \qquad (j = 0, 1, \ldots, -\varkappa - 1),$$

$$\sum_{k=-\infty}^{\infty} a_{j-k+\varkappa}\,\xi_k = 0 \qquad (j = -\varkappa, -\varkappa + 1, \ldots)$$

dar, wobei α_j ($j = 0, 1, \ldots, -\varkappa - 1$) beliebige Zahlen sind.

Es sei bemerkt, daß die Theoreme dieses Paragraphen auch für die Räume $\tilde{l}_p$ ($1 \leqq p \leqq \infty$) und $\tilde{c}_0$ gelten, sobald die stetigen Funktionen $a(\zeta)$ und $b(\zeta)$ zur Algebra $\mathfrak{R}(\zeta)$ gehören. Wir erinnern daran, daß für jeden dieser Räume die Algebra $\mathfrak{R}(\zeta)$ alle absolut konvergenten Fourier-Reihen enthält.

§ 4. Paarige Integralgleichungen

Es sei $\tilde{E}$ einer der in § 8, Kapitel I, eingeführten Banach-Räume und U der in $\tilde{E}$ durch die Gleichung

$$(U\,f)\,(t) = f(t) - 2\int_{-\infty}^{t} e^{s-t}\,f(s)\,ds$$

definierte Operator.

Der Operator U ist in $\tilde{E}$ umkehrbar, und seine Umkehrung wird durch die Gleichung

$$(U^{-1}\,f)\,(t) = f(t) - 2\int_{t}^{\infty} e^{t-s}\,f(s)\,ds$$

definiert.

Wie schon bemerkt, sind die Spektralradien der Operatoren U und U^{-1} gleich Eins, wobei die Operatoren U, U^{-1} und der Projektor P, welcher in $\tilde{E}$ durch die Gleichung

$$(P f)(t) = \begin{cases} f(t), & 0 < t < \infty, \\ 0, & -\infty < t < 0 \end{cases} \tag{4.1}$$

definiert ist, die Bedingungen (2.1) erfüllen.

Die Algebra $\mathfrak{R}(U)$ enthält alle Operatoren der Form

$$(A f)(t) = f(t) - \int_{-\infty}^{\infty} k(t-s) f(s)\, ds$$

mit $k(t) \in \tilde{L}_1$, und die zum Operator A gehörige Funktion $A(\zeta)$ ($|\zeta| = 1$) ist durch die Gleichungen

$$A(\zeta) = \mathcal{A}\left(i \frac{1+\zeta}{1-\zeta}\right), \quad \mathcal{A}(\lambda) = 1 - \int_{-\infty}^{\infty} k(t)\, e^{i\lambda t}\, dt$$

$$(-\infty \leqq \lambda \leqq \infty)$$

(s. § 8, Kapitel I) definiert.

Haben die Operatoren A und B die Form

$$A f = f(t) - \int_{-\infty}^{\infty} k_1(t-s) f(s)\, ds,$$

$$B f = f(t) - \int_{-\infty}^{\infty} k_2(t-s) f(s)\, ds$$

mit $k_j(t) \in \tilde{L}_1$ ($j = 1, 2$), so ist

$$(A P + B Q) f = f(t) - \int_{0}^{\infty} k_1(t-s) f(s)\, ds - \int_{-\infty}^{0} k_2(t-s) f(s)\, ds \tag{4.2}$$

und

$$(P A + Q B) f = \begin{cases} f(t) = \int_{-\infty}^{\infty} k_1(t-s) f(s)\, ds, & 0 < t < \infty, \\ f(t) - \int_{-\infty}^{\infty} k_2(t-s) f(s)\, ds, & -\infty < t < 0. \end{cases} \tag{4.3}$$

Wir wenden jetzt das Theorem 2.1 auf den betrachteten Fall an.

Theorem 4.1. *Es sei* $k_j(t) \in \tilde{L}_1$ ($j = 1, 2$). *Die Umkehrbarkeit des Operators* $A P + B Q$ ($P A + Q B$), *der in* $\tilde{E}$ *durch die Gleichung* (4.2) (*Gleichung* (4.3)) *gegeben ist, wird durch sein Symbol* $(\mathcal{A}(\lambda), \mathcal{B}(\lambda))$ *definiert, wobei gilt:*

$$\left.\begin{aligned} &\mathcal{A}(\lambda) = 1 - \int_{-\infty}^{\infty} k_1(t)\, e^{i\lambda t}\, dt, \quad \mathcal{B}(\lambda) = 1 - \int_{-\infty}^{\infty} k_2(t)\, e^{i\lambda t}\, dt, \\ &\operatorname{ind} [\mathcal{A}(\lambda)/\mathcal{B}(\lambda)] = \frac{1}{2\pi} [\arg \mathcal{A}(\lambda)/\mathcal{B}(\lambda)]_{\lambda=-\infty}^{\infty}. \end{aligned}\right\} \tag{4.4}$$

Dieses Theorem ist ebenfalls eine Folgerung aus Theorem 2.4. Dabei ist die Operatorengruppe U_t in $\tilde{E}$ durch die Gleichung

$$(U_t f)(s) = f(s - t)$$

und der Projektor P durch Gleichung (4.1) zu definieren.

Die Gleichung $(PA + QB)\varphi = f$ ist *paarig,* und die Gleichung $(AP + BQ)\varphi = f$ ist transponiert zu einer paarigen. Sind die Bedingungen (4.4) erfüllt, so kann man wie im diskreten Fall den Index dieser Gleichungen tilgen und die stetigen Analoga der Theoreme 3.2 und 3.3 erhalten.

§ 5. Ein allgemeines Kriterium für die einseitige Umkehrbarkeit paariger Operatoren (der Fall unstetiger Funktionen)

1. Es seien U ein unitärer Operator im Hilbert-Raum H und P ein Orthoprojektor, der wie früher mit U durch die Bedingungen

$$PUP = UP, \quad UP \neq PU, \quad PU^{-1}P = PU^{-1}$$

verknüpft ist.

Es gilt folgendes Theorem.

Theorem 5.1. *Es seien $a(\zeta)$ und $b(\zeta)$ ($|\zeta| = 1$) stückweise stetige und von links stetige Funktionen. Der Operator $a(U)P + b(U)Q\big(Pa(U) + Qb(U)\big)$ ist genau dann von irgendeiner Seite umkehrbar, wenn die Bedingung*

$$a(\zeta)\, b(\zeta + 0)\, \mu + a(\zeta + 0)\, b(\zeta)(1 - \mu) \neq 0 \tag{5.1}$$

$$(|\zeta| = 1, \ 0 \leqq \mu \leqq 1)$$

erfüllt ist.

Ist diese Bedingung erfüllt, so entspricht die Umkehrbarkeit des Operators $a(U)P + b(U)Q\,\big(Pa(U) + Qb(U)\big)$ der Zahl[1] $\varkappa = \operatorname{ind}\big(a(\zeta)/b(\zeta)\big)$.

Beweis. Gemäß der Definition aus § 1, Kapitel IV, ist für $c(\zeta) \in \Lambda$ der Operator $Pc(U)P|P\mathfrak{H}$ gleich $c(V)$ — der Funktion $c(\zeta)$ von dem isometrischen Operator $V = U|P\mathfrak{H}$.

Wir bezeichnen mit $\mathfrak{M}$ die Algebra aller Operatoren $c(U)$ mit $c(\zeta) \in \Lambda$. Der Operator $c(U) \in \mathfrak{M}$ ist genau dann umkehrbar, wenn die Bedingungen

$$c(\zeta) \neq 0, \quad c(\zeta + 0) \neq 0 \quad (|\zeta| = 1)$$

erfüllt sind.

Dabei ist

$$[c(U)]^{-1} = c^{-1}(U).$$

---

[1]) Zur Definition des Indexes im Fall einer stückweise stetigen Funkton siehe § 1, Kapitel IV. Der Leser wird wahrscheinlich schon bemerkt haben, daß wir hier den Begriff des Symbols nicht benutzen. Das erklärt sich daraus, daß der richtige Symbolbegriff hier komplizierter ist. Das Symbol ist jetzt nämlich eine Matrix

$$\left\| \begin{matrix} a(\zeta)(1 - \mu) + a(\zeta + 0)\mu & \sqrt{\mu(1 - \mu)}\,(a(\zeta + 0) - a(\zeta)) \\ \sqrt{\mu(1 - \mu)}\,\big(b(\zeta + 0) - b(\zeta)\big) & b(\zeta)\mu + b(\zeta + 0)(1 - \mu) \end{matrix} \right\|$$

(s. I. Z. Gochberg und N. J. Krupnik [5]).

Berücksichtigt man noch, daß

$$|c(U)| = \sup_{|\zeta|=1} |c(\zeta)|$$

gilt, so erhält man leicht, daß die Menge der in $\mathfrak{M}$ umkehrbaren Operatoren in der Operatorennorm dicht liegt in $\mathfrak{M}$.

Aus Theorem 1.1 dieses Kapitels und Theorem 1.1 des Kapitels IV folgt, daß der Operator $a(U)\,P + b(U)\,Q$ genau dann von irgendeiner Seite umkehrbar ist, wenn die folgenden Bedingungen erfüllt sind:

$$a(\zeta) \neq 0\,, \quad a\,(\zeta + 0) \neq 0\,, \quad b(\zeta) \neq 0\,, \quad b\,(\zeta + 0) \neq 0 \qquad (|\zeta| = 1)$$

und

$$\frac{a(\zeta)}{b(\zeta)}\,\mu + \frac{a\,(\zeta + 0)}{b\,(\zeta + 0)}\,(1 - \mu) \neq 0 \qquad (|\zeta| = 1, 0 \leqq \mu \leqq 1)\,.$$

Offensichtlich sind diese Bedingungen der Bedingung (5.1) äquivalent.

Die letzte Behauptung des Theorems folgt aus Theorem 1.1, Kapitel IV, weil der Operator $a(U)\,P + b(U)\,Q$ von der gleichen Seite umkehrbar ist wie der Operator $P\,b^{-1}(U)\,a(U)\,P|P\,\mathfrak{H}$.

Damit ist das Theorem bewiesen.

Auf den betrachteten Fall unstetiger Funktionen können auch die übrigen Theoreme aus § 2 übertragen werden. Wir sehen hier von ihrer Formulierung ab.

2. Die aufgezählten Resultate sind in natürlicher Weise auf verschiedene paarige diskrete und Integralgleichungen vom Wiener-Hopf-Typus anwendbar. Als Beispiel bringen wir ein Theorem für diskrete paarige Systeme von Wiener-Hopf-Gleichungen.

Theorem 5.2. *Es seien $a(\zeta)$ und $b(\zeta)$ ($|\zeta| = 1$) stückweise stetige und von links stetige Funktionen und a_j, b_j ($j = 0, \pm 1, \ldots$) ihre Fourier-Koeffizienten. Der im Raum $\tilde{l}_2$ durch das paarige Gleichungssystem*

$$\sum_{k=-\infty}^{\infty} a_{j-k}\,\xi_k = \eta_j \qquad (j = 0, 1, \ldots)\,,$$

$$\sum_{k=-\infty}^{\infty} b_{j-k}\,\xi_k = \eta_j \qquad (j = -1, -2, \ldots)$$

definierte Operator ist genau dann von irgendeiner Seite umkehrbar, wenn die Bedingung (5.1) erfüllt ist. Ist Bedingung (5.1) erfüllt, so entspricht die Umkehrbarkeit dieses Operators der Zahl $\varkappa = \operatorname{ind}\big(a(\zeta)/b(\zeta)\big)$.

Das formulierte Theorem folgt aus dem vorhergehenden, wenn man die Operatoren U und P in $\tilde{l}_2$ genauso wie in § 3 definiert.

§ 6. Singuläre Integralgleichungen und Randwertaufgaben

1. Wir betrachten im Raum $L_p(\Gamma)$ $(1 < p < \infty)$, wobei Γ der Einheitskreis ist, die singuläre Integralgleichung

$$a(\zeta)\,\varphi(\zeta) + \frac{b(\zeta)}{\pi i}\int_\Gamma \frac{\varphi(z)}{z - \zeta}\,dz = f(\zeta) \qquad (|\zeta| = 1)\,, \tag{6.1}$$

wobei $a(\zeta)$ und $b(\zeta)$ beliebige stetige Funktionen auf der Kurve Γ sind.

Bekanntlich ist der singuläre Operator

$$(S\varphi)(\zeta) = \frac{1}{\pi i}\int_{\Gamma} \frac{\varphi(z)}{z-\zeta}\,dz$$

beschränkt im Raum $L_p(\Gamma)$, und es gilt $S^2 = I$. Wir zeigen jetzt, daß sich die Gleichung (6.1) in das in § 2 dargelegte Schema einordnet. Mit U bezeichnen wir den in $L_p(\Gamma)$ durch die Gleichung

$$(U f)(\zeta) = \zeta f(\zeta)$$

definierten Operator. Offenbar ist U beschränkt und umkehrbar im Raum $L_p(\Gamma)$, und die Spektren der Operatoren U und U^{-1} fallen mit dem Einheitskreis zusammen. Offensichtlich wird jeder Operator $R \in \mathfrak{R}(U)$ durch die Gleichung

$$(R f)(\zeta) = R(\zeta) f(\zeta)$$

definiert, wobei $R(\zeta)$ das zum Operator R gehörige Polynom ist.

Man sieht leicht, daß

$$|R| = \max_{|\zeta|=1} |R(\zeta)| \tag{6.2}$$

gilt.

Aus der Beziehung (6.2) leitet man leicht ab, daß die Funktionenalgebra $R(\zeta)$ mit der Algebra *aller* stetigen Funktionen auf Γ zusammenfällt und daß jeder Operator $A \in \mathfrak{R}(U)$ durch die Gleichung

$$(A f)(\zeta) = A(\zeta) f(\zeta)$$

definiert wird, wobei $A(\zeta) \in \mathfrak{R}(\zeta)$ die zum Operator A gehörige Funktion ist.

Wie bekannt, projiziert der Projektor

$$P = \frac{1}{2}(I + S)$$

den Raum $L_p(\Gamma)$ auf den Unterraum H_p aller Funktionen $\varphi(\zeta) \in L_p(\Gamma)$, deren Fourier-Koeffizienten mit negativen Indizes gleich Null sind. Die Funktionen aus H_p gestatten eine holomorphe Fortsetzung ins Innere des Einheitskreises.

Man überprüft ohne Mühe, daß die Operatoren U, U^{-1} und P die Bedingungen aus § 2 erfüllen. Die Gleichung (6.1) kann man in der Form

$$c(\zeta)(P\varphi)(\zeta) + d(\zeta)(Q\varphi)(\zeta) = f(\zeta) \qquad (|\zeta| = 1) \tag{6.3}$$

schreiben, wobei

$$c(\zeta) = a(\zeta) + b(\zeta), \qquad d(\zeta) = a(\zeta) - b(\zeta), \qquad Q = I - P$$

ist.

In Übereinstimmung mit der allgemeinen Definition bezeichnen wir als *Symbol* des singulären Integraloperators (6.1) oder (6.3) das Funktionenpaar $(c(\zeta), d(\zeta))$.

Wir bemerken, daß Gleichung (6.3) die Gleichung der Randwertaufgabe der Funktionentheorie ist, welche sich in der Form

$$c(\zeta)\,\Phi_+(\zeta) + d(\zeta)\,\Phi_-(\zeta) = f(\zeta) \qquad (|\zeta| = 1)$$

schreiben läßt, wobei $\Phi_+(\zeta) \in H_p$ ist und $\Phi_-(\zeta)$ zum Teilraum aller Funktionen $\varphi(\zeta) \in L_p(\Gamma)$ gehört, deren FOURIER-Koeffizienten mit nichtnegativen Indizes gleich Null sind.

Da die Multiplikationsoperatoren mit den Funktionen $c(\zeta)$ und $d(\zeta)$ zur Algebra $\Re(U)$ gehören, so kann man auf Gleichung (6.3) alle Resultate aus § 2 anwenden. Insbesondere folgt aus Theorem 2.1 das folgende, in der Theorie der singulären Integralgleichungen bekannte Theorem.

Theorem 6.1. *Es seien $a(\zeta)$ und $b(\zeta)$ beliebige stetige Funktionen auf Γ. Die Umkehrbarkeit des im Raum $L_p(\Gamma)$ durch die Gleichung*

$$(A\,\varphi)\,(\zeta) = a(\zeta)\,\varphi(\zeta) + \frac{b(\zeta)}{\pi i}\int_\Gamma \frac{\varphi(z)}{z-\zeta}\,dz \qquad (|\zeta| = 1) \tag{6.4}$$

gegebenen Operators A wird durch sein Symbol $(c(\zeta),\, d(\zeta))$ definiert.

2. Es seien Funktionen $a(\zeta)b,\,(\zeta) \in \Lambda$ gegeben. Wir betrachten den durch Gleichung (6.4) im Raum $L_2(\Gamma)$ definierten Operator. Auf den durch Gleichung (6.4) definierten Operator ist Theorem 5.1 anwendbar. Eine Folgerung daraus ist das folgende Theorem.

Theorem 6.2. *Es seien Funktionen $a(\zeta),\, b(\zeta) \in \Lambda$ gegeben. Der in $L_2(\Gamma)$ durch die Gleichung* (6.4) *definierte Operator A ist genau dann von mindestens einer Seite umkehrbar, wenn*

$$[a(\zeta) + b(\zeta)\,]\,[a\,(\zeta + 0) - b\,(\zeta + 0)]\,\mu +$$
$$+ [a\,(\zeta + 0) + b\,(\zeta + 0)]\,[a(\zeta) - b(\zeta)]\,(1 - \mu) \neq 0$$
$$(|\zeta| = 1, \quad 0 \leqq \mu \leqq 1)\,.$$

Ist diese Bedingung erfüllt, so entspricht die Umkehrbarkeit des Operators A der Zahl

$$\operatorname{ind} \frac{a(\zeta) + b(\zeta)}{a(\zeta) - b(\zeta)}\,.$$

§ 7. Paarige Differenzengleichungen

In diesem Paragraphen werden Gleichungen der Form

$$\left.\begin{aligned} \sum_{j=-\infty}^{\infty} a_j\, f\,(t - j) &= g(t) \qquad (0 < t < \infty\,, \\ \sum_{j=-\infty}^{\infty} b_j\, f\,(t - j) &= g(t) \quad (-\infty < t < 0) \end{aligned}\right\} \tag{7.1}$$

oder der Form

$$\sum_{j<t} a_j\, f\,(t - j) + \sum_{j>t} b_j\, f\,(t - j) = g(t) \tag{7.2}$$
$$(-\infty < t < \infty)$$

betrachtet, wobei $a_j,\, b_j$ $(j = 0,\, \pm 1,\, \ldots)$ gegebene Zahlen, $g(t) \in L_2\,(-\infty, \infty)$ eine bekannte Funktion und $f(t) \in L_2\,(-\infty\,,\infty)$ die gesuchte Funktion sind.

Wir betrachten im Raum $L_2(-\infty, \infty)$ den durch die Gleichung

$$(U f)(t) = f(t-1)$$

definierten unitären Operator U und den Orthoprojektor P:

$$(P f)(t) = \begin{cases} f(t), & 0 < t < \infty, \\ 0, & -\infty < t < 0. \end{cases}$$

Es seien a_j und b_j die FOURIER-Koeffizienten der beschränkten meßbaren Funktionen $a(\zeta)$, $b(\zeta)$. Dann kann man genauso wie in § 6, Kapitel IV, zeigen, daß die in den Gleichungen (7.1) und (7.2) auftretenden Reihen in der Norm des Raumes L_2 auf jedem endlichen Intervall konvergieren, wobei die Gleichungen (7.1) und (7.2) in $L_2(-\infty, \infty)$ entsprechend die Operatoren $P\,a(U) + Q\,b(U)$ bzw. $a(U)\,P + b(U)\,Q$ definieren.

Da die Operatoren U und P alle notwendigen Eigenschaften besitzen, so ist auf die Gleichungen (7.1) und (7.2) das Theorem 5.1 anwendbar. Daraus folgt:

Theorem 7.1. *Es seien $a(\zeta)$ und $b(\zeta)$ von links stetige und stückweise stetige Funktionen und a_j und b_j ihre* FOURIER-*Koeffizienten.*

Der im Raum $L_2(-\infty, \infty)$ durch die Gleichung (7.1) *oder* (7.2) *definierte Operator A ist genau dann von mindestens einer Seite umkehrbar, wenn die Bedingung*

$$a(\zeta)\, b(\zeta+0)\, \mu + a(\zeta+0)\, b(\zeta)\, (1-\mu) \neq 0$$

$$(|\zeta| = 1,\ 0 \leqq \mu \leqq 1)$$

erfüllt ist.

Ist diese Bedingung erfüllt, so entspricht die Umkehrbarkeit des Operators A der Zahl ind $(a(\zeta)/b(\zeta))$.

KAPITEL VI

PROJEKTIONSVERFAHREN ZUR LÖSUNG PAARIGER GLEICHUNGEN

In diesem Kapitel werden für paarige Faltungsgleichungen (diskrete und Integralgleichungen) einige Projektionsverfahren dargelegt. Wie bereits in den vorangegangenen Kapiteln werden die Hauptergebnisse zunächst für den allgemeinen Fall aufgestellt und anschließend auf die verschiedenen konkreten Gleichungstypen angewandt.

§ 1. Ein Projektionsverfahren zur näherungsweisen Umkehrung für eine Klasse paariger Operatoren

Im Verlauf des gesamten Paragraphen werden wir voraussetzen, daß die Operatoren U, U^{-1}, $P \in \mathfrak{A}(\mathfrak{B})$ wie in § 2 die folgenden Bedingungen erfüllen:

(1) die Spektralradien der Operatoren U und U^{-1} sind gleich Eins;

(2) $U P = P U P$, $U P \neq P U$, $P U^{-1} = P U^{-1} P$.

Wir setzen zusätzlich voraus, daß

(3) $\dim \operatorname{Coker} (U|P \mathfrak{B}) < \infty$

gilt.

Unter den Bedingungen (1), (2), (3) gilt das folgende Lemma.

Lemma 1.1. *Gehört F zu $\mathfrak{R}(U)$, so ist der Operator $P F - F P$ vollstetig. Vollstetig sind auch die Operatoren $P F Q$ und $Q F P$.*

Hierbei ist wie üblich $Q = I - P$.

Beweis. Offenbar genügt es zu zeigen, daß der Operator $P F - F P$ vollstetig ist.

Für $j > 0$ ist der Operator

$$P U^j - U^j P = (P - U^j P U^{-j}) U^j$$

endlichdimensional, denn der Operator $P - U^j P U^{-j}$ ist ein Projektor, der den Raum $\mathfrak{B}$ auf ein gewisses Komplement $\mathfrak{N}_j$ des Unterraumes $U^j P \mathfrak{B}$ im Raum $P \mathfrak{B}$ projektiert. Wegen Bedingung (3) ist diese Ergänzung endlichdimensional.

Aus den Zerlegungen in eine direkte Summe von Unterräumen

$$U^{-1} Q \mathfrak{B} \dotplus U^{-1} P \mathfrak{B} = \mathfrak{B}, \quad P \mathfrak{B} = U P \mathfrak{B} \dotplus \mathfrak{N}_1,$$

wobei der Unterraum $\mathfrak{N}_1$ endlichdimensional ist, folgt, daß $\dim \operatorname{Coker} (U^{-1}|Q \mathfrak{B}) < \infty$ ist.

Daraus folgt, daß für $j < 0$ der Operator

$$P U^j - U^j P = -(Q - U^j Q U^{-j}) U^j$$

endlichdimensional ist, denn der Projektor $Q - U^j Q U^{-j}$ projiziert $\mathfrak{B}$ auf ein gewisses Komplement des Unterraumes $U^j Q \mathfrak{B}$ im Unterraum $Q \mathfrak{B}$. Aus dem Bewiesenen folgt, daß jeder Operator der Form $P R - R P$ mit $R \in \mathfrak{K}(U)$ endlichdimensional ist. Es seien jetzt F ein beliebiger Operator aus $\mathfrak{R}(U)$ und $R_n \in \mathfrak{K}(U)$ $(n = 1, 2, \ldots)$ eine gleichmäßig gegen F konvergente Folge. Nach dem oben Bewiesenen sind die Operatoren $T_n = P R_n - R_n P$ endlichdimensional. Wenn wir in der letzten Gleichung zum Grenzwert übergehen, erhalten wir die Vollstetigkeit des Operators $P F - F P$.

Damit ist das Lemma bewiesen.

Es seien Ω eine gewisse unbeschränkte Menge positiver Zahlen und $P_\tau \in \mathfrak{A}(\mathfrak{B})$ $(\tau \in \Omega)$ eine beliebige Familie von Operatoren, die für $\tau \to \infty$ stark gegen den Einheitsoperator konvergiert.

Wir setzen voraus, daß die Operatoren U, U^{-1}, P und die Familie P_τ außerdem durch die folgenden zwei Bedingungen verknüpft sind:

(4) die Projektoren P_τ $(\tau \in \Omega)$ und P sind vertauschbar,

(5) die Unterräume

$$\operatorname{Im} P_\tau P, \quad \operatorname{Im} Q_\tau P, \quad \operatorname{Im} P_\tau Q, \quad \operatorname{Im} Q_\tau Q \qquad (\tau \in \Omega)$$

sind entsprechend invariante Unterräume der Operatoren $P U^{-1}$, $U P$, $Q U$, $U^{-1} Q$.

Hierbei ist natürlich $Q_\tau = I - P_\tau$.

Wenn die Bedingungen (1) — (5) erfüllt sind, gilt das folgende Theorem.

Theorem 1.1. *Es seien A und B Operatoren aus $\mathfrak{R}(U)$ derart, daß gilt*

$$A(\zeta) \neq 0\,, \quad B(\zeta) \neq 0 \;\; (|\xi| = 1)\,, \quad \operatorname{ind} A(\zeta) = \operatorname{ind} B(\zeta) = 0\,.$$

Dann ist $A P + B Q \in \Pi\{P_\tau, P_\tau\}$ und $P A + Q B \in \Pi\{P_\tau, P_\tau\}$.

Beweis. Der Operator $A P + B Q$ ist in der Form

$$A P + B Q = P A P + Q B Q + T \tag{1.1}$$

darstellbar, wobei wegen Lemma 1.1 der Operator $T = Q A P + P B Q$ vollstetig ist. Wir bezeichnen mit A_1 und $P_{1\tau}$ die Einschränkungen der Operatoren $P A P$ und P_τ auf den Unterraum $P \mathfrak{B}$ und mit A_2 und $P_{2\tau}$ die Einschränkungen der Operatoren $Q B Q$ und P_τ auf den Unterraum $Q \mathfrak{B}$.

Wegen der Bemerkung zu Theorem 1.1 aus Kapitel III gehört der Operator A_j zu $\Pi\{P_{j\tau}, P_{j\tau}\}$ $(j = 1, 2,)$ und aufgrund des Satzes über die blockweise Anwendbarkeit von Projektionsverfahren (s. Satz 2°, § 2, Kapitel II) gehört der Operator $P A P + Q B Q$ zu $\Pi\{P_\tau, P_\tau\}$.

Da der Operator $A P + B Q$ umkehrbar ist, so gehört er aufgrund der Gleichung (1.1) und des Theorems über die Störung mit einem vollstetigen Operator (s. Theorem 3.1, Kapitel II) zur Klasse $\Pi\{P_\tau, P_\tau\}$. Für den Operator $P A + Q B$ ist der Beweis des Theorems analog.

Theorem 1.2. *Es seien die Operatoren A, $B \in \mathfrak{R}(U)$, die Operatoren $P_\tau (A P + B Q) P_\tau - P_\tau$ $(\tau \in \Omega)$ vollstetig und mindestens eine der folgenden zwei Bedingungen erfüllt:*

(1) *die Operatoren* P_τ^* *konvergieren für* $\tau \to \infty$ *stark gegen den Einheitsoperator in* $\mathfrak{B}^*$;

(2) *der Raum* $\mathfrak{B}$ *und die Operatoren* A, B, P, P_τ *besitzen Voradjungierte, wobei* ${}^*P_\tau$ *für* $\tau \to \infty$ *stark gegen den Einheitsoperator in* ${}^*\mathfrak{B}$ *konvergiert.*

Ist

$$\varlimsup_{\tau\to\infty} |[P_\tau (A\, P + B\, Q)\, P_\tau]^{-1}| < \infty\,, \tag{1.2}$$

so gilt

$$A(\zeta) \neq 0\,, \quad B(\zeta) \neq 0\ (|\zeta| = 1)\,, \quad \operatorname{ind} A(\zeta) = \operatorname{ind} B(\zeta) = 0.$$

Beweis.[1]) Aus den Lemmata über die Umkehrbarkeit starker Grenzwerte (s. Lemmata 1.1 und 1.2, Kapitel III) folgt, daß der Operator $A\, P + B\, Q$ umkehrbar ist. Folglich gelten wegen Theorem 2.1, Kapitel V, die Beziehungen

$$A(\zeta) \neq 0\,, \quad B(\zeta) \neq 0 \quad (|\zeta| = 1)\,,$$
$$\operatorname{ind} A(\zeta) = \operatorname{ind} B(\zeta)\ (= \varkappa)\,.$$

Es verbleibt zu zeigen, daß $\varkappa = 0$ ist.

Aus der Umkehrbarkeit des Operators $A\, P + B\, Q$ und aus Bedingung (1.2) folgt wegen Theorem 2.1, Kapitel II, daß $A\, P + B\, Q \in \Pi\{P_{\tau_n}, P_{\tau_n}\}$ gilt, wobei τ_n ($\tau_n \in \Omega$; $n = 1, 2, \ldots$) eine gewisse unbeschränkt wachsende Zahlenfolge ist.

Wir betrachten den Operator

$$S = (P\, A\, U^{-\varkappa}\, P + Q\, B\, U^{-\varkappa}\, Q)\, U^{\varkappa}\,.$$

Wegen Theorem 3.2, Kapitel I, ist S umkehrbar. Außerdem ist der Operator $S - (A\, P + B\, Q)$ vollstetig. Dies folgt aus Lemma 1.1. Deshalb gilt aufgrund des Theorems über die Störung mit einem vollstetigen Operator (s. Theorem 3.1, Kapitel II) $S \in \Pi\{P_{\tau_n}, P_{\tau_n}\}$.

Es sei $\varkappa \geqq 0$ (im Fall $\varkappa \leqq 0$ ist der Beweis analog). Dann ist offenbar der Raum $P\, P_{\tau_n}\, \mathfrak{B}$ ($\subset P_{\tau_n}\, \mathfrak{B}$) invariant für den Operator $P_{\tau_n}\, S\, P_{\tau_n}$. Der Operator $P_{\tau_n}\, S\, P_{\tau_n}$ ist im Unterraum $P_{\tau_n}\, \mathfrak{B}$ umkehrbar (von einem gewissen n ab), und da er sich von P_{τ_n} durch einen vollstetigen Summanden unterscheidet, ist seine Einschränkung auf den Unterraum $P P_{\tau_n}\, \mathfrak{B}$ ebenfalls ein umkehrbarer Operator. Dabei gilt

$$(P\, P_{\tau_n}\, S\, P\, P_{\tau_n})^{-1} = (P_{\tau_n}\, S\, P_{\tau_n})^{-1}\, P\, P_{\tau_n}$$

und folglich

$$\sup_n |(P P_{\tau_n}\ S\, P\, P_{\tau_n})^{-1}| < \infty\,. \tag{1.3}$$

Man sieht leicht, daß (für $\varkappa \geqq 0$) $S\, P = P\, A\, P$ gilt. Daher ist die Beziehung (1.3) mit der folgenden äquivalent:

$$\sup_n |(\hat{P}_{\tau_n}\, \hat{A}\, \hat{P}_{\tau_n})^{-1}| < \infty\,,$$

---

[1]) Die Beweisidee dieses Theorems wird beim Vergleich mit dem Beweis des konkreten Theorems 2.1 verständlich.

wobei $\hat{P}_{\tau_n}$ und $\hat{A}$ die Einschränkungen der Operatoren P_{τ_n} und $P A P$ auf den Unterraum $P \mathfrak{B}$ sind. Aus der letzten Beziehung folgt genauso wie in Lemma 1.1, Kapitel III, die Umkehrbarkeit des Operators $\hat{A}$. Hieraus ergibt sich wegen Theorem 3.2, Kapitel I, daß $\varkappa = 0$ ist.

Damit ist das Theorem bewiesen.

Ein analoges Theorem gilt für den Operator $P A + Q B$.

Das bewiesene Theorem gestattet es, im „grundlegenden" Fall, d. h., wenn das Indexpaar $(\varkappa_1, \varkappa_2)$ gleich Null ist, Projektionsverfahren für die Umkehrung paariger Operatoren $A P + B Q$ und $P A + Q B$ $(A, B \in \mathfrak{R}(U))$ anzuwenden. Ist jedoch $(\varkappa_1, \varkappa_2) \neq (0, 0)$, so muß man wie auch früher (s. § 1, Kapitel III) den paarigen Operator korrigieren, d. h. seine Indizes „tilgen". Wir betrachten den Operator $A P + B Q$. Der Operator mit getilgten Indizes ist hierbei der Operator $C = U^{-\varkappa_1} A P + U^{-\varkappa_2} B Q$.

Aufgrund des bewiesenen Theorems sind von einem gewissen τ an die Operatoren $P_\tau C P_\tau$ umkehrbar im Raum $P_\tau \mathfrak{B}$, wobei ihre Umkehrungen stark gegen C^{-1} konvergieren. Daher konvergieren die Operatoren

$$(U^{\varkappa_2 - \varkappa_1} P + Q)\,(P_\tau C P_\tau)^{-1}\, U^{-\varkappa_2}$$

stark gegen die entsprechende (linke oder rechte) Umkehrung von $A P + B Q$.

Wir weisen darauf hin, daß für $\varkappa_1 \geqq \varkappa_2$ die Gleichung

$$A P + B Q = U^{\varkappa_2} (U^{-\varkappa_1} A P + U^{-\varkappa_2} B Q)\,(U^{\varkappa} P + Q)$$

gilt und folglich der Operator $(U^{-\varkappa} P + Q)\, C^{-1}\, U^{-\varkappa_2}$ eine linke Umkehrung des Operators $A P + B Q$ ist.

Für $\varkappa_1 \leqq \varkappa_2$ gilt die Gleichung

$$(A P + B Q)\,(U^{-\varkappa} P + Q) = U^{\varkappa_2} (U^{-\varkappa_1} A P + U^{-\varkappa_2} B Q)\,,$$

woraus folgt, daß der Operator $(U^{-\varkappa} P + Q)\, C^{-1}\, U^{-\varkappa_2}$ eine rechte Umkehrung des Operators $A P + B Q$ ist.

Analog geht man beim Operator $P A + Q B$ vor.

Wir betrachten zum Schluß den Fall $A = B$. Dann ist $A P + B Q = A$.

Aus den Resultaten dieses Paragraphen folgt insbesondere, daß, wenn für den Operator $A \in \mathfrak{R}(U)$ die Bedingungen

$$A(\zeta) \neq 0 \; (|\zeta| = 1)\,, \qquad \operatorname{ind} A(\zeta) = 0 \tag{1.4}$$

erfüllt sind, $A \in \Pi\{P_\tau, P_\tau\}$ gilt. Bei einigen natürlichen zusätzlichen Einschränkungen (s. Theorem 1.2) sind die Bedingungen (1.4) auch notwendig dafür, daß $A \in \{P_\tau, P_\tau\}$ gilt.

Wir bemerken noch, daß für $\varkappa = \operatorname{ind} A(\zeta) \neq 0$ auf die Gleichung

$$A \varphi = f$$

das Projektionsverfahren (P_τ, P_τ) nicht anwendbar ist. Auf die dazu äquivalente Gleichung mit getilgtem Index

$$U^{-\varkappa} A \varphi = U^{-\varkappa} f$$

ist das Verfahren jedoch bereits anwendbar. Dieses Verfahren kann man auch auf die Gleichung

$$A\, U^{-\varkappa} \psi = f$$

anwenden.

§ 2. Diskrete Gleichungen

Wie auch in § 3, Kapitel V, führen wir den unitären Verschiebungsoperator U und den ortogonalen Projektor P ein. Wir bezeichnen mit P_n den folgenden symmetrischen Schnittprojektor in $\tilde{l}_2$:

$$P_n\{\xi_j\} = \{\eta_j\}\,, \qquad \eta_j = \begin{cases} \xi_j, & |j| \leqq n\,, \\ 0, & |j| > n\,. \end{cases}$$

Man überprüft leicht, daß die Operatoren U, U^{-1} und die Projektoren P, P_n $(n = 1, 2, \ldots)$ alle Bedingungen aus § 1 erfüllen (s. Theorem 1.1).

Theorem 2.1. *Es seien $a(\zeta)$, $b(\zeta)$ beliebige stetige Funktionen auf der Einheitskreislinie und a_j, b_j $(j = 0, \pm 1 \ldots)$ ihre* Fourier-*Koeffizienten. Für* $\overline{\lim_{n\to\infty}}\, |C_n^{-1}| < \infty$, wobei

$$C_n = \|c_{jk}\|_{j,k=-n}^{n}\,,$$

$$c_{jk} = \begin{cases} a_{j-k}, & k = 0, 1, \ldots, n\,, \\ b_{j-k}, & k = -1, -2, \ldots, -n \end{cases} \qquad (j = -n, -n+1, \ldots, n)$$

ist, gilt

$$a(\zeta) \neq 0\,, \quad b(\zeta) \neq 0 \; (|\zeta| = 1)$$

und

$$\operatorname{ind} a(\zeta) = \operatorname{ind} b(\zeta) = 0\,.$$

Sind diese Bedingungen erfüllt, so hat das abgeschnittene Gleichungssystem

$$\sum_{k=0}^{n} a_{j-k}\, \xi_k + \sum_{k=-n}^{-1} b_{j-k}\, \xi_k = \eta_j \qquad (j = 0, \pm 1, \ldots, \pm n)$$

für jeden Vektor $\{\eta_j\}_{-\infty}^{\infty} \in \tilde{l}_2$ *von einem gewissen n ab genau eine Lösung* $\{\xi_j^{(n)}\}_{j=-n}^{n}$, *und die Vektoren*

$$\xi^{(n)} = \{\ldots, 0, \xi_{-n}^{(n)}, \ldots, \xi_n^{(n)}, 0, \ldots\}$$

konvergieren für $n \to \infty$ in der Norm des Raumes $\tilde{l}_2$ gegen die Lösung des vollständigen Systems

$$\sum_{k=0}^{\infty} a_{j-k}\, \xi_k + \sum_{k=-\infty}^{-1} b_{j-k}\, \xi_k = \eta_j \qquad (j = 0, \pm 1, \ldots)\,. \tag{2.1}$$

Beweis. Die zweite Behauptung des Theorems folgt aus Theorem 1.1 und die erste aus Theorem 1.2 Wir bringen noch einen anschaulicheren Beweis der ersten Behauptung des Theorems.

Aus dem Lemma über die Umkehrbarkeit eines starken Grenzwertes (s. Lemma 1.1, Kapitel III) folgt, daß der im $\tilde{l}_2$ durch das System (2.1) definierte Operator $A\,P + B\,Q$ umkehrbar ist. Deshalb gilt wegen Theorem 3.1, Kapitel V, $a(\zeta) \neq 0$, $b(\zeta) \neq 0$ ($|\zeta| = 1$) und $\operatorname{ind} a(\zeta) = \operatorname{ind} b(\zeta)$.

Wir nehmen jetzt an, daß $\varkappa = \operatorname{ind} a(\zeta) \neq 0$ gilt. Zum Beispiel sei $\varkappa > 0$. Mit n_k ($k = 1, 2, \ldots$) bezeichnen wir eine solche Folge natürlicher Zahlen, daß $\sup\limits_k |C_{n_k}^{-1}| < \infty$ gilt. Dann ist $A\,P + B\,Q \in \Pi\{P_{n_k}, P_{n_k}\}$.

Es sei $\|c_{jk}\|_{j,k=-\infty}^{\infty}$ die zum Operator $A\,P + B\,Q$ gehörige Matrix, d. h. die Matrix des vollständigen Systems (2.1). Wir betrachten den Operator S, der in $\tilde{l}_2$ durch die Matrix $\|s_{jk}\|_{j,k=-\infty}^{\infty}$ definiert ist, wobei $s_{jk} = 0$ ist für alle Paare j, k aus einer der folgenden Ecken:

(1) $\quad -\infty < j < \varkappa, \quad 0 \leqq k < \infty,$

(2) $\quad \varkappa \leqq j < \infty, \quad -\infty < k < 0,$

und $s_{jk} = c_{jk}$ gilt für alle übrigen Paare j, k. Die Matrix $\|s_{jk}\|_{j,k=-\infty}^{\infty}$ hat die Form

$$\left\|\begin{array}{cc:cc}
\cdot & \cdot & & \\
\cdot & \cdot & & 0 \\
\cdots\, b_1 & b_0 & & \\
\hdashline
b_2 & b_1 & & \\
\cdots & & & 0 \\
\cdots\, b_{\varkappa+1} & b_\varkappa & & \\
0 & & a_\varkappa & a_{\varkappa-1}\,\cdots \\
 & & a_{\varkappa+1} & a_\varkappa \\
 & & \cdots & \cdots
\end{array}\right\|.$$

Man prüft leicht nach, daß der Operator S umkehrbar ist und sich vom Operator $A\,P + B\,Q$ um einen vollstetigen Summanden unterscheidet. Wegen Theorem 3.1, Kapitel II, gilt $S \in \Pi\{P_{n_k}, P_{n_k}\}$. Deshalb sind die Operatoren $P_{n_k}\,S\,P_{n_k}$ von einem gewissen k ab umkehrbar in $P_{n_k}\tilde{l}_2$. Die Matrix des Operators $P_{n_k}\,S\,P_{n_k}$, welche die Form

$$\left\|\begin{array}{ccc:ccc}
b_0 & \cdots & b_{-n_k+1} & & & \\
\cdot & \cdots & \cdot & & & \\
\cdot & \cdots & \cdot & & 0 & \\
\cdot & \cdots & \cdot & & & \\
b_{n_k-1} & \cdots & b_0 & & & \\
\hdashline
b_n & \cdots & b_1 & & & \\
\cdot & \cdots & \cdot & & 0 & \\
\cdot & \cdots & \cdot & & & \\
\cdot & \cdots & \cdot & & & \\
b_{n_k-1+\varkappa} & \cdots & b_\varkappa & a_\varkappa & \cdots & a_{\varkappa-n_k} \\
 & & & \cdot & \cdots & \cdot \\
 & & & \cdot & \cdots & \cdot \\
 & 0 & & \cdot & \cdots & \cdot \\
 & & & a_{n_k} & \cdots & a_0
\end{array}\right\|$$

hat, ist jedoch offensichtlich singulär. Der erhaltene Widerspruch beweist das Theorem.

Ein analoges Theorem gilt für das paarige Gleichungssystem

$$\left.\begin{aligned} \sum_{k=-\infty}^{\infty} a_{j-k}\,\xi_k &= \eta_j \qquad (j = 0, 1, \ldots), \\ \sum_{k=-\infty}^{\infty} b_{j-k}\,\xi_k &= \eta_j \qquad (j = -1, -2, \ldots). \end{aligned}\right\} \tag{2.2}$$

Bemerkung. Das in Theorem 2.1 angeführte Projektionsverfahren zur Lösung paariger diskreter Gleichungen kann man in seiner Form so abändern, daß es auch in dem Fall anwendbar wird, wo die Zahlen ind $a(\zeta)$, ind $b(\zeta)$ ungleich Null sind. Dieser Fall kann durch Übergang zur Gleichung mit getilgtem Index auf den betrachteten Fall zurückgeführt werden (vgl. die Bemerkung nach dem Beweis von Theorem 1.2 sowie die Theoreme 3.2 und 3.3, Kapitel V). Die Formulierung der entsprechenden Sätze überlassen wir dem Leser (s. die Arbeit der Autoren [4], Seite 93).

Zum Abschluß dieses Paragraphen betrachten wir den Fall $a(\zeta) = b(\zeta)$. In diesem Fall geht das System (2.1) wie auch das System (2.2) in das System

$$\sum_{k=-\infty}^{\infty} a_{j-k}\,\xi_k = \eta_j \qquad (j = 0, \pm 1, \ldots) \tag{2.3}$$

über, dessen Lösung die Folge der FOURIER-Koeffizienten des Quotienten zweier Funktionen ist.

Aus den Resultaten dieses Paragraphen ergibt sich folgendes Theorem, welches eng mit dem in der Einleitung formulierten Theorem 0.2 zusammenhängt.

Theorem 2.2. *Es seien $a(\zeta)$ eine beliebige stetige Funktion auf der Einheitskreislinie und a_j $(j = 0, \pm 1, \ldots)$ ihre* FOURIER-*Koeffizienten. Gilt für die Matrizen $A_n = ||a_{j-k}||_{j,k=-n}^{n}$ die Beziehung*

$$\varliminf_{n\to\infty} |A_n^{-1}| < \infty, \tag{2.4}$$

so ist

$$a(\zeta) \neq 0 \ (|\zeta| = 1) \quad \text{und} \quad \varkappa = \operatorname{ind} a(\zeta) = 0\,. \tag{2.5}$$

Ist nur die erste der Bedingungen (2.5) erfüllt, so hat für alle Vektoren $\{\eta_j\}_{-\infty}^{\infty} \in \tilde{l}_2$ das abgeschnittene System

$$\sum_{k=-n}^{n} a_{j-k}\,\xi_k = \eta_j \qquad (j = -n+\varkappa, \ldots, n+\varkappa)$$

von einem gewissen n ab genau eine Lösung $\{\xi_j^{(n)}\}_{j=-n}^{n}$, und die Vektoren $\xi^{(n)} = \{\tilde{\xi}_j^{(n)}\}_{j=-\infty}^{\infty}$ mit

$$\tilde{\xi}_j^{(n)} = \begin{cases} \xi_j^{(n)}, & |j| \leqq n\,, \\ 0, & |j| > n \end{cases}$$

konvergieren für $n \to \infty$ in der Norm des Raumes $\tilde{l}_2$ gegen die Lösung des vollständigen Systems (2.3).

Wir klären jetzt den Zusammenhang dieses Theorems mit dem Theorem 0.2. Dabei beschränken wir uns auf den Fall $\tilde{l}_2$. In Theorem 2.2 ist die Funktion $a(\zeta)$ lediglich stetig, während sie in Theorem 0.2 in eine absolut konvergente FOURIER-Reihe entwickelbar ist. Die Forderung (2.4) ist eine Abschwächung der Forderung nach Existenz und Konvergenz in der Norm des Raumes $\tilde{l}_p$ der Vektorenfolge $\xi^{(n)}$, d. h., der erste Teil (die „Notwendigkeit") des Theorems 2.2 ist eine direkte Verschärfung des ersten Teils von Theorem 0.2 im Fall $\tilde{l}_2$.

Der zweite Teil des Theorems 2.2 (die „Hinlänglichkeit") fällt für $\varkappa = 0$ im Fall $\tilde{l}_2$ mit dem zweiten Teil von Theorem 0.2 zusammen, und für $\varkappa \neq 0$ stellt er eine neue, zusätzliche Behauptung dar.

Wir bemerken, daß alle Theoreme des vorliegenden Paragraphen auch für die Räume $\tilde{l}_p$ $(p \geqq 1)$ und $\tilde{c}_0$ gelten, wenn man den Funktionen $a(\zeta)$ und $b(\zeta)$ entsprechende Einschränkungen auferlegt. Außerdem kann man Theorem 2.2 auf den Fall einer stückweise stetigen Funktion $a(\zeta)$ verallgemeinern (s. Theorem 4.2, Kapitel IV, wo dies im Fall $\varkappa = 0$ gemacht wurde).

§ 3. Integralgleichungen

1. Wie früher bezeichnen wir mit P_τ $(0 < \tau < \infty)$ den symmetrischen Schnittprojektor, der im Raum $\tilde{L}_p$ $(p \geqq 1)$ durch die Gleichung

$$(P_\tau f)(t) = \begin{cases} f(t), & |t| < \tau, \\ 0, & |t| > \tau \end{cases} \tag{3.1}$$

definiert ist.

Die Projektoren P_τ und die in § 4, Kapitel V, eingeführten Operatoren U, U^{-1}, P erfüllen alle Bedingungen von § 1. Als Realisierung der Theoreme 1.1 und 1.2 erhalten wir folgendes Theorem.

Theorem 3.1. *Es seien $k_j(t) \in \tilde{L}_1$ $(j = 1, 2)$ und $A\,P + B\,Q$ der in $\tilde{L}_p$ $(p \geqq 1)$ durch die Gleichung*

$$\varphi(t) - \int_0^\infty k_1(t-s)\,\varphi(s)\,ds - \int_{-\infty}^0 k_2(t-s)\,\varphi(s)\,ds = f(t) \tag{3.2}$$

$$(-\infty < t < \infty)$$

definierte Operator. Ist

$$\varliminf_{\tau\to\infty} |[P_\tau(A\,P + B\,Q)\,P_\tau]^{-1}| < \infty, \tag{3.3}$$

so gilt

$$\begin{aligned} \mathcal{A}(\lambda) &\overset{\text{def}}{=} 1 - \int_{-\infty}^{\infty} k_1(t)\,e^{i\lambda t}\,dt \neq 0, \\ \mathcal{B}(\lambda) &\overset{\text{def}}{=} 1 - \int_{-\infty}^{\infty} k_2(t)\,e^{i\lambda t}\,dt \neq 0, \end{aligned} \qquad (-\infty < \lambda < \infty), \tag{3.4}$$

$$\operatorname{ind} \mathcal{A}(\lambda) = \operatorname{ind} \mathcal{B}(\lambda) = 0\,.$$

Sind diese Bedingungen erfüllt, so hat für jede Funktion $f(t) \in \tilde{L}_p$ die Gleichung

$$\varphi(t) - \int_0^\tau k_1(t-s)\,\varphi(s)\,ds - \int_{-\tau}^0 k_2(t-s)\,\varphi(s)\,ds = f(t)$$

$$(-\tau < t < \tau)$$

von einem gewissen τ ab genau eine Lösung $\varphi_\tau(t)$, und die Funktionen

$$\tilde{\varphi}(t) = \begin{cases} \varphi(t), & |t| < \tau\,, \\ 0, & |t| > \tau \end{cases}$$

konvergieren für $\tau \to \infty$ in der Norm des Raumes $\tilde{L}_p$ gegen die Lösung der Gleichung (3.2).

Ein analoges Theorem gilt für die paarige Gleichung

$$\left.\begin{aligned} \varphi(t) - \int_{-\infty}^{\infty} k_1(t-s)\,\varphi(s)\,ds &= f(t) \qquad (0 < t < \infty)\,, \\ \varphi(t) - \int_{-\infty}^{\infty} k_2(t-s)\,\varphi(s)\,ds &= f(t) \qquad (-\infty < t < 0)\,. \end{aligned}\right\} \tag{3.5}$$

Wir bemerken, daß es das Theorem 1.3 über die Indextilgung gestattet, auch für ind $A(\lambda) \neq 0$, ind $B(\lambda) \neq 0$ ein Näherungsverfahren zur Lösung der Gleichung (3.2) oder (3.5) zu begründen.

2. Wir zeigen, daß im Fall des HILBERT-Raumes $\tilde{L}_2$ das GALERKIN-Verfahren bezüglich eines speziellen Funktionensystems auf paarige Gleichungen und die zu ihnen transponierten Gleichungen anwendbar ist.

Dieses System wird — auf der ganzen Achse — durch die folgenden Gleichungen definiert:

$$\psi_0(t) = \begin{cases} \sqrt{2}\,e^{-t}\,, & t > 0\,, \\ 0, & t < 0\,, \end{cases}$$

$$\psi_j(t) = (U^j \psi_0)(t) \qquad (-\infty < t < \infty; \quad j = \pm 1, \pm 2, \ldots)\,, \tag{3.6}$$

welche den Gleichungen (3.3) des Kapitels III für den Fall der Halbachse analog sind.

Man sieht leicht, daß für $j \geqq 0$ die Funktionen $\psi_j(t)$ mit den durch Null auf die negative Halbachse fortgesetzten Funktionen (3.3) aus Kapitel III zusammenfallen, und daß für $j < 0$

$$\psi_j(t) = -\psi_{-j-1}(-t) \qquad (j = -1, -2, \ldots)$$

gilt.

Genauso wie in § 3, Kapitel III, zeigt man, daß das System (3.6) eine Basis in $\tilde{L}_2$ ist und daß die Gleichungen (3.2) und (3.5) entsprechend den in $\tilde{l}_2$ betrachteten Systemen

$$\sum_{k=0}^{\infty} a_{j-k}\,\xi_k + \sum_{k=-\infty}^{-1} b_{j-k}\,\xi_k = \eta_j \qquad (j = 0, \pm 1, \ldots) \tag{3.7}$$

und

$$\left.\begin{aligned} \sum_{k=-\infty}^{\infty} a_{j-k}\,\xi_k &= \eta_j \qquad (j = 0, 1, \ldots)\,, \\ \sum_{k=-\infty}^{\infty} b_{j-k}\,\xi_k &= \eta_j \qquad (j = -1, -2, \ldots) \end{aligned}\right\} \tag{3.8}$$

äquivalent sind.

Hierbei sind a_j, b_j und η_j die FOURIER-Koeffizienten der Funktionen

$$1 - K_1\left(i\frac{1+\zeta}{1-\zeta}\right), \qquad 1 - K_2\left(i\frac{1+\zeta}{1-\zeta}\right), \qquad F\left(i\frac{1+\zeta}{1-\zeta}\right) (|\zeta| = 1)\,,$$

und die Funktionen $K_1(\lambda)$, $K_2(\lambda)$ und $F(\lambda)$ sind die FOURIER-Transformierten der Funktionen $k_1(t)$, $k_2(t)$ und $f(t)$. Ist dabei zum Beispiel der Vektor $\{\xi_j\}_{-\infty}^{\infty}$ Lösung des Systems (3.7), so ist die Funktion

$$\varphi(t) = \sum_{j=-\infty}^{\infty} \xi_j\,\psi_j(t)$$

Lösung der Gleichung (3.2) und umgekehrt.

Wir bemerken noch, daß das System

$$\sum_{k=0}^{n} a_{j-k}\,\xi_k + \sum_{k=-n}^{-1} b_{j-k}\,\xi_k = \eta_j \qquad (j = 0, \pm 1, \ldots, \pm n)$$

mit dem System des GALERKIN-Verfahrens für die Gleichung (3.2) zusammenfällt, d. h. mit dem System

$$\sum_{k=0}^{n} (A\,\psi_k, \psi_j)\,c_k + \sum_{k=-n}^{-1} (B\,\psi_k, \psi_j)\,c_k = (f, \psi_j) \tag{3.9}$$
$$(j = 0, \pm 1, \ldots, \pm n)\,,$$

wobei die Operatoren A und B durch die Gleichungen

$$\left.\begin{aligned} (A\,\varphi)\,(t) &= \varphi(t) - \int_{-\infty}^{\infty} k_1\,(t - s)\,\varphi(s)\,ds\,, \\ (B\,\varphi)\,(t) &= \varphi(t) - \int_{-\infty}^{\infty} k_2\,(t - s)\,\varphi(s)\,ds \end{aligned}\right\} \tag{3.10}$$

definiert werden.

Durch Anwendung der Resultate aus § 2 erhalten wir jetzt die folgenden Sätze.

Theorem 3.2. *Es seien* $k_j(t) \in \tilde{L}_1$ $(j = 1, 2)$ *und* A, B *die durch die Gleichungen* (3.10) *definierten Operatoren. Ist* $\overline{\lim\limits_{n\to\infty}}\, |D_n^{-1}| < \infty$, *wobei* D_n *die Matrix des Systems* (3.9) *bezeichnet, so sind die Bedingungen* (3.4) *erfüllt. Ist dies der Fall, dann hat für jede Funktion* $f(t) \in \tilde{L}_2$ *das System* (3.9) *von einem gewissen* n *ab genau eine Lösung* $\{c_j^{(n)}\}_{j=-n}^{n}$, *und die Funktionen*

$$\varphi_n(t) = \sum_{j=-n}^{n} c_j^{(n)}\,\psi_j(t)$$

konvergieren für $n \to \infty$ in der Norm des Raumes $\tilde{L}_2$ gegen die Lösung der Gleichung (3.2).

Ein analoges Theorem gilt für die paarige Gleichung (3.5).

Zu Theorem 3.2 kann man eine Bemerkung formulieren, die der Bemerkung zu Theorem 2.2 analog ist (s. Seite 157).

Aus den erhaltenen Resultaten folgt ein Kriterium für die Anwendbarkeit des Projektionsverfahrens (P_τ, P_τ) und des GALERKIN-Verfahrens bezüglich des Funktionensystems (3.6) auf den durch die Gleichung

$$\varphi(t) - \int_{-\infty}^{\infty} k(t-s)\,\varphi(s)\,ds = f(t) \qquad (-\infty < t < \infty,\ k(t) \in \tilde{L}_1) \tag{3.11}$$

definierten Operator A.

Als Beispiel formulieren wir ein Theorem über die Anwendbarkeit des GALERKIN-Verfahrens im Raum $\tilde{L}_2$.

Wir bezeichnen mit D_n die Matrix des Systems

$$\sum_{k=-n}^{n} (A\,\psi_k, \psi_j)\,c_k = (f, \psi_j) \qquad (j = 0, \pm 1, \ldots, \pm n)\,.$$

Theorem 3.3. *Es seien $k(t) \in \tilde{L}_1$ und A der durch die Gleichung* (3.11) *definierte Operator. Für*

$$\varlimsup_{n\to\infty} |D_n^{-1}| < \infty$$

gilt

$$\mathcal{A}(\lambda) \overset{\text{def}}{=} 1 - \int_{-\infty}^{\infty} k(t)\,e^{i\lambda t}\,dt \neq 0 \qquad (-\infty < \lambda < \infty)\,,$$

$$\varkappa \overset{\text{def}}{=} \operatorname{ind} \mathcal{A}(\lambda) = 0\,. \tag{3.12}$$

Ist die erste der Bedingungen (3.12) *erfüllt, so hat für jede Funktion $f(t) \in \tilde{L}_2$ das System*

$$\sum_{k=-n}^{n} (A\,\psi_k, \psi_j)\,c_k = (f, \psi_j) \qquad (j = -n + \varkappa, \ldots, n + \varkappa)$$

von einem gewissen n ab genau eine Lösung $\{c_j^{(n)}\}_{j=-n}^{n}$, und die Funktionen

$$\varphi_n(t) = \sum_{j=-n}^{n} c_j^{(n)}\,\psi_j(t)$$

konvergieren für $n \to \infty$ in der Norm des Raumes $\tilde{L}_2$ gegen die Lösung der Gleichung (3.11).

Wir bemerken noch, daß analoge Kriterien für die Anwendbarkeit der angeführten Projektionsverfahren auch im Fall einer stückweise stetigen Funktion $\mathcal{A}(\lambda)$ gelten (s. §§ 2 und 4, Kapitel IV).

§ 4. Singuläre Integralgleichungen

In diesem Paragraphen verwenden wir die Bezeichnungen und Resultate aus § 6, Kapitel V. Zusätzlich führen wir die Projektoren P_n $(n = 1, 2, \ldots)$ ein, die im Raum $L_p(\Gamma)$ $(1 < p < \infty)$ durch die Gleichungen

$$(P_n g)(\zeta) = \sum_{j=-n}^{n} g_j \zeta^j$$

definiert sind. Dabei sind g_j $(j = 0, \pm 1, \ldots)$ die FOURIER-Koeffizienten der Funktion $g(\zeta)$. Die Projektoren P_n konvergieren für $n \to \infty$ stark gegen den Einheitsoperator (s. S. KARLIN [1]) und erfüllen zusammen mit den Operatoren U und P alle Bedingungen von § 1.

Das folgende Theorem ist ein Kriterium für die Anwendbarkeit eines gewissen Projektionsverfahrens auf die singuläre Integralgleichung

$$a(\zeta)\,\varphi(\zeta) + \frac{b(\zeta)}{\pi i}\int_\Gamma \frac{\varphi(z)}{z-\zeta}\,dz = f(\zeta) \qquad (\zeta \in \Gamma)\,. \tag{4.1}$$

Hierbei sind $a(\zeta)$ und $b(\zeta)$ beliebige stetige Funktionen auf Γ und $f(\zeta) \in L_p(\Gamma)$. Wie früher seien $c(\zeta) = a(\zeta) + b(\zeta)$, $d(\zeta) = a(\zeta) - b(\zeta)$ und c_j, d_j und f_j $(j = 0, \pm 1, \ldots)$ die FOURIER-Koeffizienten der Funktionen $c(\zeta)$, $d(\zeta)$ und $f(\zeta)$.

Theorem 4.1. *Das Gleichungssystem*

$$\sum_{k=0}^{n} c_{j-k}\,\xi_k + \sum_{k=-n}^{-1} d_{j-k}\,\xi_k = f_j \qquad (j = 0, \pm 1, \ldots, \pm n) \tag{4.2}$$

hat von einem gewissen n ab eine eindeutig bestimmte Lösung $\{\xi_j^{(n)}\}_{j=-n}^{n}$, und die Funktionen

$$\varphi_n(\zeta) = \sum_{j=-n}^{n} \xi_j^{(n)} \zeta^j$$

konvergieren für $n \to \infty$ in der Norm des Raumes $L_p(\Gamma)$ gegen die Lösung der Gleichung (4.1) (*bei beliebiger Funktion $f(\zeta) \in L_p(\Gamma)$*) *genau dann, wenn die Bedingungen*

$$c(\zeta) \neq 0\,, \quad d(\zeta) \neq 0 \;(|\zeta| = 1)\,, \tag{4.3}$$
$$\operatorname{ind} c(\zeta) = \operatorname{ind} d(\zeta) = 0$$

erfüllt sind.

Beweis. Die Notwendigkeit der Bedingungen (4.3) folgt aus Theorem 1.2 und ihre Hinlänglichkeit aus Theorem 1.1.

Den ersten Teil von Theorem 4.1 (die „Notwendigkeit") kann man verschärfen und analog zu Theorem 2.1 formulieren.

Die Theoreme über die näherungsweise Lösung der Gleichung (4.1) in dem Fall, wo die Indizes der Funktionen $c(\zeta)$ und $d(\zeta)$ ungleich Null sind, führen wir hier nicht an.

Wir bemerken noch, daß das System (4.2) mit dem System des GALERKIN-Verfahrens für die Gleichung (4.1) bezüglich der Funktionen ζ^j $(j = 0, \pm 1, \ldots)$ zusammenfällt.

§ 5. Differenzengleichungen

In diesem Paragraphen wird die Anwendbarkeit eines Projektionsverfahrens auf Gleichungen der Form

$$\left.\begin{aligned} \sum_{j=-\infty}^{\infty} a_j f(t-j) &= g(t) \qquad (0 < t < \infty), \\ \sum_{j=-\infty}^{\infty} b_j f(t-j) &= g(t) \qquad (-\infty < t < 0) \end{aligned}\right\} \tag{5.1}$$

und

$$\sum_{j<t} a_j f(t-j) + \sum_{j>t} b_j f(t-j) = g(t) \qquad (-\infty < t < \infty) \tag{5.2}$$

gezeigt.

Diese Gleichungen werden im Raum $\tilde{L}_2$ betrachtet, Die Theorie solcher Gleichungen ist in § 7, Kapitel V, dargelegt. Es seien $a(\zeta)$, $b(\zeta)$ stückweise stetige Funktionen und a_j, b_j $(j = 0, \pm 1, \ldots)$ ihre FOURIER-Koeffizienten. Dann definieren die Gleichungen (5.1) und (5.2) im Raum $\tilde{L}_2$ paarige Operatoren $P\,a(U) + Q\,b(U)$ und $a(U)\,P + b(U)\,Q$.

Wir bezeichnen mit P_n $(n = 1, 2, \ldots)$ den im Raum $\tilde{L}_2$ durch die Gleichung

$$(P_n \varphi)(t) = \begin{cases} \varphi(t), & |t| < n, \\ 0, & |t| > n \end{cases}$$

definierten Projektor.

Theorem 5.1. *Es seien $a(\zeta)$, $b(\zeta)$ beliebige stetige Funktionen auf der Einheitskreislinie und a_j, b_j $(j = 0, \pm 1, \ldots)$ ihre* FOURIER*-Koeffizienten. Ist*

$$\varliminf_{n\to\infty} |[P_n (a(U)\,P + b(U)\,Q)\,P_n]^{-1}| < \infty,$$

so gilt

$$a(\zeta) \neq 0, \quad b(\zeta) \neq 0 \qquad (|\zeta| = 1)$$

und

$$\operatorname{ind} a(\zeta) = \operatorname{ind} b(\zeta) = 0\,.$$

Sind diese Bedingungen erfüllt, so hat für jede Funktion $g(t) \in \tilde{L}_2$ die Gleichung

$$\sum_{t-n<j<t} a_j f(t-j) + \sum_{t<j<t+n} b_j f(t-j) = g(t) \; (-n < t < n) \tag{5.3}$$

von einem gewissen n ab genau eine Lösung $f_n(t) \in L_2(-n, n)$, und die Funktionen

$$\tilde{f}_n(t) = \begin{cases} f_n(t), & |t| < n, \\ 0, & |t| > n \end{cases} \tag{5.4}$$

konvergieren für $n \to \infty$ in der Norm des Raumes $\tilde{L}^2$ gegen die Lösung der Gleichung (5.2).

Beweis. Die Gleichung (5.3) oder, was dasselbe ist, die Gleichung $P_n(a(U)P + b(U)Q)P_n f = P_n g$ ist dem System

$$\sum_{k=1}^{n} a_{j-k} f_k(t) + \sum_{k=-n+1}^{0} b_{j-k} f_k(t) = g_j(t) \qquad (j = -n+1, \ldots, n) \tag{5.5}$$

äquivalent, wobei die Funktionen

$$f_j(t) = f(t+j-1), \quad g_j(t) = g(t+j-1)$$
$$(0 \leqq t \leqq 1; \quad j = -n+1, \ldots, n)$$

zum Raum $L_2(0, 1)$ gehören. Aufgrund dieser Äquivalenz und des Lemmas 6.1, Kapitel IV, gilt

$$|[P_n(a(U)P + b(U)Q)P_n]^{-1}| = |A_n^{-1}|,$$

wobei A_n die Matrix des Systems (5.5) ist. Zur Vervollständigung des Beweises genügt es, Theorem 2.1 dieses Kapitels und Theorem 2.1, Kapitel II, anzuwenden.

Theorem 5.1 und der dazu angeführte Beweis gelten auch im Raum $\tilde{L}_p$ $(1 \leqq p < \infty)$, wenn die stetigen Funktionen $a(\zeta)$ und $b(\zeta)$ zu der entsprechenden Algebra $\mathfrak{R}(\zeta)$ gehören.

Analoge Resultate gelten für die Gleichung (5.1).

Zum Abschluß betrachten wir den Fall $a(\zeta) = b(\zeta)$.

Theorem 5.2. *Es seien $a(\zeta)$ eine Funktion aus Λ und a_j $(j = 0, \pm 1, \ldots)$ ihre* Fourier-*Koeffizienten. Ist*

$$\varlimsup_{n\to\infty} |(P_n a(U) P_n)^{-1}| < \infty,$$

so ist die Funktion $a(\zeta)$ nicht ausgeartet, und es gilt ind $a(\zeta) = 0$.

Sind diese Bedingungen erfüllt, so hat die Gleichung

$$\sum_{t-n<j<t+n} a_j f(t-j) = g(t) \qquad (-n < t < n)$$

für jede Funktion $g(t) \in \tilde{L}_2$ von einem gewissen n ab genau eine Lösung $f_n(t) \in L_2(-n, n)$, und die Funktionen (5.4) konvergieren für $n \to \infty$ in der Norm des Raumes $\tilde{L}_2$ gegen die Lösung der Gleichung

$$\sum_{j=-\infty}^{\infty} a_j f(t-j) = g(t) \qquad (-\infty < t < \infty).$$

Dieses Theorem beweist man analog wie das vorhergehende. Es ist eine Folgerung aus Theorem 4.2 und Lemma 6.1, Kapitel IV.

§ 6. Das Galerkin-Verfahren für den Operator der Multiplikation mit einer Funktion

Es sei A der lineare beschränkte Operator der Multiplikation mit einer Funktion im Raum $L_2(0, 1)$:

$$(A\varphi)(t) = a(t)\varphi(t) \qquad (0 \leqq t \leqq 1), \tag{6.1}$$

wobei $a(t)$ $(0 \leqq t \leqq 1)$ eine beschränkte meßbare Funktion ist.

In dem vorliegenden Paragraphen werden die Bedingungen dafür angegeben, daß auf den Operator A das GALERKIN-Verfahren bezüglich des orthogonalen Systems trigonometrischer Funktionen

$$\{e^{i2\pi jt}\} \qquad (j = 0, \pm 1, \ldots)$$

anwendbar ist.

Im Fall einer stetigen oder stückweise stetigen Funktion $a(t)$ sind die unten erhaltenen Bedingungen nicht nur hinreichend, sondern auch notwendig.

1. Es sei zu Beginn $a(t)$ eine *stetige* Funktion ohne Nullstellen auf dem Intervall $0 \leqq t \leqq 1$. Die stetige Funktion $\arg a(t)$ ist nicht eindeutig definiert. Jedoch hängt offenbar die Differenz

$$\arg a(t_2) - \arg a(t_1) \qquad (0 \leqq t_1, t_2 \leqq 1)$$

nicht von der Wahl der Funktion $\arg a(t)$ ab.

Theorem 6.1. *Es seien $a(t)$ $(0 \leqq t \leqq 1)$ eine stetige Funktion und*

$$\varphi_j(t) = e^{i2\pi jt} \qquad (j = 0, \pm 1, \pm 2, \ldots)\,. \tag{6.2}$$

Das GALERKIN-Verfahren[1] (φ_j, φ_j) *ist genau dann auf den durch die Gleichung* (6.1) *definierten Operator A anwendbar, wenn die folgenden Bedingungen erfüllt sind:*

a) $a(t) \neq 0 \qquad (0 \leqq t \leqq 1)$,

b) $|\arg a(1) - \arg a(0)| < \pi$.

Wir bemerken, daß in dem Fall, wo die stetige Funktion $a(t)$ in den Endpunkten des Intervalls $[0, 1]$ die gleichen Werte annimmt, die Bedingung b) die Form

$$\arg a(1) - \arg a(0) = 0$$

annimmt.

Dieses Theorem folgt aus dem allgemeineren Theorem 6.2 für eine stückweise stetige Funktion $a(t)$. Wir formulieren hier noch einige einfache Bemerkungen.

Wir führen die ganze Zahl

$$\varkappa = \frac{1}{2\pi}\,[\arg a(1) \arg a(0) + \arg a_0(0) - \arg a_0(1)] \tag{6.3}$$

ein, wobei

$$a_0(\mu) = a(0)\,\mu + a_1(1)\,(1-\mu) \neq 0 \qquad (0 \leqq \mu \leqq 1)$$

ist.

Die Zahl $\varkappa$ ist gleich dem Index[2] der Funktion $\tilde{a}(\zeta)$ $(|\zeta| = 1)$, die durch die Gleichung

$$\tilde{a}(e^{i2\pi t}) = a(t) \qquad (0 \leqq t \leqq 1)$$

definiert wird. Die Bedingung b) bedeutet einfach, daß $\varkappa = 0$ ist. Der Fall $\varkappa \neq 0$ wird durch Indextilgung auf den Fall $\varkappa = 0$ zurückgeführt, d. h., indem man den Ausgangsoperator durch den Operator

$$e^{-i2\pi\varkappa l}\,A = e^{-i2\pi\varkappa t}\,a(t)\,I$$

[1]) Zur Definition der Anwendbarkeit des GALERKIN-Verfahrens siehe § 1, Kapitel II.

[2]) Zur Definition des Index unstetiger Funktionen siehe § 1, Kapitel IV.

ersetzt. Mit anderen Worten, sind die Bedingung a) und die Bedingung

$$a_0(\mu) \neq 0 \qquad (0 \leqq \mu \leqq 1)$$

erfüllt, so kann man auf den durch die Gleichung (6.1) definierten Operator A das GALERKIN-Verfahren (φ_j, ψ_j) anwenden, wobei

$$\varphi_j(t) = e^{i 2\pi j t} \quad \text{und} \quad \psi_j(t) = e^{i 2\pi (j+\varkappa) t} \qquad (j = 0, \pm 1, \ldots)$$

ist.

Ist nur die Bedingung a) aus Theorem 6.1[1]) erfüllt, so gibt es eine derartige *komplexe* Zahl α, daß auf den Operator $\exp(i\, 2\pi\, \alpha\, t)\, A$ das GALERKIN-Verfahren bezüglich des Systems (6.2) anwendbar ist.

In der Tat, man kann den Quotienten $a(0)/a(1)$ in der Form $\exp(i\, 2\pi\, \alpha)$ darstellen, wobei α eine komplexe Zahl ist.

Man sieht leicht, daß die Funktion

$$a(t) \exp(i\, 2\pi\, \alpha\, t) \qquad (0 \leqq t \leqq 1)$$

stetig ist und in den Endpunkten des Intervalls $(0 \leqq t \leqq 1)$ gleiche Werte annimmt. Außerdem kann man die Zahl α so auswählen, daß

$$\left[\arg\left(a(t) \exp(i\, 2\pi\, \alpha\, t)\right)\right]_{t=0}^{1} = 0$$

gilt.

Das Gesagte bedeutet auch, daß unter der Bedingung a) auf den Operator A selbst das GALERKIN-Verfahren (φ_j, ψ_j) anwendbar ist, wobei

$$\varphi_j(t) = e^{i 2\pi j t} \quad \text{und} \quad \psi_j(t) = e^{i 2\pi (j-\alpha) t} \qquad (j = 0, \pm 1, \ldots)$$

ist.

2. Wir gehen jetzt zum Fall stückweise stetiger Funktionen über.

Es sei $a(t)$ $(0 \leqq t \leqq 1)$ eine stückweise stetige und von links stetige Funktion, und $0 \leqq t_1 < t_2 < \cdots < t_n < 1$ seien alle ihre Unstetigkeitsstellen.

Wir füllen die Sprungstellen in der Bildkurve der Funktion $a(t)$ aus, indem wir die Punkte $a(t_j)$ und $a(t_j + 0)$ $(j = 1, \ldots, n)$ sowie die Punkte $a(0)$ und $a(1)$ durch Geradenstücke verbinden.

Die erhaltene stetige Kurve bezeichnen wir mit Γ_a. Diese Kurve ist auf natürliche Weise orientierbar. Wenn sie nicht durch den Koordinatenanfang geht, so bezeichnen wir mit $\varkappa = \operatorname{ind} \Gamma_a$ die Anzahl der Umläufe dieser Kurve um den Koordinatenanfang.

Theorem 6.2. *Auf den Operator*

$$A = a(t)\, I$$

im Raum $L_2(0, 1)$ *ist das* GALERKIN-*Verfahren bezüglich des Funktionensystems* (6.2) *genau dann anwendbar, wenn die folgenden Bedingungen erfüllt sind:*

a) *die Kurve* Γ_a *geht nicht durch den Nullpunkt;*

b) $\varkappa = \operatorname{ind} \Gamma_a = 0$.

---

[1]) Die Bedingung a) bedeutet die Umkehrbarkeit des Operators A und ist notwendig für die Anwendbarkeit des GALERKIN-Verfahrens bezüglich eines jeden Funktionensystems.

Beweis. Es ist leicht zu sehen, daß in der Basis (6.2) zum Operator $A = a(t) I$ die TOEPLITZSCHE—Matrix

$$||a_{j-k}||_{j,k=-\infty}^{\infty}$$

gehört, wobei a_j ($j = 0, \pm 1, \ldots$) die FOURIER-Koeffizienten der Funktion $a(t)$ bezüglich des Systems (6.2) sind. Das GALERKIN-Verfahren bezüglich des Systems (6.2) fällt für diesen Operator mit dem Reduktionsverfahren zusammen, bei welchem die Gleichung mit der unendlichen Matrix $||a_{j-k}||_{j,k=-\infty}^{\infty}$ durch das endliche Gleichungssystem mit der Matrix $||a_{j-k}||_{j,k=-n}^{n}$ ersetzt wird.

Zur Vervollständigung des Beweises verbleibt Theorem 4.2, Kapitel IV, auszunutzen. Wir bemerken, daß man zum Theorem 6.2 die gleichen Bemerkungen wie zum vorangegangenen Satz machen kann.

3. Wir führen noch ein Theorem an, daß aus Theorem 5.3, Kapitel IV, folgt.

Theorem 6.3. *Es gelte*

$$f(\zeta) \in M_R{}^{1)}, \text{ind}\, f(\zeta) = 0 \quad \textit{und} \quad a(t) = f(e^{2\pi i t})\,.$$

Dann ist auf den Operator $A = a(t) I$ das GALERKIN-Verfahren bezüglich des trigonometrischen Funktionensystems (6.2) anwendbar.

Für reelle meßbare beschränkte Funktionen $a(t)$ gilt der folgende Satz.

Auf den Operator $A = a(t) I$ ist das GALERKIN-Verfahren bezüglich des trigonometrischen Systems (6.2) genau dann anwendbar, wenn eine der zwei Bedingungen

$$\operatorname*{ess\,inf}_{0 \leq t \leq 1} a(t) > 0, \qquad \operatorname*{ess\,sup}_{0 \leq t \leq 1} a(t) < 0$$

erfüllt ist.

Diesen Satz kann man mit Hilfe des Theorems von H. WIDOM [1] über dem Zusammenhang des Spektrums diskreter WIENER-HOPF-Operatoren leicht beweisen.

---

[1]) Zur Definition von M_R siehe § 5, Kapitel IV.

KAPITEL VII

WIENER-HOPFSCHE INTEGRO-DIFFERENZEN-GLEICHUNGEN

In diesem Kapitel wird die Theorie der Integro-Differenzengleichungen der Form

$$\sum_{j=-\infty}^{\infty} a_j \varphi(t-\delta_j) + \int_0^{\infty} k(t-s)\varphi(s)\,ds = f(t) \qquad (0 < t < \infty) \tag{1}$$

und einiger damit verwandter Gleichungen dargelegt. In der Gleichung (1) sind a_j $(j = 0, \pm 1, \ldots)$ komplexe Zahlen, δ_j $(j = 0, \pm 1, \ldots)$ beliebige reelle Zahlen, $k(t)$ $(-\infty < t < \infty)$ und $f(t)$ $(0 < t < \infty)$ gegebene Funktionen und $\varphi(t)$ $(0 < t < \infty)$ die gesuchte Funktion. Außerdem setzen wir voraus, daß für $\delta_j > 0$ die Funktion $\varphi(t-\delta_j)$ auf dem Intervall $0 \leqq t \leqq \delta_j$ gleich Null ist.

Im einfachsten Fall wird die Gleichung (1) im Raum $L_p(0, \infty)$ $(1 \leqq p \leqq \infty)$ betrachtet, wobei ihr die folgenden Bedingungen auferlegt werden:

$$\sum_{j=-\infty}^{\infty} |a_j| < \infty, \qquad \int_{-\infty}^{\infty} |k(t)|\,dt < \infty. \tag{2}$$

Unter diesen Bedingungen kann die Gleichung (1) in der Form

$$\int_0^{\infty} \varphi(s)\,d\omega(t-s) = f(t) \qquad (0 < t < \infty)$$

geschrieben werden, wobei $\omega(t)$ $(-\infty < t < \infty)$ eine Funktion beschränkter Variation ohne singuläre Komponente ist (s. I. M. Gelfand, D. A. Raikow und G. E. Schilow [1]). Unter den Bedingungen (2) wird der Gleichung (1) das Symbol

$$\mathcal{A}(\lambda) = \sum_{j=-\infty}^{\infty} a_j e^{i\delta_j\lambda} + \int_{-\infty}^{\infty} k(t)\,e^{i\lambda t}\,dt \qquad (-\infty < \lambda < \infty) \tag{3}$$

zugeordnet.

Es erweist sich, daß der durch die Gleichung (1) definierte Operator A genau dann von mindestens einer Seite umkehrbar ist, wenn

$$\inf_{-\infty<\lambda<\infty} |\mathcal{A}(\lambda)| > 0$$

gilt.

Ist diese Bedingung erfüllt, so kann man die beiden Zahlen

$$\nu = \lim_{l\to\infty} \frac{1}{2l}[\arg a(\lambda)]_{-l}^{l}, \qquad n = \frac{1}{2\pi}[\arg(1 + a^{-1}(\lambda)\,K(\lambda))]_{-\infty}^{\infty}$$

definieren, wobei

$$a(\lambda) = \sum_{j=-\infty}^{\infty} a_j e^{i\delta_j\lambda}, \qquad K(\lambda) = \int_{-\infty}^{\infty} k(t)\,e^{i\lambda t}\,dt$$

ist.

Der Charakter der Umkehrbarkeit des Operators A wird durch das Vorzeichen der Zahlen (Indizes) ν und n wie folgt bestimmt:

$n \backslash \nu$	$\nu > 0$	$\nu = 0$	$\nu < 0$
$n > 0$	L	L	R
$n = 0$	L	Z	R
$n < 0$	L	R	R

Dabei bedeutet L Umkehrbarkeit nur von links, R Umkehrbarkeit nur von rechts und Z zweiseitige Umkehrbarkeit.

Aus dieser Tabelle ist ersichtlich, daß ν der „Hauptindex" ist. Für $\nu > 0$ hat man Umkehrbarkeit nur von links, für $\nu < 0$ liegt Umkehrbarkeit nur von rechts vor und für $\nu = 0$ entspricht die Umkehrbarkeit dem Index n.

Diese Resultate sind in § 2 dargelegt. In ihrem Beweis spielt ein in § 1 gezeigtes Faktorisierungstheorem für Funktionen der Form (3) eine wesentliche Rolle.

In § 3 werden diese Resultate unter schwächeren Voraussetzungen an das Symbol $\mathcal{A}(\lambda)$ gewonnen. Insbesondere werden sie im Fall des Raumes L_2 für ein beliebiges stetiges Symbol gezeigt. Dabei werden wesentlich ringtheoretische Methoden ausgenutzt.

Weiterhin wird ein gewisses abstraktes Analogon der Gleichung (1) betrachtet und seine Umkehrbarkeit untersucht. Danach werden Kriterien für die Anwendbarkeit eines Projektionsverfahrens auf die Gleichung (1) hergeleitet. Der letzte Paragraph ist paarigen Integro-Differenzengleichungen und den zu ihnen transponierten Gleichungen gewidmet.

§ 1. Ein Faktorisierungssatz

Wir bezeichnen mit $\mathfrak{G}$ die BANACH-Algebra aller Funktionen der Form

$$\mathcal{A}(\lambda) = \sum_{j=-\infty}^{\infty} a_j e^{i\delta_j\lambda} + \int_{-\infty}^{\infty} k(t)\, e^{i\lambda t}\, dt \quad (-\infty < \lambda < \infty), \tag{1.1}$$

wobei δ_j beliebige paarweise verschiedene reelle Zahlen, a_j beliebige komplexe Zahlen, deren Reihe absolut konvergiert, und $k(t) \in L_1(-\infty, \infty)$ sind. In $\mathfrak{G}$ werden die Norm eines Elements $\mathcal{A}(\lambda)$ durch die Gleichung

$$\|\mathcal{A}(\lambda)\| = \sum_{j=-\infty}^{\infty} |a_j| + \int_{-\infty}^{\infty} |k(t)|\, dt$$

und die Operationen wie üblich definiert.[1])

Die Algebra $\mathfrak{G}$ enthält offenbar die Algebra $\mathfrak{P}$ der fastperiodischen Funktionen mit absolut konvergenter FOURIER-Reihe sowie die Algebra $\mathfrak{L}_0$ der FOURIER-

[1]) Den Nachweis, daß $\mathfrak{G}$ wirklich eine Algebra ist, überlassen wir dem Leser.

Transformierten von Funktionen aus $L_1(-\infty, \infty)$. Die Algebra $\mathfrak{G}$ ist die direkte Summe ihrer Unteralgebren $\mathfrak{P}$ und $\mathfrak{L}_0$. Man überprüft unmittelbar, daß $\mathfrak{L}_0$ ein Ideal der Algebra $\mathfrak{G}$ ist. Ebenso einfach kann man zeigen, daß für beliebige Funktionenpaare $a(\lambda) \in \mathfrak{P}$ und $K(\lambda) \in \mathfrak{L}_0$ die Beziehungen

$$\inf_{-\infty<\lambda<\infty} |a(\lambda) + K(\lambda)| \leqq \inf_{-\infty<\lambda<\infty} |a(\lambda)| \tag{1.2}$$

und

$$\sup_{-\infty<\lambda<\infty} |a(\lambda) + K(\lambda)| \geqq \sup_{-\infty<\lambda<\infty} |a(\lambda)| \tag{1.3}$$

erfüllt sind. Für den Beweis dieser Beziehungen genügt es, die Definition der fastperiodischen Funktionen sowie die Tatsache auszunutzen, daß $K(\lambda) \to 0$ gilt für $\lambda \to \pm\infty$. Die Sache ist die, daß Punkte, in denen die untere oder obere Grenze von $|a(\lambda)|$ fast erreicht wird, beliebig weit entfernt sein können.

Wir nennen eine Funktion $\mathcal{A}(\lambda) \in \mathfrak{G}$ *nichtausgeartet*, wenn

$$\inf_{-\infty<\lambda<\infty} |\mathcal{A}(\lambda)| > 0$$

gilt. Aus der Beziehung (1.2) folgt, daß, falls die Funktion

$$\mathcal{A}(\lambda) = a(\lambda) + K(\lambda) \qquad (a(\lambda) \in \mathfrak{P},\ K(\lambda) \in \mathfrak{L}_0)$$

nichtausgeartet ist, auch ihre fastperiodische Komponente $a(\lambda)$ nichtausgeartet ist.

Jeder nichtausgearteten Funktion $\mathcal{A}(\lambda) = a(\lambda) + K(\lambda) \in \mathfrak{G}$ ordnen wir zwei Zahlen $\nu(\mathcal{A})$ und $n(\mathcal{A})$ zu, welche durch die Gleichungen

$$\nu(\mathcal{A}) = \lim_{l\to\infty} \frac{1}{2l} [\arg a(\lambda)]_{-l}^{l},$$

$$n(\mathcal{A}) = \frac{1}{2\pi} [\arg (1 + a^{-1}(\lambda)\, K(\lambda))]_{\lambda=-\infty}^{\infty}$$

definiert sind.

Der Grenzwert in der ersten Gleichung existiert auf Grund einer bekannten Eigenschaft fastperiodischer Funktionen (s. B. M. Lewitan [1], Seite 129, Theorem 2.7.1). Die reelle Zahl $\nu(\mathcal{A})$ und die ganze Zahl $n(\mathcal{A})$ nennen wir die *Indizes* der Funktion $\mathcal{A}(\lambda)$. Wir bemerken, daß sich die Indizes einer Funktion bei kleinen Störungen (im Sinne der Norm der Algebra $\mathfrak{G}$) nicht ändern.

Für Funktionen der Form $1 + \omega(\lambda)$ aus $\mathfrak{G}$, wobei $\|\omega(\lambda)\|$ klein ist, sind die Indizes ν und n gleich Null.

Wir bezeichnen mit $\mathfrak{G}^+(\mathfrak{G}^-)$ die Unteralgebra der Algebra $\mathfrak{G}$, die aus allen Funktionen der Form (1.1) besteht, für welche die Zahlen δ_j nichtnegativ (nichtpositiv) sind und die Funktion $k(t)$ auf der negativen (positiven) Halbachse gleich Null ist. Offenbar gestatten alle Funktionen aus der Unteralgebra $\mathfrak{G}^+(\mathfrak{G}^-)$ eine holomorphe Fortsetzung in die obere (untere) Halbebene.

Man sieht leicht, daß der Durchschnitt $\mathfrak{G}^+ \cap \mathfrak{L}_0$ $(\mathfrak{G}^- \cap \mathfrak{L}_0)$ ein Ideal der Algebra $\mathfrak{G}^+(\mathfrak{G}^-)$ ist.

Dieser Paragraph ist dem Beweis des folgenden Satzes gewidmet.

Theorem 1.1. *Jede nichtausgeartete Funktion $\mathcal{A}(\lambda) \in \mathfrak{G}$ gestattet eine Faktorisierung der Form*

$$\mathcal{A}(\lambda) = \mathcal{A}_-(\lambda)\, e^{i\nu\lambda} \left(\frac{\lambda - i}{\lambda + i}\right)^n \mathcal{A}_+(\lambda) \qquad (-\infty < \lambda < \infty)\,, \tag{1.4}$$

wobei

$$\mathcal{A}_+^{\pm 1}(\lambda) \in \mathfrak{G}^+\,, \quad \mathcal{A}_-^{\pm 1}(\lambda) \in \mathfrak{G}^-; \quad \nu = \nu(\mathcal{A}) \quad \textit{und} \quad n = n(\mathcal{A})$$

ist.

Beweis. Es sei $\mathcal{A}(\lambda) = a(\lambda) + K(\lambda)$ ($\in \mathfrak{G}$) eine gewisse nichtausgeartete Funktion. Dann ist, wie bereits bemerkt wurde, ihre fastperiodische Komponente $a(\lambda)$ ebenfalls nichtausgeartet. Man sieht leicht, daß der Index $\nu(b)$ der fastperiodischen Funktion $b(\lambda) = a(\lambda)\, e^{-i\nu\lambda}$ gleich Null ist. Auf Grund der bekannten Verallgemeinerung des Theorems von Wiener-Levi (s. I. M. Gelfand, D. A. Raikow, G. E. Schilow [1]) gehört die Funktion $c(\lambda) = \log b(\lambda)$ zur Algebra $\mathfrak{P}$, d. h., die Funktion $c(\lambda)$ hat die Form

$$c(\lambda) = \sum_{j=-\infty}^{\infty} c_j\, e^{i\gamma_j\lambda} \quad \left(\sum_{j=-\infty}^{\infty} |c| < \infty\right),$$

wobei γ_j paarweise verschiedene reelle Zahlen sind.

Wir setzen

$$c_+(\lambda) = \sum_{\gamma_j \geqq 0} c_j\, e^{i\gamma_j\lambda} \quad \text{und} \quad c_-(\lambda) = \sum_{\gamma_j < 0} c_j\, e^{i\gamma_j\lambda}\,.$$

Dann ist offenbar

$$a(\lambda) = a_-(\lambda)\, e^{i\nu\lambda}\, a_+(\lambda)\,, \tag{1.5}$$

wobei $a_\pm(\lambda) = \exp c_\pm(\lambda)$ und somit

$$a_+^{\pm 1}(\lambda) \in \mathfrak{G}^+ \cap \mathfrak{P}\,, \qquad a_-^{\pm 1}(\lambda) \in \mathfrak{G}^- \cap \mathfrak{P}$$

gilt. Da $\mathfrak{L}_0$ ein Ideal der Algebra $\mathfrak{G}$ ist, gehört die Funktion $a^{-1}(\lambda)\, K(\lambda)$ ebenfalls zu $\mathfrak{L}_0$, und es gilt

$$1 + a^{-1}(\lambda)\, K(\lambda) \neq 0 \qquad (-\infty < \lambda < \infty)\,.$$

Wegen Theorem 8.3, Kapitel I, kann man die Funktion $1 + a^{-1}(\lambda)\, K(\lambda)$ in der Form

$$1 + a^{-1}(\lambda)\, K(\lambda) = G_-(\lambda) \left(\frac{\lambda - i}{\lambda + i}\right) G_+(\lambda) \tag{1.6}$$

darstellen, wobei die Funktionen $G_\pm(\lambda)$ und $G_\pm^{-1}(\lambda)$ zu $\mathfrak{G}^\pm \cap \mathfrak{L}$ gehören. Hierbei wird mit $\mathfrak{L}$ die Algebra bezeichnet, die man aus $\mathfrak{L}_0$ durch Hinzufügen einer Eins erhält.

Indem wir die Gleichungen (1.5) und (1.6) miteinander multiplizieren und die Faktoren mit gleichem Vorzeichen im Index vereinigen, erhalten wir die Faktorisierung (1.4). Damit ist das Theorem bewiesen.

Wir bemerken, daß die Funktionen $\mathcal{A}_\pm(\lambda)$ in der Faktorisierung (1.4) bis auf einen skalaren Faktor eindeutig bestimmt sind.

§ 2. Integro-Differenzengleichungen mit absolut konvergenten Symbolen

1. Integro-Differenzenoperatoren und ihre Symbole. Wir bezeichnen mit $\hat{\mathfrak{G}}$ die Menge aller Operatoren A, die im Raum $L_p(0, \infty)$ durch die Formel

$$(A\,\varphi)\,(t) = \sum_{j=-\infty}^{\infty} a_j\,\varphi\,(t-\delta_j) + \int_0^{\infty} k\,(t-s)\,\varphi(s)\,ds \tag{2.1}$$

definiert sind, wobei δ_j paarweise verschiedene reelle Zahlen, a_j komplexe Zahlen, deren Reihe absolut konvergiert, und $k(t) \in L_1(-\infty, \infty)$ sind. Hierbei ist wie früher $\varphi\,(t-\delta_j) = 0$ für $t < \delta_j$. Man sieht leicht, daß jeder Operator $A \in \hat{\mathfrak{G}}$ linear und beschränkt ist, wobei

$$|A|_{L_p} \leqq \sum_{j=-\infty}^{\infty} |a_j| + \int_{-\infty}^{\infty} |k(t)|\,dt$$

gilt.

Wie unten gezeigt ist, wird in der letzten Beziehung für $p = 1$ das Gleichheitszeichen angenommen.

Dem durch Gleichung (2.1) definierten Operator $A \in \hat{\mathfrak{G}}$ ordnen wir die Funktion

$$\mathcal{A}(\lambda) = \sum_{j=-\infty}^{\infty} a_j\,e^{i\delta_j\lambda} + \int_{-\infty}^{\infty} k(t)\,e^{i\lambda t}\,dt \qquad (-\infty < \lambda < \infty)$$

zu, die wir *Symbol* des Operators A nennen.

Zwischen den Operatoren A aus der Menge $\hat{\mathfrak{G}}$ und ihren Symbolen $\mathcal{A}(\lambda) \in \hat{\mathfrak{G}}$ besteht eine eineindeutige Zuordnung. Diese ist offenbar linear, aber nicht multiplikativ (mehr noch, es kann sogar sein, daß das Produkt zweier Operatoren aus $\hat{\mathfrak{G}}$ nicht wieder zu dieser Menge gehört, wie zum Beispiel der Projektor $U_\nu U_{-\nu}$ aus Punkt 2). Jedoch ist die Zuordnung in dem folgenden Sinne partiell multiplikativ: Sind A_1, A_2 Operatoren aus $\hat{\mathfrak{G}}$ derart, daß ihre Symbole zu $\mathfrak{G}^-$ bzw. $\mathfrak{G}^+$ gehören ($\mathcal{A}_1(\lambda) \in \mathfrak{G}^-$, $\mathcal{A}_2(\lambda) \in \mathfrak{G}^+$), so gehört der Operator $B = A_1 A A_2$ (bei beliebigem $A \in \hat{\mathfrak{G}}$) ebenfalls zu $\hat{\mathfrak{G}}$ und für sein Symbol gilt die Gleichung $\mathcal{B}(\lambda) = \mathcal{A}_1(\lambda)\,\mathcal{A}(\lambda)\,\mathcal{A}_2(\lambda)$. Die letzte Behauptung überprüft man ohne Schwierigkeiten, und wir sehen von ihrem Beweis ab.

Aus dem Gesagten folgt insbesondere, daß die Menge $\hat{\mathfrak{G}}^+(\hat{\mathfrak{G}}^-)$, welche aus allen Operatoren $A \in \hat{\mathfrak{G}}$ mit einem Symbol $\mathcal{A}(\lambda) \in \mathfrak{G}^+(\mathfrak{G}^-)$ besteht, eine kommutative Algebra bildet. Hat insbesondere ein Operator $A \in \hat{\mathfrak{G}}^+(\hat{\mathfrak{G}}^-)$ ein Symbol $\mathcal{A}(\lambda)$ derart, daß $\mathcal{A}^{-1}(\lambda) \in \mathfrak{G}^+(\mathfrak{G}^-)$ gilt, so ist der Operator A umkehrbar und seine Umkehrung ist der Operator A^{-1} mit dem Symbol $\mathcal{A}^{-1}(\lambda)$.

2. Zurückführung des allgemeinen Falles auf den einfachsten. Wir bezeichnen mit $U_\nu(-\infty < \nu < \infty)$ den im Raum $L_p(0, \infty)$ durch die Gleichung

$$(U_\nu\,\varphi)\,(t) = \begin{cases} \varphi\,(t-\nu), & \max\,(\nu, 0) < t < \infty, \\ 0, & 0 \leqq t \leqq \max\,(\nu, 0) \end{cases}$$

definierten linearen beschränkten Operator.

Offenbar gilt $U_{-\nu} U_\nu = I$ für alle $\nu \geqq 0$, und die Differenz $I - U_\nu U_{-\nu}$ ist der folgende Projektor:

$$(I - U_\nu U_{-\nu}) \varphi(t) = \begin{cases} \varphi(t), & 0 < t < \nu, \\ 0, & \nu < t < \infty. \end{cases}$$

Für alle reellen ν ist $U_\nu \in \hat{\mathfrak{S}}$ und sein Symbol ist offenbar die Funktion $\exp(i \nu \lambda)$.

Mit $V^{(n)}$ $(n = 0, \pm 1, \ldots)$ bezeichnen wir den Operator aus $\hat{\mathfrak{S}}$, dessen Symbol gleich $(\lambda - i)^n/(\lambda + i)^n$ ist. Auf Grund der Resultate aus § 8, Kapitel I, gilt $V^{(n)} = V^n$ $(n = 0, 1, \ldots)$ und $V^{(n)} = (V^{(-1)})^{-n}$ $(n = -1, -2, \ldots)$, wobei die Operatoren V und $V^{(-1)}$ durch die Gleichungen

$$(V \varphi)(t) = \varphi(t) - 2 \int_0^t e^{s-t} \varphi(s)\, ds,$$

$$(V^{(-1)} \varphi) = \varphi(t) - 2 \int_t^\infty e^{t-s} \varphi(s)\, ds$$

definiert sind.

Wir erinnern noch daran, daß für alle natürlichen Zahlen n der Operator V^n von links umkehrbar ist: $V^{(-n)} V^n = I$. Das Bild Im V^n des Operators V^n $(n > 0)$ fällt mit der abgeschlossenen linearen Hülle $\mathfrak{E}_{p,n}$ der Funktionen $e^{-t} \Lambda_j(2t)$ $(j = n, n + 1, \ldots)$ im Raum $L_p(0, \infty)$ zusammen. Der Kern Ker $V^{(-n)}$ des Operators $V^{(-n)}$ $(n > 0)$ ist die lineare Hülle der Funktionen $e^{-t} \Lambda_j(2t)$ $(j = 0, 1, \ldots, n - 1)$ oder, was dasselbe ist, der Funktionen $t^j e^{-t}$ $(j = 0, 1, \ldots, n - 1)$ und hängt nicht von p ab. Hierbei sind Λ_j die LAGUERREschen Polynome. Die Gleichung $V^n \varphi = g$ $(n > 0)$ ist in $L_p(0, \infty)$ genau dann lösbar, wenn die Bedingungen

$$\int_0^\infty g(t)\, t^j e^{-t}\, dt = 0 \qquad (j = 0, 1, \ldots, n - 1)$$

erfüllt sind.

Die Differenz $P_n = I - V^n V^{(-n)}$ $(n > 0)$ ist der Projektor, der den Raum $L_p(0, \infty)$ parallel zu $\mathfrak{E}_{p,n}$ auf den Unterraum Ker $V^{(-n)}$ projiziert. Im Raum $L_2(0, \infty)$ ist der Projektor P_n $(n = 1, 2, \ldots)$ orthogonal.

Für alle ν $(0 < \nu < \infty)$ und n $(n = 1, 2, \ldots)$ gehören die Operatoren

$$U_\nu V^n (= V^n U_\nu), \quad U_{-\nu} V^{(-n)} (= V^{(-n)} U_{-\nu}), \quad U_{-\nu} V^n, \quad V^{(-n)} U_\nu$$

zur Menge $\hat{\mathfrak{S}}$.[1]) Offenbar sind die Symbole dieser einfachsten Integro-Differenzenoperatoren entsprechend die Funktionen

$$e^{i\nu\lambda} \left(\frac{\lambda - i}{\lambda + i}\right)^n, \quad e^{-i\nu\lambda} \left(\frac{\lambda - i}{\lambda + i}\right)^{-n}, \quad e^{-i\nu\lambda} \left(\frac{\lambda - i}{\lambda + i}\right)^n,$$

$$e^{i\nu\lambda} \left(\frac{\lambda - i}{\lambda + i}\right)^{-n}.$$

Es sei das Symbol $\mathcal{A}(\lambda)$ des Operators A aus $\hat{\mathfrak{S}}$ nichtausgeartet und Gleichung (1.4) liefere eine Faktorisierung der Funktion $\mathcal{A}(\lambda)$. Dann kann man auf Grund

([1] Wir bemerken, daß dieO peratoren $U_\nu V^{(-n)}$ und $V^n U_{-\nu}$ nicht zur Menge $\hat{\mathfrak{S}}$ gehören.

des am Ende von Punkt 1 Gesagten den Operator A für $\nu \leqq 0$ in der Form

$$A = A_- U_\nu V^{(n)} A_+ \tag{2.2}$$

und für $\nu > 0$ in der Form

$$A = A_- V^{(n)} U_\nu A_+ \tag{2.3}$$

darstellen, wobei $A_\pm$ die Operatoren aus $\hat{\mathfrak{S}}^\pm$ sind, deren Symbole entsprechend gleich $\mathcal{A}_\pm(\lambda)$ sind: $\nu = \nu(\mathcal{A})$ und $n = n(\mathcal{A})$.

Da die Operatoren $A_\pm$ umkehrbar sind und ihre Umkehrungen die Operatoren $A_\pm^{-1} \in \hat{\mathfrak{S}}^\pm$ mit den Symbolen $\mathcal{A}_\pm^{-1}(\lambda)$ sind, reduziert sich die Frage nach dem Charakter der Umkehrbarkeit des Operators A auf die Untersuchung der einfachsten Operatoren $U_\nu V^{(n)}$ für $\nu \leqq 0$ und $V^{(n)} U_\nu$ für $\nu > 0$ ($n = 0, \pm 1, \pm 2, \ldots$).

3. Der Fall $\nu > 0$. In diesem und in den folgenden zwei Punkten wird folgendes vorausgesetzt:

(1) A ($\in \hat{\mathfrak{S}}$) ist ein Operator mit nichtausgeartetem Symbol $\mathcal{A}(\lambda)$;

(2) Die Gleichung (1.4) liefert eine Faktorisierung des Symbols $\mathcal{A}(\tau)$;

(3) $A_\pm$ sind die Operatoren aus $\hat{\mathfrak{S}}^\pm$ mit den Symbolen $\mathcal{A}_\pm(\lambda)$. Die Zahlen $\nu(\mathcal{A})$ und $n(\mathcal{A})$ werden zur Abkürzung mit ν und n bezeichnet.

Theorem 2.1. *Für $\nu > 0$ ist der Operator A von links umkehrbar. Die Gleichung*

$$A\varphi = g \tag{2.4}$$

ist genau dann lösbar, wenn

a) *für $n \geqq 0$ die Funktion $A_-^{-1} g$ auf dem Intervall $[0, \nu]$ gleich Null ist und die Bedingung*

$$\int_0^\infty (A_-^{-1} g)(t)\, t^k e^{-t}\, dt = 0 \qquad (k = 0, 1, \ldots, n-1) \tag{2.5}$$

erfüllt ist;

b) *für $n < 0$ die Funktion $V^{(-n)} A_-^{-1} g$ auf dem Intervall $[0, \nu]$ mit einer gewissen Linearkombination der Funktionen $t^j e^{-t}$ ($j = 0, 1, \ldots, -n-1$) zusammenfällt.*

Beweis. Wie schon in Punkt 2 bemerkt wurde, läßt sich die Untersuchung der Umkehrbarkeit des Operators A auf die Untersuchung des Operators $V^{(n)} U_\nu$ zurückführen. Für $n \geqq 0$ ist der Operator $U_{-\nu} V^{(-n)}$ eine linke Umkehrung des Operators $V^{(n)} U_\nu$. Für $n < 0$ und $\nu > 0$ gilt

$$U_{-\nu} V^{-n} V^{(n)} U_\nu = I - U_{-\nu} P_{-n} U_\nu, \tag{2.6}$$

wobei $P_m = I - V^m V^{(-m)}$ ($m = 1, 2, \ldots$) ein endlichdimensionaler Projektor ist, welcher den Raum L_p auf den Unterraum mit der Basis $t^j e^{-t}$ ($j = 0, 1, \ldots, m-1$) (s. Punkt 2) projiziert. Im Raum L_2 ist der Projektor P_m orthogonal.

Da sich die Bildmengen der Operatoren U_ν und P_{-n} nur im Nullpunkt schneiden, hat im Fall des Raumes L_2 der Operator $U_{-\nu}\, P_{-n}\, U_\nu$ eine Norm kleiner als Eins und folglich ist der Operator $I - U_{-\nu}\, P_{-n}\, U_\nu$ umkehrbar, wobei

$$(I - U_{-\nu}\, P_{-n}\, U_\nu)^{-1} = \sum_{j=0}^{\infty} (U_{-\nu}\, P_{-n}\, U_\nu)^j \tag{2.7}$$

gilt.

Da der Operator $I - U_{-\nu}\, P_{-n}\, U_\nu$ in jedem Raum $L_p (1 \leqq p \leqq \infty)$ nur Linearkombinationen der zum Raum L_2 gehörigen Funktionen $t^j e^{-t}$ ($j = 0, 1, \ldots, -n-1$) annullieren kann, ist er in allen Räumen L_p eineindeutig. Auf Grund der endlichen Dimension des Projektors P_{-n} ist der Operator $I - U_{-\nu}\, P_{-n}\, U_\nu$ somit in allen Räumen L_p umkehrbar. Man sieht leicht, daß die Reihe auf der rechten Seite von Gleichung (2.7) in jedem Raum L_p in der Norm konvergiert. Daher behält Gleichung (2.7) in allen Räumen L_p ($1 \leqq p \leqq \infty$) ihre Gültigkeit.

Unter Berücksichtigung von Gleichung (2.6) erhalten wir, daß der Operator $V^{(n)}\, U_\nu$ nur von links umkehrbar ist, wobei

$$(I - U_{-\nu}\, P_{-n}\, U_\nu)^{-1}\, U_{-\nu}\, V^{-n}$$

eine Umkehrung von links für ihn ist.

Wir wollen jetzt die Bedingungen finden, unter denen die Gleichung (2.4), die man auch in der Form

$$V^{(n)}\, U_\nu A_+ \varphi = A_-^{-1} g \tag{2.8}$$

schreiben kann, lösbar ist.

Für $n \geqq 0$ kommutieren die Operatoren V^n und U_ν. Deshalb ist für die Lösbarkeit der Gleichung (2.8) notwendig, daß die Funktion $A_-^{-1}\, g$ zum Durchschnitt der Bildmengen der Operatoren V^n und U_ν gehört. Das letzte ist der Bedingung a) äquivalent.

Es gehöre nun umgekehrt die Funktion $A_-^{-1}\, g$ zu den Bildmengen der Operatoren V^n und U_ν, und es sei $\psi = U_{-\nu}\, A_-^{-1}\, g$ die eindeutig bestimmte Lösung der Gleichung $U_\nu \psi = A_-^{-1}\, g$. Wir zeigen, daß die Funktion $\psi(t)$ zur Bildmenge des Operators V^n gehört. In der Tat, wenn wir die Funktion $(A_-^{-1}\, g)\, (t)$ mit $\chi(t)$ bezeichnen, so erhalten wir

$$\begin{aligned}\int_0^\infty \psi(t)\, t^j\, e^{-t}\, dt &= \int_0^\infty (U_{-\nu}\, \chi)\, (t)\, t^j\, e^{-t}\, dt = \\ &= \int_0^\infty \chi\,(t+\nu)\, t^j\, e^{-t}\, dt = \int_\nu^\infty \chi(t)\, (t-\nu)^j\, e^{-t+\nu}\, dt = \\ &= \int_0^\infty \chi(t)\, (t-\nu)^j\, e^{-t+\nu}\, dt = 0\,.\end{aligned}$$

Somit ist die Gleichung $U_\nu\, V^n \varphi = A_-^{-1}\, g$ und folglich auch die Gleichung (2.8) lösbar.

Es sei jetzt $n < 0$. Wenn die Funktion $\varphi(t) \in L_p\, (0, \infty)$ eine Lösung der Gleichung (2.8) ist, so gilt

$$U_\nu A_+ \varphi = V^{-n} A_-^{-1}\, g - f\,, \tag{2.9}$$

wobei

$$f = (V^{-n} V^{(n)} - I) U_\nu A_+ \varphi$$

ist.

Man zeigt leicht, daß die Funktion f die Form

$$f = \sum_{j=0}^{-n-1} c_j t^j e^{-t} \tag{2.10}$$

hat, wobei die Koeffizienten c_j so beschaffen sind, daß

$$(V^{-n} A_-^{-1} g)(t) = f(t) \qquad (0 \leqq t \leqq \nu) \tag{2.11}$$

gilt.

Es seien nun umgekehrt die Bedingung b) erfüllt und die Zahlen c_j so gewählt, daß für die Funktion (2.10) die Beziehung (2.11) gilt. Dann ist die Gleichung (2.9) lösbar und ihre Lösung ist offenbar auch eine Lösung der Gleichung (2.8).

Damit ist das Theorem bewiesen.

In dem in diesem Punkt betrachteten Fall $\nu > 0$ gestattet der Operator A die Darstellung

$$A = A_- V^{(n)} U_\nu A_+ .$$

Eine Umkehrung von links $A^{(-1)}$ des Operators A wird für $n \geqq 0$ durch die Formel

$$A^{(-1)} = A_+^{-1} V^{(-n)} U_{-\nu} A_-^{-1}$$

und für $n < 0$ durch die Formel

$$A^{(-1)} = A_+^{-1} (I - U_{-\nu} P_{-n} U_\nu)^{-1} U_{-\nu} V^n A_-^{-1}$$

gegeben.

Der Operator $(I - U_{-\nu} P_{-n} U_\nu)^{-1}$ ist aus der Formel

$$(I - U_{-\nu} P_{-n} U_\nu)^{-1} = \sum_{j=0}^{\infty} (U_{-\nu} P_{-n} U_\nu)^j$$

erhältlich, wobei die Reihe in der Operatorennorm konvergiert[1]).

4. Der Fall $\nu < 0$.

Theorem 2.2. *Für $\nu < 0$ ist der Operator A von rechts umkehrbar. Jede Lösung $\varphi \in L_p$ der homogenen Gleichung*

$$A \varphi = 0 \tag{2.12}$$

a) *hat für $n \geqq 0$ die Form*

$$\varphi = A_+^{-1} V^{(-n)} g, \tag{2.13}$$

wobei $g(t)$ eine beliebige Funktion aus $L_p(0, \infty)$ ist, welche die Bedingungen

$$g(t) = 0 \quad (t > -\nu); \quad \int_0^\infty g(t) t^j e^{-t} dt = 0 \tag{2.14}$$
$$(j = 0, 1, \ldots, n-1)$$

erfüllt;

---

[1]) Den Operator $(I - U_{-\nu} P_{-n} U_\nu)^{-1}$ kann man auch als Umkehrung zu einem Fredholmschen Operator mit ausgeartetem Kern finden.

b) *hat für $n < 0$ die Form*

$$\varphi = A_+^{-1}\left(g(t) + \sum_{j=0}^{-n-1} c_j\, t^j\, e^{-t}\right),$$

wobei $g(t)$ eine beliebige Funktion aus $L_p\,(0, \infty)$ ist, die für $-\nu < t < \infty$ gleich Null ist, und c_j beliebige komplexe Zahlen sind.

Beweis. Wir betrachten den Operator $A^{(-1)}$, der für $n \leqq 0$ durch die Gleichung

$$A^{(-1)} = A_+^{-1}\, V^{-n}\, U_{-\nu}\, A_-^{-1}$$

und für $n > 0$ durch die Gleichung

$$A^{(-1)} = A_+^{-1}\, V^{(-n)}\, U_{-\nu}\, (I - U_\nu\, P_n\, U_{-\nu})^{-1}\, A_-^{-1}$$

definiert wird. Dieser Operator ist eine Umkehrung von rechts für den Operator A. Für $n \leqq 0$ ist das offensichtlich und für $n > 0$ folgt es aus der Gleichung (2.6).

Gleichung (2.12) ist der folgenden äquivalent:

$$U_\nu\, V^{(n)}\, A_+\, \varphi = 0. \tag{2.15}$$

Im Fall $n \geqq 0$ ist es offensichtlich, daß jede Funktion der Form (2.13) eine Lösung der Gleichung (2.15) ist.

Es sei umgekehrt $\varphi(t)$ eine Lösung der Gleichung (2.15) für $n \geqq 0$. Dann erfüllt die Funktion $g(t) = V^{(n)}\, A_+\, \varphi$ die Bedingungen (2.14) und für $\varphi(t)$ gilt $\varphi = A_+^{-1}\, V^{(-n)}\, g$.

Im Fall $n < 0$ kommutieren die Operatoren U_ν und $V^{(n)}$, weswegen jede Funktion der Form $\varphi = A_+^{-1}\, \psi$, wobei ψ zur direkten Summe der Kerne der Operatoren U_ν und $V^{(n)}$ gehört, eine Lösung der Gleichung (2.15) ist.

Es sei $\varphi(t)$ eine Lösung der Gleichung (2.15) für $n < 0$. Dann ist die Funktion $\psi = U_\nu\, A_+\, \varphi$ eine Linearkombination der Funktionen $t^j\, e^{-t}$ $(j = 0, 1, \ldots, -n-1)$, und folglich gilt $A_+\, \varphi = U_{-\nu}\, \psi + b(t)$, wobei $b(t) = 0$ ist für $t > -\nu$. Außerdem sieht man leicht, daß die Funktion $U_{-\nu}\, \psi$ als Summe zweier Funktionen darstellbar ist, wobei die eine von ihnen eine Linearkombination der Funktionen $t^j\, e^{-t}$ und die zweite gleich Null für $t > -\nu$ ist.

Damit ist der Beweis des Theorems vollendet.

5. Der Fall $\nu = 0$.

Theorem 2.3. *Falls $\nu = 0$ gilt, ist*

a) *für $n = 0$ der Operator A umkehrbar, wobei $A^{-1} = A_+^{-1}\, A_-^{-1}$ ist;*

b) *für $n > 0$ der Operator $A^{(-1)} = A_+^{-1}\, V^{(-n)}\, A_-^{-1}$ eine Umkehrung von links für den Operator A, und die Gleichung (2.4) ist genau dann lösbar, wenn die Bedingung (2.5) erfüllt ist;*

c) *für $n < 0$ der Operator $A^{(-1)} = A_+^{-1}\, V^{-n}\, A_-^{-1}$ eine Umkehrung von rechts für den Operator A, und die allgemeine Lösung der homogenen Gleichung* (2.12) *wird durch die Gleichung*

$$\varphi = A_+^{-1}\left(\sum_{j=0}^{-n-1} c_j\, t_j\, e^{-t}\right)$$

gegeben, wobei c_j beliebige komplexe Zahlen sind.

Der Beweis des vorangegangenen Theorems bleibt im wesentlichen auch für den hier betrachteten Fall $\nu = 0$ gültig.

6. Die Notwendigkeit der Nichtausartungsbedingung.

Theorem 2.4. *Ein Operator $A \in \hat{\mathfrak{G}}$ ist im Raum $L_p(0, \infty)$ $(1 \leqq p \leqq \infty)$ genau dann von mindestens einer Seite umkehrbar, wenn sein Symbol $\mathcal{A}(\lambda)$ nichtausgeartet ist.*

Ist das Symbol $\mathcal{A}(\lambda)$ ausgeartet, so ist A weder Φ_+- noch Φ_--Operator.

Beweis. Die Hinlänglichkeit der Bedingungen des Theorems 2.4 ist in den vorangegangenen Theoremen enthalten.

Es sei das Symbol $\mathcal{A}(\lambda)$ des Operators A $(\in \hat{\mathfrak{G}})$ ausgeartet. Man sieht leicht, daß es in jeder Umgebung des Operators A einen Operator $A_1 \in \hat{\mathfrak{G}}$ gibt, dessen Symbol die Form $\mathcal{A}_1(\lambda) = a_1(\lambda) + K_1(\lambda)$ hat, wobei $a_1(\lambda)$ $(\in \mathfrak{P})$ ein fastperiodisches Polynom

$$a_1(\lambda) = \sum_{j=1}^{m} c_j\, e^{i\delta_j\lambda}$$

und $K_1(\lambda)$ $(\in \mathfrak{L}_0)$ eine rationale Funktion ist und außerdem in einem gewissen Punkt λ_0 der reellen Achse $\mathcal{A}_1(\lambda_0) = 0$ gilt.

Wir betrachten die Funktion

$$\mathcal{A}_2^{\pm}(\lambda) = \mathcal{A}_1(\lambda)\,\frac{\lambda \pm i}{\lambda - \lambda_0}\,. \tag{2.16}$$

Man kann sie in der Form

$$\mathcal{A}_2^{\pm}(\lambda) = \mathcal{A}_1(\lambda) + (\lambda_0 \pm i)\left[\frac{a_1(\lambda) - a_1(\lambda_0)}{\lambda - \lambda_0} + \frac{K_1(\lambda) - K_1(\lambda_0)}{\lambda - \lambda_0}\right]$$

darstellen.

Die Funktion $(K_1(\lambda) - K_1(\lambda_0))/(\lambda - \lambda_0)$ gehört offenbar zu $\mathfrak{L}_0$, und die Funktion $(a_1(\lambda) - a_1(\lambda_0))/(\lambda - \lambda_0)$ ist eine Linearkombination von Funktionen der Form

$$\frac{e^{i\delta\lambda} - e^{i\delta\lambda_0}}{\lambda - \lambda_0} = \int_0^{\delta} i\, e^{i\lambda_0(\delta - t)}\, e^{i\lambda t}\, dt\,,$$

die offenbar ebenfalls zu $\mathfrak{L}_0$ gehören. Somit gilt $\mathcal{A}_2^{\pm}(\lambda) \in G$. Wegen $(\lambda - \lambda_0)/(\lambda \pm i) \in \mathfrak{G}^{\pm}$ folgt aus Gleichung (2.16), daß der Operator A_1 in der Form

$$A_1 = B_- A_2^-, \quad A_1 = A_2^+ B_+ \tag{2.17}$$

darstellbar ist, wobei $A_2^{\pm}$ und $B_{\pm}$ Operatoren aus $\hat{\mathfrak{G}}$ sind, deren Symbole gleich $\mathcal{A}_2^{\pm}(\lambda)$ bzw. $(\lambda - \lambda_0)/(\lambda \pm i)$ sind.

Wir nehmen jetzt an, daß der Operator A von irgendeiner Seite umkehrbar ist. Dann ist der Operator A_1 von der gleichen Seite umkehrbar. Hieraus folgt mit Gleichung (2.17), daß mindestens einer der Operatoren B_+, B_- von irgendeiner Seite umkehrbar ist, was Theorem 8.1, Kapitel I, widerspricht.

Wenn man annimmt, daß A ein Φ_+- oder Φ_--Operator ist, so erhält man analog, daß auch A_1 ein derartiger Operator ist. Aus Gleichung (2.17) folgt wegen Satz D), § 11, Kapitel I, daß einer der Operatoren B_+ oder B_- ein Φ_+- oder Φ_--Operator ist. Das letzte ist aber nicht möglich.

Damit ist das Theorem bewiesen.

§ 3. Integro-Differenzenoperatoren mit stetigen Symbolen

In diesem Paragraphen werden die Resultate aus § 2 auf eine größere (und in einem gewissen Sinne maximale) Klasse von Wiener-Hopfschen Integro-Differenzenoperatoren ausgedehnt.

1. Eine Abschätzung für die Norm von Integro-Differenzenoperatoren. Wie schon in § 2 bemerkt wurde, gilt für jeden Operator $A \in \hat{\mathfrak{G}}$, der im Raum $L_p(0, \infty)$ $(1 \leqq p \leqq \infty)$ durch die Gleichung

$$(A\,\varphi)\,(t) = \sum_{j=-\infty}^{\infty} a_j\,\varphi\,(t - \delta_j) + \int_0^{\infty} k\,(t - s)\,\varphi(s)\,ds \tag{3.1}$$

definiert ist, die Abschätzung

$$|A|_p \leqq \sum_{j=-\infty}^{\infty} |a_j| + \int_{-\infty}^{\infty} |k(t)|\,dt\,,$$

wobei mit $|A|_p$ die Norm des Operators A im Raum $L_p(0, \infty)$ bezeichnet wird.

Lemma 3.1. *Es seien A ein beliebiger Operator aus $\hat{\mathfrak{G}}$ der Form* (3.1) *und $\mathcal{A}(\lambda) \in \mathfrak{G}$ sein Symbol. Dann gelten für alle p $(1 \leqq p \leqq \infty)$ die Abschätzungen*

$$\sup_{-\infty<\lambda<\infty} |\mathcal{A}(\lambda)| \leqq |A|_p \leqq \sum_{j=-\infty}^{\infty} |a_j| + \int_{-\infty}^{\infty} |k(t)|\,dt\,, \tag{3.2}$$

wobei beide Grenzen angenommen werden:

$$|A|_1 = \sum_{j=-\infty}^{\infty} |a_j| + \int_{-\infty}^{\infty} |k(t)|\,dt, \qquad |A|_2 = \sup_{-\infty<\lambda<\infty} |\mathcal{A}(\lambda)|\,. \tag{3.3}$$

Für den Spektralradius r_A des Operators A gilt in jedem Raum $L_p(0, \infty)$ $(1 \leqq p \leqq \infty)$ die exakte Gleichung

$$r_A = \sup_{-\infty<\lambda<\infty} |\mathcal{A}(\lambda)|\,. \tag{3.4}$$

Beweis. Es sei ε eine beliebige positive Zahl. Wir wählen eine reelle Zahl λ_0 so aus, daß

$$|\mathcal{A}(\lambda_0)| \geqq \sup_{-\infty<\lambda<\infty} |\mathcal{A}(\lambda)| - \varepsilon$$

gilt.

Da das Symbol des Operators $A - \mathcal{A}(\lambda_0)\, I$ im Punkt λ_0 gleich Null ist, ist dieser Operator wegen Theorem 2.4 im Raum $L_p(0, \infty)$ $(1 \leqq p \leqq \infty)$ nicht umkehrbar. Folglich gilt

$$r_A \geqq |\mathcal{A}(\lambda_0)|\,.$$

Berücksichtigt man, daß ε beliebig war, dann erhält man

$$(|A|_p \geqq)\; r_A \geqq \sup_{-\infty<\lambda<\infty} |\mathcal{A}(\lambda)|\,. \tag{3.5}$$

Damit sind die Abschätzungen (3.2) gezeigt.

Für alle Zahlen μ mit $|\mu| > \sup |\mathcal{A}(\lambda)|$ ist der Operator $A - \mu\, I$ umkehrbar. In der Tat, im betrachteten Fall gilt

$$\inf_{-\infty<\lambda<\infty} |\mathcal{A}(\lambda) - \mu| > 0\,,$$

und wegen (1.3) ist

$$\sup_{-\infty<\tau<\infty} |a(\lambda)| \leqq \sup_{-\infty<\lambda<\infty} |\mathcal{A}(\lambda)| < |\mu|$$

(dabei stammt $a(\lambda)$ aus der Darstellung $\mathcal{A}(\lambda) = a(\lambda) + K(\lambda)$).

Aus der letzten Beziehung folgt.

$$\nu\left(\mathcal{A}(\lambda) - \mu\right) = \nu\left(a(\lambda) - \mu\right) = 0\,.$$

Da die ganze Zahl

$$n\left(\mathcal{A}(\lambda) - \mu\right) = \frac{1}{2\pi}\left[\arg\left(1 + (a(\lambda) - \mu)^{-1} K(\lambda)\right)\right]_{\lambda=-\infty}^{\infty}$$

stetig von μ abhängt und für große Werte von $|\mu|$ gleich Null ist, ist sie für alle betrachteten μ gleich Null. Wegen Theorem 2.3 ist der Operator $A - \mu\, I$ umkehrbar. Somit ist $r_A \leqq \sup |\mathcal{A}(\lambda)|$. Zusammen mit (3.5) ergibt das die Gleichung (3.4).

Wir betrachten den Operator $\tilde{A}$, der im Raum $L_2(-\infty, \infty)$ durch die Gleichung

$$(\tilde{A}\,\varphi)\,(t) = \sum_{j=-\infty}^{\infty} a_j\, \varphi\,(t - \delta_j) + \int_{-\infty}^{\infty} k\,(t - s)\, \varphi(s)\, ds$$
$$(-\infty < t < \infty)$$

definiert wird. Durch Anwendung der FOURIER-Transformation zeigt man leicht, daß

$$|\tilde{A}|_2 = \sup_{-\infty<\lambda<\infty} |\mathcal{A}(\lambda)|$$

ist.

Wegen $|A|_2 = |P\, \tilde{A}\, P|_2$, wobei P der in $L_2(-\infty, \infty)$ durch

$$(P\,\varphi)\,(t) = \begin{cases} \varphi(t), & t > 0\,, \\ 0, & t < 0 \end{cases}$$

definierte Projektor ist, gilt $|A|_2 \leqq |\tilde{A}|_2$.

Damit ist die zweite der Gleichungen (3.3) bewiesen. Die erste der Gleichungen (3.3) erhält man aus der leicht zu zeigenden Beziehung

$$\lim_{n\to\infty} |A\,\varphi_n|_1 \geqq \sum_{j=-\infty}^{\infty} |a_j| + \int_{-\infty}^{\infty} |k(t)|\,dt\,,$$

wobei

$$\varphi_n(t) = \begin{cases} n, & 0 \leqq t \leqq 1/n\,, \\ 0, & 1/n < t < \infty \end{cases}$$

ist.

Damit ist das Lemma bewiesen.

Lemma 3.2. *Es seien A_1, A_2 ($\in \hat{\mathfrak{G}}$) Operatoren mit den Symbolen $\mathcal{A}_1(\lambda)$, $\mathcal{A}_2(\lambda)$ und A ($\in \hat{G}$) der Operator mit dem Symbol $\mathcal{A}(\lambda) = \mathcal{A}_1(\lambda)\,\mathcal{A}_2(\lambda)$. Dann gilt*

$$|A|_p \leqq |A_1|_p \cdot |A_2|_p \quad (1 \leqq p \leqq \infty)\,. \tag{3.6}$$

Beweis. Offenbar kann man o. B. d. A. annehmen, daß die Operatoren A_1 und A_2 die Form

$$(A_m\,\varphi)\,(t) = \sum_{j=1}^{\infty} a_j^{(m)}\,\varphi\,(t - \delta_j^{(m)}) + \int_0^{\infty} k_m\,(t - s)\,\varphi(s)\,ds$$

$$(m = 1, 2)$$

haben, wobei $k_m(t)$ finite Funktionen aus $L_1\,(-\infty, \infty)$ sind. Unter diesen Voraussetzungen zeigt man leicht, daß für hinreichend großes δ die Gleichung $A = U_{-\delta}\,A_1\,A_2\,U_\delta$ gilt, woraus die Beziehung (3.6) folgt.

Wir erinnern daran, daß jeder Operator A aus $\hat{\mathfrak{G}}$ in der Form

$$(A\,\varphi)\,(t) = \int_0^{\infty} \varphi(s)\,d\omega\,(t - s)$$

geschrieben werden kann, wobei $\omega(t)$ eine Funktion beschränkter Variation ohne singuläre Komponente ist.

Lemma 3.3. *Es sei der Operator $A \in \hat{\mathfrak{G}}$ in der Form*

$$(A\,\varphi)\,(t) = \int_0^{\infty} \varphi(s)\,d\omega\,(t - s)$$

geschrieben. Dann hat in jedem Raum $L_p(0, \infty)$ $(1 \leqq p \leqq \infty)$ der adjungierte Operator A^* die Form

$$(A^*\,\varphi)\,(t) = \int_0^{\infty} \varphi(s)\,\overline{d\omega\,(s - t)}\,,$$

und es gilt

$$|A|_p = |A^*|_p\,. \tag{3.7}$$

Beweis. Die erste Behauptung des Lemmas überprüft man ohne Mühe. Für den Beweis der zweiten Behauptung führen wir die Operatoren

$$(S_\tau \varphi)(t) = \begin{cases} \varphi(\tau - t), & 0 < t < \tau, \\ \varphi(t), & \tau < t < \infty, \end{cases}$$

$$(P_\tau \varphi)(t) = \begin{cases} \varphi(t), & 0 < t < \tau, \\ 0, & \tau < t < \infty, \end{cases} \quad (0 < \tau < \infty)$$

ein.

Der Operator S_τ ist umkehrbar, isometrisch, und es gilt $S_\tau^{-1} = S_\tau$. P_τ ist ein Projektor mit der Norm Eins.

Unmittelbar überprüft man die folgende Gleichung:

$$P_\tau A' P_\tau = S_\tau P_\tau A P_\tau S_\tau, \tag{3.8}$$

wobei A' der zu A transponierte Operator ist, d. h.

$$(A'\varphi)(t) = \int_0^\infty \varphi(s)\, d\omega(s - t).$$

Wegen $\overline{(A' \varphi)}(t) = (A^* \overline{\varphi})(t)$ gilt

$$|P_\tau A' P_\tau|_p = |P_\tau A^* P_\tau|_p. \tag{3.9}$$

Aus den Gleichungen (3.8) und (3.9) folgt die Gleichung

$$|P_\tau A^* P_\tau|_p = |P_\tau A P_\tau|_p \quad (0 < \tau < \infty),$$

welche zusammen mit der Beziehung

$$|A|_p \leqq \varliminf_{\tau \to \infty} |P_\tau A P_\tau|_p$$

(3.7) nach sich zieht.

2. Operatoren mit stetigen Symbolen. Wir bezeichnen mit $\hat{\mathfrak{G}}_p$ die Abschließung der Menge $\hat{\mathfrak{G}}$ in der Operatorennorm $|\ |_p$ $(1 \leqq p \leqq \infty)$. Es sei A ein beliebiger Operator aus $\hat{\mathfrak{G}}_p$ und A_n $(n = 1, 2, \ldots)$ eine gegen A konvergente Folge aus $\hat{\mathfrak{G}}$. Auf Grund der Ungleichungen (3.2) und (1.3) hat die Funktionenfolge

$$\mathcal{A}_n(\lambda) = a_n(\lambda) + K_n(\lambda)$$

aus $\mathfrak{G}$ die folgenden Eigenschaften: Die Folge $a_n(\lambda)$ $(n = 1, 2, \ldots)$ konvergiert gleichmäßig gegen eine gewisse fastperiodische Funktion $a(\lambda)$, und die Folge $K_n(\lambda)$ konvergiert gleichmäßig gegen eine gewisse stetige Funktion $K(\lambda)$, die für $\lambda \to \pm\infty$ gegen Null strebt.

Es ist leicht zu sehen, daß die Funktion $\mathcal{A}(\lambda) = a(\lambda) + K(\lambda)$ nicht von der Folge $A_n \in \hat{\mathfrak{G}}$ abhängt, die gegen A konvergiert. Somit ist jedem Operator $A \in \hat{\mathfrak{G}}_p$ eine stetige Funktion $\mathcal{A}(\lambda)$ zugeordnet, die wir *Symbol* des Operators A nennen werden.

Man sieht leicht, daß $\hat{\mathfrak{G}} = \hat{\mathfrak{G}}_1$ ist.

Die Ungleichungen (3.2) können jetzt auf die Operatoren A aus $\hat{\mathfrak{S}}_p$ übertragen werden:

$$\sup_{-\infty<\lambda<\infty} |\mathcal{A}(\lambda)| \leqq |A|_p \leqq \sum_{j=-\infty}^{\infty} |a_j| + \int_{-\infty}^{\infty} |k(t)|\, dt \qquad (A \in \hat{\mathfrak{S}}_p)\,.$$

Für $p = 2$ kann man die zweite der Gleichungen (3.3) auf die Operatoren aus $\hat{\mathfrak{S}}_2$ übertragen:

$$|A|_2 = \sup_{-\infty<\lambda<\infty} |\mathcal{A}(\lambda)|\,, \qquad (A \in \hat{\mathfrak{S}}_2)\,. \tag{3.10}$$

Man sieht leicht, daß $\hat{\mathfrak{S}}_{p_1} \subset \hat{\mathfrak{S}}_{p_2}$ ist für $1 \leqq p_1 \leqq p_2 \leqq 2$ und daß $|A|_{p_1} \geqq |A|_{p_2}$ gilt, wenn $A \in \hat{\mathfrak{S}}_{p_1}$ ist. Aus Lemma 3.3 folgt, daß $\hat{\mathfrak{S}}_p = \hat{\mathfrak{S}}_q$ $(p^{-1} + q^{-1} = 1)$ gilt und $|A|_p = |A^*|_p$ ist für alle A aus $\hat{\mathfrak{S}}_p$.

Wir bezeichnen mit $\mathfrak{S}_p$ die Menge der Symbole aller Operatoren aus $\hat{\mathfrak{S}}_p$. Die Zuordnung zwischen den Operatoren aus $\hat{\mathfrak{S}}_p$ und ihren Symbolen aus $\mathfrak{S}_p$ ist eineindeutig. In der Tat, nehmen wir einmal an, daß ein von Null verschiedener Operator $A \in \hat{\mathfrak{S}}_p$ ein Symbol identisch Null hat. Es sei $A_n \in \hat{\mathfrak{S}}$ eine in der Norm $|\ |_p$ gegen den Operator A konvergente Folge. Wegen (3.2) und (3.3) ist A_n eine Fundamentalfolge in der Operatorennorm $|\ |_2$ und konvergiert somit in dieser Norm gegen einen gewissen Operator B. Auf dem Durchschnitt $L_2 \cap L_p$ stimmen die Operatoren A und B überein, und folglich ist $B \neq 0$. Der Operator B hat aber ein Symbol identisch Null, was Gleichung (3.10) widerspricht.

3. Maximale Ideale der Algebra $\mathfrak{S}$.

Theorem 3.1. *Die Menge M_{λ_0} aller Funktionen aus $\mathfrak{S}$, die im Punkt λ_0 $(-\infty < \lambda_0 < \infty)$ gleich Null sind, ist ein maximales Ideal der Algebra $\mathfrak{S}$.*

Die direkte Summe $M_{\mathfrak{P}} \dot{+} \mathfrak{L}_0$, wobei $M_{\mathfrak{P}}$ ein beliebiges maximales Ideal der Algebra $\mathfrak{P}$ ist, bildet ebenfalls ein maximales Ideal der Algebra $\mathfrak{S}$.

Die Ideale der angegebenen zwei Typen schöpfen alle maximalen Ideale der Algebra $\mathfrak{S}$ aus.

Beweis. Man überprüft leicht, daß M_{λ_0} und $M_{\mathfrak{P}} \dot{+} \mathfrak{L}_0$ maximale Ideale der Algebra $\mathfrak{S}$ sind.

Es sei jetzt M ein gewisses maximales Ideal der Algebra $\mathfrak{S}$ und $M_1 = M \cap \mathfrak{P}$, $M_2 = M \cap \mathfrak{L}$. Man sieht leicht, daß M_1 und M_2 entsprechend maximale Ideale der Algebren $\mathfrak{P}$ und $\mathfrak{L}$ sind und daß $M = M_1 \dot{+} M_2$ gilt. Für $M_2 = \mathfrak{L}_0$ hat das Ideal M die zweite der angegebenen Formen.

Es sei $M_2 \neq \mathfrak{L}_0$. Wie bekannt fällt M_2 dann mit der Menge aller Funktionen aus $\mathfrak{L}$ zusammen, die in einem gewissen reellen Punkt λ_0 gleich Null sind (s. I. M. GELFAND, D. A. RAIKOW, G. E. SCHILOW [1], Seite 115). Wir zeigen, daß M_1 mit der Menge aller Funktionen aus $\mathfrak{P}$ zusammenfällt, die in demselben Punkt λ_0 gleich Null sind. Wir nehmen an, daß dies nicht so ist. Es seien $a(\lambda)$ und $K(\lambda)$ entsprechend solche Funktionen aus M_1 und $\mathfrak{L}_0$, daß $a(\lambda_0) \neq 0$ und $K(\lambda_0) \neq 0$ gilt. Die Funktion $a(\lambda)\, K(\lambda)$ gehört zu $M \cap \mathfrak{L}_0 \subset M_2$, da M und $\mathfrak{L}_0$ Ideale der Algebra $\mathfrak{S}$ sind. Das widerspricht jedoch der Beziehung $a(\lambda_0)\, K(\lambda_0) \neq 0$.

Damit ist das Theorem bewiesen.

Wenn $\mathfrak{R}$ eine BANACH-Algebra von Funktionen auf der reellen Achse ist, bezeichnen wir mit $M_\lambda(\mathfrak{R})$ $(-\infty < \lambda < \infty)$ die Menge aller Funktionen aus $\mathfrak{R}$, die im Punkt λ gleich Null sind. Mit $\mathfrak{M}(\mathfrak{R})$ bezeichnen wir den kompakten HAUSDORFF-Raum aller maximalen Ideale der Algebra $\mathfrak{R}$.

Die Menge $M_\lambda(\mathfrak{S})$ $(-\infty < \lambda < \infty)$ ist ein maximales Ideal der Algebra $\mathfrak{S}$ vom ersten Typ.

Theorem 3.2. *Die Gesamtheit aller maximalen Ideale* $M_\lambda(\mathfrak{S})$ $(-\infty < \lambda < \infty)$ *liegt dicht in* $\mathfrak{M}(\mathfrak{S})$.

Beweis. Es sei M_0 ein beliebiges Ideal der Form $M_0 = M_{\mathfrak{P}} + \mathfrak{L}_0$, wobei $M_{\mathfrak{P}}$ ein gewisses maximales Ideal der Algebra $\mathfrak{P}$ ist. Wir betrachten die Umgebung des Ideals M_0, die aus allen Idealen $M \in \mathfrak{M}(\mathfrak{S})$ besteht, für welche

$$|\mathcal{A}_j(M) - \mathcal{A}_j(M_0)| < \varepsilon \qquad (j = 1, 2, \ldots, n) \tag{3.11}$$

gilt, wobei $\varepsilon > 0$ ist und A_j gewisse Elemente aus $\mathfrak{S}$ sind:

$$\mathcal{A}_j(\lambda) = a_j(\lambda) + K_j(\lambda) \qquad \left(a_j(\lambda) \in \mathfrak{P},\; K_j(\lambda) \in \mathfrak{L}_0\right).$$

Wir zeigen, daß in dieser Umgebung mindestens ein Ideal des Typs $M_\lambda(\mathfrak{S})$ enthalten ist.

Bekanntlich (s. I. M. GELFAND, D. A. RAIKOW und G. E. SCHILOW [1], Seite 189) liegt die Menge der Ideale $M_\lambda(\mathfrak{P})$ $(-\infty < \lambda < \infty)$ dicht in $\mathfrak{M}(\mathfrak{P})$. Folglich existiert ein solcher Punkt λ_1, so daß

$$|a_j(\lambda_1) - a_j(M_0)| < \varepsilon/3 \qquad (j = 1, 2, \ldots, n) \tag{3.12}$$

ist.

Es sei Δ eine so große positive Zahl, daß $|K_j(\lambda)| < \varepsilon/3$ gilt für $|\lambda| > \Delta$. Aus Eigenschaften fastperiodischer Funktionen folgt die Existenz eines solchen Punktes λ_0 mit $|\lambda_0| > \Delta$, daß

$$|a_j(\lambda_0) - a_j(\lambda_1)| < \varepsilon/3 \qquad (j = 1, 2, \ldots, n) \tag{3.13}$$

ist.

Das Ideal $M_{\lambda_0}(\mathfrak{S})$ gehört zur Umgebung (3.11). In der Tat, wegen $K_j(\lambda) \in \mathfrak{L}_0 \subset \mathfrak{M}_0$ gilt $K_j(M_0) = 0$, und es ist $K_j(M_{\lambda_0}(\mathfrak{S})) = K_j(\lambda_0)$ und $a_j(M_{\lambda_0}(\mathfrak{S})) = a_j(\lambda_0)$. Folglich gilt

$$|\mathcal{A}_j(M_{\lambda_0}(\mathfrak{S})) - \mathcal{A}_j(M_0)| = |a_j(\lambda_0) + K_j(\lambda_0) - a_j(M_0)| \leqq |a_j(\lambda_0) - a_j(M_0)| + \varepsilon/3$$
$$(j = 1, 2, \ldots, n).$$

Berücksichtigt man die Beziehungen (3.12) und (3.13) sowie die Gleichung $a_j(M_0) = a_j(M_{\mathfrak{P}})$, so erhält man

$$|\mathcal{A}_j(M_{\lambda_0}(\mathfrak{S})) - \mathcal{A}_j(M_0)| < \varepsilon \qquad (j = 1, 2, \ldots, n).$$

Damit ist das Theorem bewiesen.

4. Die Algebra $\mathfrak{S}_p$ und ihre maximalen Ideale. In der linearen Menge $\mathfrak{S}_p$ führen wird durch

$$|\mathcal{A}(\lambda)|_p = |A|_p \tag{3.14}$$

eine Norm ein. Aus Lemma 3.2 folgt, daß für $\mathcal{A}_1(\lambda)$, $\mathcal{A}_2(\lambda) \in \mathfrak{G}_p$ die Funktion $\mathcal{A}(\lambda) = \mathcal{A}_1(\lambda)\,\mathcal{A}_2(\lambda)$ ebenfalls zu $\mathfrak{G}_2$ gehört, wobei gilt:

$$|\mathcal{A}_1(\lambda)\,\mathcal{A}_2(\lambda)|_p \leqq |\mathcal{A}_1(\lambda)|_p\,|\mathcal{A}_2(\lambda)|_p\,.$$

Damit ist $\mathfrak{G}_p$ $(1 \leqq p \leqq \infty)$ eine kommutative Banach-Algebra. Wegen Lemma 3.3 ist $\mathfrak{G}_p$ eine Algebra mit symmetrischer Involution (s. I. M. Gelfand, D. A. Raikow, G. E. Schilow [1], Seite 59).

Aus den Beziehungen (3.3) folgt, daß $\mathfrak{G}_1 = \mathfrak{G}$ gilt und daß $\mathfrak{G}_2$ die Algebra aller Funktionen der Form $\mathcal{A}(\lambda) = a(\lambda) + K(\lambda)$ ist, wobei $a(\lambda)$ eine beliebige gleichmäßig fastperiodische Funktion ist, während $K(\lambda)$ $(-\infty < \lambda < \infty)$ eine beliebige stetige Funktion ist, die im Unendlichen den Wert Null annimmt. Für die Norm in $\mathfrak{G}_2$ gilt

$$|\mathcal{A}(\lambda)|_2 = \sup_{-\infty<\lambda<\infty} |\mathcal{A}(\lambda)|\,.$$

Wir benötigen die folgenden zwei einfachen Sätze über Banach-Algebren.

1°. *Es seien $\mathfrak{R}_1$, $\mathfrak{R}_2$ kommutative* Banach-*Algebren, und $\mathfrak{R}_1$ sei dicht eingebettet*[1]) *in $\mathfrak{R}_2$. Dann ist der Raum $\mathfrak{M}(\mathfrak{R}_2)$ homöomorph zu einer abgeschlossenen Teilmenge von $\mathfrak{M}(\mathfrak{R}_1)$.*

In der Tat, jedem maximalen Ideal $M_2 \in \mathfrak{M}(\mathfrak{R}_2)$ ist in natürlicher Weise das maximale Ideal $M_1 \in \mathfrak{M}(\mathfrak{R}_1)$ zugeordnet, welches durch die Gleichung $M_1 = M_2 \cap \mathfrak{R}_1$ definiert wird. Wir bezeichnen mit $\mathfrak{N}$ die Menge aller maximalen Ideale aus $\mathfrak{M}(\mathfrak{R}_1)$, die bei dieser Zuordnung herauskommen, d. h., $\mathfrak{N}$ ist die Menge aller maximalen Ideale aus $\mathfrak{M}(\mathfrak{R}_1)$, die sich (in eindeutiger Weise) zu einem maximalen Ideal aus $\mathfrak{M}(\mathfrak{R}_2)$ erweitern lassen.

Wir zeigen, daß bei dieser Zuordnung die Abbildung von $\mathfrak{M}(\mathfrak{R}_2)$ auf $\mathfrak{N}$ stetig ist. Es sei M_0 ein Ideal aus $\mathfrak{N}$,

$$U = \{M \in \mathfrak{N}\colon |x_j(M) - x_j(M_0)| < \varepsilon;\ x_j \in \mathfrak{R}_1;\ j = 1, \ldots, n\}$$

eine Umgebung von ihm und $\tilde{M}_0 \in \mathfrak{M}(\mathfrak{R}_2)$ die Erweiterung von M_0. Dann wird die Umgebung

$$V = \{\tilde{M} \in \mathfrak{M}(\mathfrak{R}_2)\colon\ |x_j(\tilde{M}) - x_j(\tilde{M}_0)| < \varepsilon\}$$

auf U abgebildet. Somit ist die Abbildung stetig, die Menge $\mathfrak{N}$ abgeschlossen und folglich sind die Mengen $\mathfrak{M}(\mathfrak{R}_2)$ und $\mathfrak{N}$ homöomorph.

2°. *Es seien die kommutativen* Banach-*Algebren $\mathfrak{R}_j$ $(j = 1, 2, 3)$ in der folgenden Reihenfolge dicht ineinander eingebettet: $\mathfrak{R}_1 \subset \mathfrak{R}_2 \subset \mathfrak{R}_3$. Kann man jedes maximale Ideal der Algebra $\mathfrak{R}_1$ zu einem maximalen Ideal der Algebra $\mathfrak{R}_3$ erweitern, so ist dies auch für das Paar $\mathfrak{R}_2$, $\mathfrak{R}_3$ gültig.*

In der Tat, es sei $M_2 \in \mathfrak{M}(\mathfrak{R}_2)$ und $M_1 = M_2 \cap \mathfrak{R}_1$. Dann gilt $M_1 \in \mathfrak{M}(\mathfrak{R}_1)$, und folglich ist das Ideal M_1 in einem gewissen Ideal $M_3 \in \mathfrak{M}(\mathfrak{R}_3)$ enthalten.

[1]) Man sagt, daß die Algebra R_1 in der Algebra R_2 dicht eingebettet ist, wenn $R_1 \subset R_2$, $\overline{R_1} = R_2$ gilt und eine solche Konstante $c > 0$ existiert, daß $|x|_2 \leqq c\,|x|_1$ gilt für alle $x \in R_1$.

Die Abschließung des Ideals M_1 in der Norm von $\mathfrak{R}_3$ und erst recht in der Norm von $\mathfrak{R}_2$ ist in M_3 enthalten. Die Abschließung von M_1 in der Norm von $\mathfrak{R}_2$ ist jedoch gleich M_2.

Theorem 3.3. *Die Räume $\mathfrak{M}(\mathfrak{G})$ und $\mathfrak{M}(\mathfrak{G}_2)$ sind homöomorph. Mit anderen Worten, jedes maximale Ideal der Algebra $\mathfrak{G}$ kann (auf eindeutige Weise) zu einem maximalen Ideal der Algebra $\mathfrak{G}_2$ erweitert werden.*

In der Tat, wegen Satz 1° ist der Raum $\mathfrak{M}(\mathfrak{G}_2)$ homöomorph zu der abgeschlossenen Menge $\mathfrak{N} \subset \mathfrak{M}(\mathfrak{G})$ aller maximalen Ideale von $\mathfrak{G}$, die eine Erweiterung zu einem maximalen Ideal von $\mathfrak{G}_2$ gestatten. Offenbar gehören alle maximalen Ideale $M_\lambda(\mathfrak{G})$ $(-\infty < \lambda < \infty)$ zu $\mathfrak{N}$. Da wegen Theorem 3.2 die Menge aller Ideale $M_\lambda(\mathfrak{G})$ $(-\infty < \lambda < \infty)$ dicht in $\mathfrak{M}(\mathfrak{G})$ liegt, gilt $\mathfrak{N} = \mathfrak{M}(\mathfrak{G})$.

Theorem 3.4. *Es sei M ein gewisses maximales Ideal der Algebra $\mathfrak{G}_2$. Dann ist $\tilde{M} = M \cap \mathfrak{G}_p$ ein maximales Ideal der Algebra $\mathfrak{G}_p$. Die Ideale der angegebenen Form schöpfen alle maximalen Ideale der Algebra $\mathfrak{G}_p$ aus.*

Dieses Theorem ist eine unmittelbare Folge von Satz 2°.

Theorem 3.5. *Ein Element $\mathcal{A}(\lambda) \in \mathfrak{G}_p$ ist genau dann umkehrbar, wenn gilt:*

$$\inf_{-\infty<\lambda<\infty} |\mathcal{A}(\lambda)| > 0 . \tag{3.15}$$

Die Notwendigkeit der Bedingung (3.15) ist offensichtlich. Wir zeigen ihre Hinlänglichkeit. Es sei für das Element $\mathcal{A}(\lambda) = a(\lambda) + K(\lambda) \in \mathfrak{G}_p$ $\big(a(\lambda)$ ist eine fastperiodische Funktion und $K(\lambda)$ eine stetige Funktion, die im Unendlichen gleich Null ist$\big)$ die Bedingung (3.15) erfüllt. Dann gilt

$$\inf_{-\infty<\lambda<\infty} |a(\lambda)| \geqq \inf_{-\infty<\lambda<\infty} |\mathcal{A}(\lambda)| > 0$$

und folglich ist das Element $\mathcal{A}(\lambda)$ in der Algebra $\mathfrak{G}_2$ umkehrbar. Wegen Theorem 3.4 ist es auch umkehrbar in $\mathfrak{G}_p$.

5. Das Haupttheorem. Die Definitionen der Indizes $\nu(\mathcal{A})$ und $n(\mathcal{A})$ für nichtausgeartete Funktionen $\mathcal{A}(\lambda) \in \mathfrak{G}$ bleiben offenbar auch für beliebige nichtausgeartete Funktionen $\mathcal{A}(\lambda) \in \mathfrak{G}_2$ sinnvoll. Dabei bleiben die Indizes $\nu(\mathcal{A})$ und $n(\mathcal{A})$ stabil, d. h., bei kleiner Störung (in der Norm von $\mathfrak{G}_2$) einer nichtausgearteten Funktion $\mathcal{A}(\lambda) \in \mathfrak{G}_2$ ändern sich die Indizes nicht.

Wir bemerken noch, daß genauso wie in der Algebra $\mathfrak{G}$ in jeder Algebra $\mathfrak{G}_p$ $(1 < p \leqq \infty)$ die Zuordnung zwischen den Operatoren aus $\hat{\mathfrak{G}}_p$ und ihren Symbolen in dem folgenden Sinne partiell multiplikativ ist:

Es sei A_1 ein Operator aus der Abschließung von $\hat{\mathfrak{G}}_+$ in der Norm $|\ |_p$, A_2 ein Operator aus der Abschließung von $\hat{\mathfrak{G}}_-$ in der gleichen Norm und A ein beliebiger Operator aus $\hat{\mathfrak{G}}_p$.

Dann gehört der Operator $B = A_1\, A\, A_2$ ebenfalls zu $\hat{\mathfrak{G}}_p$, und sein Symbol $\mathcal{B}(\lambda)$ ist gleich dem Produkt $\mathcal{A}_1(\lambda)\, \mathcal{A}(\lambda)\, \mathcal{A}_2(\lambda)$.

Theorem 3.6. *Ein Operator $A \in \hat{\mathfrak{G}}_p$ ist genau dann im Raum $L_p\,(0, \infty)$ $(1 \leqq p \leqq \infty)$ von mindestens einer Seite umkehrbar, wenn die Bedingung (3.15) erfüllt ist.*

Ist diese Bedingung erfüllt, so ist der Operator A für $\nu(\mathcal{A}) > 0$ nur von links und für $\nu(\mathcal{A}) < 0$ nur von rechts umkehrbar. Für $\nu(\mathcal{A}) = 0$ entspricht die Umkehrbarkeit von A dem Index $n(\mathcal{A})$, d. h., der Operator A ist umkehrbar, umkehrbar nur von links, umkehrbar nur von rechts in Abhängigkeit davon, ob der Index $n(\mathcal{A})$ gleich Null, positiv oder negativ ist.

Ist die Bedingung (3.15) *nicht erfüllt, so ist A weder Φ_+- noch Φ_--Operator.*

Beweis. Es sei A ein Operator aus $\hat{\mathfrak{G}}_p$, und sein Symbol erfülle die Bedingung (3.15). Wegen Theorem 3.5 gilt dann $\mathcal{A}^{-1}(\lambda) \in \mathfrak{G}_p$. Da $\mathfrak{G}$ in $\mathfrak{G}_p$ dicht liegt, kann man eine solche nichtausgeartete Funktion $\mathcal{A}_0(\lambda) \in \mathfrak{G}$ finden, daß die Funktion $\mathcal{A}(\lambda)$ in der Form

$$\mathcal{A}(\lambda) = \mathcal{A}_0(\lambda)\,(1 + \mathcal{B}(\lambda)) \tag{3.16}$$

darstellbar ist, wobei $\mathcal{B}(\lambda)$ aus $\mathfrak{G}_p$ ist und eine hinreichend kleine Norm in $\mathfrak{G}_p$ hat. Man sieht leicht, daß die Gleichungen $\nu(\mathcal{A}_0) = \nu(\mathcal{A})$ und $n(\mathcal{A}_0) = n(\mathcal{A})$ gelten. Wegen Theorem 1.1 gestattet die Funktion $\mathcal{A}_0(\lambda)$ eine Faktorisierung

$$\mathcal{A}_0(\lambda) = \mathcal{A}_-(\lambda)\, e^{i\nu\lambda} \left(\frac{\lambda - i}{\lambda - i}\right)^n \mathcal{A}_+(\lambda)\,, \tag{3.17}$$

wobei $\mathcal{A}_+^{\pm 1}(\lambda) \in \mathfrak{G}^+$, $\mathcal{A}_-^{\pm}(\lambda) \in \mathfrak{G}^-$, $\nu = \nu(\mathcal{A})$ und $n = n(\mathcal{A})$ ist.

Aus den Gleichungen (3.16) und (3.17) folgt, daß der Operator A in Abhängigkeit von dem Vorzeichen der Indizes ν und n die folgende Darstellung gestattet:

(1) $A = A_-\, U_\nu\, V^{(n)}\,(I + B)\, A_+$ für $\nu \leqq 0,\ n \leqq 0$;

(2) $A = A_-\, U_\nu\,(I + B)\, V^n\, A_+$ für $\nu < 0,\ n > 0$;

(3) $A = A_-\, V^{(n)}\,(I + B)\, U_\nu\, A_+$ für $\nu > 0,\ n < 0$;

(4) $A = A_-\,(I + B)\, U_\nu\, V^n\, A_+$ für $\nu \geqq 0,\ n \geqq 0$,

wobei $A_\pm$ und B entsprechend die Operatoren mit den Symbolen $\mathcal{A}_\pm(\lambda)$ und $\mathcal{B}(\lambda)$ sind.

Man kann o. B. d. A. annehmen, daß $|B|_p < 1$ und somit der Operator $I + B$ umkehrbar ist, d. h., im ersten Fall ist der Operator

$$A^{(-1)} = A_+^{-1}\,(I + B)^{-1}\, V^{-n}\, U_{-\nu}\, A_-^{-1}$$

eine Umkehrung von rechts für A, und im letzten Fall ist der Operator

$$A^{(-1)} = A_+^{-1}\, V^{(-n)}\, U_{-\nu}\,(I + B)^{-1}\, A_-^{-1}$$

eine Umkehrung von links für A.

Im Beweis von Theorem 2.1 ist insbesondere gezeigt worden, daß der Operator $U_\nu\, V^n$ $(\nu < 0,\ n > 0)$ von rechts und der Operator $V^{(n)}\, U_\nu$ $(\nu > 0,\ n < 0)$ von links umkehrbar ist. Da die Operatoren $U_\nu\, B\, V^{(n)}$ und $V^{(n)} B\, U_\nu$ hinreichend kleine Normen haben, ist der Operator

$$U_\nu\,(I + B)\, V^{(n)} = U_\nu\, V^{(n)} + U_\nu\, B\, V^{(n)}$$

für $\nu < 0$ und $n > 0$ von rechts umkehrbar, und der Operator

$$V^{(n)}\,(I + B)\, U_\nu = V^{(n)}\, U_\nu + V^{(n)}\, B\, U_\nu$$

ist für $\nu > 0$ und $n < 0$ von links umkehrbar. Hieraus folgt unmittelbar, daß der Operator A im Fall (2) von rechts und im Fall (3) von links umkehrbar ist.

Die letzte Behauptung des Theorems beweist man genauso wie den entsprechenden Satz in Theorem 2.4.

Damit ist das Theorem bewiesen.

Aus den Gleichungen (2.2) und (2.3) erhält man leicht, daß für $\nu < 0$

$$\dim \operatorname{Ker} A = \infty ,$$

für $\nu > 0$

$$\dim \operatorname{Coker} A = \infty$$

und für $\nu = 0$

$$\dim \operatorname{Ker} A = -n, \text{ wenn } n < 0 \text{ ist,}$$

und

$$\dim \operatorname{Coker} A = n, \text{ wenn } n > 0 \text{ ist,}$$

gilt.

§ 4. Fastperiodische Funktionen und Halbgruppen

Es seien U_t und U_{-t} $(0 \leqq t < \infty)$ Halbgruppen von Operatoren im Raum $\mathfrak{B}$, welche die Bedingungen aus § 9, Kapitel I, erfüllen. Wir betrachten im Raum $\mathfrak{B}$ den Operator

$$A = \sum_{j=-\infty}^{\infty} a_j U_{\delta_j}, \tag{4.1}$$

wobei δ_j paarweise verschiedene reelle Zahlen und a_j komplexe Zahlen, deren Reihe absolut konvergiert, sind. Die Menge aller Operatoren der Form (4.1) bezeichnen wir mit $\hat{\mathfrak{P}}$.

Dem durch Gleichung (4.1) definierten Operator $A \in \hat{\mathfrak{P}}$ ordnen wir die fastperiodische Funktion

$$\mathcal{A}(\lambda) = \sum_{j=-\infty}^{\infty} a_j e^{i\delta_j\lambda}$$

zu, welche wie früher *Symbol* des Operators A genannt wird.

Theorem 4.1. *Der Operator $A \in \hat{\mathfrak{P}}$ ist genau dann umkehrbar, wenn gilt:*

$$\inf_{-\infty<\lambda<\infty} |\mathcal{A}(\lambda)| > 0 . \tag{4.2}$$

Ist diese Bedingung erfüllt, so entspricht die Umkehrung des Operators A dem Index $\nu = \nu(\mathcal{A})$ seines Symbols.

Beweis. Wir bemerken zunächst, daß die Zuordnung zwischen den Operatoren $A \in \hat{\mathfrak{P}}$ und ihren Symbolen $\mathcal{A}(\lambda) \in \mathfrak{P}$ wie in § 2 partiell multiplikativ ist. Das letztere bedeutet folgendes: Sind die Operatoren $A_1, A_2 \in \hat{\mathfrak{P}}$ und ihre Symbole so beschaffen, daß $\mathcal{A}_1(\lambda) \in \mathfrak{G}^- \cap \mathfrak{P}$ und $\mathcal{A}_2(\lambda) \in \mathfrak{G}^+ \cap \mathfrak{P}$ (s. § 1) ist, so gehört für jeden Operator A aus $\hat{\mathfrak{P}}$ der Operator $B = A_1 A \tilde{A}_2$ ebenfalls zu $\hat{\mathfrak{P}}$ und für sein Symbol gilt die Gleichung $\mathcal{B}(\lambda) = \mathcal{A}_1(\lambda)\, \mathcal{A}(\lambda)\, \mathcal{A}_2(\lambda)$.

Es sei die Bedingung (4.2) erfüllt. Dann ist auf Grund der Faktorisierung (1.5) das Symbol $\mathcal{A}(\lambda)$ in der Form

$$\mathcal{A}(\lambda) = \mathcal{A}_-(\lambda)\, e^{i\nu\lambda}\, \mathcal{A}_+(\lambda)$$

darstellbar, wobei $\nu = \nu(\mathcal{A})$ und $\mathcal{A}_\pm(\lambda), \mathcal{A}_\pm^{-1}(\lambda) \in \mathfrak{G}^\pm \cap \mathfrak{P}$ ist.

Da die Zuordnung zwischen $\hat{\mathfrak{P}}$ und $\mathfrak{P}$ partiell multiplikativ ist, kann man den Operator A in der Form

$$A = A_- U_\nu A_+$$

darstellen, wobei $A_\pm$ die Operatoren aus $\hat{\mathfrak{P}}$ mit den Symbolen $\mathcal{A}_\pm(\lambda)$ sind.

Die Operatoren $A_\pm$ sind umkehrbar, und ihre Umkehrungen sind beziehentlich die Operatoren aus $\hat{\mathfrak{P}}$ mit den Symbolen $\mathcal{A}_\pm^{-1}(\lambda)$. Daher ist der Operator A von der gleichen Seite wie U_ν umkehrbar.

Es sei jetzt die Bedingung (4.2) nicht erfüllt. Wir nehmen an, daß trotzdem der Operator A von mindestens einer Seite umkehrbar ist. Wie in § 2 kann man voraussetzen, daß $\mathcal{A}(\lambda)$ ein fastperiodisches Polynom ist, welches in einem gewissen Punkt λ_0 der reellen Achse gleich Null ist. Dem Beweisschema von Theorem 2.4 folgend betrachten wir die Funktion

$$\mathcal{A}^\pm(\lambda) = \mathcal{A}(\lambda)\,\frac{\lambda \pm i}{\lambda - \lambda_0} = \mathcal{A}(\lambda) + (\lambda_0 \pm i)\,\frac{\mathcal{A}(\lambda)}{\lambda - \lambda_0}\,.$$

Wie im Beweis von Theorem 2.4 gezeigt wurde, ist die Funktion $\mathcal{A}(\lambda)\,(\lambda - \lambda_0)^{-1}$ die Fourier-Transformierte einer gewissen Funktion $k(t) \in L_1(-\infty, \infty)$. Man kann nun einfach nachprüfen, daß der Operator A die folgende Darstellung gestattet:

$$A = A^+ B_+\,, \quad A = B_- A^-\,,$$

wobei

$$A^\pm f = A f + (\lambda_0 \pm i) \int_{-\infty}^{\infty} k(t)\, U_t f\, dt$$

ist und $B_\pm$ die Operatoren aus $\hat{\mathfrak{S}}$ mit den Symbolen $(\lambda - \lambda_0) / (\lambda \pm i)$ sind. Dies ist ein Widerspruch, da die Operatoren $B_\pm$ von keiner Seite umkehrbar sind.

Bemerkung. Ist die Bedingung (4.2) nicht erfüllt, so ist wegen Satz D) aus § 11, Kapitel I, der Operator A weder Φ_+- noch Φ_--Operator.

Wir bemerken noch, daß man ein Symbol — eine gewisse fastperiodische Funktion — auf natürliche Weise nicht nur den Operatoren aus $\hat{\mathfrak{P}}$ sondern auch den Operatoren aus der Abschließung dieser Menge zuordnen kann. Theorem 4.1 bleibt auch für Operatoren aus dieser Abschließung gültig.

§ 5. Projektionsverfahren zur Lösung von Integro-Differenzengleichungen

Wir bezeichnen mit P_τ $(0 < \tau < \infty)$ den in $L_p(0, \infty)$ $(1 \leq p < \infty)$[1]) durch die Gleichung

$$(P_\tau \varphi)(t) = \begin{cases} \varphi(t), & 0 < t < \tau, \\ 0, & \tau < t < \infty \end{cases}$$

definierten Projektor.

Ist $A \in \hat{\mathfrak{S}}$ und der Operator $P_\tau A P_\tau$ umkehrbar im Raum $P_\tau L_\tau$, so bezeichnen wir mit $(P_\tau A P_\tau)^{-1}$ die Umkehrung zu $P_\tau A P_\tau$ im Raum $P_\tau L_p$. Ist der Operator $P_\tau A P_\tau$ nicht umkehrbar, so setzen wir

$$|(P_\tau A P_\tau)^{-1}|_p = \infty\,.$$

Die Operatoren A, die durch die übliche Gleichung

$$(A\varphi)(t) = \sum_{j=-\infty}^{\infty} a_j \varphi(t - \delta_j) + \int_0^\infty k(t - s)\,\varphi(s)\, ds$$

definiert sind, nehmen wir hier nur aus der ursprünglichen Menge $\hat{\mathfrak{S}}$.

---

[1]) Der Fall $p = \infty$ wird ausgeschlossen, da in diesem Fall P_τ nicht (stark) gegen den Einheitsoperator konvergiert.

Theorem 5.1. *Ist*

$$\varlimsup_{\tau\to\infty} |(P_\tau A P_\tau)^{-1}|_p < \infty ,$$

so ist das Symbol $\mathcal{A}(\lambda)$ des Operators A nichtausgeartet, und es gilt $\nu(\mathcal{A}) = n(\mathcal{A}) = 0$.

Sind diese Bedingungen erfüllt, so hat für jede Funktion $f(t) \in L_p(0, \infty)$ die abgeschnittene Gleichung

$$\sum_{t-\tau<\delta_j<t} a_j \varphi(t-\delta_j) + \int_0^\tau k(t-s)\varphi(s)\,ds = f(t) \tag{5.1}$$

$$(0 < t < \tau)$$

von einem gewissen τ ab genau eine Lösung $\varphi_\tau(t) \in P_\tau L_p$, und die Funktionen

$$\tilde{\varphi}_\tau(t) = \begin{cases} \varphi_\tau(t), & t < \tau, \\ 0, & t > \tau \end{cases}$$

konvergieren für $\tau \to \infty$ in der Norm des Raumes $L_p(0, \infty)$ gegen die Lösung der Gleichung $A\,\varphi(t) = f(t)$.

Beweis. Die erste Behauptung des Theorems ist eine unmittelbare Folge von Lemma 1.1, Kapitel III.

Für den Beweis der zweiten Behauptung benutzen wir das Schema von G. Baxter des Beweises von Theorem 2.1, Kapitel III. Wir führen den Beweis anfangs für den Fall $L_1(0, \infty)$.

Es sei die Funktion $\varphi(t)$ aus $P_\tau L_1$ eine Lösung der Gleichung (5.1). Gleichung (5.1) kann man in die Form

$$P_\tau A P_\tau \varphi = P_\tau f$$

umschreiben.

Wir setzen

$$g_1(t) = \begin{cases} -(A P_\tau \varphi)(t), & t > \tau, \\ 0, & t < \tau, \end{cases}$$

$$g_2(t) = \begin{cases} -(A P_\tau \varphi)(t), & t < 0, \\ 0, & t > 0 . \end{cases}$$

Dann gilt

$$\sum_{j=-\infty}^{\infty} a_j \varphi(t-\delta_j) + \int_{-\infty}^{\infty} k(t-s)\varphi(s)\,ds = f(t) + g_1(t) + g_2(t) \quad (-\infty < t < \infty).$$

Wenn wir auf die letzte Gleichung die Fourier-Transformation anwenden, erhalten wir

$$\mathcal{A}(\lambda)\,\Phi(\lambda) = F(\lambda) + G_1(\lambda) + G_2(\lambda) \qquad (-\infty < \lambda < \infty) .$$

Da das Symbol $\mathcal{A}(\lambda)$ nichtausgeartet ist und $\nu(\mathcal{A}) = n(\mathcal{A}) = 0$ gilt, gestattet es wegen Theorem 1.1 eine Faktorisierung

$$\mathcal{A}(\lambda) = \mathcal{A}_-(\lambda)\,\mathcal{A}_+(\lambda) ,$$

wobei $\mathcal{A}_\pm(\lambda)$, $\mathcal{A}_\pm^{-1}(\lambda) \in \mathfrak{G}^\pm$ gilt.

In der Algebra $\mathfrak{G}$ (und insbesondere in der Menge $\mathfrak{L}_0$ der FOURIER-Transformierten aller Funktionen aus $L_1(-\infty, \infty)$) führen wir den durch die Gleichung

$$Q_\gamma\left(\sum_{j=-\infty}^{\infty} a_j e^{i\delta_j\lambda} + \int_{-\infty}^{\infty} k(t) e^{i\lambda t} dt\right) = \sum_{\delta_j<\gamma} a_j e^{i\delta_j\lambda} + \int_{-\infty}^{\gamma} k(t) e^{i\lambda t} dt$$

definierten Projektor $Q_\gamma(-\infty < \gamma < \infty)$ ein.

Aus der Gleichung

$$\mathcal{A}_+(\lambda)\, \Phi(\lambda) = \mathcal{A}_-^{-1}(\lambda)\, F(\lambda) + \mathcal{A}_-^{-1}(\lambda)\, G_1(\lambda) + \mathcal{A}_-^{-1}(\lambda)\, G_2(\lambda) \tag{5.2}$$

folgt, daß

$$G_2\, \mathcal{A}_-^{-1} = -\, Q_0\, (F\, \mathcal{A}_-^{-1} + G_1\, \mathcal{A}_-^{-1})$$

gilt.

Man überprüft leicht, daß

$$Q_0\, (G_1\, \mathcal{A}_-^{-1}) = Q_0\, (G_1\, Q_{-\tau}\, \mathcal{A}_-^{-1})$$

ist.

Deshalb gilt

$$G_2\, \mathcal{A}_-^{-1} = -\, Q_0\, (F\, \mathcal{A}_-^{-1}) - Q_0\, (G_1\, Q_{-\tau}\, \mathcal{A}_-^{-1})$$

und

$$\|G_2\, \mathcal{A}_-^{-1}\| \leqq \|F\|\, \|\mathcal{A}_-^{-1}\| + \|G_1\, \mathcal{A}_+^{-1}\|\, \|\mathcal{A}_+\, Q_{-\tau}\, \mathcal{A}_-^{-1}\|^{1)}\,.$$

Für jedes $\varepsilon > 0$ ist bei hinreichend großem τ die Beziehung

$$\|\mathcal{A}_+\, Q_{-\tau}\, \mathcal{A}_-^{-1}\| < \varepsilon$$

und somit die Ungleichung

$$\|G_2\, \mathcal{A}_-^{-1}\| \leqq c\, \|F\| + \varepsilon\, \|G_1\, \mathcal{A}_+^{-1}\| \tag{5.3}$$

erfüllt, wobei $c = \max\,(\|\mathcal{A}_-^{-1}\|, \|\mathcal{A}_+^{-1}\|)$ ist. Ausgehend von den Gleichungen

$$\mathcal{A}_-(\lambda)\, \Phi(\lambda) = \mathcal{A}_+^{-1}(\lambda)\, F(\lambda) + \mathcal{A}_+^{-1}(\lambda)\, G_1(\lambda) + \mathcal{A}_+^{-1}(\lambda)\, G_2(\lambda)$$

und

$$(I - Q_\tau)\, (G_2\, \mathcal{A}_+^{-1}) = (I - Q_\tau)\, [G_2\, (I - Q_\tau)\, \mathcal{A}_+^{-1}]$$

erhält man analog, daß für hinreichend große τ

$$\begin{aligned}\|G_1\, \mathcal{A}_+^{-1}\| &\leqq c\, \|F\| + \|(I + Q_\tau)\, G_2\, \mathcal{A}_-^{-1}\, \mathcal{A}_-\, (I - Q_\tau)\, \mathcal{A}_+^{-1}\| \leqq \\ &\leqq c\, \|F\| + \varepsilon\, \|G_2\, \mathcal{A}_-^{-1}\|\end{aligned} \tag{5.4}$$

gilt.

Wenn man τ so groß wählt, daß in den Beziehungen (5.3) und (5.4) ε kleiner als 1 ist, so erhält man

$$\|G_2\, \mathcal{A}_-^{-1}\| \leqq \frac{c}{1-\varepsilon}\, \|F\|\,, \qquad \|G_1\, \mathcal{A}_+^{-1}\, \| \leqq \frac{c}{1-\varepsilon}\, \|F\|\,.$$

Aus den letzten Beziehungen und Gleichung (5.2) folgt

$$\|\Phi\| \leqq \frac{c^2\,(3-\varepsilon)}{1-\varepsilon}\, \|F\|$$

---

1) Hierbei bezeichnet $\|\quad\|$ die in § 1 eingeführte Norm der Funktion aus $\mathfrak{G}$.

oder

$$|P_\tau A\, P_\tau \varphi|_{L_1} \geqq \frac{1-\varepsilon}{c^2\,(3-\varepsilon)}\, |P_\tau \varphi|_{L_1} \qquad (\varphi(t) \in L_1(0, \infty))\,. \tag{5.5}$$

Somit ist Bedingung (2.3) aus Theorem 2.1, Kapitel II, erfüllt. Es verbleibt zu zeigen, daß der Operator $P_\tau A\, P_\tau$ den Raum $P_\tau L_1$ $(= L_1(0, \tau))$ auf ganz $L_1(0, \tau)$ abbildet. Dazu bemerken wir, daß für den adjungierten Operator A^*, betrachtet in $L_1(0, \infty)$, die Abschätzung (5.5) gilt. Daher ist die Gleichung

$$(P_\tau A\, P_\tau)^*\, \psi = 0$$

im Raum $L_1(0, \tau)$ und erst recht im Raum $M(0, \tau)$ nur trivial lösbar.

Der Fall $L_p(0, \infty)$ wird analog mit einigen Modifikationen behandelt.

Damit ist das Theorem bewiesen.

§ 6. Paarige Integro-Differenzengleichungen

Im vorliegenden Paragraphen werden die folgenden beiden Gleichungstypen betrachtet:

$$\left.\begin{aligned} &\sum_{j=-\infty}^{\infty} a_j^{(1)}\, \varphi\,(t-\alpha_j) + \int_{-\infty}^{\infty} k_1\,(t-s)\, \varphi(s)\, ds = f(t) \qquad (0 < t < \infty)\,, \\ &\sum_{j=-\infty}^{\infty} a_j^{(2)}\, \varphi\,(t-\beta_j) + \int_{-\infty}^{\infty} k_2\,(t-s)\, \varphi(s)\, ds = f(t) \qquad (-\infty < t < 0) \end{aligned}\right\} \tag{6.1}$$

und

$$\begin{aligned} &\sum_{\alpha_j < t} a_j^{(1)}\, \varphi\,(t-\alpha_j) + \sum_{\beta_j > t} a_j^{(2)}\, \varphi\,(t-\beta_j) + \\ &\qquad + \int_0^{\infty} k_1\,(t-s)\, \varphi(s)\, ds + \int_{-\infty}^{0} k_2\,(t-s)\, \varphi(s)\, ds = f(t) \\ &\qquad\qquad (-\infty < t < \infty)\,. \end{aligned} \tag{6.2}$$

Diese Gleichungen werden im Raum $L_p(-\infty, \infty)$ für den Fall untersucht, wo die entsprechenden Symbole $\mathcal{A}_1(\lambda) = a^{(1)}(\lambda) + K_1(\lambda)$ und $\mathcal{A}_2(\lambda) = a^{(2)}(\lambda) + K_2(\lambda)$ zur Algebra $\mathfrak{G}$ gehören. Außerdem wird analog zu § 3 der allgemeinere Fall betrachtet, wo die Symbole zur Abschließung dieser Algebra in einer schwächeren Norm gehören. Für $\mathcal{A}_1(\lambda), \mathcal{A}_2(\lambda) \in \mathfrak{G}$ können die Gleichungen (6.1) und (6.2) in die Form

$$\left.\begin{aligned} &\int_{-\infty}^{\infty} \varphi(s)\, d\omega_1\,(t-s) = f(t) \qquad (0 < t < \infty)\,, \\ &\int_{-\infty}^{\infty} \varphi(s)\, d\omega_2\,(t-s) = f(t) \qquad (-\infty < t < 0) \end{aligned}\right\} \tag{6.3}$$

bzw.

$$\int_0^{\infty} \varphi(s)\, d\omega_1\,(t-s) + \int_{-\infty}^{0} \varphi(s)\, d\omega_2\,(t-s) = f(t) \qquad (-\infty < t < \infty) \tag{6.4}$$

umgeschrieben werden, wobei $\omega_1(t)$ und $\omega_2(t)$ Funktionen beschränkter Variation ohne singuläre Komponente sind.

1. Die Operatorenalgebra $\tilde{\mathfrak{G}}_p$. Wir bezeichnen mit $\tilde{\mathfrak{G}}$ ($= \tilde{\mathfrak{G}}_1$) die Menge aller Operatoren A, die in $L_p(-\infty, \infty)$ $(1 \leqq p \leqq \infty)$ durch die Gleichung

$$(A\,\varphi)\,(t) = \sum_{j=-\infty}^{\infty} a_j\,\varphi\,(t - \delta_j) + \int_{-\infty}^{\infty} k\,(t-s)\,\varphi(s)\,ds \tag{6.5}$$

definiert sind, wobei

$$\sum_{j=-\infty}^{\infty} |a_j| < \infty \text{ und } k(t) \in L_1(-\infty\,,\,\infty)$$

gilt.

Es sei $|A|_p$ die Norm des Operators A im Raum L_p. Dann gilt offenbar

$$|A|_p \leqq \sum_{j=-\infty}^{\infty} |a_j| + \int_{-\infty}^{\infty} |k(t)|\,dt\,. \tag{6.6}$$

Genauso wie für Operatoren aus $\hat{\mathfrak{G}}$ beweist man, daß im Fall $p = 1$ in (6.6) das Gleichheitszeichen angenommen wird (s. § 3).

Die Menge $\tilde{\mathfrak{G}}$ (im Unterschied zu $\hat{\mathfrak{G}}$) ist eine kommutative BANACH-Algebra mit der Norm $|A|_1$.

Analog zu den vorangegangenen Paragraphen bezeichnen wir mit $\tilde{\mathfrak{G}}_p$ $(1 \leqq p \leqq \infty)$ die Abschließung (in der Norm des Raumes L_p $(-\infty, \infty)$) der Algebra $\tilde{\mathfrak{G}}$.

Zwischen den Mengen $\tilde{\mathfrak{G}}$ und $\hat{\mathfrak{G}}$ besteht eine offensichtliche eineindeutige Zuordnung, bei der dem Operator der Form (6.5) der Operator der Form (2.1) zugeordnet wird.

Lemma 6.1. *Für jeden Operator $A \in \tilde{\mathfrak{G}}$ gilt die Gleichung*

$$|A|_p = |A_0|_p\,,$$

wobei mit A_0 der zu ihm gehörige Operator aus $\hat{\mathfrak{G}}$ bezeichnet wird.

Beweis. In der Tat, man sieht leicht, daß

$$|A_0|_p \leqq |A|_p$$

ist. Die umgekehrte Ungleichung genügt es für den Fall zu zeigen, wo die Summe in Gleichung (6.5) endlich ist und der Kern $k(t)$ finit (d. h. außerhalb eines endlichen Intervalls gleich Null) ist, denn die Menge derartiger Operatoren liegt sowohl in $\tilde{\mathfrak{G}}$ als auch in $\hat{\mathfrak{G}}$ dicht.

Wir bezeichnen mit $\varphi_n(t)$ $(n = 1, 2, \ldots)$ eine Folge finiter Funktionen aus dem Raum $L_p(-\infty, \infty)$ mit $|\varphi_n|_p = 1$, für welche gilt:

$$\lim_{n\to\infty} |A\,\varphi_n|_p = |A|_p\,.$$

Dann wählen wir so große positive Zahlen ν_n ($n = 1, 2, \ldots$), daß die Funktionen $\psi_n(t) = \varphi_n\,(t - \nu_n)$ und $\chi_n(t) = (A\,\psi_n)\,(t)$ auf der negativen Halbachse gleich Null sind. Dann ist

$$(A\,\psi_n)\,(t) = \begin{cases}(A_0\,\psi)\,(t)\,, & t > 0\,,\\ 0, & t < 0\,.\end{cases}$$

Weiter gilt

$$(A\,\varphi_n)\,(t) = \chi_n\,(t + \nu_n)$$

und folglich

$$|A\,\varphi_n|_p = |\chi_n(t)|_p = |A_0\,\psi_n|_p \leqq |A_0|_p\,,$$

denn es ist $|\psi|_p = 1$. Durch Grenzübergang erhalten wir

$$|A|_p \leqq |A_0|_p\,.$$

Damit ist das Lemma bewiesen.

Aus dem bewiesenen Lemma folgt, daß die BANACH-Räume $\hat{\mathfrak{G}}_p$ und $\tilde{\mathfrak{G}}_p$ isomorph und isometrisch sind. Hieraus folgt auch die Isomorphie und Isometrie der BANACH-Algebra von Operatoren $\tilde{\mathfrak{G}}_p$ und der Funktionenalgebra $\mathfrak{G}_p$. Dieser Isomorphismus ordnet jedem Operator $A \in \tilde{\mathfrak{G}}_p$ eine Funktion $\mathcal{A}(\lambda) \in \mathfrak{G}_p$ zu, die man natürlicherweise *Symbol* des Operators A nennt.

Wir bezeichnen mit $\tilde{\mathfrak{G}}^+(\tilde{\mathfrak{G}}^-)$ die Unteralgebra der Algebra $\tilde{\mathfrak{G}}$, welche aus allen Operatoren $A_+(A_-)$ mit Symbolen $\mathcal{A}_+(\lambda)$ aus $\mathfrak{G}^+(\mathcal{A}_-(\lambda)$ aus $\mathfrak{G}^-)$ besteht. Mit $\tilde{\mathfrak{G}}_p^+(\tilde{\mathfrak{G}}_p^-)$ bezeichnen wir die Unteralgebra von $\tilde{\mathfrak{G}}_p$, die man durch Abschließung (in der Norm von $\tilde{\mathfrak{G}}_p$) der Algebra $\tilde{\mathfrak{G}}^+(\tilde{\mathfrak{G}}^-)$ erhält.

2. Das Haupttheorem. Es sei P der im Raum $L_p(-\infty, \infty)$ durch die Gleichung

$$(P\,\varphi)\,(t) = \begin{cases}\varphi(t), & t > 0\,,\\ 0, & t < 0\end{cases}$$

definierte Projektor und Q der ergänzende Projektor: $Q = I - P$.

Man sieht leicht, daß für beliebige Operatoren $A_\pm \in \tilde{\mathfrak{G}}_p^\pm$ die Gleichungen

$$A_+\,P = P\,A_+\,P, \quad A_-\,Q = Q\,A_-\,Q \tag{6.7}$$

gelten.

Die paarige Gleichung (6.1) kann man jetzt in der Form

$$P\,A_1\,\varphi + Q\,A_2\,\varphi = f$$

und die Gleichung (6.2) in der Form

$$A_1\,P\,\varphi + A_2\,Q\,\varphi = f$$

schreiben. Hierbei sind A_j ($j = 1, 2$) die Operatoren aus der Algebra $\tilde{\mathfrak{G}}$ mit den Symbolen $\mathcal{A}_j(\lambda) = a^{(j)}(\lambda) + K_j(\lambda)$.

In diesem Paragraphen werden Operatoren dieser Form im Raum $L_p(-\infty,\infty)$ unter der Voraussetzung betrachtet, daß $A_1, A_2 \in \tilde{\mathfrak{G}}_p$ ($1 \leqq p \leqq \infty$) gilt.

Für beliebige Operatoren A_1, $A_2 \in \tilde{\mathfrak{G}}_p$ und $A_\pm \in \tilde{\mathfrak{G}}_p^\pm$ gelten analog zu den Regeln (2.2) und (2.2′) aus Kapitel V die folgenden Multiplikationsregeln:

$$(A_1 P + A_2 Q)(A_+ P + A_- Q) = A_1 A_+ P + A_2 A_- Q \tag{6.8}$$

und

$$(P A_- + Q A_+)(P A_1 + Q A_2) = P A_- A_1 + Q A_+ A_2 \,. \tag{6.8'}$$

Diese Regeln folgen aus (6.7).

Theorem 6.1. *Es sei A_1, $A_2 \in \tilde{\mathfrak{G}}_p$. Der Operator $A_1 P + A_2 Q$ $(P A_1 + Q A_2)$ ist genau dann von mindestens einer Seite umkehrbar, wenn die Bedingungen*

$$\inf_{-\infty<\lambda<\infty} |\mathcal{A}_j(\lambda)| > 0 \quad (j = 1, 2) \tag{6.9}$$

erfüllt sind.

Es seien diese Bedingungen erfüllt, und die Zahlen ν, n seien die Indizes der Funktion $\mathcal{A}_1(\lambda)/\mathcal{A}_2(\lambda)$. Dann ist der Operator $A_1 P + A_2 Q$ $(P A_1 + Q A_2)$ für $\nu > 0$ nur von links und für $\nu < 0$ nur von rechts umkehrbar. Für $\nu = 0$ entspricht seine Umkehrbarkeit dem Index n, d. h., er ist umkehrbar, umkehrbar nur von links, umkehrbar nur von rechts in Abhängigkeit davon, ob die Zahl n gleich Null, positiv oder negativ ist.

Beweis. Es seien die Bedingungen (6.9) erfüllt. Dann kann man den Operator $A_1 P + A_2 Q$ in der Form

$$A_1 P + A_2 Q = A_2 (C P + Q)$$

darstellen, wobei $C \in \tilde{\mathfrak{G}}_p$ der Operator mit dem Symbol $\mathcal{A}_1(\lambda)/\mathcal{A}_2(\lambda)$ ist.

Da der Operator A_2 umkehrbar ist, braucht man nur noch den Operator $C P + Q$ zu untersuchen, welcher seinerseits in der Form

$$C P + Q = (P C P + Q)(I + Q C P)$$

darstellbar ist.

Der Operator $I + Q C P$ ist umkehrbar, und es gilt

$$(I + Q C P)^{-1} = I - Q C P \,.$$

Aus Theorem 3.6 folgt unmittelbar, daß der Operator $P C P + Q$ für $\nu > 0$ nur von links und für $\nu < 0$ nur von rechts umkehrbar ist, während er für $\nu = 0$ nur von rechts, nur von links oder zweiseitig umkehrbar ist in Abhängigkeit vom Vorzeichen des Index n.

Wir kommen nun zum Beweis der Notwendigkeit der Bedingungen des Theorems.

Wir setzen voraus, daß der Operator $A_1 P + A_2 Q$ von irgendeiner Seite umkehrbar ist. Wie in Lemma 6.1 kann man sich auf den Fall finiter Operatoren beschränken, d. h. solcher Operatoren, deren Symbole $\mathcal{A}_1(\lambda)$ und $\mathcal{A}_2(\lambda)$ die Form

$$\mathcal{A}_j(\lambda) = \sum_{m=1}^{n} a_m^{(j)} e^{i\delta_m\lambda} + \int_a^b k_j(t)\, e^{i\lambda t}\, dt \qquad (k_j(t) \in L_1,\ j = 1, 2)$$

haben.

Es sei r eine so große natürliche Zahl, daß $U^r A_1 \in \tilde{\mathfrak{G}}^+$ und $U^{-r} A_2 \in \tilde{\mathfrak{G}}^-$ gilt, wobei $U \in \tilde{\mathfrak{G}}$ der Verschiebungsoperator mit dem Symbol $e^{i\lambda}$ ist. Dann gelten wegen (6.8) und (6.8′) die Zerlegungen

$$\left.\begin{aligned} A_1 P + A_2 Q &= U^{-r} (P + U^r A_2 Q)(U^r A_1 P + Q), \\ A_1 P + A_2 Q &= U^r (U^{-r} A_1 P + Q)(P + U^{-r} A_2 Q). \end{aligned}\right\} \tag{6.10}$$

Es sei der Operator $A_1 P + A_2 Q$ zum Beispiel von rechts umkehrbar. Dann sind wegen Gleichung (6.10) die Operatoren $P + U^r A_2 Q$ und $U^{-r} A_1 P + Q$ von rechts umkehrbar. Aus den Gleichungen

$$P + U^r A_2 Q = (P + Q\, U^r A_2 Q)(I + P\, U^r A_2 Q),$$

$$U^{-r} A_1 P + Q = (P\, U^{-r} A_1 P + Q)(I + Q\, U^{-r} A_1 P)$$

folgt die Umkehrbarkeit von rechts für die Operatoren $P + Q\, U^r A_2 Q$ und $P\, U^{-r} A_1 P + Q$. Unter Benutzung des Theorems 3.6 überzeugen wir uns davon, daß die Bedingungen (6.9) erfüllt sind.

Für den Operator $P A_1 + Q A_2$ beweist man das Theorem analog.

Bemerkung. Ist mindestens eine der Bedingungen (6.9) nicht erfüllt, so zeigt man leicht, daß der Operator $A_1 P + A_2 Q$ $(P A_1 + Q A_2)$ weder Φ_+- noch Φ_--Operator ist.

Wir bemerken, daß man unter der Bedingung $A_1, A_2 \in \tilde{\mathfrak{G}}$ genauso wie in § 2 den Kern und das Bild des Operators $A_1 P + A_2 Q$ $(P A_1 + Q A_2)$ beschreiben kann. Wir sehen hier jedoch davon ab.

3. Zusammenhang mit einer Randwertaufgabe. Die oben erhaltenen Resultate kann man als Ergebnisse über die Randwertaufgabe aus der Funktionentheorie mit Koeffizienten, die im Unendlichen eine Unstetigkeit zweiter Art haben, interpretieren. Wir erklären dies jetzt genauer. Es sei $\mathcal{F}_p^+(\mathcal{F}_p^-)$ die Gesamtheit aller FOURIER-Transformierten von Funktionen aus $L_p(0, \infty)$ $(L_p(-\infty, 0))$. Bekanntlich gestatten die Funktionen aus $\mathcal{F}_p^+(\mathcal{F}_p^-)$ eine holomorphe Fortsetzung in die obere (untere) Halbebene. Die in den §§ 3, 6 betrachteten Gleichungen sind offenbar den folgenden Randwertaufgaben äquivalent:

$$\mathcal{A}(\lambda)\, \Phi_+(\lambda) - \Phi_-(\lambda) = F_+(\lambda) \qquad (-\infty < \lambda < \infty),$$

$$\mathcal{A}_1(\lambda)\, \Phi_+(\lambda) + \mathcal{A}_2(\lambda)\, \Phi_-(\lambda) = F(\lambda) \qquad (-\infty < \lambda < \infty),$$

$$[\mathcal{A}_1(\lambda)\, \Phi(\lambda)]_+ + [\mathcal{A}_2(\lambda)\, \Phi(\lambda)]_- = F(\lambda) \qquad (-\infty < \lambda < \infty),$$

wobei $\mathcal{A}(\lambda), \mathcal{A}_1(\lambda), \mathcal{A}_2(\lambda) \in \mathfrak{G}_p$; $F_+(\lambda), \Phi_+(\lambda) \in \mathcal{F}_p^+$, $\Phi_-(\lambda) \in \mathcal{F}_p^-$, $\Phi = \Phi_+ + \Phi_-$, $F(\lambda)$ die FOURIER-Transformierte einer Funktion $f(t) \in L_p(-\infty, \infty)$ ist und $[F(\lambda)]_\pm$ durch die Gleichungen

$$[F(\lambda)]_+ = \int_0^\infty f(t)\, e^{i\lambda t}\, dt, \quad [F(\lambda)]_- = \int_{-\infty}^0 f(t)\, e^{i\lambda t}\, dt$$

definiert werden.

Die Koeffizienten $\mathcal{A}(\lambda)$, $A_1(\lambda)$, $A_2(\lambda)$ haben im Unendlichen eine Unstetigkeit zweiter Art, jedoch von spezieller Gestalt.

KAPITEL VIII

GLEICHUNGSSYSTEME

In diesem Kapitel werden Matrixgleichungen vom WIENER-HOPF-Typus betrachtet.

Wir bemerken, daß viele Fragen, die mit Projektionsverfahren zur Lösung der Systeme von Faltungsgleichungen zusammenhängen, ungelöst bleiben. Dies kann man mit den prinzipiellen Schwierigkeiten erklären, die gewöhnlich beim Übergang von einer Faltungsgleichung zu Systemen derartiger Gleichungen entstehen.

Die ersten Paragraphen enthalten Faktorisierungstheoreme für Matrixfunktionen. Diese Resultate spielen in den weiteren Paragraphen eine wichtige Rolle.

§ 1. Allgemeine Faktorisierungssätze für Matrixfunktionen

Wir führen die folgenden Bezeichnungen ein: M sei die Menge aller beschränkten meßbaren Funktionen auf der Einheitskreislinie Γ, $H_p^+ (H_p^-)$ $(p \geqq 1)$ sei die Menge aller Funktionen aus $L_p(\Gamma)$, deren FOURIER-Koeffizienten mit negativen (positiven) Indizes gleich Null sind.

Ist $\mathfrak{E}$ eine gewisse lineare Menge, so bezeichnen wir überall im weiteren mit $\mathfrak{E}_n$ die Menge aller n-dimensionalen Vektoren mit Koordinaten aus $\mathfrak{E}$ und mit $\mathfrak{E}_{n\times n}$ die Menge aller Matrizen n-ter Ordnung mit Elementen aus $\mathfrak{E}$.

Ist $\mathfrak{E}$ ein normierter Raum, so wird den Vektoren aus $\mathfrak{E}_n$ eine Norm zugeordnet, z.B. die Summe der Normen ihrer Komponenten. Im Raum $\mathfrak{E}_{n\times n}$ kann man die Norm des Elements $A = ||a_{jk}||$ z.B. durch die Gleichung

$$|A| = \max_k \sum_{j=1}^{n} |a_{jk}|$$

definieren.

Eine Darstellung der Matrixfunktion $A(\zeta) \in M_{n\times n}$ in der Form

$$A(\zeta) = A_-(\zeta)\, D(\zeta)\, A_+(\zeta) \qquad (1.1)$$

heißt *rechte Faktorisierung*, wenn folgendes gilt: $D(\zeta)$ ist eine Diagonalmatrix der Form

$$D(\zeta) = ||\zeta^{\varkappa_j} \delta_{jk}||_1^n ,$$

wobei $\varkappa_1 \geqq \varkappa_2 \geqq \cdots \geqq \varkappa_n$ gewisse ganze Zahlen sind; $A_+^{\pm 1}(\zeta) \in (H_p^+)_{n\times n}$; $A_-^{\pm 1}(\zeta) \in (H_p^-)_{n\times n}$ und $p \geqq 2$.[1])

[1]) Wir bemerken, daß die Definition der Faktorisierung ein Austreten der Faktoren $A_+(\zeta)$ und $A_-(\zeta)$ aus $M_{n\times n}$ zuläßt.

Die Faktorisierung der Matrixfunktion $A(\zeta)$, die man durch Vertauschen der Faktoren $A_\pm(\zeta)$ in der Gleichung (1.1) erhält, heißt *linke Faktorisierung*. Der Faktor $D(\zeta)$ wird *Diagonalfaktor* genannt. Man sieht leicht, daß jede rechte Faktorisierung der Matrixfunktion $A(\zeta)$ eine linke Faktorisierung der transponierten Matrixfunktion $A'(\zeta)$ erzeugt.

Theorem 1.1. *Gestattet die Matrixfunktion $A(\zeta) \in M_{n\times n}$ eine rechte Faktorisierung, so haben alle ihre rechten Faktorisierungen den gleichen Diagonalfaktor. Das gleiche Theorem gilt für linke Faktorisierungen.*

Beweis. Es seien zwei rechte Faktorisierungen von $A(\zeta)$ gegeben: die Faktorisierung (1.1) und

$$A(\zeta) = \tilde{A}_-(\zeta)\,\tilde{D}(\zeta)\,\tilde{A}_+(\zeta)\,, \tag{1.2}$$

wobei

$$\tilde{D}(\zeta) = \|\zeta^{\tilde{\varkappa}_j}\,\delta_{jk}\|_1^n$$

ist.

Aus den Gleichungen (1.1) und (1.2) folgt, daß

$$B_-(\zeta)\,D(\zeta) = \tilde{D}(\zeta)\,B_+(\zeta) \tag{1.3}$$

gilt, wobei

$$B_-(\zeta) = \tilde{A}_-^{-1}(\zeta)\,A_-(\zeta)\,, \qquad B_+(\zeta) = \tilde{A}_+(\zeta)\,A_+^{-1}(\zeta) \tag{1.4}$$

und $B_\pm(\zeta) \in (H_1^\pm)_{n\times n}$ ist. Gleichung (1.3) besagt, daß

$$b_{jk}^-(\zeta)\,\zeta^{\varkappa_k} = \zeta^{\tilde{\varkappa}_j}\,b_{jk}^+(\zeta) \qquad (j, k = 1, 2, \ldots, n)$$

gilt, wobei $b_{jk}^\pm(\zeta)$ die Elemente der Matrizen $B_\pm(\zeta)$ sind.

Für $\varkappa_k < \tilde{\varkappa}_j$ gilt

$$b_{jk}^-(\zeta) = b_{jk}^+(\zeta) = 0\,.$$

In der Tat, da sich die Mengen H_1^+ und H_1^- nur in den Konstanten schneiden, folgt aus der Gleichung

$$b_{jk}^-(\zeta) = \zeta^{\tilde{\varkappa}_j - \varkappa_k}\,b_{jk}^+(\zeta) \qquad (\varkappa_k < \tilde{\varkappa}_j)\,,$$

daß ihre beiden Seiten gleich Null sind.

Es sei nun $D(\zeta) \not\equiv \tilde{D}(\zeta)$. Dann ist $\varkappa_r \neq \tilde{\varkappa}_r$ für eine gewisse natürliche Zahl r $(1 \leqq r \leqq n)$. Ohne Beschränkung der Allgemeinheit kann man annehmen, daß $\varkappa_r < \tilde{\varkappa}_r$ ist. Es ist leicht einzusehen, daß die Ungleichung $\varkappa_k < \tilde{\varkappa}_j$ für die folgenden Werte von j und k gilt:

$$j = 1, 2, \ldots r; \quad k = r, r+1, \ldots, n\,.$$

Daher ist

$$b_{jk}^+(\zeta) = 0 \qquad (j = 1, 2, \ldots, r; \quad k = r, r+1, \ldots, n)\,.$$

Aus den letzten Gleichungen folgt, daß jeder aus den ersten r Zeilen der Matrix $B_+(\zeta)$ gebildete Minor der Ordnung r identisch Null ist. Das ergibt mit dem Laplaceschen Satz $\det B_+(\zeta) \equiv 0$, was nicht möglich ist.

Damit ist das Theorem bewiesen.

Aus dem bewiesenen Theorem folgt, daß, falls die Matrixfunktion $A(\zeta) \in M_{n\times n}$ eine rechte (linke) Faktorisierung gestattet, die Zahlen $\varkappa_j$ $(j = 1, 2, \ldots, n)$ eindeutig durch die Matrixfunktion $A(\zeta)$ bestimmt sind. Diese Zahlen werden entsprechend dem Faktorisierungstyp *rechte (linke) Indizes* der Matrixfunktion $A(\zeta)$ oder *partielle Indizes* genannt.

Wir bemerken, daß im allgemeinen die rechten und linken Indizes einer Matrixfunktion $A(\zeta) \in M_{n\times n}$ nicht zusammenfallen.

Theorem 1.2. *Gestattet die Matrixfunktion $A(\zeta) \in M_{n\times n}$ eine gewisse rechte Faktorisierung* (1.1), *so wird die allgemeine Form der Faktoren $\tilde{A}_\pm(\zeta)$ in jeder derartigen Faktorisierung durch die Gleichungen*

$$\begin{aligned}\tilde{A}_+(\zeta) &= B_+(\zeta)\, A_+(\zeta)\,,\\ \tilde{A}_-(\zeta) &= A_-(\zeta)\, D(\zeta)\, B_+^{-1}(\zeta)\, D^{-1}(\zeta)\end{aligned} \tag{1.5}$$

gegeben. Dabei ist $B_+(\zeta)$ eine beliebige nichtsinguläre Matrixfunktion, deren Elemente die folgenden Bedingungen erfüllen:

(1) $b_{jk}^+(\zeta) = 0$, *falls* $\varkappa_k < \varkappa_j$;
(2) $b_{jk}^+(\zeta)$ *ist eine Konstante, falls* $\varkappa_k = \varkappa_j$;
(3) $b_{jk}^+(\zeta)$ *ist ein Polynom in* ζ *vom Grade* $\leqq \varkappa_k - \varkappa_j$, *falls* $\varkappa_k > \varkappa_j$.

Beweis. Wir beginnen den Beweis mit einer einfachen heuristischen Überlegung, die die Gleichung (1.5) erläutert.

Wir ersetzen in der Faktorisierung

$$A(\zeta) = A_-(\zeta)\, D(\zeta)\, A_+(\zeta)$$

den Faktor $A_+(\zeta)$ durch $B_+(\zeta)\, A_+(\zeta)$. Damit die Faktorisierung erhalten bleibt, muß der kompensierende Faktor $B_+^{-1}(\zeta)$ durch $D(\zeta)$ „hindurchgezogen" werden und zusammen mit seiner Umkehrung zu $(H_p^+)_{n\times n}$ gehören, d. h.,

$$\begin{aligned}A(\zeta) &= A_-(\zeta)\, D(\zeta)\, A_+(\zeta) = A_-(\zeta)\, D(\zeta)\, B_+^{-1}(\zeta)\, B_+(\zeta)\, A_+(\zeta) =\\ &= A_-(\zeta)\, B_-(\zeta)\, D(\zeta)\, B_+(\zeta)\, A_+(\zeta)\,,\end{aligned}$$

wobei

$$B_-(\zeta)\, D(\zeta) = D(\zeta)\, B_+^{-1}(\zeta)$$

ist.

Das erklärt die Form der Faktoren in (1.5).

Es seien durch die Gleichungen (1.1) und (1.2) zwei Faktorisierungen der Matrixfunktion $A(\zeta)$ gegeben. Wie im vorangegangenen Theorem gezeigt wurde, ist $\tilde{D}(\zeta) = D(\zeta)$. Wir definieren durch die Gleichungen (1.4) die Matrixfunktionen $B_\pm(\zeta)$ und bezeichnen mit $b_{jk}^\pm(\zeta)$ ihre Elemente. Aus der Gleichung

$$B_-(\zeta)\, D(\zeta) = D(\zeta)\, B_+(\zeta) \tag{1.6}$$

folgt

$$b_{jk}^-(\zeta) = \zeta^{\varkappa_j - \varkappa_k}\, b_{jk}^+(\zeta) \qquad (j, k = 1, 2, \ldots, n)\,. \tag{1.7}$$

Da sich die Mengen H_1^+ und H_1^- nur in den Konstanten schneiden, folgt aus den Gleichungen (1.7), daß die Funktionen $b_{jk}^+(\zeta)$ die Bedingungen (1) bis (3) erfüllen. Die Gleichungen (1.5) ergeben sich aus (1.4) und (1.6).

Wir bemerken, daß die Matrixfunktion $B_+(\zeta)$ die folgende Form hat:

$$B_+(\zeta) = \begin{Vmatrix} Q_1 & 0 & \cdots & 0 \\ * & Q_2 & \cdots & 0 \\ \cdot & \cdot & \cdot & \cdot \\ * & * & \cdots & Q_m \end{Vmatrix}.$$

Dabei sind Q_j $(j = 1, 2, \ldots, m)$ nichtsinguläre konstante Matrizen, und mit einem Sternchen sind diejenigen Plätze gekennzeichnet, auf denen Matrizen stehen, deren Elemente Polynome entsprechenden Grades in ζ sind. Folglich ist die Determinante von $B_+(\zeta)$ die Konstante

$$\det B_+(\zeta) = \det Q_1 \det Q_2 \ldots \det Q_m .$$

Man überprüft leicht, daß bei beliebiger Wahl einer nichtsingulären Matrixfunktion $B_+(\zeta)$ unter Berücksichtigung der Bedingungen (1)—(3) die Formeln (1.5) die gegebene rechte Faktorisierung (1.1) der Matrixfunktion $A(\zeta)$ in eine gewisse neue rechte Faktorisierung von ihr überführen.

Damit ist das Theorem bewiesen.

Ein analoges Theorem gilt auch für linke Faktorisierungen.

§ 2. Kanonische Faktorisierungen von Matrixfunktionen aus *R*-Algebren

In dem vorliegenden Paragraphen werden wir die Definitionen aus § 5, Kapitel I, benutzen.

Es sei $\mathfrak{C}$ eine beliebige R-Algebra. Eine rechte Faktorisierung (1.1) der nichtsingulären Matrixfunktion $A(\zeta) \in \mathfrak{C}_{n\times n}$ heißt *kanonisch*, wenn $A_+^{\pm 1}(\zeta) \in \mathfrak{C}^+_{n\times n}$ und $A_-^{\pm 1}(\zeta) \in \mathfrak{C}^-_{n\times n}$ gilt. Analog wird der Begriff der linken kanonischen Faktorisierung einer Matrixfunktion $A(\zeta) \in \mathfrak{C}_{n\times n}$ definiert.

Kanonische Faktorisierungen unterscheiden sich von den gewöhnlichen Faktorisierungen dadurch, daß alle Faktoren $A_\pm^{\pm 1}(\zeta)$ in der ursprünglichen Algebra verbleiben.

Es gestatte die Matrixfunktion $A(\zeta) \in \mathfrak{C}_{n\times n}$ eine rechte kanonische Faktorisierung der Form (1.1). Dann gilt die Gleichung

$$\det A(\zeta) = \det A_-(\zeta) \det D(\zeta) \det A_+(\zeta) .$$

Daraus folgt

$$\sum_{j=1}^{n} \varkappa_j = \operatorname{ind} \det A(\zeta) ,$$

wobei $\varkappa_j$ die rechten Indizes von $A(\zeta)$ sind.

Theorem 2.1. *Es sei $\mathfrak{C}$ eine beliebige R-Algebra. Dafür, daß jede nichtsinguläre Matrixfunktion $A(\zeta) \in \mathfrak{C}_{n\times n}$ eine rechte (linke) kanonische Faktorisierung gestattet, ist notwendig und hinreichend, daß die Algebra $\mathfrak{C}$ zerfällt.*

Für den Beweis dieses Theorems benötigen wir das folgende Lemma.

Lemma 2.1. *Es sei $\mathscr{C}$ eine beliebige R-Algebra. Gehört die Funktion $a(\zeta)$ zu $\mathscr{C}^+(\mathscr{C}^-)$ und ist sie in einem gewissen Punkt ζ_0, $|\zeta_0| < 1$ ($|\zeta_0| > 1$), gleich Null, so gehört die Funktion $a(\zeta)/(\zeta - \zeta_0)$ ebenfalls zu $\mathscr{C}^+(\mathscr{C}^-)$.*

Beweis. Wir bezeichnen mit $p_n(\zeta)$ ($n = 1, 2, \ldots$) eine Folge von Polynomen in nichtnegativen Potenzen von ζ, die in der Norm der Algebra $\mathscr{C}$ gegen $a(\zeta)$ konvergiert. Dann konvergiert die Folge $p_n(\zeta)$ auf der Einheitskreislinie gleichmäßig gegen $a(\zeta)$, und insbesondere gilt $p_n(\zeta_0) \to 0$. Wegen $(\zeta - \zeta_0)^{-1} \in \mathscr{C}$ konvergiert daher die Folge von Polynomen

$$\tilde{p}_n(\zeta) = \frac{p_n(\zeta) - p_n(\zeta_0)}{\zeta - \zeta_0}$$

in der Norm von $\mathscr{C}$ gegen $a(\zeta)/(\zeta - \zeta_0)$.

Damit ist das Lemma bewiesen.

Beweis von Theorem 2.1. Wir betrachten zunächst den Fall, wo die nichtsinguläre Matrixfunktion $A(\zeta)$ zu $\mathscr{C}^+_{n\times n}$ gehört. Wir bezeichnen mit $\zeta_1, \zeta_2, \ldots, \zeta_q$ alle Nullstellen der Funktion $\det A(\zeta)$ im Kreis $|\zeta| < 1$ und mit $m_1, m_2, \ldots, m_q$ ihre Vielfachheiten. Im weiteren ist es günstig vorauszusetzen, daß $\zeta_q = 0$ ist. Ist dieser Punkt keine Nullstelle der Funktion $\det A(\zeta)$, so setzen wir $m_q = 0$.

Es sei $f_j(\zeta)$ die j-te Zeile der Matrix $A(\zeta) = ||a_{jk}(\zeta)||_{j,k=1}^n$,

$$f_j(\zeta) = \{a_{j1}(\zeta), a_{j2}(\zeta), \ldots, a_{jn}(\zeta)\} \qquad (j = 1, 2, \ldots, n)\,.$$

Mit p_j ($j = 1, 2, \ldots, n$) bezeichnen wir die Vielfachheit der Nullstelle $\zeta = \zeta_1$ der Vektorfunktion $f_j(\zeta)$. Offenbar ist $\sum\limits_{j=1}^{n} p_j \leqq m_1$.

Ohne Beschränkung der Allgemeinheit kann man annehmen, daß $p_1 \geqq p_2 \geqq \cdots \geqq p_n$ ist. Es sei $\sum\limits_{j=1}^{n} p_j < m_1$. Dann kann man solche komplexen Zahlen $c_1, c_2, \ldots, c_l$ ($l \leqq n$, $c_l = 1$) finden, daß

$$\sum_{j=1}^{l} \frac{c_j f_j(\zeta)}{(\zeta - \zeta_1)^{p_j}}\bigg|_{\zeta=\zeta_1} = 0$$

gilt. Folglich ist die Vektorfunktion

$$f(\zeta) = \sum_{j=1}^{l} \frac{c_j f_j(\zeta)}{(\zeta - \zeta_1)^{p_j}}$$

im Punkt $\zeta = \zeta_1$ gleich Null. Wegen Lemma 2.1. gehören die Komponenten dieser Vektorfunktion zur Algebra $\mathscr{C}^+$. Offenbar hat die Vektorfunktion

$$\hat{f}(\zeta) = f(\zeta)\,(\zeta - \zeta_1)^{p_l} = \sum_{j=1}^{l} \frac{c_j f_j(\zeta)}{(\zeta - \zeta_1)^{p_j - p_l}}$$

im Punkt $\zeta = \zeta_1$ eine Nullstelle der Vielfachheit $\hat{p}_l > p_l$.

Wir bilden die Matrixfunktion $\hat{B_1}(\zeta)$:

$$\hat{B}_1(\zeta) = \begin{Vmatrix} 1 & 0 & \cdots & 0 & \cdots & 0 \\ 0 & 1 & \cdots & & & 0 \\ \cdots & \cdots & \cdots & \cdots & \cdots & \cdots \\ \dfrac{c_1}{(\zeta-\zeta_1)^{p_1-p_l}} & \dfrac{c_2}{(\zeta-\zeta_1)^{p_2-p_l}} & \cdots & 1 & \cdots & 0 \\ \cdots & \cdots & \cdots & \cdots & \cdots & \cdots \\ 0 & 0 & \cdots & 0 & \cdots & 1 \end{Vmatrix} \quad l\text{-te Zeile},$$

für die det $\hat{B}_1(\zeta) = 1$ und $\hat{B}_1^{\pm 1}(\zeta) \in \mathscr{C}^-_{n\times n}$ ist.

Man sieht leicht, daß man die Matrix $\hat{B}_1(\zeta)\, A(\zeta)$ aus der Matrix $A(\zeta)$ erhält, indem man ihre l-te Zeile durch den Vektor $\hat{f}(\zeta)$ ersetzt. Folglich ist $\hat{B}_1(\zeta)\, A(\zeta) \in \in \mathscr{C}^+_{n\times n}$. Gilt wiederum

$$\sum_{j\neq l} p_j + \hat{p}_l < m_1 ,$$

so gelangen wir durch Wiederholung der beschriebenen Operation nach einer endlichen Anzahl von Schritten zu einer Matrixfunktion $B_1(\zeta)\, A(\zeta) \in \mathscr{C}^+_{n\times n}$, deren Zeilen im Punkt $\zeta = \zeta_1$ Nullstellen mit den Vielfachheiten

$$\hat{p}_j \; (j = 1, 2, \ldots, n) \; (\hat{p}_1 \geqq \hat{p}_2 \geqq \cdots \geqq \hat{p}_n) \quad \text{und} \quad \sum_{j=1}^{n} \hat{p}_j = m_1$$

haben. Dabei gilt det $B_1(\zeta) = 1$ und $B_1^{\pm 1}(\zeta) \in \mathscr{C}^-_{n\times n}$.

Wir bilden die diagonale Matrixfunktion

$$D_1(\zeta) = \left\| \left(\frac{\zeta}{\zeta - \zeta_1}\right)^{\hat{p}_j} \delta_{jk} \right\|_{j,k=1}^{n} \quad \left(D_1^{\pm 1}(\zeta) \in \mathscr{C}^-_{n\times n}\right) .$$

Man sieht leicht, daß die Determinante der Matrix $A_1(\zeta) = D_1(\zeta)\, B_1(\zeta)\, A(\zeta)$ im Punkt $\zeta = \zeta_1$ von Null verschieden ist. Somit schöpfen die Punkte $\zeta_2, \zeta_3, \ldots, \zeta_q$ im Kreis $|\zeta| < 1$ alle Nullstellen der Funktion det $A_1(\zeta)$ aus, wobei ihre Vielfachheiten entsprechend gleich den Zahlen $m_2, m_3, \ldots, m_q + m_1$ sind.

Mit der erhaltenen Matrixfunktion $A_1(\zeta)$ und ihrer Nullstelle $\zeta = \zeta_2$ führen wir eine analoge Operation durch. Als Resultat erhalten wir eine Matrixfunktion $A_2(\zeta) = D_2(\zeta)\, B_2(\zeta)\, A_1(\zeta)$, deren Determinante nur in den Punkten $\zeta_3, \zeta_4, \ldots, \zeta_q$ den Wert Null annimmt, wobei die Vielfachheiten dieser Nullstellen entsprechend gleich $m_3, m_4, \ldots, m_q + m_1 + m_2$ sind. Durch Fortsetzung dieser Konstruktion gelangen wir zu einer Matrixfunktion

$$A_{q-1}(\zeta) = D_{q-1}(\zeta)\, B_{q-1}(\zeta)\, A_{q-2}(\zeta) \in \mathscr{C}^+_{n\times n}$$
$$\left(B_{q-1}^{\pm 1}(\zeta),\, D_{q-1}^{\pm 1}(\zeta) \in \mathscr{C}^-_{n\times n}\right) ,$$

deren Determinante als einzige Nullstelle den Punkt $\zeta = 0$ mit der Vielfachheit $\sum_{j=1}^{q} m_j$ hat. Schließlich konstruieren wir mit Hilfe der oben beschriebenen Operation eine Matrixfunktion $B(\zeta)$ $\left(B^{\pm 1}(\zeta) \in \mathscr{C}^-_{n\times n}\right)$, so daß $B(\zeta)\, A_{q-1}(\zeta) \in \mathscr{C}^+_{n\times n}$ gilt und die Funktion det $\big(B(\zeta)\, A_{q-1}(\zeta)\big)$ als einzige Nullstelle den Punkt $\zeta = 0$ mit der Vielfachheit $\sum m_j$ hat, wobei die Summe der Vielfachheiten $\varkappa_1 \geqq \varkappa_2 \geqq \geqq \cdots \geqq \varkappa_n$ der Nullstelle $\zeta = 0$ der entsprechenden Zeilenvektoren der Matrix $B(\zeta)\, A_{q-1}(\zeta)$ gleich $\sum m_j$ ist.

Wir bilden die Diagonalmatrix

$$D(\zeta) = \|\zeta^{\varkappa_j}\, \delta_{jk}\|_1^n .$$

Man sieht leicht, daß

$$D^{-1}(\zeta)\, B(\zeta)\, A_{q-1}(\zeta) = A_+(\zeta) \in \mathscr{C}^+_{n\times n} \tag{2.1}$$

ist, wobei $\det A_+(\zeta) \neq 0$ $(|\zeta| \leqq 1)$ gilt. Die Gleichung (2.1) schreiben wir in die Form

$$B(\zeta)\, D_{q-1}(\zeta)\, B_{q-1}(\zeta) \cdots D_1(\zeta)\, B_1(\zeta)\, A(\zeta) = D(\zeta)\, A_+(\zeta)$$

um. Daraus folgt

$$A(\zeta) = A_-(\zeta)\, D(\zeta)\, A_+(\zeta) \qquad (|\zeta| = 1)\,,$$

wobei

$$A_-(\zeta) = [B(\zeta)\, D_{q-1}(\zeta)\, B_{q-1}(\zeta) \cdots D_1(\zeta)\, B_1(\zeta)]^{-1}\,,$$

$A_-^{\pm 1}(\zeta) \in \mathscr{C}^-_{n\times n}$ und $A_+^{\pm 1}(\zeta) \in \mathscr{C}^+_{n\times n}$ ist.

Wir zeigen jetzt die Hinlänglichkeit im allgemeinen Fall. Es sei $A(\zeta)$ eine beliebige nichtsinguläre Matrixfunktion aus $\mathscr{C}_{n\times n}$. Offenbar kann man eine Matrix $\Phi(\zeta)$, deren Elemente Polynome in ganzen Potenzen von ζ sind, so auswählen, daß die Matrix $B(\zeta) = I - A(\zeta)\, \Phi^{-1}(\zeta)$ eine hinreichend kleine Norm hat. Dann gestattet wegen Lemma 5.1, Kapitel I, die Matrixfunktion $A(\zeta)\, \Phi^{-1}(\zeta)$ eine rechte Faktorisierung

$$A(\zeta)\, \Phi^{-1}(\zeta) = B_-(\zeta)\, B_+(\zeta)$$

$$\big(B_-^{\pm 1}(\zeta) \in \mathscr{C}^-_{n\times n},\quad B_+^{\pm 1}(\zeta) \in \mathscr{C}^+_{n\times n}\big)\,.$$

Folglich ist

$$B_+(\zeta)\, \Phi(\zeta) = B_-^{-1}(\zeta)\, A(\zeta)\,. \tag{2.2}$$

Es sei r eine solch große natürliche Zahl, daß die Matrix $\zeta^r\, \Phi(\zeta)$ zu $C^+_{n\times n}$ gehört. Dann gehört die Matrixfunktion $\tilde{A}(\zeta) = \zeta^r\, B_+(\zeta)\, \Phi(\zeta)$ zu $C^+_{n\times n}$, und es gilt $\det \tilde{A}(\zeta) \neq 0$ $(|\zeta| = 1)$. Wie im ersten Teil gezeigt wurde, gestattet die Matrix $\tilde{A}(\zeta)$ eine rechte Faktorisierung:

$$\tilde{A}(\zeta) = \tilde{A}_-(\zeta)\, \tilde{D}(\zeta)\, \tilde{A}_+(\zeta) \qquad (|\zeta| = 1)\,.$$

Hieraus und aus Gleichung (2.2) folgt, daß die Matrix $A(\zeta)$ eine rechte kanonische Faktorisierung

$$A(\zeta) = A_-(\zeta)\, D(\zeta)\, A_+(\zeta) \tag{2.3}$$

gestattet, wobei

$$A_-(\zeta) = B_-(\zeta)\, \tilde{A}_-(\zeta)\,, \qquad A_+(\zeta) = \tilde{A}_+(\zeta)$$

und

$$D(\zeta) = \zeta^{-r}\, \tilde{D}(\zeta)$$

ist.

Für den Beweis der Notwendigkeit der Bedingungen des Theorems genügt es, sich auf den Fall $n = 1$ zu beschränken. In der Tat, aus der Faktorisierung (2.3) folgt die Gleichung

$$\det A(\zeta) = \det A_-(\zeta) \det D(\zeta) \det A_+(\zeta) .$$

Hieraus schließt man, daß wenn für ein gewisses n jede nichtsinguläre Matrixfunktion $A(\zeta) \in \mathfrak{C}_{n\times n}$ eine Faktorisierung (2.3) besitzt, dann gestattet jede auf der Einheitskreislinie von Null verschiedene Funktion $a(\zeta) \in \mathfrak{C}$ eine Faktorisierung

$$a(\zeta) = a_-(\zeta)\, \zeta^{\varkappa}\, a_+(\zeta) \qquad \left(a_+^{\pm 1}(\zeta) \in \mathfrak{C}^+,\ a_-^{\pm 1}(\zeta) \in \mathfrak{C}^-\right) .$$

Mit Theorem 5.1 aus Kapitel I erhalten wir daraus, daß die Algebra $\mathfrak{C}$ zerfällt.

Aus dem bewiesenen Theorem ergibt sich unmittelbar folgende Aussage.

Theorem 2.2. *Jede nichtsinguläre Matrixfunktion $A(\zeta) \in W_{n\times n}$*[1]) *gestattet eine rechte (linke) kanonische Faktorisierung.*

Es sei jetzt $\tilde{\mathfrak{C}}$ eine beliebige R-Algebra auf der reellen Achse (s. Punkt 3, § 8, Kapitel I). Den Begriff der kanonischen Faktorisierung auf der reellen Achse erhält man mit Hilfe der üblichen gebrochen-linearen Transformation aus dem entsprechenden Begriff auf der Kreislinie. Und zwar wird als rechte *kanonische Faktorisierung* der Matrixfunktion $A(\lambda) \in \tilde{\mathfrak{C}}_{n\times n}$ eine Darstellung der Form

$$A(\lambda) = A_-(\lambda)\, D(\lambda)\, A_+(\lambda)$$

bezeichnet, in der $D(\lambda)$ eine Diagonalmatrixfunktion der Gestalt

$$D(\lambda) = \left\| \left(\frac{\lambda - i}{\lambda + i}\right)^{\varkappa_j} \delta_{jk} \right\|_{j,k=1}^{n}$$

-st, wobei $\varkappa_1 \geqq \varkappa_2 \geqq \cdots \geqq \varkappa_n$ gewisse ganze Zahlen sind und $A_+^{\pm 1}(\lambda) \in \tilde{\mathfrak{C}}^+_{n\times n}$, $A_-^{\pm 1}(\lambda) \in \tilde{\mathfrak{C}}^-_{n\times n}$ gilt.

Theorem 2.3. *Es sei $\tilde{\mathfrak{C}}$ eine beliebige R-Algebra auf der reellen Achse. Dafür, daß jede Matrixfunktion $A(\lambda) \in \tilde{\mathfrak{C}}_{n\times n}$ mit der Eigenschaft*

$$\det A(\lambda) \neq 0 \quad (-\infty \leqq \lambda \leqq \infty) \tag{2.4}$$

eine rechte (linke) kanonische Faktorisierung gestattet, ist notwendig und hinreichend, daß die Algebra $\tilde{\mathfrak{C}}$ zerfällt.

Theorem 2.3 folgt aus Theorem 2.1 mit Hilfe der Transformation

$$\zeta = \frac{\lambda - i}{\lambda + i},$$

die die reelle Achse in die Einheitskreislinie überführt. Aus Theorem 2.3 ergibt sich seinerseits folgendes Theorem.

---

[1]) Mit W wird wie üblich die Algebra aller in eine absolut konvergente Fourier-Reihe entwickelbaren Funktionen bezeichnet. Offenbar ist W eine zerfallende R-Algebra.

Theorem 2.4. *Erfüllt die Matrixfunktion* $A(\lambda) \in \mathfrak{L}_{n \times n}$[1]) *die Bedingung* (2.4), *so gestattet sie eine rechte (linke) kanonische Faktorisierung.*

§ 3. Faktorisierung stetiger Matrixfunktionen

Da die Algebra der stetigen Funktionen auf der Einheitskreislinie nicht zerfällt, ist hier eine kanonische Faktorisierung im allgemeinen nicht möglich. Es gilt jedoch das folgende Theorem.

Theorem 3.1. *Jede nichtsinguläre stetige Matrixfunktion n-ter Ordnung* $A(\zeta)$ ($|\zeta| = 1$) *gestattet eine rechte Faktorisierung* (1.1). *Dabei gilt:*

a) *Die Faktoren* $A_{\mp}^{\pm 1}(\zeta)$, $A_{\pm}^{\pm 1}(\zeta)$ *gehören für alle* p ($1 < p < \infty$) *entsprechend zu den Räumen* $(H_p^+)_{n \times n}$ *bzw.* $(H_p^-)_{n \times n}$.

b) *Der Operator* $(G\varphi)(\zeta) = A_-(\zeta)\,\mathscr{P}\,A_-^{-1}(\zeta)\,\varphi(\zeta)$, *wobei* $\mathscr{P} = \|\delta_{jk} P\|_1^n$ *und* P *der natürliche Projektor von* L_p *auf* H_p^+ *ist, ist für alle* p ($1 < p < \infty$) *linear und beschränkt im Raum* $(L_p)_n$.

c) *Es gilt die Gleichung*

$$\sum_{j=1}^{n} \varkappa_j = \text{ind}\det A(\zeta)\,,$$

wobei $\varkappa_j$ ($j = 1, 2, \ldots, n$) *die rechten Indizes der Matrixfunktion* $A(\zeta)$ *sind.*

Beweis. Es sei $M(\zeta)$ eine gewisse stetige Matrixfunktion n-ter Ordnung. Wir bilden die Operatoren $\mathscr{P}_M$ und $\mathscr{Q}_M$, indem wir

$$(\mathscr{P}_M\,\Phi)\,(\zeta) = \mathscr{P}\big(M(\zeta)\,\Phi(\zeta)\big)\,, \qquad (\mathscr{Q}_M\,\Phi)\,(\zeta) = \mathscr{Q}\big(\Phi(\zeta)\,M(\zeta)\big)$$

setzen, wobei $\mathscr{Q} = I - \mathscr{P}$ und $\Phi \in (L_p)_{n \times n}$ ($1 < p < \infty$) ist. Diese Operatoren sind für beliebiges p ($1 < p < \infty$) linear und beschränkt.

Mit $|\mathscr{P}_M|_p$ und $|\mathscr{Q}_M|_p$ bezeichnen wir die Normen dieser Operatoren im Raum $(L_p)_{n \times n}$.

Wir zeigen zuerst folgendes: Sind die Normen der Elemente der Matrixfunktion $M(\zeta)$ im Raum C so klein, daß die Beziehung

$$\max_{p_1 \leqq r \leqq p_2} \{|\mathscr{P}_M|_r\,, \quad |\mathscr{Q}_M|_r\} < 1 \tag{3.1}$$

erfüllt ist, wobei p_1, p_2 ein Zahlenpaar mit $1 < p_1 \leqq 2 \leqq p_2 < \infty$ ist, so gestattet die Matrixfunktion $I + M(\zeta)$ eine Faktorisierung (1.1) mit Faktoren, die für $p_1 \leqq p \leqq p_2$ die Eigenschaften a) und b) besitzen. In der Tat, unter der Bedingung (3.1) sind die Operatoren $I + \mathscr{P}_M$ und $I + \mathscr{Q}_M$ umkehrbar im Raum $(L_r)_{n \times n}$ ($p_1 \leqq r \leqq p_2$). Folglich existieren in $(L_r)_{n \times n}$ Lösungen X und Y der Gleichung

$$X + \mathscr{P}\,(M\,X) = I \quad \text{und} \quad Y + \mathscr{Q}(Y\,M) = I\,.$$

Aus diesen Gleichungen folgt, daß $X \in (H_r^+)_{n \times n}$, $Y \in (H_r^-)_{n \times n}$ und

$$(I + M)\,X = Z_-\,, \qquad Y\,(I + M) = Z_+$$

---

[1]) Zur Definition der Algebra $\mathfrak{L}$ siehe § 8, Kapitel I.

gilt, wobei $Z_\pm \in (H_r^\pm)_{n\times n}$ ist. Die letzten beiden Gleichungen ziehen die Gleichung $Z_+ X = Y Z_-$ nach sich. Daraus folgt, daß jedes der beiden Produkte eine konstante Matrix ist. Berücksichtigt man noch, daß $Z_-(\infty) = Y(\infty) = I$ ist, so erhält man $Z_+ X = Y Z_- = I$.

Somit gilt die Gleichung

$$I + M = Z_- Z_+ , \tag{3.2}$$

in der $Z_-^{\pm 1} \in (H_r^-)_{n\times n}$ und $Z_+^{\pm 1} \in (H_r^+)_{n\times n}$ ist für $p_1 \leqq r \leqq p_2$.

Wir zeigen jetzt, daß der Operator $K = Z_+^{-1} \mathcal{P} Z_-^{-1}$ in allen Räumen $(L_r)_n$ beschränkt ist. Da für alle Vektoren $F(\zeta) \in (H_r^-)_n$ die Gleichung

$$(K F)(\zeta) = Z_+^{-1}(\zeta)\, Z_-^{-1}(\infty)\, F(\infty)$$

gilt, genügt es zu zeigen, daß der Operator K in $(H_r^+)_n$ beschränkt ist.

Wegen (3.1) hat die Gleichung $\Phi + \mathcal{P}(M\Phi) = F$ für beliebiges $F \in (H_r^+)_n$ eine eindeutig bestimmte Lösung $\Phi \in (H_r^+)_n$ $(p_1 \leqq r \leqq p_2)$, für die die Gleichung

$$(I + M)\,\Phi = F + G \;\big(G(\zeta) \in (H_r^-)_n\big)$$

gilt. Unter Berücksichtigung von (3.2) erhalten wir

$$\Phi = Z_+^{-1} \mathcal{P} Z_-^{-1} F .$$

Somit gilt die Gleichung

$$(I + \mathcal{P}_M)^{-1} \,|(H_r^+)_n = Z_+^{-1} \mathcal{P} Z_-^{-1}|\, (H_r^+)_n ,$$

woraus man die Beschränktheit der Einschränkung $Z_+^{-1} \mathcal{P} Z_-^{-1} \mid (H_r^+)_n$ und folglich des Operators $Z_+^{-1} \mathcal{P} Z_-^{-1}$ erhält. Wegen

$$Z_- \mathcal{P} Z_-^{-1} = (I + M)\, Z_+^{-1} \mathcal{P} Z_-^{-1}$$

ist der Operator $Z_- \mathcal{P} Z_-^{-1}$ für $p_1 \leqq r \leqq p_2$ im Raum $(L_r)_n$ beschränkt.

Es seien jetzt $A(\zeta)$ eine beliebige nichtsinguläre stetige Matrixfunktion, p_1 $(1 < p_1 \leqq 2)$ eine beliebige feste Zahl und $1/p_2 = 1 - 1/p_1$. Man kann eine Matrixfunktion $R(\zeta)$, deren Elemente Polynome in ganzen Potenzen von ζ sind, derart wählen, daß die Matrixfunktion $M(\zeta) = A(\zeta)\, R^{-1}(\zeta) - I$ die Bedingungen (3.1) erfüllt. Auf Grund des Bewiesenen gestattet die Matrixfunktion $I + M(\zeta)$ eine Faktorisierung (3.2). Somit gilt

$$A(\zeta) = \big(I + M(\zeta)\big)\, R(\zeta) = Z_-(\zeta)\, Z_+(\zeta)\, R(\zeta) .$$

Wir bemerken, daß man die im Beweis von Theorem 2.1 für nichtsinguläre Matrixfunktionen $A(\zeta) \in C_{n\times n}^+$ benutzte Konstruktion auch für beliebige Matrixfunktionen $A(\zeta) \in (H_r^+)_{n\times n}$ mit $A^{-1}(\zeta) \in (L_r)_{n\times n}$ durchführen kann. Folglich gestattet die Matrixfunktion $Z_+(\zeta)\, R(\zeta)$ eine Faktorisierung

$$Z_+(\zeta)\, R(\zeta) = B_-(\zeta)\, D(\zeta)\, A_+(\zeta) ,$$

wobei $D(\zeta)$ der Diagonalfaktor ist, $B_-^{\pm 1}(\zeta)$ $\big(\in (H_r^-)_{n\times n}\big)$ Matrixfunktionen mit rationalen Elementen sind und $A_+^{\pm 1}(\zeta) \in (H_r^+)_{n\times n}$ ist. Somit gestattet die Matrixfunktion $A(\zeta)$ die Faktorisierung

$$A(\zeta) = A_-(\zeta)\, D(\zeta)\, A_+(\zeta) , \tag{3.3}$$

wobei $A_-(\zeta) = Z_-(\zeta)\, B_-(\zeta)$ und folglich $A_-^{\pm 1}(\zeta) \in (H_r^-)_{n\times n}$ $(p_1 \leqq r \leqq p_2)$ ist.

Wir zeigen jetzt, daß der Operator $A_- \mathcal{P} A_-^{-1} = Z_- B_- \mathcal{P} B_-^{-1} Z_-^{-1}$ in $(L_r)_n$ beschränkt ist. Wegen $\mathcal{P} = (I + \mathcal{S})/2$, wobei $\mathcal{S}$ der singuläre Integraloperator in $(L_r)_n$ ist, reduziert sich die Aufgabe auf den Beweis der Beschränktheit des Operators

$$Z_- B_- \mathcal{S} B_-^{-1} Z_-^{-1} = Z_- \mathcal{S} Z_-^{-1} + Z_- B_- (\mathcal{S} B_-^{-1} - B_-^{-1} \mathcal{S}) Z_-^{-1} .$$

Die Beschränktheit des ersten Summanden im Raum $(L_r)_n$ ist bereits gezeigt. Man überzeugt sich leicht davon, daß der Operator

$$((\mathcal{S} B_-^{-1} - B_-^{-1} \mathcal{S}) Z_-^{-1} \varphi)(\zeta) = \frac{1}{\pi i} \int\limits_{|\tau|=1} \frac{B_-^{-1}(\tau) - B_-^{-1}(\zeta)}{\tau - \zeta} Z_-^{-1}(\tau) \varphi(\tau)\, d\tau$$

ein beschränkter Operator von $(L_r)_n$ in $(L_\infty)_n$ ist, woraus die Beschränktheit des zweiten Summanden folgt.

Wir zeigen, daß die Faktoren $A_\pm(\zeta)$ in der Faktorisierung (3.3) für alle p $(1 < p < \infty)$ die Eigenschaften a) und b) besitzen. Es sei p_1' eine beliebige Zahl kleiner als p_1 und $1/p_2' = 1 - 1/p_1'$. Aus dem bereits Bewiesenen folgt die Existenz einer, im allgemeinen anderen Faktorisierung der Matrixfunktion $A(\zeta)$:

$$A(\zeta) = \tilde{A}_-(\zeta)\, \tilde{D}(\zeta)\, \tilde{A}_+(\zeta) ,$$

deren Faktoren für beliebige p aus dem Intervall $p_1' \leqq p \leqq p_2'$ die Eigenschaften a) und b) besitzen. Auf Grund der Theoreme 1.1 und 1.2 ist $\tilde{D}(\zeta) = D(\zeta)$, und die Faktoren $\tilde{A}_\pm(\zeta)$ stimmen nach Multiplikation mit Polynomialmatrizen entsprechend mit den Faktoren $A_\pm(\zeta)$ überein. Hieraus erhält man leicht, daß die Faktoren der Faktorisierung (3.3) die Eigenschaften a), b) auch im Intervall $p_1' \leqq p \leqq p_2'$ besitzen.

Die Eigenschaft c) zeigt man mit Hilfe von Eigenschaft a) und der Gleichung $\det A(\zeta) = \det A_-(\zeta)\, \zeta^{\Sigma \varkappa_j} \det A_+(\zeta)$.

Damit ist das Theorem bewiesen.

Folgerung 3.1. *Es sei* $A(\zeta)$ $(|\zeta| = 1)$ *eine beliebige nichtsinguläre stetige Matrixfunktion n-ter Ordnung und Gleichung* (3.3) *eine rechte Faktorisierung von ihr. Dann ist der Operator* $B = A_+^{-1}(\zeta)\, \mathcal{P}\, D^{-1}(\zeta)\, \mathcal{P}\, A_-^{-1}(\zeta)$ *beschränkt in* $(L_p)_n$ $(1 < p < \infty)$.

In der Tat, aus Gleichung (3.3) folgt, daß zusammen mit dem Operator $A_- \mathcal{P} A_-^{-1}$ auch der Operator

$$A_+^{-1} D^{-1} \mathcal{P} A_-^{-1} = A^{-1} A_- \mathcal{P} A_-^{-1}$$

beschränkt ist.

Man überprüft leicht, daß der Operator $A_+^{-1} D^{-1} \mathcal{P} A_-^{-1} - B$ endlichdimensional ist. Folglich ist B beschränkt.

Wir bemerken, daß ein zu Theorem 3.1 analoges Theorem für linke Faktorisierungen stetiger Matrixfunktionen gilt. Dabei ist die Eigenschaft b) durch die folgende zu ersetzen: Der Operator $A_+ Q A_+^{-1}$ ist in $(L_p)_n$ beschränkt $(1 < p < \infty)$.

§ 4. Allgemeine Sätze

1. Der nur von links umkehrbare Operator $V \in \mathfrak{A}(\mathfrak{B})$ erfülle die Bedingungen (Σ I) und (Σ II) aus § 3, Kapitel I. Zusätzlich werden wir voraussetzen, daß gilt:

$$(\Sigma\,\text{III}) \qquad \dim \operatorname{Coker} V < \infty^{1)}\,.$$

Entsprechend der oben getroffenen Vereinbarung bezeichnen wir mit $\mathfrak{B}_n$ den Banach-Raum der n-dimensionalen Vektoren mit Komponenten aus $\mathfrak{B}$ und mit $\mathfrak{R}_{n \times n}(V)$ die Menge aller Matrizen n-ter Ordnung mit Elementen aus $\mathfrak{R}(V)$. Die Elemente aus $\mathfrak{R}_{n \times n}(V)$ kann man als lineare beschränkte Operatoren in $\mathfrak{B}_n$ auffassen. Jedem Operator $A = \|A_{jk}\|_1^n \in \mathfrak{R}_{n \times n}(V)$ ordnen wir die auf der Einheitskreislinie stetige Matrixfunktion $A(\zeta) = \|A_{jk}(\zeta)\|_1^n$ ($|\zeta| = 1$) — sein *Symbol* — zu. Hierbei sind $A_{jk}(\zeta)$ die Symbole der Operatoren A_{jk}.

Lemma 4.1. *Es sei $A = \|A_{jk}\|_1^n \in \mathfrak{A}(\mathfrak{B}_n)$, wobei die Operatoren A_{jk} $(\in \mathfrak{A}(\mathfrak{B}))$ $(j, k = 1, 2, \ldots, n)$ bis auf einen vollstetigen Summanden miteinander kommutieren. Der Operator A ist genau dann ein Φ-Operator, wenn der Operator* $\det A$[2]) *ein Φ-Operator ist.*

Beweis. Wir bezeichnen mit $\hat{\mathfrak{A}}$ und $\hat{\mathfrak{A}}_{n \times n}$ entsprechend die Faktoralgebren der Algebren $\mathfrak{A} = \mathfrak{A}(\mathfrak{B})$ und $\mathfrak{A}_{n \times n} = \mathfrak{A}(\mathfrak{B}_n)$ nach dem Ideal aller vollstetigen Operatoren in $\mathfrak{B}$ bzw. $\mathfrak{B}_n$. Mit $\hat{A}_{jk}$ $(\in \hat{\mathfrak{A}})$ und $\hat{A}_j$ $(\in \hat{\mathfrak{A}}_{n \times n})$ bezeichnen wir die Restklassen, die die Operatoren A_{jk} bzw. A enthalten. Die Elemente $\hat{A}_{jk}$ $(j, k = 1, 2, \ldots, n)$ kommutieren offenbar miteinander.

Wir zeigen jetzt, daß das Element $\hat{A}$ $(= \|\hat{A}_{jk}\|_1^n)$ genau dann in $\hat{\mathfrak{A}}_{n \times n}$ umkehrbar ist, wenn das Element $\det \hat{A}$ in $\hat{\mathfrak{A}}$ umkehrbar ist. In der Tat, wenn das Element $\det \hat{A}$ umkehrbar ist, so ist das Element $\|(\det \hat{A})^{-1} \hat{B}_{jk}\|_1^n$, wobei $\hat{B}_{jk}$ die Adjunkten der Elemente $\hat{A}_{jk}$ sind, die Inverse zu $\hat{A}$.

Es sei jetzt das Element $\hat{A}$ umkehrbar und $\hat{A}^{-1} = \|\hat{C}_{jk}\|_1^n$. Die Elemente $\hat{C}_{jk}$ kommutieren untereinander sowie mit den Elementen $\hat{A}_{jk}$ $(j, k = 1, 2, \ldots, n)$. In der Tat, aus den Gleichungen

$$\hat{A}_{jk}\,\hat{A}^{-1} = \hat{A}^{-1}\,\hat{A}\,\hat{A}_{jk}\,\hat{A}^{-1} = \hat{A}^{-1}\,\hat{A}_{jk}$$

folgt, daß die Elemente $\hat{A}_{jk}$ mit den Elementen $\hat{C}_{ml}$ $(j, k, m, l = 1, 2, \ldots, n)$ kommutieren, und aus der Gleichung

$$\hat{C}_{jk}\,\hat{A}^{-1} = \hat{A}^{-1}\,\hat{A}\,\hat{C}_{jk}\,\hat{A}^{-1} = \hat{A}^{-1}\,\hat{C}_{jk}$$

ergibt sich, daß die Elemente $\hat{C}_{jk}$ $(j, k = 1, 2, \ldots, n)$ untereinander kommutieren. Daher gilt die Gleichung $\det \hat{A} \det \hat{A}^{-1} = \det \hat{A}\,\hat{A}^{-1}$, woraus die Umkehrbarkeit des Elements $\det \hat{A}$ folgt.

---

[1]) Diese Bedingung trat bereits früher auf. Jetzt wird sie jedoch eine wesentliche Rolle spielen.

[2]) Die Determinante $\det A$ wird wie üblich gebildet. Dabei spielt die Reihenfolge der Faktoren in den einzelnen Summanden keine Rolle, da sich alle möglichen Resultate nur durch einen vollstetigen Summanden voneinander unterscheiden.

Zur Vervollständigung des Beweises des Lemmas genügt es, den Satz E) aus § 11, Kapitel I, zu benutzen, der besagt, daß der Operator A (beziehungsweise $\det A$) genau dann ein Φ-Operator ist, wenn das Element $\hat{A}$ (beziehungsweise $\det \hat{A}$) umkehrbar ist.

Theorem 4.1. *Der nur von links umkehrbare Operator V erfülle die Bedingungen* (Σ I), (Σ II) und (Σ III). *Der Operator $A \in \mathfrak{R}_{n\times n}(V)$ ist genau dann ein Φ-Operator, wenn gilt:*

$$\det A(\zeta) \neq 0 \qquad (|\zeta| = 1)\,. \tag{4.1}$$

Beweis. Wir zeigen, daß der Operator $\det A$ in der Form

$$\det A = B + T \tag{4.2}$$

darstellbar ist, wobei $B \in \mathfrak{R}(V)$ und $B(\zeta) = \det A(\zeta)$ gilt und der Operator T vollstetig ist. Dafür genügt es zu zeigen, daß für $A_j \in \mathfrak{R}(V)$ $(j = 1, 2)$ gilt: $A_1 A_2 = A_1 \circ A_2 + T_1$, wobei $A_1 \circ A_2$ das Produkt der Elemente A_1 und A_2 im Sinne der Algebra $\mathfrak{R}_0(V)$ (s. § 3, Kapitel I) und T_1 ein vollstetiger Operator ist. Es sei R_{jn} $(n = 1, 2, \ldots)$ eine Operatorenfolge aus $\mathfrak{K}(V)$, die gegen den Operator A_j konvergiert $(j = 1, 2)$. Dann ist offenbar

$$R_{1n} R_{2n} = R_{1n} \circ R_{2n} + K_n\,,$$

wobei der Operator K_n endlichdimensional ist. Indem man in der letzten Gleichung zum Grenzwert übergeht und die Stetigkeit der neuen Multiplikation benutzt, erhält man die gesuchte Beziehung.

Aus Gleichung (4.2) und Lemma 4.1 folgt, daß der Operator $A \in \mathfrak{R}_{n\times n}(V)$ genau dann ein Φ-Operator ist, wenn es der Operator $B \in \mathfrak{R}(V)$ ist. Aus Theorem 3.1, Kapitel I, erhält man leicht, daß der Operator B genau dann ein Φ-Operator ist, wenn $B(\zeta) = \det A(\zeta) \neq 0$ gilt.

Damit ist das Theorem bewiesen.

Theorem 4.1. kann in seinem notwendigen[1]) Teil folgendermaßen verschärft werden.

1°. *Der nur von links umkehrbare Operator V erfülle die Bedingungen* (Σ I) *und* (Σ II), *und der Operator $A \in \mathfrak{R}_{n\times n}(V)$ sei ein $\Phi_+(\Phi_-)$-Operator. Dann gilt die Beziehung* (4.1).

In der Tat, mittels der schon mehrfach benutzten Methode kann man den Beweis auf den Fall $A \in \mathfrak{K}_{n\times n}(V)$ zurückführen. Wir nehmen an, daß

$$\det A(\zeta_0) = 0 \qquad (|\zeta_0| = 1)$$

gilt. Dann gibt es eine konstante nichtsinguläre Matrix n-ter Ordnung C derart, daß alle Elemente einer gewissen Spalte (z.B. der ersten) der Matrixfunktion

---

[1]) Der hinlängliche Teil des Theorems 4.1 kann mit anderen Methoden ohne Benutzung von Lemma 4.1 gezeigt werden.

$A(\zeta)\,C$ im Punkt ζ_0 gleich Null sind. Den Operator $A\,C \in \mathfrak{K}_{n\times n}(V)$ kann man in der Form

$$A\,C = B \begin{Vmatrix} V-\zeta_0 I & & & 0 \\ & I & & \\ & & \ddots & \\ 0 & & & I \end{Vmatrix} \tag{4.3}$$

darstellen, wobei $B \in \mathfrak{K}_{n\times n}(V)$ ist. Wegen Satz D), § 11, Kapitel I, folgt aus Gleichung (4.3), daß der Operator $A\,C$ und folglich auch der Operator A kein Φ_+-Operator ist. Analog zeigt man, daß bei Verletzung der Bedingung (4.1) der Operator A kein Φ_--Operator ist.

2. Im weiteren wird vorausgesetzt, daß die Operatoren V und $V^{(-1)}$ außerdem noch die folgende Bedingung erfüllen.

(Σ IV) *Das Radikal der Algebra* $\mathfrak{R}_0(V)$ *besteht nur aus dem Nullelement, d. h., für jede Funktion* $a(\zeta) \in \mathfrak{R}(\zeta)$ *gibt es genau einen Operator* $A \in \mathfrak{R}(V)$, *dessen Symbol* $A(\zeta)$ *mit* $a(\zeta)$ *zusammenfällt.*

Mit $\mathfrak{R}_{n\times n}(\zeta)$ bezeichnen wir die Algebra der zu den Operatoren $A \in \mathfrak{R}_{n\times n}(V)$ gehörigen Symbolmatrizen.

Theorem 4.2. *Es erfülle der Operator V die Bedingungen (Σ I), (Σ II), (Σ IV), und das Symbol $A(\zeta) \in \mathfrak{R}_{n\times n}(\zeta)$ des Operators $A \in \mathfrak{R}_{n\times n}(V)$ gestatte eine rechte kanonische Faktorisierung*

$$A(\zeta) = A_-(\zeta)\,D(\zeta)\,A_+(\zeta) \qquad \left(D(\zeta) = \|\zeta^{\varkappa_j}\,\delta_{jk}\|_1^n\right). \tag{4.4}$$

Dann ist

(1) *der Operator A normal auflösbar,*

(2)
$$\dim \operatorname{Ker} A = -\sum_{\varkappa_j<0} \varkappa_j \dim \operatorname{Coker} V, \tag{4.5}$$

$$\dim \operatorname{Coker} A = \sum_{\varkappa_j>0} \varkappa_j \dim \operatorname{Coker} V \tag{4.5'}$$

und

(3)
$$\varkappa(A) = -\operatorname{ind} \det A(\zeta) \dim \operatorname{Coker} V. \tag{4.6}$$

Ist die Gleichung

$$A\,g = f \;(f \in \mathfrak{B}_n) \tag{4.7}$$

lösbar, so wird eine ihrer Lösungen durch die Formel

$$g = A_+^{-1}\,D^{[-1]}\,A_-^{-1}\,f$$

gegeben, wobei $A_\pm$ die umkehrbaren Operatoren mit den Symbolen $A_\pm(\zeta) \in \mathfrak{R}^\pm_{n\times n}(\zeta)$ sind und

$$D^{[-1]} = \|V^{(-\varkappa_j)}\,\delta_{jk}\|_1^n$$

ist.

Ist $\varkappa_r$ der größte negative Index, so existieren solche Unterräume $\mathfrak{L}_j \subset \mathfrak{B}_n$ $(j = r, r+1, \ldots, n)$, *daß*

$$\begin{aligned} \operatorname{Ker} A = \mathfrak{L}_r &\dotplus \tilde{V}\,\mathfrak{L}_r \dotplus \cdots \dotplus \tilde{V}^{|\varkappa_r|-1}\,\mathfrak{L}_r \dotplus \\ &\dotplus \mathfrak{L}_{r+1} \dotplus \tilde{V}\,\mathfrak{L}_{r+1} \dotplus \cdots \dotplus \tilde{V}^{|\varkappa_{r+1}|-1}\,\mathfrak{L}_{r+1} \dotplus \cdots \\ &\cdots \dotplus \mathfrak{L}_n \dotplus \tilde{V}\,\mathfrak{L}_n \dotplus \cdots \dotplus \tilde{V}^{|\varkappa_n|-1}\,\mathfrak{L}_n \end{aligned} \tag{4.8}$$

gilt, wobei $\tilde{V} = \|\delta_{jk}\, V\|_1^n$ *ist.*

Beweis. Aus Gleichung (4.4) und Satz 1°, § 3, Kapitel I, folgt, daß man den Operator A in der Form $A = A_-\, D\, A_+$ darstellen kann.

Da die Operatoren $A_\pm$ umkehrbar sind, ist der Operator A normal auflösbar, und es gilt

$$\dim \operatorname{Ker} A = \dim \operatorname{Ker} D\,, \quad \dim \operatorname{Coker} A = \dim \operatorname{Coker} D\,.$$

Hieraus folgen die Gleichungen (4.5) und (4.6). Man überprüft ohne Mühe die Gültigkeit der folgenden Gleichung:

$$A\, A^{[-1]}\, A = A\,,$$

wobei

$$A^{[-1]} = A_+^{-1}\, D^{[-1]}\, A_-^{-1} \tag{4.9}$$

ist. Daraus folgt die Behauptung über die Lösung der Gleichung (4.7).

Für den Beweis der letzten Behauptung des Theorems bemerken wir, daß die Gleichung $A\,\varphi = 0$ der Gleichung $D\, A_+\,\varphi = 0$ äquivalent ist. Wir bezeichnen mit $\mathfrak{L} \subset \mathfrak{B}$ den Unterraum Ker $V^{(-1)}$. Aus Theorem 6.1, Kapitel I, folgt, daß der Unterraum Ker D die direkte Summe aller Unterräume

$$\mathfrak{L}^{(j)} \dotplus \tilde{V}\,\mathfrak{L}^{(j)} \dotplus \cdots \dotplus \tilde{V}^{|\varkappa_j|-1}\,\mathfrak{L}^{(j)} \qquad (j = r, r+1, \ldots, n)$$

ist, wobei $\mathfrak{L}^{(j)} (\subset \mathfrak{B}_n)$ den Unterraum aller Vektoren der Form

$$f = \{\underbrace{0, \ldots, 0}_{(j-1)\text{-mal}}, \varphi, 0, \ldots, 0\} \qquad (\varphi \in \mathfrak{L})$$

bezeichnet.

Unter Berücksichtigung der Gleichung $A_+^{-1}\, \tilde{V}^p = \tilde{V}^p\, A_+^{-1}$ $(p \geqq 0)$ erhalten wir, daß man den Unterraum Ker $A = A_+^{-1}$ Ker D in der Form (4.8) darstellen kann, wobei $\mathfrak{L}_j = A_+^{-1}\, \mathfrak{L}^{(j)}$ ist.

Folgerung 4.1. *Es seien die Bedingungen des Theorems* 4.2 *erfüllt. Der Operator A ist genau dann umkehrbar (von links umkehrbar, von rechts umkehrbar), wenn alle rechten Indizes der Matrixfunktion $A(\zeta)$ gleich Null (nichtnegativ, nichtpositiv) sind. Ist der Operator A von irgendeiner Seite umkehrbar, so wird die entsprechende Inverse $A^{[-1]}$ durch Gleichung* (4.9) *gegeben.*

Bemerkung. Alle oben angeführten Resultate (und auch das unten formulierte Theorem 4.3) bleiben gültig, wenn man an Stelle von (Σ II) verlangt, daß der Operator A zu $\hat{\mathfrak{R}}_{n\times n}(U)$ gehört (s. zweites Schema aus § 3, Kapitel I).

3. Im Fall eines Hilbert-Raumes kann man die Sätze dieses Paragraphen durch den folgenden Satz ergänzen:

2°. *Es sei V ein isometrischer Operator im* Hilbert-*Raum $\mathfrak{H}$ und $A \in \mathfrak{R}_{n\times n}(V)$. Ist*

$$\det A(\zeta) \neq 0 \qquad (|\zeta|) = 1)\,, \tag{4.10}$$

so ist der Operator A normal auflösbar, und es gelten die Gleichungen

$$\dim \operatorname{Ker} A = -\,\mathfrak{m} \sum_{\varkappa_j<0} \varkappa_j \quad \text{und} \quad \dim \operatorname{Coker} A = \mathfrak{m} \sum_{\varkappa_j>0} \varkappa_j\,,$$

wobei $\varkappa_j$ ($j = 1, 2, \ldots, n$) die rechten Indizes der Matrixfunktion $A(\zeta)$ sind und $\mathfrak{m} = \dim \operatorname{Coker} V$ ist.

Es sei die Bedingung (4.10) *erfüllt, und die Gleichung*

$$A(\zeta) = A_-(\zeta)\, D(\zeta)\, A_+(\zeta) \qquad (|\zeta| = 1)$$

liefere eine rechte Faktorisierung von $A(\zeta)$.

Der durch die Gleichung[1])

$$A^{[-1]} = A_+^{-1}(V)\, D^{-1}(V)\, A_-^{-1}(V) \tag{4.11}$$

definierte Operator $A^{[-1]}$ ist beschränkt und besitzt die Eigenschaft $A\, A^{[-1]} A = A$.

Insbesondere erhält man, falls die Gleichung $A\,\varphi = f$ lösbar ist, eine ihrer Lösungen aus der Formel

$$\varphi = A^{[-1]} f\,.$$

Wir beweisen diesen Satz zuerst für den Fall, wo die Bedingung

$$\dim \operatorname{Coker} V = 1 \quad \text{und} \quad \bigcap_{j=1}^{\infty} V^j\, \mathfrak{H} = 0 \tag{4.12}$$

erfüllt ist.

Wie man leicht sieht, ist in diesem Fall der Operator V unitär äquivalent dem Multiplikationsoperator mit der unabhängigen Variablen ζ im Hardy-Raum H_2^+, und alle Behauptungen sind leicht überprüfbar. Die Operatoren $A_\pm^{\pm 1}(V)$ werden durch die Gleichungen

$$\left(A_+^{\pm 1}(V)\, f\right)(\zeta) = A_+^{\pm 1}(\zeta)\, f(\zeta)$$

und

$$\left(A_-^{\pm 1}(V)\, f\right)(\zeta) = \mathscr{P}\, A_-^{\pm 1}(\zeta)\, f(\zeta)$$

definiert, wobei $\mathscr{P}$ der Orthoprojektor von $\left(L_2(\Gamma)\right)_n$ auf $(H_2^+)_n$ ist. Jeder dieser Operatoren ist im allgemeinen unbeschränkt. Jedoch ist der durch die Gleichung (4.11) oder, was dasselbe ist, durch die Gleichung

$$A^{[-1]} = A_+^{-1}(\zeta)\, \mathscr{P}\, D^{-1}(\zeta)\, \mathscr{P}\, A_-^{-1}(\zeta)$$

definierte Operator $A^{[-1]}$ auf Grund der Folgerung 3.1 beschränkt in $(H_2^+)_n$.

Wie bekannt (s. zum Beispiel das Buch von K. Hoffman [1]), kann man den Raum $\mathfrak{H}$ in die orthogonale Summe einer endlichen oder unendlichen Anzahl derartiger Unterräume $\mathfrak{H}_j$ ($j = 0, 1, \ldots$) zerlegen, daß die Operatoren $V \mid \mathfrak{H}_j$ ($j = 1, 2, \ldots$) die Bedingungen (4.12) erfüllen und der Operator $V \mid \mathfrak{H}_0$ unitär ist.

---

[1]) Die in dieser Gleichung auftretenden Operatoren werden unten definiert.

Auf dem Raum $\mathfrak{H}_j$ ($j = 1, 2, \ldots$) wird der Operator $A^{[-1]}$ auf die soeben beschriebene Weise definiert, und auf dem Raum $\mathfrak{H}_0$ kann man ihn durch die Gleichung

$$A^{[-1]} \mid \mathfrak{H}_0 = A^{-1} (V \mid \mathfrak{H}_0)$$

definieren.

Wir bemerken noch, daß die Folgerung 4.1 gültig bleibt, falls die Bedingung (4.10) erfüllt ist.

4. Es sei vorausgesetzt, daß die Projektoren P_τ ($\in \mathfrak{A}, \tau \in \Omega$) für $\tau \to \infty$ stark gegen den Einheitsoperator konvergieren und daß sie wie in § 1, Kapitel III, die folgenden Bedingungen erfüllen:

$$P_\tau V P_\tau = P_\tau V, \quad P_\tau V^{(-1)} P_\tau = V^{(-1)} P_\tau \quad (\tau \in \Omega). \tag{4.13}$$

Wir bezeichnen mit $\mathcal{P}_\tau$ den im Raum $\mathfrak{B}_n$ durch die Matrix $\|\delta_{jk} P_\tau\|_1^n$ definierten Projektor und erinnern daran, daß der Operator V die Bedingungen $(\Sigma\,\mathrm{I})-(\Sigma\,\mathrm{IV})$ erfüllt. Unter diesen Voraussetzungen gilt das folgende Theorem.

Theorem 4.3. *Das Symbol $A(\zeta) \in \mathfrak{R}_{n\times n}(\zeta)$ des Operators $A \in \mathfrak{R}_{n\times n}(V)$ gestatte eine linke kanonische Faktorisierung. Ist der Operator A umkehrbar und sind alle linken Indizes des Symbols $A(\zeta)$ gleich Null, so ist $A \in \Pi\{\mathcal{P}_\tau, \mathcal{P}_\tau\}$.*

Beweis. Es seien

$$A_+(\zeta) = \|A_{jk}^+(\zeta)\|_1^n \quad \text{und} \quad A_-(\zeta) = \|A_{jk}^-(\zeta)\|_1^n$$

die Faktoren einer linken Faktorisierung der Matrixfunktion $A(\zeta)$:

$$A(\zeta) = A_+(\zeta)\, A_-(\zeta).$$

Dann ist

$$A(\zeta) = \left\| \sum_{k=1}^{n} A_{jk}^+(\zeta)\; A_{kl}^-(\zeta) \right\|_{j,l=1}^{n}.$$

Aus dieser Gleichung und Satz 1°, § 3, Kapitel I, folgt, daß der Operator A die Darstellung

$$A = \left\| \sum_{k=1}^{n} A_{kl}^- A_{jk}^+ \right\|_{j,l=1}^{n}$$

gestattet, wobei A_{jk}^+, A_{kl}^- ($\in \mathfrak{R}(V)$) die Operatoren mit den Symbolen $A_{jk}^+(\zeta)$, $A_{kl}^-(\zeta)$ sind.

Wie im Beweis von Theorem 1.1, Kapitel III, gezeigt wurde, kommutieren die Operatoren aus $\mathfrak{R}(V)$ bis auf einen vollstetigen Summanden. Deshalb kann man durch Vertauschen der Faktoren A_{kl}^- und A_{jk}^+ den Operator A in der Form

$$A = \left\| \sum_{k=1}^{n} A_{jk}^+ A_{kl}^- \right\|_{j,l=1}^{n} + T$$

darstellen, wobei T ein vollstetiger Operator in $\mathfrak{B}_n$ ist. Folglich gilt

$$A = \|A_{jk}^+\|_1^n \cdot \|A_{jk}^-\|_1^n + T.$$

Wegen Theorem 2.2, Kapitel II, gehört der Operator $B = \|A_{jk}^{+}\|_1^n \, \|A_{jk}^{-}\|_1^n$ zur Klasse $\Pi\{\mathcal{P}_\tau, \mathcal{P}_\tau\}$. Da der Operator A umkehrbar ist, gehört er wegen Theorem 3.1, Kapitel II, ebenfalls zur Klasse $\Pi\{\mathcal{P}_\tau, \mathcal{P}_\tau\}$.

Wir bemerken noch, daß die Bedingungen des Theorems 4.3 erfüllt sind, wenn die Matrixfunktion $A(\zeta)$ eine linke und eine rechte kanonische Faktorisierung gestattet und wenn sowohl ihre linken als auch ihre rechten Indizes gleich Null sind.

§ 5. Diskrete Wiener-Hopf-Gleichungssysteme

1. Wie in § 7, Kapitel I, sei E einer der BANACH-Räume l_p ($p \geqq 1$) oder c_0, und die Operatoren V, $V^{(-1)}$ seien durch die Gleichungen

$$V\{\xi_j\}_1^\infty = \{0, \xi_1, \xi_2, \ldots\}\,, \qquad V^{(-1)}\{\xi_j\}_1^\infty = \{\xi_2, \xi_3, \ldots\}$$

definiert. Die Operatoren V, $V^{(-1)}$ erfüllen die Bedingungen $(\Sigma\,\mathrm{I})-(\Sigma\,\mathrm{IV})$ aus § 4. Wenn die Matrixfunktion $A(\zeta)$ zu $\mathfrak{R}_{n\times n}(\zeta)$ gehört, so wird der zu ihr gehörige Operator A $\big(\in \mathfrak{R}_{n\times n}(V)\big)$ im Raum E durch die Blockmatrix

$$A = \|a_{j-k}\|_{j,k=1}^\infty \tag{5.1}$$

definiert, wobei die Blöcke a_j ($j = 0, \pm 1, \ldots$) die Matrix-FOURIER-Koeffizienten der Matrixfunktion $A(\zeta)$ sind.

Auf den Operator sind alle Resultate aus § 4[1]) anwendbar. Als Beispiel führen wir eine dieser Anwendungen an.

Theorem 5.1. *Es seien $A(\zeta)$ ($|\zeta| = 1$) eine beliebige stetige Matrixfunktion n-ter Ordnung und a_j ($j = 0, \pm 1, \ldots$) ihre Matrix-FOURIER-Koeffizienten. Der durch die Gleichung (5.1) im Raum $(l_2)_n$ definierte Operator A ist genau dann $\Phi_+(\Phi_-)$-Operator, wenn gilt:*

$$\det A(\zeta) \neq 0 \qquad (|\zeta| = 1)\,.$$

Es sei diese Bedingung erfüllt und die Gleichung

$$A(\zeta) = A_-(\zeta)\, D(\zeta)\, A_+(\zeta) \qquad \big(D(\zeta) = \|\zeta^{\varkappa_j}\, \delta_{jk}\|_1^n\big)$$

liefere eine rechte Faktorisierung von $A(\zeta)$. Dann ist

$$\dim \operatorname{Ker} A = -\sum_{\varkappa_j<0} \varkappa_j\,, \qquad \dim \operatorname{Coker} A = \sum_{\varkappa_j>0} \varkappa_j\,.$$

Ist die Gleichung $A\,g = f$ lösbar, so wird eine ihrer Lösungen durch die Formel

$$g = A_+^{-1}\, D^{[-1]}\, A_-^{-1}\, f$$

gegeben, wobei A_+^{-1}, $D^{[-1]}$ und A_-^{-1} die aus den Matrix-FOURIER-Koeffizienten der Matrixfunktionen $A_+^{-1}(\zeta)$, $D^{-1}(\zeta)$ und $A_-^{-1}(\zeta)$ gebildeten TOEPLITZschen Matrixoperatoren sind.

Dieses Theorem ist eine Folgerung der Sätze 1° und 2°, § 4.

---

[1]) Alle Resultate aus § 4, mit Ausnahme des Theorems 4.3, sind auch in dem Fall anwendbar, wo der Operator A im Raum m oder c wirkt.

2. Wir bezeichnen mit P_m $(m = 1, 2, \ldots)$ die in E durch die Gleichungen

$$P_m\{\xi_j\}_1^\infty = \{\xi_1, \xi_2, \ldots, \xi_m, 0, \ldots\}$$

definierten Projektoren. Wir bemerken, daß die Operatoren V, $V^{(-1)}$ und P die Bedingungen (4.13) erfüllen.

Lemma 5.1. *Der Operator $A \in \mathfrak{R}(V)$ sei im Raum E durch die Matrix*

$$A = ||a_{j-k}||_{j,k=1}^\infty$$

definiert. Dann gehört der Operator $A' = ||a_{k-j}||_{j,k=1}^\infty$ ebenfalls zu $\mathfrak{R}(V)$. Mit anderen Worten, gilt $A(\zeta) \in \mathfrak{R}(\zeta)$, so ist auch $A(\zeta^{-1}) \in \mathfrak{R}(\zeta)$.

Beweis. Wir zeigen zunächst die Beschränktheit des Operators A'. Dafür genügt es zu zeigen, daß die Normen der Operatoren $P_m A' P_m$ $(m = 1, 2, \ldots)$ gleichmäßig beschränkt sind (s. das Buch von L. W. KANTOROWITSCH und G. P. AKILOW [1], Seite 204). Wir bezeichnen mit S_m den in E durch die Gleichung

$$S_m\{\xi_j\}_1^\infty = \{\xi_m, \xi_{m-1}, \ldots, \xi_1, \xi_{m+1}, \ldots\}$$

definierten Operator. Der Operator S_m ist umkehrbar und isometrisch, wobei $S_m^{-1} = S_m$ ist. Man sieht leicht, daß die Gleichung

$$P_m A' P_m = S_m P_m A P_m S_m$$

gilt, aus der folgt, daß

$$|P_m A' P_m| = |P_m A P_m| \tag{5.2}$$

ist.

Damit ist die Beschränktheit des Operators A' gezeigt. Aus (5.2) sowie der starken Konvergenz der Projektoren P_m erhält man leicht die Gleichung

$$|A'| = |A|\,. \tag{5.3}$$

Es sei die Operatorenfolge R_m $(m = 1, 2, \ldots)$ aus $\mathfrak{R}(V)$ gegen den Operator A konvergent. Dann konvergiert auf Grund von (5.3) die Folge $R_m' \in \mathfrak{R}(V)$ $(m = 1, 2, \ldots)$ der zu den Funktionen $R_m(\zeta^{-1})$ gehörigen Operatoren gegen den Operator A'.

Damit ist das Lemma bewiesen.

Wir kehren zur Betrachtung des Matrixfalls zurück.

Gemeinsam mit dem Operator A mit der Blockmatrix (5.1) werden wir in E_n den durch die blocktransponierte Matrix

$$A^\tau = ||a_{k-j}||_{j,k=1}^\infty \tag{5.4}$$

definierten Operator A^τ betrachten.

Wegen Lemma 5.1 ist $A^\tau \in \mathfrak{R}_{n\times n}(V)$ und $A^\tau(\zeta) = A(\zeta^{-1})$.

Wir bezeichnen mit $\mathcal{P}_m$ den in E_n durch die Matrix

$$\mathcal{P}_m = ||\delta_{jk} P_m||_1^n$$

definierten Projektor.

Theorem 5.2. *Es seien $A(\zeta)$ eine Matrixfunktion aus $\mathfrak{R}_{n\times n}(\zeta)$ und a_j ($j = 0, \pm 1, \ldots$) ihre Matrix-*FOURIER-*Koeffizienten. Ist*

$$\varlimsup_{m\to\infty} |(\mathcal{P}_m A \mathcal{P}_m)^{-1}| < \infty,$$

so sind die durch die Gleichungen (5.1) *und* (5.4) *definierten Operatoren A und A^τ umkehrbar in E_n. Sind diese Bedingungen erfüllt, so gilt $A \in \Pi\{\mathcal{P}_m, \mathcal{P}_m\}$.*

Beweis. Die Umkehrbarkeit des Operators A folgt aus Lemma 1.1, Kapitel III. Mit dem Symbol S_m bezeichnen wir wie früher den jetzt im Raum E_n durch die Gleichung

$$S_m\{\xi_j\}_1^\infty = \{\xi_m, \xi_{m-1}, \ldots, \xi_1, \xi_{m+1}, \ldots\} \qquad (m = 1, 2, \ldots)$$

definierten Operator. (Die ξ_j sind n-dimensionale Vektoren.) Man sieht leicht, daß der Operator S_m umkehrbar und isometrisch ist, daß $S_m^{-1} = S_m$ ist und

$$\mathcal{P}_m A^\tau \mathcal{P}_m = S_m \mathcal{P}_m A \mathcal{P}_m S_m \qquad (m = 1, 2, \ldots)$$

gilt. Daraus folgt, daß

$$\varlimsup_{m\to\infty} |(\mathcal{P}_m A^\tau \mathcal{P}_m)^{-1}| < \infty$$

ist, und auf Grund von Lemma 1.1, Kapitel III, ist der Operator A^τ umkehrbar.

Es seien jetzt die Operatoren A und A^τ umkehrbar in E_n. Wir bezeichnen mit $\tilde{A}$ den im Raum $\tilde{E}_n$ der zweiseitigen Folgen n-dimensionaler Vektoren $\xi = \{\xi_j\}_{-\infty}^\infty$ durch die Blockmatrix

$$\|a_{j-k}\|_{j,k=-\infty}^\infty$$

definierten Operator, und mit Q_m bezeichnen wir den in $\tilde{E}_n$ durch die Gleichung[1])

$$Q_m\{\xi_j\}_{-\infty}^\infty = \{\ldots, \xi_1, \xi_0, \xi_1, \ldots, \xi_m, 0, \ldots\} \qquad (m = 0, 1, \ldots)$$

definierten Projektor.

Man sieht leicht, daß $Q_m A Q_m$ ($m = 0, 1, \ldots$) als Operator im Raum $Q_m \tilde{E}_n$ dem Operator A^τ ähnlich ist, wobei die Ähnlichkeit durch einen isometrischen Operator hergestellt wird. Daraus folgt, daß der Operator $Q_m \tilde{A} Q_m$ umkehrbar ist in $Q_m \tilde{E}$ und

$$|(Q_m \tilde{A} Q_m)^{-1}| = |(A^\tau)^{-1}|$$

gilt.

Wegen Theorem 2.1, Kapitel II, ist $\tilde{A} \in \Pi\{Q_m, Q_m\}$. Auf Grund von Lemma 1.1, Kapitel VI, ist der Operator

$$\tilde{T} = Q_0 \tilde{A} (I - Q_0) + (I - Q_0) \tilde{A} Q_0$$

vollstetig. (Hierbei ist I der Einheitsoperator in $\tilde{E}_n$.) Die Einschränkung des Operators $(I - Q_0) \tilde{A} (I - Q_0)$ auf den Unterraum $(I - Q_0) \tilde{E}_n$ ($= E_n$) fällt

---

1) Im Unterschied zur früher verwendeten Symbolik ist hier $Q_m \neq I - \mathcal{P}_m$.

mit dem Operator A zusammen, weswegen diese Einschränkung ein umkehrbarer Operator in $(I - Q_0)\tilde{E}_n$ ist. Daraus folgt, daß der Operator

$$\tilde{C} = Q_0 \tilde{A} Q_0 + (I - Q_0) \tilde{A} (I - Q_0) \tag{5.5}$$

umkehrbar ist in $\tilde{E}_n$.

Wegen der Gleichung $\tilde{C} = \tilde{A} - \tilde{T}$ folgt aus Theorem 3.1, Kapitel II, daß $\tilde{C} \in \Pi\{Q_m, Q_m\}$ ist. Auf Grund von Gleichung (5.5) ist der Operator $Q_m \tilde{C} Q_m$ in der Form

$$Q_m \tilde{C} Q_m = Q_0 \tilde{A} Q_0 + Q_m (I - Q_0) \tilde{A} (I - Q_0) Q_m$$

darstellbar. Da die Einschränkung des Operators $Q_m (I - Q_0) \tilde{A} (I - Q_0) Q_m$ auf den Unterraum $Q_m (I - Q_0)\tilde{E}_n$ mit dem Operator $\mathcal{P}_m A \mathcal{P}_m$ zusammenfällt, ist der letztere im Raum $\mathcal{P}_m E_n$ umkehrbar, und es gilt

$$\sup_m |(\mathcal{P}_m A \mathcal{P}_m)^{-1}| < \infty .$$

Damit ist das Theorem bewiesen.

3. Theorem 5.3. *Es seien $A(\zeta)$ eine beliebige Matrixfunktion aus der Algebra $W_{n\times n}$, a_j $(j = 0, \pm 1, \ldots)$ ihre Matrix-FOURIER-Koeffizienten und*

$$A_m = \|a_{j-k}\|_{j,k=1}^{m} \quad (m = 1, 2, \ldots) \tag{5.6}$$

die abgeschnittene Blockmatrix.

Ist

$$\varlimsup_{m\to\infty} |A_m^{-1}| < \infty , \tag{5.7}$$

so sind die folgenden Bedingungen erfüllt:

a) det $A(\zeta) \neq 0$ $(|\zeta| = 1)$,

b) *die linken und rechten Indizes von $A(\zeta)$ sind gleich Null.*

Sind die Bedingungen a) *und* b) *erfüllt, so hat für jedes beliebige Element $\{\eta_j\}_1^\infty \in E_n$ das System*

$$\sum_{k=1}^{m} a_{j-k}\,\xi_k = \eta_j \quad (j = 1, 2, \ldots, m) \tag{5.8}$$

von einem gewissen m ab genau eine Lösung $\{\xi_j^{(m)}\}_{j=1}^m$, und die Folge

$$\xi^{(m)} = \{\xi_1^{(m)}, \xi_2^{(m)}, \ldots, \xi_m^{(m)}, 0, \ldots\} \quad (m = 1, 2, \ldots) \tag{5.9}$$

konvergiert für $m \to \infty$ in der Norm von E_n gegen die Lösung des vollständigen Systems

$$\sum_{k=1}^{\infty} a_{j-k}\,\xi_k = \eta_j \quad (j = 1, 2, \ldots) . \tag{5.10}$$

Beweis. Wegen $A(\zeta) \in W_{n\times n}$ gehört die Matrixfunktion $A(\zeta)$ für jeden der Räume E_n zur Algebra $\mathfrak{R}_{n\times n}(\zeta)$. Ist die Bedingung (5.7) erfüllt, so sind auf Grund von Theorem 5.2 die durch die Gleichungen (5.1) und (5.4) definierten Operatoren A und A^τ umkehrbar, und wegen Theorem 4.1 gilt det $A(\zeta) \neq 0$ $(|\zeta| = 1)$.

Aus Theorem 2.2 folgt, daß die Matrixfunktionen $A(\zeta)$ und $A^{\tau}(\zeta) = A(\zeta^{-1})$ rechte und linke kanonische Faktorisierungen in der Algebra $W_{n\times n}$ gestatten. Die Faktoren in diesen Faktorisierungen gehören offenbar entsprechend zu den Algebren $\mathfrak{R}^{\pm}_{n\times n}(\zeta)$. Wir bezeichnen mit $\varkappa_j^{(r)}(A(\zeta))$ und $\varkappa_j^{(l)}(A(\zeta))$ $(j = 1, 2, \ldots, n)$ entsprechend die rechten und linken Indizes der Matrixfunktion $A(\zeta)$. Mit Folgerung 4.1 erhalten wir jetzt

$$\varkappa_j^{(r)}(A(\zeta)) = \varkappa_j^{(r)}(A(\zeta^{-1})) = 0 \qquad (j = 1, 2, \ldots, n)\,.$$

Da $\varkappa_j^{(r)}(A(\zeta^{-1})) = -\varkappa_{n-j+1}^{(l)}(A(\zeta))$ gilt, ist die Bedingung b) erfüllt.

Die zweite Behauptung des Theorems ist eine Folgerung sowohl des Theorems 4.3 als auch des Theorems 5.2.

Wenn man sich auf die Betrachtung des Raumes $(l_2)_n$ beschränkt, so kann man an Stelle der Algebra $W_{n\times n}$ die Algebra aller stetigen Matrixfunktionen verwenden. Es gilt nämlich folgendes Theorem.

Theorem 5.4. *Es seien* $A(\zeta)$ $(|\zeta| = 1)$ *eine beliebige stetige Matrixfunktion n-ter Ordnung und* a_j $(j = 0, \pm 1, \ldots)$ *ihre Matrix-*FOURIER*-Koeffizienten. Ist die Beziehung* (5.7) *erfüllt, so gelten alle Folgerungen des Theorems* (5.3).

Es ist klar, daß man hierbei alle Normen im Sinne des Raumes $(l_2)_n$ verstehen muß und das Element η ebenfalls aus $(l_2)_n$ zu wählen hat.

Dieses Theorem ist eine unmittelbare Folgerung aus den Theoremen 5.1 und 5.2.

§ 6. Wiener-Hopfsche Integralgleichungssysteme

1. Die grundlegenden Resultate aus § 8, Kapitel I, und § 3, Kapitel III, lassen sich auf Systeme der Form

$$\varphi(t) - \int_0^\infty k\,(t-s)\,\varphi(s)\,ds = f(t) \qquad (0 \leqq t < \infty) \tag{6.1}$$

verallgemeinern. Hierbei ist $k(t)$ eine Matrixfunktion n-ter Ordnung mit Elementen aus $\tilde{L}_1$; $\varphi(t)$ und $f(t)$ sind n-dimensionale Vektorfunktionen. Zur Abkürzung werden wir überall $\tilde{L}$ an Stelle von $\tilde{L}_1$ und $\tilde{L}_{n\times n}$ an Stelle von $(\tilde{L}_1)_{n\times n}$ schreiben.

Es seien wie früher (s. § 8, Kapitel I) die Operatoren V und $V^{(-1)}$ durch die Gleichungen

$$(V\,x)\,(t) = x(t) - \int_0^t e^{s-t}\,x(s)\,ds\,,$$

$$(V^{(-1)}\,x)\,(t) = x(t) - \int_t^\infty e^{t-s}\,x(s)\,ds \qquad (0 < t < \infty)$$

definiert.

Im Fall der Räume $L_p(0, \infty)$ $(1 \leqq p < \infty)$ erfüllen diese Operatoren die Bedingungen $(\Sigma\,\mathrm{I}) - (\Sigma\,\mathrm{IV})$ aus § 4. Der in $(L_p)_n$ durch die Gleichung (6.1) definierte Operator A gehört zur Menge $\mathfrak{R}_{n\times n}(V)$, und sein Symbol $A(\zeta)$ ($|\zeta| = 1$) wird durch die Gleichung

$$A(\zeta) = I - K\left(i\frac{1+\zeta}{1-\zeta}\right)$$

definiert, wobei $K(\lambda)$ die FOURIER-Transformierte der Matrixfunktion $k(t)$ ist, Erfüllt die Matrixfunktion $I - K(\lambda)$ aus $\mathfrak{L}_{n\times n}$ die Bedingung

$$\det\big(I - K(\lambda)\big) \neq 0 \qquad (-\infty < \lambda < \infty)\,, \tag{6.2}$$

so gestattet sie auf Grund von Theorem 2.4 eine rechte (linke) kanonische Faktorisierung.

Theorem 6.1. *Es sei $k(t) \in \tilde{L}_{n\times n}$. Der in $(L_p)_n$ $(1 \leqq p < \infty)$ durch die Gleichung* (6.1) *definierte Operator ist genau dann $\Phi_+(\Phi_-)$-Operator, wenn die Bedingung* (6.2) *erfüllt ist. Ist diese Bedingung erfüllt, so gilt*

$$\dim \operatorname{Ker} A = -\sum_{\varkappa_j<0} \varkappa_j, \qquad \dim \operatorname{Coker} A = \sum_{\varkappa_j>0} \varkappa_j\,,$$

wobei $\varkappa_j$ $(j = 1, 2, \ldots, n)$ die rechten Indizes der Matrixfunktion $I - K(\lambda)$ sind.

Dieses Theorem folgt leicht aus Satz 1°, § 4, und Theorem 4.2.

2. Wir betrachten noch die Projektoren

$$(P_\tau \varphi)(t) = \begin{cases} \varphi(t), & 0 < t < \tau, \\ 0, & \tau < t < \infty, \end{cases} \qquad \big(\varphi(t) \in L_p\big),$$

$$\mathcal{P}_\tau = \|\delta_{jk} P_\tau\|_1^n \qquad (0 < \tau < \infty)\,.$$

Wir bemerken, daß der Operator $\mathcal{P}_\tau A \mathcal{P}_\tau$ im Raum $\mathcal{P}_\tau (L_p)_n$ durch die Gleichung

$$(P_\tau A P_\tau \varphi)(t) = \varphi(t) - \int_0^\tau k(t-s)\,\varphi(s)\,ds \qquad (0 < t < \tau)$$

definiert wird.

Theorem 6.2. *Es sei $k(t) \in \tilde{L}_{n\times n}$. Ist*

$$\varlimsup_{\tau\to\infty} |(\mathcal{P}_\tau A \mathcal{P}_\tau)^{-1}| < \infty\,, \tag{6.3}$$

so gilt:

a) $\det\big(I - K(\lambda)\big) \neq 0$ $(-\infty < \lambda < \infty)$, *wobei $K(\lambda)$ die FOURIER-Transformierte von $k(t)$ ist;*

b) *die linken und rechten Indizes der Matrixfunktion $I - K(\lambda)$ sind gleich Null.*

Sind die Bedingungen a) *und* b) *erfüllt, so hat für jede beliebige Vektorfunktion $f(t) \in (L_p)_n$ die abgeschnittene Gleichung*

$$\varphi(t) - \int_0^\tau k(t-s)\,\varphi(s)\,ds = f(t) \qquad (0 < t < \tau)$$

von einem gewissen τ ab genau eine Lösung $\varphi_\tau(t)$, und die Vektorfunktionen

$$\tilde{\varphi}_\tau(t) = \begin{cases} \varphi_\tau(t), & 0 < t < \tau, \\ 0, & \tau < t < \infty \end{cases}$$

konvergieren für $\tau \to \infty$ in der Norm des Raumes $(L_p)_n$ gegen die Lösung der Gleichung (6.1).

Beweis. Aus Lemma 1.1, Kapitel III, folgt, daß unter der Bedingung (6.3) der Operator A umkehrbar ist. Wir zeigen jetzt, daß der Hilfsoperator

$$(B\varphi)(t) = \varphi(t) - \int_0^\infty k(s-t)\,\varphi(s)\,ds$$

in $(L_p)_n$ umkehrbar ist. Wir bezeichnen mit S_τ den in $(L_p)_n$ durch die Gleichung

$$(S_\tau \varphi)(t) = \begin{cases} \varphi(\tau - t), & 0 < t < \tau, \\ \varphi(t), & \tau < t < \infty, \end{cases} \qquad (0 < \tau < \infty)$$

definierten Operator. S_τ ist umkehrbar und isometrisch, $S_\tau^{-1} = S_\tau$. Man sieht leicht, daß die Gleichung

$$\mathcal{P}_\tau B \mathcal{P}_\tau = S_\tau \mathcal{P}_\tau A \mathcal{P}_\tau S_\tau$$

gilt, woraus folgt, daß

$$\overline{\lim_{\tau\to\infty}} |(\mathcal{P}_\tau B \mathcal{P}_\tau)^{-1}| < \infty$$

ist.

Auf Grund von Lemma 1.1, Kapitel III, ist der Operator B umkehrbar. Wir bemerken, daß das Symbol des Operators B gleich $I - K(-\lambda)$ ist.

Wegen Theorem 6.1 folgt aus der Umkehrbarkeit der Operatoren A und B, daß die Bedingung a) erfüllt ist und alle rechten Indizes der Matrixfunktionen $I - K(\lambda)$ und $I - K(-\lambda)$ gleich Null sind. Aus dem offensichtlichen Zusammenhang zwischen den rechten Indizes von $I - K(-\lambda)$ und den linken Indizes von $I - K(\lambda)$ ergibt sich Bedingung *b*). Die zweite Behauptung des Theorems beweist man genauso wie in Theorem 5.2. Man kann sie auch aus Theorem 4.3 erhalten. Analog gewinnt man die stetigen Analoga der übrigen Theoreme aus § 5.

3. Für den Fall eines Hilbert-Raumes zeigen wir jetzt, daß zur Lösung der Gleichung (6.1) das Galerkin-Verfahren anwendbar ist.

Es seien wie früher $\psi_j(t)$ $(j = 0, 1, \ldots)$ die durch die Gleichungen

$$\psi_0(t) = \sqrt{2}\, e^{-t}, \quad \psi_{j+1}(t) = (V\psi_j)(t) \qquad (j = 0, 1, \ldots)$$

definierten Funktionen (s. Punkt 2, § 3, Kapitel III).

Wie in § 3, Kapitel III, erhält man leicht, daß die Gleichung (6.1) dem unendlichen System

$$\sum_{k=0}^{\infty} a_{j-k}\,\xi_k = \eta_j \qquad (j = 0, 1, \ldots) \tag{6.4}$$

äquivalent ist. Dabei sind a_j $(j = 0, \pm 1, \ldots)$ die Matrix-Fourier-Koeffizienten der Matrixfunktion $I - K\left(i\frac{1+\zeta}{1-\zeta}\right)$, η_j $(j = 0, 1, \ldots)$ die Vektor-Fourier-Koeffizienten der Vektorfunktion $F\left(i\frac{1+\zeta}{1-\zeta}\right)$ ($F(\lambda)$ ist die Fourier-Transformierte der Vektorfunktion $f(t)$) und ξ_j n-dimensionale Vektoren. Dabei ist, wenn $\{\xi_j\}_0^\infty \in (l_2)_n$ eine Lösung des Systems (6.4) darstellt, die Vektorfunktion

$$\varphi(t) = \sum_{j=0}^{\infty} \xi_j \psi_j(t)$$

eine Lösung der Gleichung (6.1).

Eine Näherungslösung der Gleichung (6.1) wird in der Form

$$\varphi_m(t) = \sum_{j=0}^{m-1} \xi_j \psi_j(t)$$

gesucht, wobei ξ_j n-dimensionale Vektoren sind, die dem Blockgleichungssystem

$$\sum_{k=0}^{m-1} (A\,\psi_k, \psi_j)\,\xi_k = (f, \psi_j) \qquad (j = 0, 1, \ldots, m-1) \tag{6.5}$$

genügen. Dabei gelten die folgenden Bezeichnungen:

$$(A\,\psi_k, \psi_j) = ||(A_{lr}\,\psi_k, \psi_j)||_{l,r=1}^n ,$$

wobei $A = ||A_{lr}||_{l,r=1}^n$ eine Matrixdarstellung des durch die Gleichung (6.1) definierten Operators A ist und für den Vektor $f = \{f_k\}_1^n \in (L_2)_n$

$$(f, \psi_j) = \{(f_k, \psi_j)\}_{k=1}^n$$

gesetzt ist.

Man sieht leicht, daß das System (6.5) mit dem Blocksystem

$$\sum_{k=0}^{m-1} a_{j-k}\,\xi_k = \eta_j \qquad (j = 0, 1, \ldots, m-1)$$

zusammenfällt.

Das System (6.5) kann man als System von mn Gleichungen mit mn Unbekannten ansehen. Die Matrix dieses Systems bezeichnen wir mit A_m.

Theorem 6.3. *Es sei $k(t) \in \tilde{L}_{n\times n}$. Gilt*

$$\varliminf_{m\to\infty} |A_m^{-1}| < \infty ,$$

so sind die Bedingungen a) *und* b) *des Theorems* 6.2 *erfüllt. Bei Erfülltsein dieser Bedingungen hat das System* (6.5) *für jede Vektorfunktion $f(t) \in (L_2)_n$ von einem gewissen m ab genau eine Lösung $\{\xi_j^{m}\}_{j=0}^{m-1}$ und die Vektorfunktionen*

$$\varphi_m(t) = \sum_{j=0}^{m-1} \xi_j^{(m)} \psi_j(t)$$

konvergieren für $m \to \infty$ in der Norm von $(L_2)_n$ gegen die Lösung der Gleichung (6.1).

Dieses Theorem folgt aus dem oben genannten Zusammenhang zwischen den Lösungen der Gleichung (6.1) und des Systems (6.4) sowie aus Theorem 5.4.

§ 7. Gleichungssysteme in endlichen Differenzen

1. Einige Resultate aus § 10, Kapitel I, und § 6, Kapitel IV, lassen sich auf Differenzengleichungssysteme der Form

$$\sum_{j=-\infty}^{\infty} a_j \varphi(t-j) = f(t) \qquad (0 < t < \infty) \tag{7.1}$$

verallgemeinern, wobei a_j $(j = 0, \pm 1, \ldots)$ konstante Matrizen n-ter Ordnung und $\varphi(t)$, $f(t)$ n-dimensionale Vektorfunktionen sind.

Es sei wie in den oben genannten Paragraphen V der im Hilbert-Raum $L_2(0, \infty)$ durch die Gleichung

$$(V\varphi)(t) = \begin{cases} \varphi(t-1), & t > 1, \\ 0, & t < 1 \end{cases}$$

definierte isometrische Operator. V erfüllt die Bedingungen (Σ I), (Σ II), (Σ IV) aus § 4, jedoch nicht die Bedingung (Σ III). Die Algebra $\mathfrak{R}_{n\times n}(\zeta)$ fällt in diesem Fall mit der Menge aller stetigen Matrixfunktionen n-ter Ordnung zusammen.

Sind $A(\zeta)$ $(|\zeta| = 1)$ eine stetige Matrixfunktion n-ter Ordnung und a_j $(j = 0, \pm 1, \ldots)$ ihre Matrix-Fourier-Koeffizienten, so wird der zu ihr gehörige Operator $A \in \mathfrak{R}_{n\times n}(V)$ im Raum $(L_2)_n$ durch die Gleichung (7.1) definiert[1]). Auf den Operator A sind die Ergebnisse aus § 4 anwendbar. Als Beispiel sei der folgende Satz genannt.

Theorem 7.1. *Es seien $A(\zeta)$ $(|\zeta| = 1)$ eine beliebige stetige Matrixfunktion n-ter Ordnung und a_j $(j = 0, \pm 1, \ldots)$ ihre Matrix-Fourier-Koeffizienten. Der im Raum $(L_2)_n$ durch die Gleichung* (7.1) *definierte Operator A ist genau dann $\Phi_+(\Phi_-)$-Operator, wenn*

$$\det A(\zeta) \neq 0 \qquad (|\zeta| = 1) \tag{7.2}$$

gilt und alle rechten Indizes der Matrixfunktion $A(\zeta)$ nichtnegativ (nichtpositiv) sind.

Dieses Theorem ist eine Folgerung der Sätze 1° und 2°, § 4. Aus Satz 2° kann man noch eine Reihe Folgerungen erhalten:

(1) *Unter der Bedingung* (7.2) *ist der Operator A normal auflösbar.*

(2) *Gibt es unter den rechten Indizes von $A(\zeta)$ positive (negative), so gilt* dim Coker $A = \infty$ (dim Ker $A = \infty$).

(3) *Ist die Gleichung $A\varphi = f$ lösbar, so ist eine ihrer Lösungen aus der Formel $\varphi = A^{[-1]} f$ erhältlich, wobei der Operator $A^{[-1]}$ folgendermaßen definiert wird.*

Es sei durch die Gleichung

$$A(\zeta) = A_-(\zeta)\, D(\zeta)\, A_+(\zeta)$$

[1]) Zur Konvergenz der Reihe auf der linken Seite von Gleichung (7.1) siehe § 6, Kapitel IV.

eine rechte Faktorisierung von $A(\zeta)$ gegeben. Wir bilden die Operatoren

$$A_+^{-1}\varphi = \sum_{j=0}^{\infty} a_j^+ \varphi(t-j), \qquad A_-^{-1}\varphi = \sum_{j=-\infty}^{0} a_j^- \varphi(t-j),$$

$$D^{[-1]}\varphi = \sum_{j=-\infty}^{\infty} d_j \varphi(t-j),$$

wobei a_j^+, a_{-j}^- $(j = 0, 1, \ldots)$ und d_j $(j = 0, \pm 1, \ldots)$ die Matrix-FOURIER-Koeffizienten der Matrixfunktionen $A_+^{-1}(\zeta)$, $A_-^{-1}(\zeta)$ bzw. $D^{-1}(\zeta)$ sind, und setzen

$$A^{[-1]} = A_+^{-1} D^{[-1]} A_-^{-1}.$$

Wir bemerken noch, daß der Operator $A^{[-1]}$ beschränkt ist und die Eigenschaft

$$A\, A^{[-1]} A = A$$

besitzt.

Sind alle rechten Indizes von $A(\zeta)$ nichtnegativ (nichtpositiv), so ist der Operator $A^{[-1]}$ eine linke (rechte) Inverse des Operators A.

2. Wir benötigen die Projektoren

$$(P_m\varphi)(t) = \begin{cases} \varphi(t), & 0 < t < m, \\ 0, & m < t < \infty, \end{cases} \qquad (\varphi(t) \in L_2),$$

$$\mathcal{P}_m = \|\delta_{jk} P_m\|_{j,k=1}^n \qquad (m = 1, 2, \ldots).$$

Theorem 7.2. *Es seien* $A(\zeta)$ $(|\zeta| = 1)$ *eine beliebige stetige Matrixfunktion* n*-ter Ordnung,* a_j $(j = 0, \pm 1, \ldots)$ *ihre Matrix-*FOURIER*-Koeffizienten und* A *der durch die linke Seite der Gleichung* (7.1) *definierte Operator.*

Ist

$$\overline{\lim_{m\to\infty}} \,|(\mathcal{P}_m A \mathcal{P}_m)^{-1}| < \infty,$$

so sind die folgenden Bedingungen erfüllt:

a) $\det A(\zeta) \neq 0$ $(|\zeta| = 1)$.

b) *Die linken und rechten Indizes von* $A(\zeta)$ *sind gleich Null.*

Sind die Bedingungen a) *und* b) *erfüllt, so hat die abgeschnittene Gleichung*

$$\sum_{t-m<j<t} a_j \varphi(t-j) = f(t) \qquad (0 < t < m) \tag{7.3}$$

für jede Vektorfunktion $f(t) \in (L_2)_n$ *von einem gewissen* m *ab genau eine Lösung* $\varphi_m(t) \in (L_2(0, m))_n$, *und die Vektorfunktionen*

$$\tilde{\varphi}_m(t) = \begin{cases} \varphi_m(t), & 0 < t < m, \\ 0, & m < t < \infty \end{cases}$$

konvergieren für $m \to \infty$ *in der Norm des Raumes* $(L_2)_n$ *gegen die Lösung der Gleichung* (7.1).

Der Beweis wird nach dem gleichen Schema wie der Beweis von Theorem 6.2, Kapitel IV, geführt. Die Gleichung (7.3) oder, was dasselbe ist, die Gleichung

$\mathcal{P}_m A \mathcal{P}_m \varphi = \mathcal{P}_m f$ ist dem System

$$\sum_{k=1}^{m} a_{j-k} \varphi_k(t) = f_j(t) \qquad (j = 1, 2, \ldots, m)$$

äquivalent, wobei die Vektorfunktionen

$$\varphi_j(t) = \varphi(t + j - 1), \; f_j(t) = f(t + j - 1)$$
$$(0 \leqq t \leqq 1;\; j = 1, 2, \ldots, m)$$

zum Raum $(L_2(0, 1))_n$ gehören. Wegen dieser Äquivalenz und Lemma 6.1, Kapitel IV, ist

$$|(\mathcal{P}_m A \mathcal{P}_m)^{-1}| = |A_m^{-1}|,$$

wobei die Matrix A_m durch die Gleichung (5.6) definiert wird.

Zur Vervollständigung des Beweises verbleibt nur noch, Theorem 5.4 dieses Kapitels und Theorem 2.1, Kapitel II, anzuwenden.

Die Resultate des vorliegenden Paragraphen bleiben auch im Raum $(L_p)_n$ $(1 \leqq p < \infty)$ gültig, wenn das Symbol $A(\zeta)$ zu der entsprechenden Algebra $\mathfrak{R}_{n\times n}(\zeta)$ gehört und eine kanonische Faktorisierung gestattet.

§ 8. Paarige Gleichungssysteme

Es seien für den umkehrbaren Operator U $(\in \mathfrak{A}(\mathfrak{B}))$ und den Projektor P $(\in \mathfrak{A}(\mathfrak{B}))$ wie in § 2, Kapitel V, die folgenden Bedingungen erfüllt:

(1) *Die Spektralradien der Operatoren U und U^{-1} sind gleich Eins.*

(2) $U P = P U P$, $U P \neq P U$, $PU^{-1} = P U^{-1} P$.

Außerdem setzen wir voraus, daß gilt:

(3) $\dim \operatorname{Coker} (U|P \mathfrak{B}) < \infty$.

Wie früher werden wir mit $\mathfrak{B}_n$ den Raum aller n-dimensionalen Vektoren mit Elementen aus $\mathfrak{B}$, mit $\mathfrak{R}_{n\times n}(U)$ die Menge aller Matrizen n-ter Ordnung mit Elementen aus $\mathfrak{R}(U)$ und mit $\mathcal{P}$ und $\mathcal{Q}$ die in $\mathfrak{B}_n$ durch die Gleichungen

$$\mathcal{P} = \|\delta_{jk} P\|_{j,k=1}^{n}, \qquad \mathcal{Q} = I - \mathcal{P}$$

definierten Projektoren bezeichnen.

Theorem 8.1. *Es seien die Bedingungen* (1), (2) *und* (3) *erfüllt und A, $B \in \mathfrak{R}_{n\times n}(U)$. Der Operator $A \mathcal{P} + B\mathcal{Q}$ ($\mathcal{P} A + \mathcal{Q} B$) ist genau dann ein Φ-Operator, wenn gilt:*

$$\det A(\zeta) \neq 0 \quad \det B(\zeta) \neq 0 \qquad (|\zeta| = 1). \tag{8.1}$$

Dieses Theorem ist eine Folgerung des Theorems 1.2, Kapitel V, und des Theorems 4.1 (s. die Bemerkung in § 4). Der notwendige Teil des Theorems 8.1 kann folgendermaßen verschärft werden.

1°. *Es seien die Bedingungen* (1), (2) *erfüllt und A, $B \in \mathfrak{R}_{n\times n}(U)$. Ist der Operator $A \mathcal{P} + B \mathcal{Q}$ ($\mathcal{P} A + \mathcal{Q} B$) ein Φ_+- oder Φ_--Operator, so sind die Beziehungen* (8.1) *erfüllt.*

Dieser Satz folgt aus Theorem 1.2, Kapitel V, und Satz 1°, § 4.

Wir setzen noch voraus, daß die folgende Bedingung erfüllt ist:

(4) *Die Algebra $\mathfrak{R}(U)$ hat kein Radikal.*

Sind die Bedingungen (8.1) erfüllt und gestattet die Matrixfunktion $C(\zeta) = B^{-1}(\zeta)\, A(\zeta)$ aus $\mathfrak{R}_{n\times n}(\zeta)$ eine rechte kanonische Faktorisierung

$$C(\zeta) = C_-(\zeta)\, D(\zeta)\, C_+(\zeta) \qquad \left(D(\zeta) = \|\zeta^{\varkappa_j}\,\delta_{jk}\|_1^n\right),$$

so überprüft man leicht, daß

$$\dim \operatorname{Ker}\,(A\,\mathcal{P} + B\,\mathcal{Q}) = -\,\mathfrak{m} \sum_{\varkappa_j<0} \varkappa_j\,,$$

$$\dim \operatorname{Coker}\,(A\,\mathcal{P} + B\,\mathcal{Q}) = \mathfrak{m} \sum_{\varkappa_j>0} \varkappa_j$$

gilt, wobei $\mathfrak{m} = \dim \operatorname{Coker}\,(U|P\,\mathfrak{B})$ ist und der Operator $A\,\mathcal{P} + B\,\mathcal{Q}$ in der Form

$$A\,\mathcal{P} + B\,\mathcal{Q} = B\,C_-\,(D\,\mathcal{P} + \mathcal{Q})\,(C_+\,\mathcal{P} + C_-^{-1}\,\mathcal{Q})$$

dargestellt werden kann, wobei $C_\pm, D\ \left(\in \mathfrak{R}_{n\times n}(U)\right)$ die Operatoren mit den Symbolen $C_\pm(\zeta)$, $D(\zeta)$ sind. Wir bilden den Operator

$$(A\,\mathcal{P} + B\,\mathcal{Q})^{[-1]} = (C_+^{-1}\,\mathcal{P} + C_-\,\mathcal{Q})\,(D^{[-1]}\,\mathcal{P} + \mathcal{Q})\,C_-^{-1}\,B^{-1}\,, \tag{8.2}$$

wobei

$$D^{[-1]} = \|U^{-\varkappa_j}\,\delta_{jk}\|_1^n$$

ist.

Sind alle rechten Indizes $\varkappa_j$ gleich Null (nichtnegativ, nichtpositiv), so ist, wie man leicht sieht, der Operator $(A\,\mathcal{P} + B\,\mathcal{Q})^{[-1]}$ eine Inverse (Linksinverse, Rechtsinverse) für den Operator $A\,\mathcal{P} + B\,\mathcal{Q}$. In jedem Fall gilt die Gleichung

$$(A\,\mathcal{P} + B\,\mathcal{Q})\,(A\,\mathcal{P} + B\,\mathcal{Q})^{[-1]}\,(A\,\mathcal{P} + B\,\mathcal{Q}) = A\,\mathcal{P} + B\,\mathcal{Q}\,, \tag{8.3}$$

aus der folgt, daß wenn die Gleichung

$$(A\,\mathcal{P} + B\,\mathcal{Q})\,\varphi = f$$

lösbar ist, so wird eine ihrer Lösungen durch die Formel

$$\varphi = (A\,\mathcal{P} + B\,\mathcal{Q})^{[-1]}\,f$$

gegeben.

In dem Fall, wo U ein unitärer Operator und P ein orthogonaler Projektor im Hilbert-Raum $\mathfrak{H}$ sind, für die die Bedingung (2) erfüllt ist, kann man diese Resultate durch den folgenden Satz ergänzen.

2°. *Es seien $A(\zeta)$, $B(\zeta)$ ($|\zeta| = 1$) beliebige stetige Matrixfunktionen n-ter Ordnung, die die Bedingungen* (8.1) *erfüllen. Dann ist der Operator $A\,\mathcal{P} + B\,\mathcal{Q}$ normal auflösbar, und es gilt*

$$\dim \operatorname{Ker}\,(A\,\mathcal{P} + B\,\mathcal{Q}) = -\,\mathfrak{m} \sum_{\varkappa_j<0} \varkappa_j\,,$$

$$\dim \operatorname{Coker}\,(A\,\mathcal{P} + B\,\mathcal{Q}) = \mathfrak{m} \sum_{\varkappa_j>0} \varkappa_j\,.$$

Hierbei sind $\varkappa_j$ ($j = 1, 2, \ldots, n$) die rechten Indizes der Matrixfunktion $C(\zeta) = B^{-1}(\zeta)\, A(\zeta)$ und $\mathfrak{m} = \dim \operatorname{Coker}\,(U|P\,\mathfrak{H})$.

Dieser Satz ist eine einfache Folgerung aus Theorem 1.2, Kapitel V, und Satz 2°, § 4.

Ist die Bedingung (8.1) erfüllt, so existiert ein solcher Operator $(A\mathcal{P} + B\mathcal{Q})^{[-1]} \in \mathfrak{A}(\mathfrak{H}_n)$, daß die Gleichung (8.3) gilt. Dieser Operator wird durch Faktorisierung der Matrixfunktion $C(\zeta)$ analog wie oben bestimmt. Die Richtigkeit der entsprechenden Konstruktion folgt aus Satz 2°, § 4.

Wir bemerken noch, daß für den Operator $\mathcal{P}A + \mathcal{Q}B$ analoge Resultate gelten.

Aus den Resultaten dieses Paragraphen ergeben sich als Folgerung Theoreme über paarige Integralgleichungssysteme, transponierte Systeme, ihre diskreten und Differenzenanaloga sowie Systeme singulärer Integralgleichungen auf dem Kreis.

Wir führen als Beispiel den folgenden Satz an.

Theorem 8.2. *Es seien die Matrixfunktionen* $A(\zeta)$, $B(\zeta)$ *zu* $W_{n\times n}$ *gehörig und* a_j, b_j $(j = 0, \pm 1, \ldots)$ *ihre Matrix*-Fourier-*Koeffizienten. Der im Raum* $(\tilde{L}_p)_n$ $(1 \leqq p \leqq \infty)$ *durch die Gleichung*

$$(Z\varphi)(t) = \sum_{j<t} a_j \varphi(t-j) + \sum_{j>t} b_j \varphi(t-j) \qquad (-\infty < t < \infty)$$

definierte Operator Z ist genau dann $\Phi_+(\Phi_-)$*-Operator, wenn die Bedingungen* (8.1) *erfüllt sind und alle rechten Indizes der Matrixfunktion* $C(\zeta) = B^{-1}(\zeta)\,A(\zeta)$ *nichtnegativ (nichtpositiv) sind.*

Wir bemerken, daß wenn die Bedingungen (8.1) erfüllt sind und alle rechten Indizes von $C(\zeta)$ nichtnegativ (nichtpositiv) sind, dann ist der Operator Z von links (rechts) umkehrbar, wobei durch Gleichung (8.2) eine Inverse $Z^{[-1]}$ von der entsprechenden Seite definiert wird.

§ 9. Projektionsverfahren zur Lösung paariger Gleichungen

In diesem Paragraphen werden Projektionsverfahren zur Lösung paariger diskreter Gleichungssysteme, paariger Integral- und Differenzengleichungssysteme der zu ihnen transponierten Systeme sowie singulärer Integralgleichungssysteme auf dem Kreis behandelt.

1. Ein allgemeiner Satz. Wir setzen voraus, daß der umkehrbare Operator $U(\in \mathfrak{A}(\mathfrak{B}))$ und der Projektor $P(\in \mathfrak{A}(\mathfrak{B}))$ die Bedingungen (1) — (4) aus § 8 (im weiteren werden die Bezeichnungen dieses Paragraphen benutzt) erfüllen.

Es mögen die Projektoren P_τ $(\in \mathfrak{A}(\mathfrak{B}),\ \tau \in \Omega)$ für $\tau \to \infty$ stark gegen den Einheitsoperator konvergieren. Wie in § 1, Kapitel VI, werden wir im weiteren voraussetzen, daß

(5) *die Projektoren* $P_\tau (\tau \in \Omega)$ *und* P *vertauschbar sind;*

(6) *die Unterräume* $P_\tau P\mathfrak{B}$, $(I - P_\tau)P\mathfrak{B}$, $P_\tau Q\mathfrak{B}$, $(I - P_\tau)Q\mathfrak{B}$ $(\tau \in \Omega)$ *entsprechend bezüglich der Operatoren* PU^{-1}, UP, QU, $U^{-1}Q$ *invariant sind. (Hierbei ist* $Q = I - P$.*)*

Wir bezeichnen mit $\mathcal{P}_\tau$ den in $\mathfrak{B}_n$ durch die Gleichung

$$\mathcal{P}_\tau = \|\delta_{jk} P_\tau\|_{j,k=1}^n$$

definierten Projektor.

Theorem 9.1. *Es seien für die Operatoren A, $B \in \mathfrak{R}_{n\times n}(U)$ die folgenden Bedingungen erfüllt:*

a) $\det A(\zeta) \neq 0$, $\det B(\zeta) \neq 0$ $(|\zeta| = 1)$;

b) *Die Matrixfunktion $A(\zeta)$ gestattet eine linke kanonische Faktorisierung, und ihre linken Indizes sind gleich Null. Die Matrixfunktion $B(\zeta)$ gestattet eine rechte kanonische Faktorisierung, und ihre rechten Indizes sind gleich Null;*

c) *Die Operatoren $\mathcal{P} A \mathcal{P}$ und $\mathcal{Q} A \mathcal{Q}$ sind entsprechend in $\mathcal{P}\,\mathfrak{B}_n$ bzw. $\mathcal{Q}\,\mathfrak{B}_n$ umkehrbar.*

Ist der Operator $A\mathcal{P} + B\mathcal{Q}$ $(\mathcal{P}A + \mathcal{Q}B)$ umkehrbar, so gehört er zur Klasse $\Pi\{\mathcal{P}_\tau, \mathcal{P}_\tau\}$.

Beweis. Den Operator $A\mathcal{P} + B\mathcal{Q}$ kann man in der Form

$$A\mathcal{P} + B\mathcal{Q} = \mathcal{P}A\mathcal{P} + \mathcal{Q}B\mathcal{Q} + T$$

darstellen, wobei der Operator T vollstetig ist (s. Lemma 1.1, Kapitel VI). Aus Theorem 4.3 (s. die Bemerkung in § 4) und Satz 2°, § 2, Kapitel II, folgt, daß $\mathcal{P}A\mathcal{P} + \mathcal{Q}B\mathcal{Q} \in \Pi\{\mathcal{P}_\tau, \mathcal{P}_\tau\}$ ist. Da der Operator $A\mathcal{P} + B\mathcal{Q}$ umkehrbar ist, gehört er wegen Theorem 3.1, Kapitel II, zur Klasse $\Pi\{\mathcal{P}_\tau, \mathcal{P}_\tau\}$.

Wir bemerken, daß alle Bedingungen des Theorems 9.1 erfüllt sind, falls:

a) die Matrixfunktionen $A(\zeta)$ und $B(\zeta)$ linke und rechte kanonische Faktorisierungen gestatten, wobei ihre linken und rechten Indizes gleich Null sind;

b) die Matrixfunktion $B^{-1}(\zeta)\,A(\zeta)$ eine rechte kanonische Faktorisierung gestattet, wobei ihre rechten Indizes gleich Null sind.

Aus Theorem 4.2 ergeben sich als Folgerung verschiedene Sätze über Projektionsverfahren zur Lösung paariger Integralgleichungssysteme, transponierter Systeme, ihrer diskreten und Differenzenanaloga sowie singulärer Integralgleichungssysteme auf dem Kreis. In den folgenden Punkten werden einige dieser Sätze sowie einige Präzisierungen von ihnen behandelt.

2. Diskrete Gleichungssysteme.

Theorem 9.2. *Es seien $A(\zeta)$, $B(\zeta)$ $(|\zeta| = 1)$ beliebige stetige Matrixfunktionen n-ter Ordnung und a_j, b_j $(j = 0, \pm 1, \ldots)$ ihre Matrix-*Fourier*-Koeffizienten. Gilt*

$$\det A(\zeta) \neq 0, \quad \det B(\zeta) \neq 0 \qquad (|\zeta| = 1)$$

und sind die linken und rechten Indizes der Matrixfunktionen $A(\zeta)$ und $B(\zeta)$ sowie die rechten Indizes der Matrixfunktion $B^{-1}(\zeta)\,A(\zeta)$ gleich Null, so hat das System

$$\sum_{k=0}^{m} a_{j-k}\,\xi_k + \sum_{k=-m}^{-1} b_{j-k}\,\xi_k = \eta_j \qquad (j = 0, \pm 1, \ldots, \pm m)$$

für jedes Element $\{\eta_j\}_{-\infty}^{\infty} \in (\tilde{l}_2)_n$ von einem gewissen m ab genau eine Lösung $\{\xi_j^{(m)}\}_{j=-m}^{m}$, und die Folge

$$\xi^{(m)} = \{\ldots, 0, \xi_{-m}^{(m)}, \ldots, \xi_m^{(m)}, 0, \ldots\} \tag{9.1}$$

konvergiert für $m \to \infty$ in der Norm von $(\tilde{l}_2)_n$ gegen die Lösung des Systems

$$\sum_{k=0}^{\infty} a_{j-k}\,\xi_k + \sum_{k=-\infty}^{-1} b_{j-k}\,\xi_k = \eta_j \qquad (j = 0, \pm 1, \ldots)\,. \tag{9.2}$$

Beweis. Wir verwenden die Bezeichnungen aus § 2, Kapitel VI. Ferner seien $\mathcal{P}$ und $\mathcal{P}_m$ die in $(\tilde{l}_2)_n$ durch die Gleichungen

$$\mathcal{P} = \|\delta_{jk}\,P\|_1^n\,, \qquad \mathcal{P}_m = \|\delta_{jk}\,P_m\|_1^n$$

definierten Projektoren.

Das System (9.2) läßt sich in der Form

$$(A\,\mathcal{P} + B\,\mathcal{Q})\,\xi = \eta \quad (\xi = \{\xi_j\}_{-\infty}^{\infty}\,, \qquad \eta = \{\eta_j\}_{-\infty}^{\infty}\,, \ \mathcal{Q} = I - \mathcal{P})$$

schreiben.

Auf Grund des Satzes 2°, § 4, und des Satzes 2°, § 8, sind die Operatoren $A\,\mathcal{P} + B\,\mathcal{Q}$, $\mathcal{P}\,A\,\mathcal{P}$ und $\mathcal{Q}\,B\,\mathcal{Q}$ entsprechend in den Räumen $(\tilde{l}_2)_n$, $\mathcal{P}(\tilde{l}_2)_n$ und $\mathcal{Q}(\tilde{l}_2)_n$ umkehrbar. Man sieht leicht, daß die Operatoren $\mathcal{P}\,A\,\mathcal{P}$ und $\mathcal{Q}\,B\,\mathcal{Q}$ die Voraussetzungen des Theorems 5.4 erfüllen. Deshalb ist $\mathcal{P}\,A\,\mathcal{P} + \mathcal{Q}\,B\,\mathcal{Q} \in \Pi\,\{\mathcal{P}_m, \mathcal{P}_m\}$. Da der Operator $A\,\mathcal{P} + B\,\mathcal{Q}$ umkehrbar ist und sich von $\mathcal{P}\,A\,\mathcal{P} + \mathcal{Q}\,B\,\mathcal{Q}$ nur durch einen vollstetigen Summanden unterscheidet, gilt wegen Theorem 3.1, Kapitel II, $A\,\mathcal{P} + B\,\mathcal{Q} \in \Pi\,\{\mathcal{P}_m, \mathcal{P}_m\}$.

Ein analoges Theorem gilt für das paarige System

$$\sum_{k=-\infty}^{\infty} a_{j-k}\,\xi_k = \eta_j \qquad (j = 0, 1, \ldots)\,,$$

$$\sum_{k=-\infty}^{\infty} b_{j-k}\,\xi_k = \eta_j \qquad (j = -1, -2, \ldots)\,.$$

In dem Fall, wo $A(\zeta) = B(\zeta)$ ist, kann man Theorem 9.2 folgendermaßen präzisieren.

Theorem 9.3. *Es seien $A(\zeta)$ ($|\zeta| = 1$) eine beliebige stetige Matrixfunktion n-ter Ordnung und a_j ($j = 0, \pm 1, \ldots$) ihre Matrix-*Fourier*-Koeffizienten. Gilt*

$$\varliminf_{m\to\infty} |A_m^{-1}| < \infty \quad \textit{mit} \quad A_m = \|a_{j-k}\|_{j,k=-m}^{m}\,,$$

so sind die folgenden Bedingungen erfüllt:

a) $\det A(\zeta) \neq 0$ ($|\zeta| \neq 1$).

b) *Die linken und rechten Indizes von $A(\zeta)$ sind gleich Null.*

Unter den Bedingungen a) *und* b) *hat das System*

$$\sum_{k=-m}^{m} a_{j-k}\,\xi_k = \eta_j \qquad (j = 0, \pm 1, \ldots, \pm m)$$

für jedes Element $\{\eta_j\}_{-\infty}^{\infty} \in (\tilde{l}_2)_n$ von einem gewissen m ab genau eine Lösung $\{\xi_j^{(m)}\}_{j=-m}^{m}$, und die Folge (9.1) *konvergiert für $m \to \infty$ in der Norm von $(\tilde{l}_2)_n$ gegen die Lösung des Systems*

$$\sum_{k=-\infty}^{\infty} a_{j-k}\,\xi_k = \eta_j \qquad (j = 0, \pm 1, \ldots)\,. \tag{9.3}$$

Die erste Behauptung des Theorems folgt aus Theorem 5.4, da der Abschnitt m-ter Ordnung des Systems (9.3) mit dem Abschnitt $(2\,m + 1)$-ter Ordnung des Systems (5.10) zusammenfällt. Die zweite Behauptung folgt aus Theorem 9.2.

Wir bemerken, daß wenn die entsprechenden Matrixfunktionen in eine absolut konvergente FOURIER-Reihe entwickelbar sind, so bleiben die Resultate des vorliegenden Punktes auch für die Räume $(\tilde{l}_p)_n$ $(p \geqq 1)$, $(\tilde{c}_0)_n$ gültig.

3. Integralgleichungssysteme. Alle Resultate des vorangegangenen Punktes sind auf den kontinuierlichen Fall übertragbar. Wir sehen von den entsprechenden Formulierungen ab und befassen uns mit der Frage nach der Anwendbarkeit des GALERKIN-Verfahrens zur Lösung der Gleichung

$$\varphi(t) - \int_0^\infty k_1(t-s)\,\varphi(s)\,ds - \int_{-\infty}^0 k_2(t-s)\,\varphi(s)\,ds = f(t) \tag{9.4}$$

$$(-\infty < t < \infty)$$

im Raum $(\tilde{L}_2)_n$, wobei $k_1(t)$, $k_2(t)$ Matrixfunktionen n-ter Ordnung mit Elementen aus $\tilde{L}_1$ sind.

Die Gleichung (9.4) läßt sich in der Form $A\,\mathcal{P}\,\varphi + B\,\mathcal{Q}\,\varphi = f$ schreiben, wobei A, $B \in \mathfrak{R}_{n\times n}(U)$,

$$\mathcal{P} = \|\delta_{jk}\,P\|_{j,k=1}^n$$

ist und die Operatoren U und P dieselben wie in § 4, Kapitel V, sind.

Es sei $\psi_j(t)$ $(j = 0, \pm 1, \ldots)$ das durch die Gleichungen (3.6), Kapitel VI, definierte Funktionensystem.

Eine Näherungslösung der Gleichung (9.4) werden wir in der Form

$$\varphi_m(t) = \sum_{j=-m}^{m} \xi_j\,\psi_j(t)$$

suchen, wobei ξ_j n-dimensionale Vektoren sind, die das Blockgleichungssystem

$$\sum_{k=0}^{m} (A\,\psi_k, \psi_j)\,\xi_k + \sum_{k=-m}^{-1} (B\,\psi_k, \psi_j)\,\xi_k = (f, \psi_j) \tag{9.5}$$

$$(j = 0, \pm 1, \ldots, \pm m)$$

erfüllen (Hierbei gelten die gleichen Bezeichnungen wie in Punkt 3, § 6.)

Theorem 9.4. *Es seien $k_j(t)$ $(j = 1, 2)$ Matrixfunktionen n-ter Ordnung mit Elementen aus $\tilde{L}_1$, die die folgenden Bedingungen erfüllen:*

a) $\det\,(I - K_j(\lambda)) \neq 0$ $(j = 1, 2;\ -\infty < \lambda < \infty)$, *wobei $K_j(\lambda)$ die* FOURIER-*Transformierte von $k_j(t)$ ist.*

b) *Die linken und rechten Indizes der Matrixfunktionen $I - K_j(\lambda)$ $(j = 1, 2)$ sind gleich Null.*

c) *Die rechten Indizes der Matrixfunktion $(I - K_2(\lambda))^{-1}\,(I - K_1(\lambda))$ sind gleich Null.*

Dann hat das System (9.5) für jede Vektorfunktion $f(t) \in (\tilde{L}_2)_n$ von einem gewissen m ab genau eine Lösung $\{\xi_j^{(m)}\}_{j=-m}^{m}$, und die Vektorfunktionen

$$\varphi_m(t) = \sum_{j=-m}^{m} \xi_j^{(m)}\,\psi_j(t)$$

konvergieren für $m \to \infty$ in der Norm von $(\tilde{L}_2)_n$ gegen die Lösung der Gleichung (9.4).

Dieses Theorem ist wie im Fall $n = 1$ (s. § 3, Kapitel VI) eine Folgerung aus Theorem 9.2.

Ein analoges Theorem gilt auch für das paarige System

$$\varphi(t) - \int_{-\infty}^{\infty} k_1(t-s)\,\varphi(s)\,ds = f(t) \qquad (0 < t < \infty),$$

$$\varphi(t) - \int_{-\infty}^{\infty} k_2(t-s)\,\varphi(s)\,ds = f(t) \qquad (-\infty < t < 0).$$

Wir bemerken, daß man im Fall $k_1(t) = k_2(t)$ Theorem 9.4 in der folgenden Richtung ergänzen kann: Daß die linken und rechten Indizes der Matrixfunktion $I - K_1(\lambda)$ gleich Null sind, ist auch eine notwendige Bedingung für die Anwendbarkeit des Galerkin-Verfahrens.

4. Singuläre Integralgleichungssysteme. Wir verwenden die Bezeichnungen aus § 4, Kapitel VI, und betrachten im Raum $(L_p(\Gamma))_n$ das in der Vektor- und Matrixsymbolik in Form einer Gleichung

$$A(\zeta)\,\varphi(\zeta) + \frac{B(\zeta)}{\pi i}\int_\Gamma \frac{\varphi(z)}{z-\zeta}\,dz = f(\zeta) \qquad (|\zeta| = 1) \tag{9.6}$$

geschriebene singuläre Integralgleichungssystem, wobei $A(\zeta)$ und $B(\zeta)$ beliebige auf der Kurve Γ stetige Matrixfunktionen n-ter Ordnung sind.

Theorem 9.5. *Es seien $A(\zeta)$, $B(\zeta)$ beliebige auf Γ stetige Matrixfunktionen n-ter Ordnung, $C(\zeta) = A(\zeta) + B(\zeta)$, $D(\zeta) = A(\zeta) - B(\zeta)$ und c_j, d_j ($j = 0, \pm 1, \ldots$) die Matrix-Fourier-Koeffizienten der Matrixfunktionen $C(\zeta)$, $D(\zeta)$. Gilt*

$$\det C(\zeta) \neq 0\,, \quad \det D(\zeta) \neq 0 \quad (|\zeta| = 1)$$

und sind die linken und rechten Indizes der Matrixfunktionen $C(\zeta)$ und $D(\zeta)$ sowie die rechten Indizes der Matrixfunktion $D^{-1}(\zeta)\,C(\zeta)$ gleich Null, so hat für jede Vektorfunktion $f(\zeta) \in (L_p(\Gamma))_n$ das Gleichungssystem

$$\sum_{k=0}^{m} c_{j-k}\,\xi_k + \sum_{k=-m}^{-1} d_{j-k}\,\xi_k = f_j \qquad (j = 0, \pm 1, \ldots, \pm m),$$

wobei f_j ($j = 0, \pm 1, \ldots$) die Fourier-Koeffizienten von $f(\zeta)$ sind, von einem gewissem m ab genau eine Lösung $\{\xi_j^{(m)}\}_{j=-m}^{m}$, und die Vektorfunktionen

$$\varphi_m(\zeta) = \sum_{j=-m}^{m} \xi_j^{(m)}\,\zeta^j$$

konvergieren für $m \to \infty$ in der Norm des Raumes $(L_p(\Gamma))_n$ gegen die Lösung der Gleichung (9.6).

Dieses Theorem erhält man genauso wie im Fall $n = 1$ (s. § 4, Kapitel VI) aus Theorem 9.2.

5. Differenzengleichungssysteme.

Theorem 9.6. *Es seien $A(\zeta)$, $B(\zeta)$ ($|\zeta| = 1$) beliebige stetige Matrixfunktionen n-ter Ordnung und a_j, b_j ($j = 0, \pm 1, \ldots$) ihre Matrix-*FOURIER*-Koeffizienten.*
Gilt

$$\det A(\zeta) \neq 0, \quad \det B(\zeta) \neq 0 \qquad (|\zeta| = 1)$$

und sind alle linken und rechten Indizes der Matrixfunktionen $A(\zeta)$ und $B(\zeta)$ sowie die rechten Indizes der Matrixfunktion $B^{-1}(\zeta)\, A(\zeta)$ gleich Null, so hat die Gleichung

$$\sum_{t-m<j<t} a_j f(t-j) + \sum_{t<j<t+m} b_j f(t-j) = g(t) \qquad (-m < t < m)$$

für jede Vektorfunktion $g(t) \in (\tilde{L}_2)_n$ von einem gewissen m ab genau eine Lösung $f_m(t) \in \big(L_2(-m, m)\big)_n$, und die Vektorfunktionen

$$\tilde{f}_m(t) = \begin{cases} f_m(t), & |t| < m, \\ 0, & |t| > m \end{cases}$$

konvergieren für $m \to \infty$ in der Norm des Raumes $(\tilde{L}_2)_n$ gegen die Lösung der Gleichung

$$\sum_{j<t} a_j f(t-j) + \sum_{j>t} b_j f(t-j) = g(t) \qquad (-\infty < t < \infty).$$

Theorem 9.6 erhält man aus Theorem 9.2 analog dazu, wie man Theorem 7.2 aus Theorem 5.4 erhält.

§ 10. Verallgemeinerte Projektionsverfahren für zusammengesetzte Operatoren

In diesem Paragraphen wird eine gewisse Verallgemeinerung des Projektionsverfahrens untersucht. Sie entsteht im Zusammenhang mit der Betrachtung von Operatoren der Form

$$A = \sum_{j=1}^{l} A_{j1} A_{j2} \ldots A_{jm}, \tag{10.1}$$

wobei A_{jk} ($\in \mathfrak{A}(\mathfrak{B})$) Operatoren sind, die in einem gewissen Sinne einfacher als A sind.

Es seien P_τ Projektoren aus $\mathfrak{A}(\mathfrak{B})$. Dabei gilt wie früher $\tau \in \Omega$, und Ω ist eine gewisse unbeschränkte Menge positiver Zahlen. Wir werden sagen, daß auf den Operator A der Form (10.1) das *verallgemeinerte Projektionsverfahren* anwendbar ist oder daß der Operator A zur Menge $\tilde{\Pi}\{P_\tau\}$ gehört, wenn von einem gewissen τ ab die Operatoren

$$A_\tau = \sum_{j=1}^{l} P_\tau A_{j1} P_\tau A_{j2} P_\tau \ldots P_\tau A_{jm} P_\tau$$

in den Räumen $P_\tau \mathfrak{B}$ umkehrbar sind und für jedes x aus $\mathfrak{B}$ die Beziehung¹)

$$\lim_{\tau\to\infty} |A_\tau^{-1} P_\tau x - A^{-1} x| = 0$$

gilt.

1. Hilfssätze. Mit $\mathfrak{A}_{r\times r}(\mathfrak{B})$ wird wie gewöhnlich die Algebra aller Matrizen r-ter Ordnung mit Elementen aus $\mathfrak{A}(\mathfrak{B})$ und mit $\mathfrak{B}_r$ der BANACH-Raum aller r-dimensionalen Vektoren mit Komponenten aus $\mathfrak{B}$ bezeichnet. Die Algebra $\mathfrak{B}_{r\times r}(\mathfrak{B})$ wird in natürlicher Weise mit der Algebra $\mathfrak{A}(\mathfrak{B}_r)$ identifiziert.

Die unten durchgeführte Untersuchung des verallgemeinerten Projektionsverfahrens für einen Operator A der Form (10.1) beruht auf der Zurückführung dieses Verfahrens auf ein gewöhnliches Verfahren für einen gewissen speziellen Operator im Raum $\mathfrak{B}_r$. Ist A der durch Gleichung (10.1) gegebene Operator, so wird der dazugehörige spezielle Operator im Raum $\mathfrak{B}_r$ mit $r = l\,(m+1)+1$ durch die Matrix

$$\Xi\,\{A_{jk}\} = \begin{Vmatrix} M & F \\ G & 0 \end{Vmatrix}$$

definiert.

Hierbei ist der Hauptblock M die durch die Gleichung

$$M = \begin{Vmatrix} I_l & B_1 & 0 & & 0 \\ 0 & I_l & B_2 & \dots & 0 \\ \dots & \dots & \dots & \dots & \dots \\ 0 & 0 & \dots & I_l & B_m \\ 0 & 0 & \dots & 0 & I_l \end{Vmatrix}$$

definierte Matrix der Ordnung $l\,(m+1)$, worin I_l die Einheitsmatrix aus $\mathfrak{A}_{l\times l}(\mathfrak{B})$ und

$$B_j = \begin{Vmatrix} A_{1j} & & & 0 \\ & A_{2j} & & \\ & & \ddots & \\ 0 & & & A_{lj} \end{Vmatrix} \qquad (j = 1, 2, \dots, m)$$

ist. F ist eine Spalte der Länge $l\,(m+1)$, in der die oberen $l\,m$ Elemente gleich Null und die unteren l Elemente gleich dem Einheitsoperator sind. Schließlich ist

$$G = \|\underbrace{I, \dots, I}_{l}, \underbrace{0, \dots, 0}_{lm}\|\,.$$

¹) Wir erinnern daran, daß mit A_τ^{-1} die Inverse zum Operator A_τ im Unterraum $P_\tau B$ bezeichnet wird.

Zur Erklärung der Struktur der Matrix $\Xi\{A_{jk}\}$ bemerken wir, daß sie die Matrix des folgenden linearen Gleichungssystems ist:

$$\begin{array}{ll}
x_1 - A_{11}\, x_{l+1} = 0\,, & x_{r-2l} - A_{1m}\, x_{r-l} = 0\,, \\
x_2 - A_{21}\, x_{l+2} = 0\,, & \dots\dots\dots\dots \\
\dots\dots\dots\dots & x_{r-l-1} - A_{lm}\, x_{r-1} = 0\,, \\
x_l - A_{l1}\, x_{2l} = 0\,, & x_{r-l} - x = 0\,, \\
x_{l+1} - A_{12}\, x_{2l+1} = 0\,, & \dots\dots\dots\dots \\
\dots\dots\dots\dots & x_{r-1} - x = 0\,, \\
x_{2l} - A_{l2}\, x_{3l} = 0\,, & x_1 + x_2 + \cdots + x_l = y\,,
\end{array}$$

das in natürlicher Weise entsteht, wenn man sich in der Gleichung

$$\sum_{j=1}^{l} A_{j1}\, A_{j2} \dots A_{jm}\, x = y$$

von den Operatorenprodukten befreit.

Es ist klar, daß dies nicht das einzige System ist, welches diese Aufgabe löst.

Eine wichtige Rolle spielt der folgende Satz, der einen Zusammenhang zwischen dem Operator A und seiner Matrix $\Xi\{A_{jk}\}$ herstellt.

Lemma 10.1. *Der Operator* $A \in \mathfrak{A}(\mathfrak{B})$ *habe die Form* (10.1). *Dann gilt für die Matrix* $\Xi\{A_{jk}\} \in \mathfrak{A}_{r\times r}(\mathfrak{B})$ *die folgende Zerlegung*[1])

$$\Xi\{A_{jk}\} = \Xi_1\{A_{jk}\}\, \Xi_0\{A_{jk}\}\, \Xi_2\{A_{jk}\}\,, \qquad (10.2)$$

wobei $\Xi_s\{A_{jk}\}$ $(s = 0, 1, 2)$ *Matrizen aus* $\mathfrak{A}_{r\times r}(\mathfrak{B})$ *mit den folgenden Eigenschaften sind:*

a) $\Xi_1\{A_{jk}\}$ *ist eine untere Dreiecksmatrix, deren Diagonalelemente gleich* I *sind.*

b) $\Xi_2\{A_{jk}\}$ *ist eine obere Dreiecksmatrix, deren Diagonalelemente ebenfalls gleich* I *sind.*

c) $\Xi_0\{A_{jk}\}$ *ist die durch die Gleichung*

$$\Xi_0\{A_{jk}\} = \begin{Vmatrix} I & 0 & & 0 \\ 0 & I & & 0 \\ \dots & \dots & \dots & \dots \\ 0 & 0 & & A \end{Vmatrix}$$

definierte Diagonalmatrix.

Beweis. Wir setzen

$$\Xi_1\{A_{jk}\} = \begin{Vmatrix} I_{l(m+1)} & 0 \\ H & I \end{Vmatrix}, \qquad \Xi_2\{A_{jk}\} = \begin{Vmatrix} M & F \\ 0 & I \end{Vmatrix},$$

---

[1]) Die Gleichung (10.2) ist eine Faktorisierung der Matrix $\Xi\{A_{jk}\}$. Genaueres über Faktorisierung von Operatorenmatrizen s. in der Arbeit von M. A. Barkarja und I. Z. Gochberg [1]. Im Unterschied zu dem in dieser Arbeit betrachteten Fall werden hier im allgemeinen nichtumkehrbare Matrizen, die dafür aber eine spezielle Form haben, faktorisiert.

wobei M und F wie oben definiert sind und H eine Zeile der Länge $l\,(m+1)$ ist. Zur Beschreibung dieser Zeile zerlegen wir sie in $m+1$ Teile der Länge l. In der Reihenfolge ihres Aufeinanderfolgens haben diese Teile die folgende Form

$$\begin{gathered} I,\ I,\ \ldots,\ I, \\ A_{11},\ A_{21},\ \ldots,\ A_{l1}, \\ A_{11}A_{12},\ A_{21}A_{22},\ \ldots,\ A_{l1}A_{l2}, \\ \cdots\cdots\cdots\cdots\cdots\cdots \\ A_{11}A_{12}\ldots A_{1m},\ A_{21}A_{22}\ldots A_{2m},\ \ldots,\ A_{l1}A_{l2}\ldots A_{lm}\,. \end{gathered}$$

Man überprüft unmittelbar, daß für die auf diese Weise definierten Faktoren die Identität (10.2) gilt.

Damit ist das Lemma bewiesen.

Da die äußeren Faktoren $\Xi_1\{A_{jk}\}$ und $\Xi_2\{A_{jk}\}$ aus der Identität (10.2) umkehrbare Operatoren im Raum $\mathfrak{B}_r$ sind, folgt aus (10.2), daß der Operator A genau dann umkehrbar ist, wenn die Matrix $\Xi\{A_{jk}\}$ umkehrbar ist.

Wir bemerken noch, daß für die zu $\Xi\{A_{jk}\}$ transponierte Matrix $\Xi'\{A_{jk}\}$ die Gleichung

$$\Xi'\{A_{jk}\} = \begin{Vmatrix} M' & 0 \\ F' & I \end{Vmatrix} \begin{Vmatrix} I_{l(m+1)} & 0 \\ 0 & A' \end{Vmatrix} \begin{Vmatrix} I_{l(m+1)} & H' \\ 0 & I \end{Vmatrix} \tag{10.3}$$

gilt, wobei M' und F' die zu M und F transponierten Matrizen sind, H' die Matrix (Spalte) ist, die man aus H durch Transponieren und Ersetzen jeder Komponente der Form $A_{\alpha 1}A_{\alpha 2}\ldots A_{\alpha\beta}$ durch das Produkt $A_{\alpha\beta}A_{\alpha\beta-1}\ldots A_{\alpha 1}$ erhält, und der Operator A' durch die Gleichung

$$A' = \sum_{j=1}^{l} A_{jm}A_{jm-1}\ldots A_{j1}$$

definiert wird.

Die Identität (10.3) kann man unmittelbar überprüfen oder aus (10.2) durch Übergang zu den transponierten Matrizen erhalten.

2. Bedingungen für die Anwendbarkeit des verallgemeinerten Projektionsverfahrens. Es konvergiere die Projektorenschar $P_\tau \in \mathfrak{A}(\mathfrak{B})$ $(\tau \in \Omega)$ für $\tau \to \infty$ stark gegen den Einheitsoperator. Im Raum $\mathfrak{B}_r$ definieren wir durch die Gleichung

$$\mathcal{P}_\tau = \|\delta_{jk}P_\tau\|_{j,k=1}^{r}$$

einen Projektor $\mathcal{P}_\tau$.

Theorem 10.1. *Der umkehrbare Operator A aus $\mathfrak{A}(\mathfrak{B})$ habe die Form* (10.1). *Er gehört genau dann zur Klasse $\tilde{\Pi}\{P_\tau\}$, wenn der durch die Matrix $\Xi\{A_{jk}\}$ im Raum $\mathfrak{B}_r$ definierte Operator B zur Klasse $\Pi\{\mathcal{P}_\tau, \mathcal{P}_\tau\}$ gehört.*

Beweis. Das Theorem wird mit Hilfe der folgenden zwei Gleichungen

$$B = \Xi_1\,\Xi_0\,\Xi_2 \tag{10.4}$$

und

$$\mathcal{P}_\tau B \mathcal{P}_\tau = \Xi_{1,\tau}\,\Xi_{0,\tau}\,\Xi_{2,\tau} \tag{10.5}$$

bewiesen, wobei $\Xi_s = \Xi_s\{A_{jk}\}$ und $\Xi_{s,\tau} = \Xi_s\,\{\mathcal{P}_\tau A_{jk} P_\tau\}$ $(s = 0, 1, 2)$ ist.

Die Gleichung (10.4) fällt mit der Gleichung (10.2) zusammen, und die Gleichung (10.5) folgt aus derselben Gleichung (10.2), wenn man in ihr die Operatoren A_{jk} durch die Operatoren $P_\tau A_{jk} P_\tau$ ersetzt und berücksichtigt, daß gilt:

$$\mathcal{P}_\tau B \mathcal{P}_\tau = \Xi \{P_\tau A_{jk} P_\tau\}.$$

Offenbar konvergieren die Operatoren $\Xi_{s,\tau}$ für $\tau \to \infty$ stark gegen die Operatoren Ξ_s $(s = 0, 1, 2)$.

Wegen $(\Xi_{s,\tau} - \mathcal{P}_\tau)^r = 0$ für $s = 1, 2$ sind die Einschränkungen der Operatoren $\Xi_{s,\tau} (s = 1, 2)$ auf die Unterräume $\mathcal{P}_\tau \mathfrak{B}_r$ umkehrbar, und ihre Inversen haben die Form

$$\Xi_{s,\tau}^{-1} = \mathcal{P}_\tau + \sum_{k=1}^{r-1} (\mathcal{P}_\tau - \Xi_{s,\tau})^k \qquad (s = 1, 2).$$

Hieraus folgt, daß die Operatoren $\Xi_{s,\tau}^{-1} \mathcal{P}_\tau$ $(s = 1, 2)$ für $\tau \to \infty$ stark gegen Ξ_s^{-1} konvergieren.

Aus dem Gesagten sowie aus den Gleichungen (10.4) und (10.5) folgt unmittelbar, daß der Operator B genau dann zur Klasse $\Pi\{\mathcal{P}_\tau, \mathcal{P}_\tau\}$ gehört, wenn der Operator $\Xi_0 = \Xi_0 \{A_{jk}\}$ zur Klasse $\Pi\{\mathcal{P}_\tau, \mathcal{P}_\tau\}$ gehört. Unter Berücksichtigung der Form der Matrizen Ξ_0 und $\Xi_{0,\tau}$ schließen wir, daß die Zugehörigkeit des Operators Ξ_0 zur Klasse $\Pi\{\mathcal{P}_\tau, \mathcal{P}_\tau\}$ äquivalent dazu ist, daß der Operator A zur Klasse $\tilde{\Pi}\{P_\tau\}$ gehört.

Damit ist das Theorem bewiesen.

3. Anwendungen. Mit Hilfe des Theorems 10.1 und der früher bewiesenen Sätze kann man Bedingungen für die Anwendbarkeit verallgemeinerter Projektionsverfahren auf Operatoren der Form (10.1) finden, wobei die A_{jk} Faltungsoperatoren eines der oben betrachteten Typen sind. Wir führen ein Beispiel an.

Es seien $t_{jk}(\zeta)$ $(|\zeta| = 1;\ j = 1, 2, \ldots, l;\ k = 1, 2, \ldots, m)$ beliebige stetige Funktionen. Wir bezeichnen mit T_{jk} den Operator, der im Raum l_2 durch die aus den Fourier-Koeffizienten der Funktion $t_{jk}(\zeta)$ gebildete Toeplitz-Matrix definiert wird. Mit P_n wird der übliche Schnittprojektor in l_2 bezeichnet:

$$P_n \{\xi_j\}_1^\infty = \{\xi_1, \xi_2, \ldots, \xi_n, 0, \ldots\}.$$

Theorem 10.2. *Der Operator*

$$T = \sum_{j=1}^{l} T_{j1} T_{j2} \cdots T_{jm}$$

gehört genau dann zur Klasse $\tilde{\Pi}\{P_n\}$, wenn die Operatoren T und

$$T' = \sum_{j=1}^{l} T_{jm} T_{j\,m-1} \cdots T_{j1}$$

umkehrbar sind.

Beweis. Auf Grund von Theorem 10.1 ist die Bedingung $T \in \tilde{\Pi}\{P_n\}$ äquivalent zu der Bedingung $\Xi\{T_{jk}\} \in \Pi\{\mathcal{P}_n, \mathcal{P}_n\}$. Die letztere Bedingung ist nach Theorem 5.2, Kapitel VIII, äquivalent zur Umkehrbarkeit eines jeden der

Operatoren $\Xi\{T_{jk}\}$ und $\Xi'\{T_{jk}\}$. Schließlich ist dies auf Grund der Gleichungen (10.2) und (10.3) äquivalent zur Umkehrbarkeit der Operatoren T und T'.

Damit ist das Theorem bewiesen.

Wir bemerken, daß die Umkehrbarkeit der Operatoren T und T' bereits aus der Bedingung

$$\lim_{n\to\infty} |T_n^{-1}| < \infty$$

folgt, wobei

$$T_n = \sum_{j=1}^{l} P_n T_{j1} P_n T_{j2} P_n \cdots P_n T_{jm} P_n$$

ist.

Wir bemerken noch, daß die Umkehrbarkeit der Operatoren T und T' äquivalent dazu ist, daß die Bedingung

$$\det \Xi\{t_{jk}(\zeta)\} \neq 0 \qquad (|\zeta| = 1)$$

erfüllt ist und alle rechten und linken Indizes der Matrixfunktion $\Xi\{a_{jk}(\zeta)\}$ gleich Null sind.

ANHANG

DIE ASYMPTOTIK DER LÖSUNGEN HOMOGENER FALTUNGSGLEICHUNGEN

Hier wird die Asymptotik der Lösungen homogener Integralgleichungssysteme gesucht, die in der Vektor- und Matrixsymbolik in der Form

$$\begin{aligned}\varphi(t) - \int_0^\infty k_{11}(t-s)\,\varphi(s)\,ds - \int_{-\infty}^0 k_{12}(t-s)\,\varphi(s)\,ds &= 0 \qquad (0 < t < \infty)\,,\\ \varphi(t) - \int_0^\infty k_{21}(t-s)\,\varphi(s)\,ds - \int_{-\infty}^0 k_{22}(t-s)\,\varphi(s)\,ds &= 0 \qquad (-\infty < t < 0)\end{aligned} \tag{1}$$

geschrieben werden, wobei $\varphi(t)$ die gesuchte n-dimensionale Vektorfunktion und $k_{jr}(t)$ $(j, r = 1, 2)$ Matrixfunktionen n-ter Ordnung sind. Das System (1) verallgemeinert sowohl die paarigen Gleichungssysteme (der Fall $k_{11} = k_{12}$, $k_{21} = k_{22}$) als auch die transponierten Systeme (der Fall $k_{11} = k_{21}$, $k_{12} = k_{22}$).

Der erste Paragraph hat vorbereitenden Charakter; in ihm werden einige Eigenschaften des durch die linke Seite der Gleichung (1) definierten Operators zusammengestellt. Mit Hilfe dieser Eigenschaften wird gezeigt, daß die Gleichung (1) in jedem Raum (aus einer gewissen Klasse) ein und dieselben Lösungen hat.

In § 2 werden für die Lösungen der Gleichung (1) asymptotische Entwicklungen nach Exponentialfunktionen mit Polynomialkoeffizienten angegeben. Eine wesentliche Rolle spielen dabei einige allgemeine Theoreme über Operatoren und Resultate aus § 1. Als Folgerung erhalten wir die Asymptotik der Lösungen von Gleichungssystemen des Wiener-Hopf-Typus sowie von paarigen Integralgleichungssystemen und den zu ihnen transponierten Systemen.

Für transponierte Gleichungen zu paarigen Gleichungen und für Gleichungssysteme vom Wiener-Hopf-Typus sind in den §§ 3, 4 genauere Resultate enthalten. Hier gelingt es zusätzlich, eine Asymptotik mit polynomialen Koeffizienten im Hauptglied für Funktionen zu finden, die eine gewisse Basis im Kern des zugehörigen Operators bilden.

Alle Resultate dieses Anhangs lassen sich auf den diskreten Fall übertragen.

§ 1. Einige Hilfssätze

1. Im weiteren werden mit E und $\tilde{E}$ die in § 8, Kapitel I, eingeführten Banach-Räume bezeichnet. Außerdem werden die Bezeichnungen $L = L_1(0, \infty)$, $\tilde{L} = L_1(-\infty, \infty)$ benutzt.

Es sei $\mathfrak{B}$ ein gewisser BANACH-Raum von Funktionen, die auf der reellen Achse (Halbachse) definiert sind, und $\sigma(t)$ sei eine stetige Funktion, die auf dieser Achse (Halbachse) ungleich Null ist. Wir verabreden, $f(t) \in \sigma(t)\, \mathfrak{B}$ zu schreiben, wenn $\sigma^{-1}(t)\, f(t) \in \mathfrak{B}$ ist. Die Menge $\sigma(t)\, \mathfrak{B}$ ist ein BANACH-Raum mit der Norm $|f| = |\sigma^{-1} f|_{\mathfrak{B}}$.

Mit $\mathfrak{B}_n$ und $\mathfrak{B}_{n\times n}$ werden wie in Kapitel VIII entsprechend die Menge aller n-dimensionalen Vektoren bzw. die Menge aller Matrizen n-ter Ordnung mit Elementen aus $\mathfrak{B}$ bezeichnet. Die Menge $\mathfrak{B}_n$ wird zu einem BANACH-Raum, wenn man die Norm des Elements $f = \{f_1, f_2, \ldots, f_n\} \in \mathfrak{B}_n$ z.B. durch die Gleichung

$$|f| = \sum_{j=1}^{n} |f_j|_{\mathfrak{B}}$$

definiert.

Analog werden die Räume $\sigma(t)\, \mathfrak{B}_n$ und $\sigma(t)\, \mathfrak{B}_{n\times n}$ definiert.

Überall wird im weiteren mit h eine gewisse feste positive Zahl bezeichnet. Wenn ein kleiner Buchstabe ein Element aus $e^{-h|t|}\, \tilde{L}_{n\times n}$ oder $e^{-h|t|}\, \tilde{L}_n$ bezeichnet, so bezeichnet der entsprechende große Buchstabe seine FOURIER-Transformierte.

Außerdem benutzen wir im weiteren die in § 11, Kapitel I, eingeführten Definitionen und Bezeichnungen.

2. Aus Theorem 6.1, Kapitel VIII, folgt leicht: Wenn die Matrixfunktion $k(t)$ zu $e^{-h|t|}\, \tilde{L}_{n\times n}$ gehört, dann ist die Bedingung

$$\det\big(I - K(\lambda + i h)\big) \neq 0 \qquad (-\infty < \lambda < \infty) \tag{1.1}$$

notwendig und hinreichend dafür, daß der Operator

$$(I - \mathcal{K})\, \varphi = \varphi(t) - \int_0^\infty k(t-s)\, \varphi(s)\, ds \qquad (0 < t < \infty)$$

in jedem der Räume $e^{ht} E_n$ ein Φ-Operator ist. Ist die Bedingung (1.1) erfüllt, so läßt sich der Index[1]) des Operators $I - \mathcal{K}$ in jedem der Räume $e^{ht} E_n$ nach der Formel

$$\varkappa(I - \mathcal{K}) = -\operatorname{ind}\det\big(I - K(\lambda + i h)\big) \tag{1.2}$$

berechnen.

Wir betrachten jetzt im Raum $e^{h|t|}\, \tilde{E}_n$ die Gleichung

$$\begin{aligned} \varphi(t) - \int_0^\infty k_{11}(t-s)\, \varphi(s)\, ds - \int_{-\infty}^0 k_{12}(t-s)\, \varphi(s)\, ds &= g(t) \qquad (0 < t < \infty)\,, \\ \varphi(t) - \int_0^\infty k_{21}(t-s)\, \varphi(s)\, ds - \int_{-\infty}^0 k_{22}(t-s)\, \varphi(s)\, ds &= g(t) \qquad (-\infty < t < 0)\,, \end{aligned} \tag{1.3}$$

wobei $k_{jr}(t) \in e^{-h|t|}\, \tilde{L}_{n\times n}$ ist.

---

[1]) Das heißt die Differenz $\dim \operatorname{Ker}(I - \mathcal{K}) - \dim \operatorname{Ker}(I - \mathcal{K}^*)$.

Der Raum $e^{h|t|}\,\tilde{E}_n$ ist dem Raum F aller Paare $\hat{f}(t) = \{f_1(t), f_2(t)\}$ von Vektorfunktionen aus $e^{ht}\,E_n$ $\big(f_j(t) \in e^{ht}\,E_n;\ j = 1, 2\big)$ mit der Norm

$$|\hat{f}| = |f_1| + |f_2|$$

isomorph.

Bei diesem Isomorphismus wird jedem Vektor $f(t) \in e^{h|t|}\,\tilde{E}_n$ nach der Regel

$$f_1(t) = f(t)\,, \qquad f_2(t) = f(-t) \qquad (0 < t < \infty)$$

das Paar $\hat{f} = \{f_1, f_2\} \in F$ zugeordnet.

Mit diesen Bezeichnungen läßt sich die Gleichung (1.3) in der Form

$$\left.\begin{aligned} \varphi_1(t) - \int_0^\infty k_{11}\,(t-s)\,\varphi_1(s)\,ds - \int_0^\infty k_{12}\,(t+s)\,\varphi_2(s)\,ds &= g_1(t)\,, \\ \varphi_2(t) - \int_0^\infty k_{21}\,(-t-s)\,\varphi_1(s)\,ds - \int_0^\infty k_{22}\,(s-t)\,\varphi_2(s)\,ds &= g_2(t) \end{aligned}\right\} (0 < t < \infty)$$

schreiben. Den durch die linke Seite dieses Systems definierten Operator B schreiben wir in Form der Matrix¹)

$$B = \begin{Vmatrix} I - \mathcal{K}_{11} & -\hat{\mathcal{K}}_{12} \\ -\hat{\mathcal{K}}'_{21} & I - \mathcal{K}'_{22} \end{Vmatrix}.$$

Für jede Matrixfunktion $k(t)$ aus $L_{n\times n}$ ist der Operator

$$(\hat{\mathcal{K}}\,\varphi)\,(t) = \int_0^\infty k\,(t+s)\,\varphi(s)\,ds$$

in allen Räumen E_n vollstetig. Es genügt dies für den Fall $n = 1$ zu zeigen. Hat die Funktion $k(t) \in L_1(0, \infty)$ die Form

$$k(t) = e^{-t}\,p(t) \qquad (0 < t < \infty)\,,$$

wobei $p(t)$ ein Polynom ist, so ist, wie man leicht sieht, der Operator $\hat{\mathcal{K}}$ endlichdimensional in E. Da die Menge aller Funktionen der Form $e^{-t}\,p(t)$ in $L_1(0, \infty)$ dicht liegt, ist der Operator $\hat{\mathcal{K}}$ für jede Funktion $k(t) \in L_1(0, \infty)$ vollstetig.

Daraus erhält man leicht, daß der Operator

$$T = \begin{Vmatrix} 0 & -\hat{\mathcal{K}}_{12} \\ -\hat{\mathcal{K}}'_{21} & 0 \end{Vmatrix}$$

im Raum F vollstetig ist. Folglich ist der Operator

$$B = \begin{Vmatrix} I - \mathcal{K}_{11} & 0 \\ 0 & I - \mathcal{K}'_{22} \end{Vmatrix} + T$$

¹) Für die Funktion $k(t)$ $(-\infty < t < \infty)$ werden mit den Symbolen $\mathcal{K}$, $\hat{\mathcal{K}}$ und $\mathcal{K}'$ die Integraloperatoren auf der Halbachse mit den Kernen $k\,(t-s)$, $k\,(t+s)$ und $k\,(s-t)$ bezeichnet.

genau dann Φ-Operator, wenn dies die Operatoren $I - \mathcal{K}_{11}$ und $I - \mathcal{K}'_{22}$ sind. Das letztere ist jedoch den Bedingungen

$$\det\left(I - K_{11}(\lambda + i\,h)\right) \neq 0\,, \qquad \det\left(I - K_{22}(\lambda - i\,h)\right) \neq 0$$
$$(-\infty < \lambda < \infty) \tag{1.4}$$

äquivalent.

Sind die Bedingungen (1.4) erfüllt, so ist $\varkappa(B) = \varkappa\,(I - \mathcal{K}_{11}) + \varkappa\,(I - \mathcal{K}'_{22})$, und wegen Formel (1.2) gilt

$$\varkappa\,(I - \mathcal{K}_{11}) = -\operatorname{ind}\det\left(I - K_{11}(\lambda + i\,h)\right)\,,$$
$$\varkappa\,(I - \mathcal{K}'_{22}) = -\operatorname{ind}\det\left(I - \int_{-\infty}^{\infty} k_{22}(-\,t)\,e^{-ht}\,e^{i\lambda t}\,dt\right) =$$
$$= \operatorname{ind}\det\left(I - K_{22}(\lambda - i\,h)\right).$$

Somit kann man den Index des Operators B nach der Formel

$$\varkappa(B) = \operatorname{ind}\det\left(I - K_{22}(\lambda - i\,h)\right) - \operatorname{ind}\det\left(I - K_{11}(\lambda + i\,h)\right)$$

berechnen.

Da bei dem genannten Isomorphismus der Räume $e^{h|t|}\,\tilde{E}_n$ und F zu dem durch die linke Seite der Gleichung (1.3) definierten Operator A der Operator B gehört, ist damit das folgende Lemma gezeigt.

Lemma 1.1. *Es seien $k_{jr}(t)$ Matrixfunktionen aus $e^{-h|t|}\,\tilde{L}_{n\times n}$ $(j,\ r = 1, 2)$. Der durch die linke Seite von Gleichung (1.3) definierte Operator A ist genau dann ein Φ-Operator in jedem der Räume $e^{h|t|}\,\tilde{E}_n$, wenn die Bedingungen (1.4) erfüllt sind.*

Sind diese Bedingungen erfüllt, so läßt sich der Index des Operators A in jedem der Räume $e^{h|t|}\,\tilde{E}_n$ nach der Formel

$$\varkappa(A) = \operatorname{ind}\det\left(I - K_{22}(\lambda - i\,h)\right) - \operatorname{ind}\det\left(I - K_{11}(\lambda + i\,h)\right) \tag{1.5}$$

berechnen.

Bemerkung. Erfüllen die Matrixfunktionen $k_{jr}(t)$ aus $e^{-h|t|}\,\tilde{L}_{n\times n}$ $(j, r = 1, 2)$ die Bedingungen

$$\det\left(I - K_{rr}(\lambda \pm i\,h)\right) \neq 0 \qquad (-\infty < \lambda < \infty;\quad r = 1, 2)\,,$$

so gilt die Gleichung

$$\varkappa(A) = \varkappa_{-h}(A) + m_1 = \varkappa_h(A) + m_2\,, \tag{1.6}$$

wobei $\varkappa_{\pm h}(A)$ der Index des Operators A im Raum $e^{\pm ht}\,\tilde{E}_n$ und m_r $(r = 1, 2)$ die Zahl der Nullstellen der Funktion $\det\left(I - K_{rr}(\lambda)\right)$ im Streifen $|\operatorname{Im}\lambda| < h$ bei Berücksichtigung ihrer Vielfachheiten ist.

In der Tat, aus Formel (1.5) folgt

$$\varkappa(A) = \operatorname{ind}\frac{\det\left(I - K_{22}(\lambda - i\,h)\right)}{\det\left(I - K_{11}(\lambda - i\,h)\right)} + \operatorname{ind}\frac{\det\left(I - K_{11}(\lambda - i\,h)\right)}{\det\left(I - K_{11}(\lambda + i\,h)\right)}\,.$$

Man sieht leicht, daß der erste Summand auf der rechten Seite der letzten Gleichung gleich $\varkappa_{-h}(A)$ ist und daß der zweite auf Grund des Theorens von

ROUCHE gleich m_1 ist, denn die Funktion det $(I - K_{11}(\lambda))$ ist im Streifen $|\mathrm{Im}\,\lambda| < h$ analytisch und auf dem Rand ungleich Null. Analog zeigt man die zweite der Gleichungen (1.6).

Wir benötigen im weiteren den folgenden Satz.

1°. *Es sei der* BANACH-*Raum* $\mathfrak{B}_1$ *als dichte Teilmenge im* BANACH-*Raum* $\mathfrak{B}$ *enthalten.* A_1 *und* A *seien entsprechend in den Räumen* $\mathfrak{B}_1$ *bzw.* $\mathfrak{B}$ *beschränkte* Φ*-Operatoren mit gleichen Indizes. Ist der Operator* A *eine Erweiterung des Operators* A_1, *so gilt* $\mathrm{Ker}\, A = \mathrm{Ker}\, A_1$.

Beweis. Wegen $\mathfrak{B}_1 \subset \mathfrak{B}_2$ gilt die Ungleichung $\alpha(A_1) \leqq \alpha(A)$[1]. Aus der Beziehung $\mathfrak{B}^* \subset \mathfrak{B}_1^*$, die daraus folgt, daß $\mathfrak{B}_1$ in $\mathfrak{B}$ dicht liegt, erhalten wir die Beziehung $\beta(A_1) \geqq \beta(A)$. Die erhaltenen Ungleichungen führen zusammen mit der Gleichung $\varkappa(A) = \varkappa(A_1)$ zur Gleichung $\alpha(A) = \alpha(A_1)$, woraus die Behauptung folgt.

Theorem 1.1. *Es seien* $k_{jr}(t)$ *Matrixfunktionen aus* $e^{-h|t|}\, \tilde{L}_{n\times n}$ $(j, r = 1, 2)$, *die die Bedingungen* (1.4) *erfüllen. Dann hat die Gleichung* (1) *in jedem der Räume* $e^{h|t|}\, \tilde{E}$ *ein und dieselben Lösungen.*

Beweis. Aus Satz 1° und Lemma 1.1 folgt unmittelbar, daß die Gleichung (1) in den Räumen $e^{h|t|}(\tilde{L}_p)_n$ $(p \geqq 1)$ und $e^{h|t|}(\tilde{C}_0)_n$ dieselben Lösungen hat, denn der Durchschnitt dieser Räume liegt in jedem von ihnen dicht. Es sei jetzt $\varphi(t)$ eine zum Raum $e^{h|t|}\, \tilde{M}_n$ gehörige Lösung der Gleichung (1). Dann ist jede Koordinate der Vektorfunktion

$$\psi(t) = \int_{-\infty}^{0} k_{12}\,(t - s)\, \varphi(s)\, ds$$

die Summe von n Funktionen der Form

$$\omega(t) = \int_{-\infty}^{0} k\,(t - s)\, \chi(s)\, ds\,,$$

wobei $k(t) \in e^{-h|t|}\, \tilde{L}$, $\chi(t) \in e^{h|t|}\, \tilde{M}$ ist. Betrachten wir die Funktion $\omega(t)$ für $t > 0$, so gilt $\omega(t) \in e^{-ht}\, C_0$. In der Tat, indem wir

$$k(t) = \hat{k}(t)\, e^{-ht} \quad \text{und} \quad \chi(t) = \hat{\chi}(t)\, e^{-ht}$$

setzen, erhalten wir

$$|e^{ht}\, \omega(t)| \leqq \int_{-\infty}^{0} |\hat{k}\,(t - s)\, \hat{\chi}(s)|\, ds \leqq \sup_{-\infty < s < 0} |\hat{\chi}(s)| \int_{t}^{\infty} |\hat{k}(s)|\, ds \to 0 \quad (t \to \infty)\,.$$

Außerdem ist die Funktion $\omega(t)$ stetig (s. I. M. GELFAND, D. A. RAIKOW und G. E. SCHILOW [1], Lemma aus § 16).

Somit gehört die Vektorfunktion $\psi(t)$ zu $e^{-ht}(C_0)_n$ $(t > 0)$ und erst recht zum Raum $e^{ht}(C_0)_n$. Die erste der Gleichungen (1) schreiben wir in der Form

$$\hat{\varphi}(t) - \int_{0}^{\infty} \hat{k}_{11}\,(t - s)\, \hat{\varphi}(s)\, ds = \hat{\psi}(t) \qquad (0 < t < \infty)\,, \tag{1.7}$$

---

[1]) Zu den Bezeichnungen s. § 11, Kapitel I.

wobei $\hat{\varphi}(t) = e^{-ht}\,\varphi(t)$, $\hat{k}_{11}(t) = e^{-ht}\,k_{11}(t)$, $\hat{\psi}(t) = e^{-ht}\,\psi(t)$ gilt. Gleichung (1.7) ist offenbar im Raum M_n lösbar. Wegen $\hat{\psi}(t) \in (C_0)_n$ erhält man leicht aus den Theoremen 4.2 und 6.1, Kapitel VIII, daß jede zu M_n gehörige Lösung der Gleichung (1.7) zu $(C_0)_n$ gehört. Daher gilt $\varphi(t) \in e^{ht}(C_0)_n$ $(t > 0)$.

Analog zeigt man die Beziehung $\varphi(-t) \in e^{ht}\,(C_0)_n$ $(t > 0)$. Somit gilt $\varphi(t) \in e^{h|t|}(\tilde{C}_0)_n$, und folglich gehört $\varphi(t)$ zu jedem Raum $e^{h|t|}\tilde{E}_n$.

§ 2. Asymptotische Entwicklungen für die Lösungen der allgemeinen Gleichung

1. Es seien $k_j(t)$ Matrixfunktionen aus $e^{-h|t|}\,\tilde{L}_{n\times n}$ $(j = 1, 2)$. Wir betrachten im Raum $e^{h|t|}\,\tilde{L}_n$ die Gleichung

$$\varphi(t) - \int_0^\infty k_1\,(t-s)\,\varphi(s)\,ds - \int_{-\infty}^0 k_2\,(t-s)\,\varphi(s)\,ds = 0 \quad (-\infty < t < \infty)\,. \tag{2.1}$$

Wir zeigen, daß die Gleichung (2.1) äquivalent zur Randwertaufgabe

$$\left.\begin{aligned} [I - K_1\,(\lambda + i\,h)]\,\Phi_+\,(\lambda + i\,h) &= \Omega\,(\lambda + i\,h)\,, \\ -\,[I - K_2\,(\lambda - i\,h)]\,\Phi_-\,(\lambda - i\,h) &= \Omega\,(\lambda - i\,h)\,, \end{aligned}\right\}(-\infty < \lambda < \infty) \tag{2.2}$$

ist, wobei

$$\Phi_+\,(\lambda + i\,h) = \int_0^\infty \varphi(t)\,e^{-ht}\,e^{i\lambda t}\,dt\,, \quad \Phi_-\,(\lambda - i\,h) = \int_{-\infty}^0 \varphi(t)\,e^{ht}\,e^{i\lambda t}\,dt \tag{2.3}$$

gilt und die Vektorfunktion $\Omega(\lambda)$ die Fourier-Transformierte einer gewissen Vektorfunktion aus $e^{-h|t|}\,\tilde{L}_n$ ist.

In der Tat, wir bezeichnen mit P den im Raum $e^{h|t|}\,\tilde{L}_n$ durch die Gleichung

$$(P\,\varphi)\,(t) = \begin{cases} \varphi(t), & 0 < t < \infty\,, \\ 0, & -\infty < t < 0 \end{cases}$$

definierten Projektor und setzen $Q = I - P$. Gleichung (2.1) schreiben wir in der folgenden Form:

$$(P\,\varphi)\,(t) - \int_{-\infty}^\infty k_1\,(t-s)\,(P\,\varphi)\,(s)\,ds = -\,(Q\,\varphi)\,(t) + \int_{-\infty}^\infty k_2\,(t-s)\,(Q\,\varphi)\,(s)\,ds\,.$$

Man überprüft leicht, daß die linke Seite der letzten Gleichung eine gewisse Vektorfunktion aus $e^{ht}\,\tilde{L}_n$ ist und die rechte Seite zu $e^{-ht}\,\tilde{L}_n$ gehört. Wir bezeichnen ihren gemeinsamen Wert mit $\omega(t)$. Die Vektorfunktion $\omega(t)$ gehört offenbar zu $e^{-h|t|}\,\tilde{L}_n$. Durch Anwendung der Fourier-Transformation auf die Gleichungen

$$e^{-ht}\,(P\,\varphi)\,(t) - e^{-ht}\int_{-\infty}^\infty k_1\,(t-s)\,(P\,\varphi)\,(s)\,ds = e^{-ht}\,\omega(t)\,,$$

$$-\,e^{ht}\,(Q\,\varphi)\,(t) + e^{ht}\int_{-\infty}^\infty k_2\,(t-s)\,(Q\,\varphi)\,(s)\,ds = e^{ht}\,\omega(t)$$

erhalten wir (2.2). Die Vektorfunktionen $\Phi_+(z)$, $\Phi_-(z)$, $\Omega(z)$ lassen sich zu Vektorfunktionen fortsetzen, die entsprechend in den Gebieten $\operatorname{Im} z > h$, $\operatorname{Im} z < -h$, $|\operatorname{Im} z| < h$ holomorph und einschließlich des Randes stetig sind. Die Gleichungen (2.2) fallen mit der n-dimensionalen homogenen Hilbertschen Aufgabe bezüglich der aus dem parallelen Geradenpaar $z = \lambda \pm i h$ $(-\infty < \lambda < \infty)$ bestehenden Kurve zusammen.

Die Vektorfunktion $\{a_1(t), a_2(t), \ldots, a_n(t)\}$ werden wir im weiteren kurz in der Form $\{a_r(t)\}_{r=1}^{n}$ schreiben.

Theorem 2.1. *Die Matrixfunktion* $k(t) \in e^{-h|t|} \tilde{L}_{n\times n}$ *besitze die Eigenschaft*

$$\det\left(I - K(\lambda \pm i h)\right) \neq 0 \qquad (-\infty < \lambda < \infty), \tag{2.4}$$

und es seien α_j $(j = 1, 2, \ldots, m)$ *alle voneinander verschiedenen Nullstellen der Funktion* $\det\left(I - K(\lambda)\right)$ *im Streifen* $|\operatorname{Im} \lambda| < h$ *und* p_j *ihre Vielfachheiten. Dann bilden die Vektorfunktionen*

$$\varphi_{jq}(t) = \{e^{-i\alpha_j t} P_{jqr}(t)\}_{r=1}^{n} \qquad (j = 1, 2, \ldots m;\ q = 1, 2, \ldots, p_j),$$

wobei $P_{jqr}(t)$ *gewisse Polynome von einem Grad* $\leqq p_j - 1$ *sind, in jedem Raum* $e^{h|t|} \tilde{E}_n$ *eine Basis für alle Lösungen der Gleichung*

$$\varphi(t) - \int_{-\infty}^{\infty} k(t - s)\, \varphi(s)\, ds = 0 \qquad (-\infty < t < \infty) \tag{2.5}$$

Beweis. Wegen Theorem 1.1 hat die Gleichung (2.5) in allen Räumen $e^{h|t|} \tilde{E}_n$ dieselben Lösungen. Deswegen genügt es, das Theorem für den Raum $e^{h|t|} \tilde{L}_n$ zu zeigen. In diesem Fall ist die Gleichung (2.5) der Randwertaufgabe

$$\left.\begin{aligned} [I - K(\lambda + i h)]\, \Phi_+(\lambda + i h) &= \Omega(\lambda + i h), \\ -[I - K(\lambda - i h)]\, \Phi_-(\lambda - i h) &= \Omega(\lambda - i h) \end{aligned}\right\} (-\infty < \lambda < \infty) \tag{2.6}$$

äquivalent.

Wenn die Vektorfunktionen $\Omega(\lambda)$, $\Phi_+(\lambda)$, $\Phi_-(\lambda)$ eine Lösung der Aufgabe (2.6) bilden, dann ist eine beliebige dieser Funktionen durch jede andere von ihnen eindeutig bestimmt. Wir werden daher eine dieser Vektorfunktionen im Auge haben, wenn wir von einer Lösung der Aufgabe (2.6) sprechen. Ist $\Omega(\lambda)$ eine gewisse Lösung der Aufgabe (2.6), so überzeugt man sich leicht davon, daß die Vektorfunktion $[I - K(\lambda)]^{-1}\, \Omega(\lambda)$ in der ganzen Ebene holomorph ist mit möglicher Ausnahme der Punkte α_j $(j = 1, 2, \ldots, m)$, wo sie Pole einer Ordnung $\leqq p_j$ hat, und daß sie im Unendlichen gegen Null strebt. Folglich ist sie rational und hat die Form

$$[I - K(\lambda)]^{-1}\, \Omega(\lambda) = \left\{\sum_{j=1}^{m} \frac{Q_{jr}(\lambda)}{(\lambda - \alpha_j)^{p_j}}\right\}_{r=1}^{n},$$

wobei $Q_{jr}(\lambda)$ gewisse Polynome von einem Grad $\leqq p_j - 1$ sind. Da die Vektorfunktion $[I - K(\lambda)]^{-1}\, \Omega(\lambda)$ für $\operatorname{Im} \lambda \geqq h$ mit $\Omega_+(\lambda)$ und für $\operatorname{Im} \lambda \leqq -h$ mit $-\Phi_-(\lambda)$ zusammenfällt, erhält man auf Grund der Gleichung (2.3), daß jede Lösung der Gleichung (2.5) die Form

$$\varphi(t) = \left\{\sum_{j=1}^{m} e^{-i\alpha_j t}\, P_{jr}(t)\right\}_{r=1}^{n} \qquad (-\infty < t < \infty) \tag{2.7}$$

hat, wobei $P_{jr}(t)$ gewisse Polynome von einem Grad $\leqq p_j - 1$ sind.

Wir zeigen, daß zu jeder Nullstelle $\alpha = \alpha_j$ $(j = 1, 2, \ldots, m)$ $p = p_j$ linear unabhängige Lösungen der Gleichung (2.5) gehören. Dafür formen wir die Matrix $I - K(\lambda)$ um.

Es gibt eine konstante nichtsinguläre Matrix A_1, so daß der Punkt $\lambda = \alpha$ eine Nullstelle der Vielfachheit $q_1 \geqq 1$ der ersten Spalte der Matrix $(I - K(\lambda))A_1^{-1}$ ist, die wir in der Form $(I - K(\lambda))\, A_1^{-1} = G_1\, D_1$ darstellen.

Hierbei ist

$$D_1 = \begin{Vmatrix} \left(\dfrac{\lambda-\alpha}{\lambda-\beta}\right)^{q_1} & 0 \cdots 0 \\ 0 & 1 \cdots 0 \\ \cdots & \cdots \\ 0 & 0 \cdots 1 \end{Vmatrix},$$

wobei β eine beliebige Zahl mit $|\mathrm{Im}\,\beta| > h$ ist und die erste Spalte der Matrix G_1 im Punkt $\lambda = \alpha$ ungleich Null ist (d. h., mindestens eines ihrer Elemente ist von Null verschieden).

Ist $q_1 < p$, so ist die Determinante der Matrix G_1 im Punkt $\lambda = \alpha$ gleich Null, und wir stellen die Matrix G_1 auf analoge Weise dar: $G_1\, A_2^{-1} = G_2\, D_2$. Durch Fortsetzung dieses Prozesses erhalten wir die folgende Darstellung der Matrix $I - K(\lambda)$:

$$I - K(\lambda) = G_r\, D_r\, A_r\, D_{r-1}\, A_{r-1} \cdots D_1\, A_1\,,$$

wobei die Determinante der Matrix G_r im Punkt $\lambda = \alpha$ ungleich Null ist und $q_1 + q_2 + \cdots + q_r = p$ gilt. Die durch die Gleichungen

$$A_k\, D_{k-1}\, A_{k-1} \cdots D_1\, A_1\, F_+^{(lk)} = \begin{pmatrix} (\lambda-\alpha)^{-l} \\ 0 \\ \vdots \\ 0 \end{pmatrix} \qquad (k = 1, 2, \ldots, r;\quad l = 1, 2, \ldots, q_k)$$

definierten Vektorfunktionen $F_+^{(lk)}(\lambda)$ sind linear unabhängige Lösungen der Aufgabe (2.6).

Somit haben wir $p_1 + p_2 + \cdots + p_m$ linear unabhängige Lösungen der Aufgabe (2.6) gefunden:

$$\Phi_+^{(jq)}(\lambda) = \left\{\frac{Q_{jqr}(\lambda)}{(\lambda - a_j)^{p_j}}\right\}_{r=1}^{n} \qquad (j = 1, 2, \ldots, m;\quad q = 1, 2, \ldots, p_j)\,,$$

wobei $Q_{jqr}(\lambda)$ Polynome vom Grade $\leqq p_j^{-1}$ sind. Definieren wir mit ihnen Vektorfunktionen $\varphi_{jq}(t)$, so erhalten wir $p_1 + p_2 + \cdots + p_m$ linear unabhängige Lösungen der Gleichung (2.5):

$$\begin{aligned}\varphi_{jq}(t) = \{e^{-i\alpha_j t} P_{jqr}(t)\}_{r=1}^{n} \qquad (-\infty < t < \infty;\\ j = 1, 2, \ldots, m;\ q = 1, 2, \ldots, p_j),\end{aligned} \tag{2.8}$$

wobei P_{jqr} Polynome vom Grade $\leqq p_j{}^{-1}$ sind.

Zur Vervollständigung des Beweises des Theorems muß noch gezeigt werden, daß die Vektorfunktionen (2.8) alle linear unabhängigen Lösungen der Gleichung (2.5) ausschöpfen.

Aus Lemma 1.1 folgt, daß der Index des Operators

$$(I - \mathcal{K})\,\varphi = \varphi(t) - \int\limits_{-\infty}^{\infty} k\,(t - s)\,\varphi(s)\,ds$$

im Raum $e^{h|t|}\,\tilde{L}_n$ durch die Gleichung

$$\varkappa\,(I - \mathcal{K}) = \operatorname{ind}\det\big(I - K\,(\lambda - i\,h)\big) - \operatorname{ind}\det\big(I - K\,(\lambda + i\,h)\big)$$

bestimmt wird. Auf Grund des Theorems von Rouché ist die rechte Seite der letzten Gleichung gleich $p_1 + p_2 + \cdots + p_m$. Es gilt aber $\beta\,(I - \mathcal{K}) = \alpha\,(I - \mathcal{K})^* = 0$. In der Tat, der im Raum $e^{-h|t|}\,\tilde{M}_n$ definierte Operator $(I - \mathcal{K})^*$ ist vom gleichen Typ wie der Operator $I - \mathcal{K}$. Aus dem bewiesenen Teil des Theorems folgt, daß alle Lösungen der Gleichung $(I - \mathcal{K})^*\,\varphi = 0$ im Raum $e^{h|t|}\,\tilde{M}_n$ die Form (2.7) haben. Jedoch nicht eine von ihnen gehört zum Raum $e^{-h|t|}\,\tilde{M}_n$. Somit hat die Gleichung $(I - \mathcal{K})^*\,\varphi = 0$ im Raum $e^{-h|t|}\,\tilde{M}_n$ nur die triviale Lösung. Folglich gilt

$$\alpha\,(I - \mathcal{K}) = \varkappa\,(I - \mathcal{K}) = p_1 + p_2 + \cdots + p_m\,.$$

Damit ist das Theorem bewiesen.

Aus dem bewiesenen Theorem folgt, daß im Fall $n = 1$ die Funktionen $\varphi_{jq}(t) = e^{-i\alpha_j t}\,t^{q-1}$ $(j = 1, 2, \ldots, m;\ q = 1, 2, \ldots, p_j)$ eine Lösungsbasis der Gleichung (2.5) bilden. Dieses Resultat ist bekannt (s. das Buch von E. Titchmarsh [1], Theorem 146).

Lemma 2.1. *Es seien $k_r(t) \in e^{-h|t|}\,\tilde{L}_{n\times n}$ $(r = 1, 2)$ Matrixfunktionen mit der Eigenschaft*

$$\det\big(I - K_r\,(\lambda \pm i\,h)\big) \neq 0 \qquad (-\infty < \lambda < \infty;\ r = 1, 2)\,, \tag{2.9}$$

B_1 und B_2 seien lineare beschränkte Operatoren im Raum $e^{h|t|}\,\tilde{E}_n$, die diesen in $e^{-h|t|}\,\tilde{E}_n$ bzw. $e^{ht}\,\tilde{E}_n$ *abbilden. Dann gestattet jede Lösung $\varphi(t) \in e^{h|t|}\,\tilde{E}_n$ der Gleichung*

$$\left.\begin{aligned}\varphi(t) - \int\limits_{0}^{\infty} k_1\,(t - s)\,\varphi(s)\,ds - (B_1\,\varphi)\,(t) = 0 \qquad (0 < t < \infty)\,,\\ \varphi(t) - \int\limits_{-\infty}^{0} k_2\,(t - s)\,\varphi(s)\,ds - (B_2\,\varphi)\,(t) = 0 \qquad (-\infty < t < 0)\end{aligned}\right\} \tag{2.10}$$

die Darstellungen

$$\left.\begin{aligned} \varphi(t) &= \left\{\sum_{j=1}^{m_1} e^{-i\alpha_{1j}t} P_{1jk}(t)\right\}_{k=1}^{n} + \varphi_1(t)\,, \\ \varphi(t) &= \left\{\sum_{j=1}^{m_2} e^{-i\alpha_{2j}t} P_{2jk}(t)\right\}_{k=1}^{n} + \varphi_2(t)\,, \end{aligned}\right\} \tag{2.11}$$

wobei die Vektorfunktionen $\varphi_1(t)$ *und* $\varphi_2(t)$ *entsprechend zu den Räumen* $e^{-ht}\tilde{E}_n$ *bzw.* $e^{ht}\tilde{E}_n$ *gehören und* α_{rj} $(r = 1, 2;\ j = 1, 2, \ldots, m_r)$ *alle voneinander verschiedenen Nullstellen der Funktion* $\det\big(I - K_r(\lambda)\big)$ *im Streifen* $|\mathrm{Im}\,\lambda| < h$, p_{rj} *ihre Vielfachheiten und* $P_{rjk}(t)$ *Polynome von einem Grad* $\leqq p_{rj}-1$ *sind.*

Beweis. Wir bemerken zunächst, daß, falls für die Matrixfunktion $k(t) \in e^{-h|t|}\tilde{L}_{n\times n}$ die Bedingung

$$\det\big(I - K(\lambda - i\,h)\big) \neq 0 \qquad (-\infty < \lambda < \infty)$$

erfüllt ist, der Operator

$$(I - \mathcal{K})\,f = f(t) - \int_{-\infty}^{\infty} k\,(t - s)\,f(s)\,ds$$

im Raum $e^{-ht}\tilde{E}_n$ umkehrbar ist. In der Tat, auf Grund des Theorems von Wiener[1]) existiert eine Matrixfunktion $q(t) \in \tilde{L}_{n\times n}$, so daß $I - Q(\lambda) = [I - K(\lambda - i\,h)]^{-1}$ ist. Man überprüft nun ohne Mühe, daß die Inverse zu $I - \mathcal{K}$ durch die Gleichung

$$(I - \mathcal{K})^{-1} f = f(t) - \int_{-\infty}^{\infty} q\,(t - s)\,e^{h(s-t)}\,f(s)\,ds$$

definiert wird.

Es sei jetzt die Vektorfunktion $\varphi(t) \in e^{h|t|}\tilde{E}_n$ eine Lösung der Gleichung (2.10). Die erste der Gleichungen (2.10) schreiben wir in der Form

$$\varphi(t) - \int_{-\infty}^{\infty} k_1\,(t - s)\,\varphi(s)\,ds = (B_1\,\varphi)\,(t) - \int_{-\infty}^{0} k_1\,(t - s)\,\varphi(s)\,ds + \psi_-(t)$$
$$(-\infty < t < \infty)\,,$$

wobei $\psi_-(t) = 0$ ist für $t > 0$. Somit genügt $\varphi(t)$ der Beziehung

$$\varphi(t) - \int_{-\infty}^{\infty} k_1\,(t - s)\,\varphi(s)\,ds = \psi(t) \qquad (-\infty < t < \infty)$$

mit $\psi(t) \in e^{-ht}\tilde{E}_n$. Der durch die linke Seite der letzten Gleichung definierte Operator (wir bezeichnen ihn mit A) ist im Raum $e^{-ht}\tilde{E}_n$ umkehrbar. Daher existiert eine eindeutig bestimmte Lösung $\varphi_1(t) \in e^{-ht}\tilde{E}_n$ der Gleichung $A\,\varphi = \psi$. Somit gilt $A\,(\varphi - \varphi_1) = 0$, und mit Theorem 2.1 erhalten wir die erste der Darstellungen (2.11). Analog zeigt man die zweite der Gleichungen (2.11).

---

[1]) Siehe I. M. Gelfand, D. A. Raikow und G. E. Schilow [1], § 17.

Theorem 2.2. *Es seien* $k_{jr}(t) \in e^{-h|t|}\tilde{L}_{n\times n}$ $(j, r = 1, 2)$ *Matrixfunktionen mit der Eigenschaft*

$$\det\big(I - K_{rr}(\lambda \pm i h)\big) \neq 0 \qquad (-\infty < \lambda < \infty;\ r = 1, 2).$$

Dann gestattet jede Lösung $\varphi(t) \in e^{h|t|}\tilde{E}_n$ *der Gleichung* (1) *die asymptotischen Entwicklungen*

$$\left.\begin{aligned}\varphi(t) &= \left\{\sum_{j=1}^{m_1} e^{-i\alpha_{1j}t} P_{1jk}(t)\right\}_{k=1}^{n} + o(e^{-ht}) \qquad (t \to \infty),\\ \varphi(t) &= \left\{\sum_{j=1}^{m_2} e^{-i\alpha_{2j}t} P_{2jk}(t)\right\}_{k=1}^{n} + o(e^{ht}) \qquad (t \to -\infty),\end{aligned}\right\} \tag{2.12}$$

wobei α_{rj} $(r = 1, 2;\ j = 1, 2, \ldots, m_r)$ *alle voneinander verschiedenen Nullstellen der Funktion* $\det\big(I - K_{rr}(\lambda)\big)$ *im Streifen* $|\mathrm{Im}\,\lambda| < h$, p_{rj} *ihre Vielfachheiten und* $P_{rjk}(t)$ *gewisse Polynome von einem Grad* $\leqq p_{rj} - 1$ *sind.*

Beweis. Auf die Gleichung (1) kann man Lemma 2.1 anwenden, denn die Operatoren

$$(\mathcal{K}_{12} f)(t) = \int_{-\infty}^{0} k_{12}(t - s) f(s)\, ds$$

und

$$(\mathcal{K}_{12} f)(t) = \int_{0}^{\infty} k_{21}(t - s) f(s)\, ds$$

bilden die Räume $e^{h|t|}\tilde{E}_n$ entsprechend in die Räume $e^{-ht}\tilde{E}_n$ bzw. $e^{ht}\tilde{E}_n$ ab. Aus Theorem 1.1 folgt, daß die Vektorfunktionen $\varphi_1(t)$ und $\varphi_2(t)$ in den Darstellungen (2.11) entsprechend zu den Räumen $e^{-ht}(\tilde{C}_0)_n$ und $e^{ht}(\tilde{C}_0)_n$ gehören. Das letztere ist gleichbedeutend mit den asymptotischen Entwicklungen (2.12).

Folgerung 2.1. *Die Matrixfunktion* $k(t) \in e^{-h|t|}\tilde{L}_{n\times n}$ *erfülle die Bedingungen* (2.4). *Dann gestattet jede Lösung* $\varphi(t) \in e^{ht} E_n$ *des* WIENER-HOPF-*Gleichungssystems*

$$\varphi(t) - \int_{0}^{\infty} k(t - s)\,\varphi(s)\, ds = 0 \qquad (0 < t < \infty)$$

eine asymptotische Entwicklung

$$\varphi(t) = \left\{\sum_{j=1}^{m} e^{-i\alpha_j t} P_{jr}(t)\right\}_{r=1}^{n} + o(e^{-ht}) \qquad (t \to \infty), \tag{2.13}$$

wobei α_j $(j = 1, 2, \ldots, m)$ *alle voneinander verschiedenen Nullstellen der Funktion* $\det\big(I - K(\lambda)\big)$ *im Streifen* $|\mathrm{Im}\,\lambda| < h$, p_j *ihre Vielfachheiten und* $P_{jr}(t)$ *gewisse Polynome von einem Grad* $\leqq p_j - 1$ *sind.*

Folgerung 2.2. *Es seien für die Matrixfunktionen* $k_j(t) \in e^{-h|t|}\tilde{L}_{n\times n}$ $(j = 1, 2)$ *die Bedingungen* (2.9) *erfüllt. Dann gestattet jede Lösung* $\varphi(t) \in e^{h|t|}\tilde{E}_n$ *des paari-*

gen Integralgleichungssystems

$$\varphi(t) - \int_{-\infty}^{\infty} k_1 (t - s)\, \varphi(s)\, ds = 0 \qquad (0 < t < \infty)\,,$$

$$\varphi(t) - \int_{-\infty}^{\infty} k_2 (t - s)\, \varphi(s)\, ds = 0 \qquad (-\infty < t < 0)$$

und des transponierten Systems

$$\varphi(t) - \int_{0}^{\infty} k_1 (t - s)\, \varphi(s)\, ds - \int_{-\infty}^{0} k_2 (t - s)\, \varphi(s)\, ds = 0$$
$$(-\infty < t < \infty)$$

eine asymptotische Entwicklung (2.12), *wobei* α_{rj} $(r = 1, 2;\, j = 1, 2, \ldots, m_r)$ *alle voneinander verschiedenen Nullstellen der Funktion* $\det\big(I - K_r(\lambda)\big)$ *im Streifen* $|\mathrm{Im}\,\lambda| < h$, p_{rj} *ihre Vielfachheiten und* $P_{rjk}(t)$ *gewisse Polynome von einem Grad* $\leqq p_{rj} - 1$ *sind.*

2. Wie schon bemerkt, bleiben die oben genannten Resultate auch für die diskreten Analoga der entsprechenden Gleichungen gültig. Wir formulieren als Beispiel das diskrete Analogon des Theorems 2.2. Dafür verabreden wir die folgenden Bezeichnungen. Es sei F einer der Räume $\tilde{l}_p$ $(p \geqq 1, \tilde{l} = \tilde{l}_1)$ $\tilde{m}$, $\tilde{c}$, $\tilde{c}_0$ komplexer Zahlenfolgen $\xi = \{\xi_j\}_{-\infty}^{\infty}$. Mit F_n wird wie üblich der lineare Raum der Folgen n-dimensionaler Vektoren bezeichnet, deren Koordinaten mit dem gleichen Index k $(k = 1, 2, \ldots, n)$ eine Folge aus F bilden; mit $F_{n\times n}$ bezeichnen wir die Menge der Folgen quadratischer Matrizen n-ter Ordnung, deren Elemente Folgen aus F bilden.

Es sei $\gamma = \{\gamma_m\}_{-\infty}^{\infty}$ eine gewisse Zahlenfolge, für die $\gamma_m \neq 0$ ist $(m = 0, \pm 1, \ldots)$. Wir werden $\xi \in \gamma F$ schreiben, wenn $\{\gamma_m^{-1} \xi_m\}_{-\infty}^{\infty} \in F$ gilt. Analog wird γF_n und $\gamma F_{n\times n}$ definiert.

Theorem 2.3. *Es sei für ein gewisses* $h > 1$ *vorausgesetzt, daß die Matrizenfolgen* $\{A_m^{(jr)}\}_{m=-\infty}^{\infty}$ *zu* $\{h^{-|m|}\}_{-\infty}^{\infty}\, \tilde{l}_{n\times n}$ *gehören* $(j, r = 1, 2)$ *und daß die Matrixfunktionen*

$$U^{(rr)}(\zeta) = \sum_{j=-\infty}^{\infty} A_j^{(rr)} \zeta^j \qquad (r = 1, 2)$$

die Eigenschaft

$$\det U^{(rr)} (\zeta\, h^{\pm 1}) \neq 0 \qquad (|\zeta| = 1;\ r = 1, 2)$$

besitzen. Dann gestattet jede zu $\{h^{|m|}\}_{-\infty}^{\infty} F_n$ *gehörige Lösung* $\xi = \{\xi_m\}_{-\infty}^{\infty}$ *des unendlichen Gleichungssystems*

$$\sum_{j=0}^{\infty} A_{m-j}^{(11)} \xi_j + \sum_{j=-\infty}^{-1} A_{m-j}^{(12)} \xi_j = 0 \qquad (m = 0, 1, \ldots)\,,$$

$$\sum_{j=0}^{\infty} A_{m-j}^{(21)} \xi_j + \sum_{j=-\infty}^{-1} A_{m-j}^{(22)} \xi_j = 0 \qquad (m = -1, -2, \ldots)$$

eine asymptotische Entwicklung

$$\xi_m = \left\{\sum_{j=1}^{q_1} \alpha_{1j}^{-m} P_{1jk}(m)\right\}_{k=1}^{n} + o(h^{-m}) \quad (m \to \infty),$$

$$\xi_m = \left\{\sum_{j=1}^{q_2} \alpha_{2j}^{-m} P_{2jk}(m)\right\}_{k=1}^{n} + o(h^{m}) \quad (m \to -\infty),$$

wobei α_{rj} $(r = 1, 2;\ j = 1, 2, \ldots, q_r)$ *alle voneinander verschiedenen Nullstellen der Funktion* det $U^{(rr)}(\zeta)$ *im Ring* $h^{-1} < |\zeta| < h$, p_{rj} *ihre Vielfachheiten und* $P_{rjk}(t)$ *gewisse Polynome mit einem Grad* $\leqq p_{rj} - 1$ *sind.*

§ 3. Gleichungen, die zu einer paarigen Gleichung transponiert sind

Wir bezeichnen mit $\mathfrak{R}_h$ die Algebra aller Funktionen der Form

$$\mathcal{A}(z) = c + \begin{cases} \int_{-\infty}^{\infty} a_1(t)\, e^{izt}\, dt & (\operatorname{Im} z = h), \\ \int_{-\infty}^{\infty} a_2(t)\, e^{izt}\, dt & (\operatorname{Im} z = -h), \end{cases}$$

wobei $a_1(t) \in e^{ht}\,\tilde{L}$, $a_2(t) \in e^{-ht}\,\tilde{L}$ gilt und c eine beliebige komplexe Zahl ist.

Die Funktionen $\mathcal{A}(z)$ aus der Algebra $\mathfrak{R}_h$ sind auf der aus dem Geradenpaar $\operatorname{Im} z = \pm h$ bestehenden Kurve definiert. Mit $\mathfrak{R}_h^+$ bezeichnen wir die Unteralgebra von $\mathfrak{R}_h$, die aus den Funktionen $\mathcal{A}(z)$ mit $a_1(t) = 0$ für $t < 0$ und $a_2(t) = 0$ für $t > 0$ besteht; mit $\mathfrak{R}_h^-$ wird die Unteralgebra von $\mathfrak{R}_h$ der Funktionen $A(z)$ mit $a_1(t) = a_2(t) \in e^{-h|t|}\,\tilde{L}$ bezeichnet. Jede Funktion aus $\mathfrak{R}_h^+$ gestattet eine holomorphe Fortsetzung in das Gebiet $|\operatorname{Im} z| > h$ (d. h. in das Außengebiet des Streifens $|\operatorname{Im} z| \leqq h$), die bis zum Rand hin stetig ist, während jede Funktion aus $\mathfrak{R}_h^-$ eine holomorphe Fortsetzung ins Innere des Streifens $|\operatorname{Im} z| < h$ gestattet, die bis zum Rand hin stetig ist.

Jede Funktion $\mathcal{A}(z) \in \mathfrak{R}_h$ ist als Summe zweier Funktionen $\mathcal{A}_+(z) \in \mathfrak{R}_h^+$ und $\mathcal{A}_-(z) \in \mathfrak{R}_h^-$ darstellbar. In der Tat, es genügt zu setzen:

$$\mathcal{A}_+(z) = c + \begin{cases} \int_{0}^{\infty} [a_1(t) - a_2(t)]\, e^{izt}\, dt & (\operatorname{Im} z = h), \\ \int_{-\infty}^{0} [a_2(t) - a_1(t)]\, e^{izt}\, dt & (\operatorname{Im} z = -h), \end{cases}$$

$$\mathcal{A}_-(z) = \int_{-\infty}^{0} a_1(t)\, e^{izt}\, dt + \int_{0}^{\infty} a_2(t)\, e^{izt}\, dt \qquad (\operatorname{Im} z = \pm h).$$

Man sieht leicht, daß diese Darstellung bis auf einen konstanten Summanden eindeutig ist.

Es seien für die Funktion $\mathcal{A}(z) \in \mathfrak{R}_h$ die Bedingungen

$$\mathcal{A}(z) \neq 0 \quad (\operatorname{Im} z = \pm h), \quad \mathcal{A}(\infty) = 1 \tag{3.1}$$

erfüllt. Wir führen folgende Bezeichnungen ein:

$$\nu_1 = \operatorname{ind} \mathcal{A}\,(\lambda + i\,h)|_{\lambda=-\infty}^{\infty}\,, \qquad \nu_2 = \operatorname{ind} \mathcal{A}\,(\lambda - i\,h)|_{\lambda=-\infty}^{\infty}\,,$$

$$\varkappa = \nu_2 - \nu_1 \left(= \varkappa(\mathcal{A})\right).$$

Wir betrachten die durch die Gleichung

$$\mathcal{A}_1(z) = \begin{cases} \left(\dfrac{\lambda - a}{\lambda + a}\right)^{\varkappa} & \text{für} \quad \operatorname{Im} z = h\,, \\ 1 & \text{für} \quad \operatorname{Im} z = -h \end{cases}$$

definierte Hilfsfunktion $\mathcal{A}_1(z)$ aus $\mathfrak{R}_h$, wobei $\lambda = \operatorname{Re} z$ und $\operatorname{Im} a > 2\,h$ ist. Für sie gilt $\varkappa(\mathcal{A}_1) = -\varkappa$ und daher ist $\varkappa(\mathcal{A}_1\,\mathcal{A}) = 0$, d. h., die Funktion $\mathcal{A}_1(z)$ tilgt den Index der Funktion $\mathcal{A}(z)$. Aus Ergebnissen einer Arbeit von I. Z. Gochberg [1] folgt, daß die Funktion $\mathcal{A}_1(z)\,\mathcal{A}(z)$ eine Faktorisierung

$$\mathcal{A}_1(z)\,\mathcal{A}(z) = G_+(z)\,G_-(z)$$

gestattet, wobei $G_\pm(z) \in \mathfrak{R}_h^\pm$, $G_\pm^{-1}(z) \in \mathfrak{R}_h^\pm$ und $G_\pm(\infty) = 1$ gilt. Aus dieser Faktorisierung folgt die Gleichung

$$\left.\begin{aligned} \mathcal{A}\,(\lambda + i\,h) &= G_+\,(\lambda + i\,h)\,G_-\,(\lambda + i\,h)\left(\frac{\lambda + a}{\lambda - a}\right)^{\varkappa}, \\ \mathcal{A}\,(\lambda - i\,h) &= G_+\,(\lambda - i\,h)\,G_-\,(\lambda - i\,h) \end{aligned}\right\}(-\infty < \lambda < \infty)\,. \quad (3.2)$$

Wir betrachten jetzt im Raum $e^{h|t|}\,\tilde{E}$ die homogene Integralgleichung, die zu der paarigen Gleichung

$$\varphi(t) - \int_0^\infty k_1\,(t - s)\,\varphi(s)\,ds - \int_{-\infty}^0 k_2\,(t - s)\,\varphi(s)\,ds = 0 \qquad (3.3)$$

$$(-\infty < t < \infty)$$

transponiert ist, wobei die $k_j(t)$ $(j = 1, 2)$ zu $e^{-h|t|}\,\tilde{L}$ gehören und die Bedingungen

$$1 - K_j\,(\lambda \pm i\,h) \neq 0 \qquad (-\infty < \lambda < \infty;\; j = 1, 2) \qquad (3.4)$$

erfüllen.

Da die Gleichung (3.3) auf Grund des Theorems 1.1 in allen Räumen $e^{h|t|}\,E$ dieselben Lösungen hat, genügt es, diese Gleichung im Raum $e^{h|t|}\,L$ zu betrachten.

Wegen (2.2) ist die Gleichung (3.3) der Randwertaufgabe

$$\left.\begin{aligned} [1 - K_1\,(\lambda + i\,h)]\,\Phi_+\,(\lambda + i\,h) &= \Omega\,(\lambda + i\,h)\,, \\ -\,[1 - K_2\,(\lambda - i\,h)]\,\Phi_-\,(\lambda - i\,h) &= \Omega\,(\lambda - i\,h) \end{aligned}\right\}(-\infty < \lambda < \infty) \qquad (3.5)$$

äquivalent, wobei die Funktionen

$$\Phi(z) = \begin{cases} \Phi_+\,(\lambda + i\,h), & \text{für} \quad \operatorname{Im} z = h\,, \\ \Phi_-\,(\lambda - i\,h), & \text{für} \quad \operatorname{Im} z = -h \end{cases}$$

und $\Omega(z)$ entsprechend zu den Algebren $\mathfrak{R}_h^+$ und $\mathfrak{R}_h^-$ gehören.

Die Funktion

$$\mathcal{A}(z) = \begin{cases} 1 - K_1(\lambda + i h), & \operatorname{Im} z = h, \\ 1 - K_2(\lambda - i h), & \operatorname{Im} z = -h \end{cases}$$

gehört zur Algebra $\mathfrak{R}_h$, erfüllt die Bedingungen (3.1) und gestattet folglich eine Faktorisierung (3.2).

Aus der Faktorisierung (3.2) folgt, daß für $(\varkappa(A) =)\ \varkappa = \nu_2 - \nu_1 > 0$ die allgemeine Lösung der Aufgabe (3.5) durch die Gleichungen

$$\left.\begin{aligned} \Omega(\lambda) &= \frac{P_{\varkappa-1}(\lambda)}{(\lambda - a - ih)^\varkappa} G_-(\lambda), \\ \Phi_+(\lambda + i h) &= \frac{P_{\varkappa-1}(\lambda + i h)}{G_+(\lambda + i h)(\lambda + a)^\varkappa}, \\ \Phi_-(\lambda - i h) &= -\frac{P_{\varkappa-1}(\lambda - i h)}{G_+(\lambda - i h)(\lambda - a - 2 i h)^\varkappa} \end{aligned}\right\} \tag{3.6}$$

geliefert wird, wobei $P_{\varkappa-1}(z)$ ein beliebiges Polynom von einem Grad $\leqq \varkappa - 1$ ist. Ist jedoch $\varkappa \leqq 0$, so hat die Aufgabe (3.5) und folglich auch die Gleichung (3.3) nur die triviale Lösung.

Lemma 3.1. *Es sei* $a(t) \in e^{-ht} L_1(0, \infty)$ *und* n *eine nichtnegative ganze Zahl. Dann gilt für* $\operatorname{Im} \delta > -h$

$$\int_t^\infty (t - s)^n e^{-i\delta(t-s)} a(s)\, ds = o(e^{-ht}) \qquad (t \to \infty) \tag{3.7}$$

und für $\operatorname{Im} \delta < -h$

$$\int_0^t (t - s)^n e^{-i\delta(t-s)} a(s)\, ds = o(e^{-ht}) \qquad (t \to \infty). \tag{3.8}$$

Beweis. Wir bemerken, daß es für jedes $r > 0$ eine Konstante $c > 0$ gibt, so daß $t^n \leqq c\, e^{rt}$ $(0 \leqq t < \infty)$ ist. Insbesondere gilt für $\operatorname{Im} \delta > -h$ die Ungleichung

$$(s - t)^n \leqq c\, e^{(h + \operatorname{Im} \delta)(s-t)} \qquad (s \geqq t).$$

Die Beziehung (3.7) folgt jetzt aus den folgenden Abschätzungen:

$$\begin{aligned} \left| \int_0^\infty (t - s)^n e^{-i\delta(t-s)} a(s)\, ds \right| &\leqq e^{\operatorname{Im} \delta t} \int_t^\infty (s - t)^n e^{-\operatorname{Im} \delta s} |a(s)|\, ds \leqq \\ &\leqq e^{\operatorname{Im} \delta t} \int_t^\infty c\, e^{(h + \operatorname{Im} \delta)(s-t)} e^{-\operatorname{Im} \delta s} |a(s)|\, ds = \\ &= c\, e^{-ht} \int_t^\infty e^{hs} |a(s)|\, ds = o(e^{-ht}) \qquad (t \to \infty). \end{aligned}$$

Für den Beweis der Beziehung (3.8) benutzen wir die Ungleichungen

$$\begin{aligned} \left| \int_0^t (t - s)^n e^{-i\delta(t-s)} a(s)\, ds \right| &\leqq \\ &\leqq e^{-ht} \int_0^t (t - s)^n e^{(h + \operatorname{Im} \delta)(t-s)} e^{hs} |a(s)|\, ds = \\ &= e^{-ht} \int_0^t s^n e^{-\varepsilon s} \varrho(t - s)\, ds, \end{aligned}$$

wobei $\varrho(t) = e^{ht} |a(t)|$, $\varepsilon = -(h + \operatorname{Im} \delta) > 0$ ist.

Wir zeigen, daß das letzte Integral für $t \to \infty$ gegen Null strebt. In der Tat, für jede positive Zahl $b < t$ gelten die Beziehungen

$$\int_0^t s^n e^{-\varepsilon s} \varrho(t-s)\, ds = \int_0^b s^n e^{-\varepsilon s} \varrho(t-s)\, ds + \int_b^t s^n e^{-\varepsilon s} \varrho(t-s)\, ds \leqq$$

$$\leqq \sup_{0 \leqq s < \infty} s^n e^{-\varepsilon s} \int_{t-b}^t \varrho(s)\, ds + \sup_{b \leqq s < s} s^n e^{-\varepsilon s} \int_b^t \varrho(t-s)\, ds ,$$

woraus folgt:

$$\lim_{t \to \infty} \int_0^t s^n e^{-\varepsilon s} \varrho(t-s)\, ds = 0 .$$

Damit ist das Lemma bewiesen.

Wie schon bemerkt, gehören die Lösungen der Gleichung (3.3) zu jedem der Räume $e^{h|t|} \tilde{E}$. Um Theoreme über die Asymptotiken dieser Lösungen zu formulieren, führen wir noch die folgenden Bezeichnungen ein: Es seien α_j ($j = 1, 2, \ldots, n$) alle voneinander verschiedenen Nullstellen der Funktion $1 - K_1(\lambda)$ im Streifen $|\operatorname{Im} \lambda| < h$, und zwar so durchnumeriert, daß $\operatorname{Im} \alpha_1 \geqq \operatorname{Im} \alpha_2 \geqq \geqq \cdots \geqq \operatorname{Im} \alpha_n$ gilt; p_j seien ihre Vielfachheiten und $m = p_1 + p_2 + \cdots + p_n$. Ist $\varkappa$ eine gewisse positive ganze Zahl, so bezeichnen wir für $\varkappa < m$ mit τ die größte ganze Zahl, für die $p_1 + \cdots + p_\tau \leqq \varkappa$ und $\operatorname{Im} \alpha_\tau > \operatorname{Im} \alpha_{\tau+1}$ gilt.

Es seien für die Funktionen $k_j(t)$ aus $e^{-h|t|} \tilde{L}$ ($j = 1, 2$) die Bedingungen (3.4) erfüllt. Wir setzen $\varkappa = \nu_2 - \nu_1$, wobei

$$\nu_1 = \operatorname{ind}\bigl(I - K_1(\lambda + i h)\bigr) , \qquad \nu_2 = \operatorname{ind}\bigl(1 - K_2(\lambda - i h)\bigr)$$

ist. Ist $\gamma(t)$ eine auf der Halbachse $0 < t < \infty$ gegebene Funktion, so setzen wir

$$G(\lambda) = 1 + \int_0^\infty \gamma(t)\, e^{i \lambda t}\, dt .$$

Theorem 3.1. *Es sei $\varkappa > 0$. Dann gilt:*

a) *Falls $m \leqq \varkappa$ ist, existiert eine Funktion $\gamma(t) \in e^{-ht} L_1(0, \infty)$, so daß zu jeder Nullstelle $\alpha = \alpha_j$ ($j = 1, 2, \ldots, n$) der Funktion $1 - K_1(\lambda)$ im Streifen $|\operatorname{Im} \lambda| < h$ $p = p_j$ Lösungen der Gleichung (3.3) mit der asymptotischen Entwicklung*

$$\varphi_r(t) = e^{-i\alpha t} \sum_{j=0}^{r} \frac{(-i)^j\, t^{r-j}}{j!\,(r-j)!} G^{(j)}(\alpha) + o(e^{-ht}) \tag{3.9}$$

$$(r = 0, 1, \ldots, p-1)$$

für $t \to \infty$ gehören. Die übrigen $\varkappa - m$ linear unabhängigen Lösungen gehören zu jedem der Räume $e^{-ht} \tilde{E}$.

b) *Ist* $m > \varkappa$, *so existiert eine Funktion* $\gamma(t) \in e^{ct} L(0, \infty)$ $(\operatorname{Im} \alpha_{\tau+1} < c < \operatorname{Im} \alpha_\tau)$, *so daß zu jeder „oberen" Nullstelle* $\alpha = \alpha_j$ $(j = 1, 2, \ldots, \tau)$ $p = p_j$ *Lösungen der Gleichung* (3.3) *mit der asymptotischen Entwicklung*

$$\varphi_r(t) = e^{-i\alpha t} \sum_{j=0}^{r} \frac{(-i)^j t^{r-j}}{j!\,(r-j)!} G^{(j)}(\alpha) + \\ + \sum_{j=\tau+1}^{n} P_{jr}(t)\, e^{-i\alpha_j t} + o(e^{-ht}) \qquad (r = 0, 1, \ldots, p-1) \tag{3.10}$$

für $t \to \infty$ *gehören, wobei die* $P_{jr}(t)$ *gewisse Polynome sind, deren Grade exakt gleich* $p_j - 1$ *sind* $(j = \tau + 1, \ldots, n)$. *Die übrigen* $\varkappa - p_1 - p_2 \cdots - p_\tau$ *linear unabhängigen Lösungen gestatten für* $t \to \infty$ *eine asymptotische Entwicklung der Form*

$$\sum_{j=\tau+1}^{n} P_j(t)\, e^{-i\alpha_j t} + o(e^{-ht}),$$

wobei $P_j(t)$ *gewisse Polynome vom Grade* $\leqq p_j - 1$ *sind* $(j = \tau + 1, \ldots, n)$.

Beweis. Wir bemerken, daß folgendes gilt: Ist die Funktion $\Phi_+(\lambda + i h)$ die FOURIER-Transformierte der Funktion $e^{-ht} \varphi(t) \in L_1(0, \infty)$ und

$$\Phi_+(\lambda + i h) = -(-i)^r G(\lambda + i h)/(\lambda - \delta)^r,$$

wobei $\operatorname{Im} \delta < 0$ ist, und gilt außerdem

$$G(\lambda) = 1 + \int_0^\infty \gamma(t)\, e^{i\lambda t}\, dt, \qquad \gamma(t) \in e^{ht} L_1(0, \infty),$$

so ist

$$\varphi(t) = \frac{t^{r-1} e^{-i(\delta+ih)t}}{(r-1)!} + \frac{1}{(r-1)!} \int_0^t (t-s)^{r-1} e^{-i(\delta+ih)(t-s)} \gamma(s)\, ds. \tag{3.11}$$

Die Gleichung (3.11) erhält man durch Anwendung der inversen FOURIER-Transformation auf die Funktion $\Phi_+(\lambda + i h)$.

Für die allgemeine Lösung der Aufgabe (3.5) gilt wegen (3.6) die Gleichung

$$\Phi_+(\lambda + i h) = \frac{P_{\varkappa-1}}{G_+(\lambda + i h)(\lambda + a)^\varkappa}. \tag{3.12}$$

Im Fall $\varkappa \geqq m$ schreiben wir die letzte Gleichung in die Form

$$\Phi_+(\lambda + i h) = \frac{P_{\varkappa-1} G(\lambda + i h)}{\prod_{j=1}^{n} (\lambda + i h - \alpha_j)^{p_j} (\lambda + a)^{\varkappa - m}} \tag{3.13}$$

um, wobei die im Gebiet $\operatorname{Im} \lambda > h$ holomorphe Funktion

$$G(\lambda) = \frac{\prod_{j=1}^{n} (\lambda - \alpha_j)^{p_j}}{G_+(\lambda)(\lambda + a - i h)^m}$$

auf Grund der ersten der Gleichungen (3.2) eine holomorphe Fortsetzung in das Gebiet $\operatorname{Im} \lambda > -h$ gestattet. Hieraus erhält man leicht, daß die Funktion $G(\lambda)$

in der Form

$$G(\lambda) = 1 + \int_0^\infty \gamma(t)\, e^{i\lambda t}\, dt$$

darstellbar ist, wobei $\gamma(t) \in e^{-ht} L_1(0, \infty)$ ist.

Auf Grund der Gleichung (3.13) bilden die Funktionen

$$\Phi_+^{(j,k)}(\lambda + i h) = \frac{-(-i)^k G(\lambda + i h)}{(\lambda + i h - \alpha_j)^k} \tag{3.14}$$

$$(j = 1, 2, \ldots, n;\; k = 1, 2, \ldots, p_j)$$

und

$$\Phi_+^{(r)}(\lambda + i h) = \frac{-(-i)^r G(\lambda + i h)}{(\lambda + a)^r} \tag{3.15}$$

$$(r = 1, 2, \ldots, \varkappa - m)$$

eine Basis aller Lösungen der Randwertaufgabe (3.5).

Aus den Gleichungen (3.14) und (3.11) folgt, daß zu jeder Nullstelle $\alpha = \alpha_j$ $(j = 1, 2, \ldots, n)$ die folgenden $p = p_j$ Lösungen der Gleichung (3.3)

$$\varphi_k(t) = \frac{t^k e^{-i\alpha t}}{k!} + \frac{1}{k!}\int_0^t (t - s)^k e^{-i\alpha(t-s)} \gamma(s)\, ds$$

$$(t > 0;\; k = 0, 1, \ldots, p - 1)$$

gehören. Sie gestatten die asymptotische Entwicklung (3.9).

In der Tat ist

$$\varphi_k(t) = \frac{e^{-i\alpha t}}{k!}\left[t_k + \int_0^\infty (t - s)^k e^{i\alpha s} \gamma(s)\, ds\right] - \frac{1}{k!}\int_t^\infty (t - s)^k e^{-i\alpha(t-s)} \gamma(s)\, ds\,.$$

Wegen Gleichung (3.7) ist das letzte Integral von der Ordnung $o(e^{-ht})$ für $\to \infty$, und der Ausdruck in eckigen Klammern ist gleich

$$\sum_{j=0}^{k} (-i)^j C_k^j t^{k-j} G^{(j)}(\alpha)\,,$$

denn es gilt

$$\int_0^\infty s^j e^{i\alpha s} \gamma(s)\, ds = (-i)^j G^{(j)}(\alpha)\,.$$

Aus den Funktionen (3.15) erhalten wir $\varkappa - m$ linear unabhängige Lösungen der Gleichung (3.3) in der Form

$$\varphi(t) = \frac{t^r e^{-i\beta t}}{r!} + \frac{1}{r!}\int_0^t (t - s)^r e^{-i\beta(t-s)} \gamma(s)\, ds\,,$$

wobei $\beta = -a + i h$ $(\operatorname{Im}\beta < -h)$ ist. Sie gehören alle zu jedem der Räume $e^{-ht}\tilde{E}$. In der Tat, für den ersten Summanden ist das offensichtlich, und für den zweiten folgt es aus der Abschätzung (3.8).

Wir bemerken noch folgendes: Die Existenz von $\varkappa - m$ linear unabhängigen Lösungen der Gleichung (3.3), die zu jedem Raum $e^{-ht}\tilde{E}$ gehören, folgt auch aus der Gleichung $\varkappa = \varkappa_{-h} + m$, wobei $\varkappa_{-h}$ der Index der Gleichung (3.3) im Raum $e^{-ht}\tilde{E}$ ist (s. Gleichung (1.6)), sowie daraus, daß im Fall $\varkappa_{-h} \geqq 0$ die Gleichung (3.3) im Raum $e^{-ht}\tilde{E}$ genau $\varkappa_{-h}$ linear unabhängige Lösungen hat.

Wir kommen zum Fall $\varkappa < m$. Dazu schreiben wir die Gleichung (3.12), die die allgemeine Lösung der Aufgabe (3.5) angibt, in der Form

$$\Phi_+(\lambda + i h) = \frac{P_{\varkappa-1}\, G(\lambda + i h)}{\prod\limits_{j=1}^{\tau} (\alpha + i h - \alpha_j)^{p_j} (\lambda + a)^{\varkappa - q}}, \tag{3.16}$$

wobei $q = p_1 + p_2 + \cdots + p_\tau$ ist und die im Gebiet $\operatorname{Im}\lambda > h$ holomorphe Funktion

$$G(\lambda) = \frac{\prod\limits_{j=1}^{\tau} (\lambda - \alpha_j)^{p_j}}{G_+(\lambda)\,(\lambda + a - i h)^q}$$

auf Grund der ersten der Gleichungen (3.2) eine Fortsetzung gestattet, die im Gebiet $\operatorname{Im}\lambda > -h$ holomorph ist, mit Ausnahme der Punkte α_j ($j = \tau + 1, \ldots, n$), wo sie Pole der Ordnung p_j hat. Durch Abtrennung der Summe der Hauptteile der Funktion $G(\lambda)$ bezüglich ihrer Pole α_j ($j = \tau + 1, \ldots, n$) erhält man leicht, daß

$$G(\lambda) - \sum_{j=\tau+1}^{n} \frac{d_j(\lambda)}{(\lambda - \alpha_j)^{p_j}} = 1 + \int_0^\infty \varrho(t)\, e^{i\lambda t}\, dt$$

gilt, wobei $\varrho(t) \in e^{-ht} L_1(0, \infty)$ ist und $d_j(\lambda)$ ($j = \tau + 1, \ldots, n$) Polynome vom Grade $\leqq p_j - 1$ sind. Die Summe der Hauptteile der Funktion $G(\lambda)$ läßt sich für $\operatorname{Im}\lambda > \operatorname{Im}\alpha_{\tau+1}$ in der Form

$$\sum_{j=\tau+1}^{n} \frac{d_j(\lambda)}{(\lambda - \alpha_j)^{p_j}} = \int_0^\infty \omega(t)\, e^{i\lambda t}\, dt \qquad (\operatorname{Im}\lambda > \operatorname{Im}\alpha_{\tau+1})$$

darstellen, wobei

$$\omega(t) = \sum_{j=\tau+1}^{n} e^{-i\alpha_j t}\, Q_j(t)$$

ist und $Q_j(t)$ Polynome mit den exakten Graden $p_j - 1$ ($j = \tau + 1, \ldots, n$) sind.

Somit gilt

$$G(\lambda) = 1 + \int_0^\infty \gamma(t)\, e^{i\lambda t}\, dt \qquad (\operatorname{Im}\lambda > \operatorname{Im}\alpha_{\tau+1}),$$

wobei $\gamma(t) = \varrho(t) + \omega(t) \in e^{ct} L_1(0, \infty)$ ist ($\operatorname{Im}\alpha_{\tau+1} < c < \operatorname{Im}\alpha_\tau$).

Wegen Gleichung (3.16) bilden die Funktionen

$$\Phi_+^{(j,k)}(\lambda + i h) = \frac{-(-i)^k\, G(\lambda + i h)}{(\lambda + i h - \alpha_j)^k} \tag{3.17}$$

$$(j = 1, 2, \ldots, \tau;\; k = 1, 2, \ldots, p_j)$$

und

$$\Phi_{+}^{(r)}(\lambda + i\,h) = \frac{-(-i)^r\, G(\lambda + i\,h)}{(\lambda + a)^r} \tag{3.18}$$

$$(r = 1, 2, \ldots, \varkappa - q)$$

eine Basis für alle Lösungen der Aufgabe (3.5)

Indem wir auf die Funktionen (3.17) die Formel (3.11) anwenden, erhalten wir, daß zu jeder oberen Nullstelle $\alpha = \alpha_j$ ($j = 1, 2, \ldots, \tau$) die folgenden $p = p_j$ Lösungen der Gleichung (3.3) gehören

$$\varphi_k(t) = \frac{t^k e^{-i\alpha t}}{k!} + \frac{1}{k!}\int_0^t (t-s)^k e^{-i\alpha(t-s)}\,\gamma(s)\,ds =$$

$$= \left[\frac{t^k e^{-i\alpha t}}{k!} + \frac{1}{k!}\int_0^\infty (t-s)^k e^{-i\alpha(t-s)}\,\gamma(s)\,ds\right] -$$

$$-\frac{1}{k!}\int_t^\infty (t-s)^k e^{-i\alpha(t-s)}\,\omega(s)\,ds - \frac{1}{k!}\int_t^\infty (t-s)^k e^{-i\alpha(t-s)}\varrho(s)\,ds$$

$$(t > 0;\ k = 0, 1, \ldots, p-1)\,.$$

Wie oben gezeigt wurde, ist der in eckigen Klammern stehende Ausdruck gleich

$$e^{-i\alpha t}\sum_{j=0}^{k}\frac{(-i)^j\, t^{k-j}}{j!\,(k-j)!}\,G^{(j)}(\alpha)\,.$$

Das letzte Integral in dem Ausdruck für $\varphi_k(t)$ ist wegen Gleichung (3.7) von der Ordnung $o(e^{-ht})$ für $t \to \infty$, und das vorletzte Integral ist, wie man leicht sieht, eine Funktion des gleichen Typs wie $\omega(t)$. Somit erhalten wir die Entwicklung (3.10).

Den Funktionen (3.18) entsprechen auf Grund der Gleichung (3.11) $\varkappa - q$ linear unabhängige Lösungen der Gleichung (3.3) der Form

$$\varphi(t) = \frac{t^r e^{-i\beta t}}{r!} + \frac{1}{r!}\int_0^t (t-s)^r e^{-i\beta(t-s)}\,\varrho(s)\,ds + \frac{1}{r!}\int_0^t (t-s)^r e^{-i\beta(t-s)}\,\omega(s)\,ds$$

$$(t > 0)\,,$$

wobei $\beta = -a + i\,h$ ist ($\operatorname{Im}\beta < -h$). Die Summe der ersten beiden Glieder haben wir bereits abgeschätzt. Sie ist von der Ordnung $o(e^{-ht})$ $(t \to \infty)$. Das letzte Integral ist, wie man leicht sieht, gleich

$$\sum_{j=\tau+1}^{n} P_j(t)\, e^{-i\alpha_j t} + o(e^{-ht}) \qquad (t \to \infty)\,,$$

wobei $P_j(t)$ ($j = \tau + 1, \ldots, n$) Polynome von einem Grad $\leqq p_j - 1$ sind.

Damit ist das Theorem bewiesen.

Analoge asymptotische Entwicklungen gelten für $t \to -\infty$. Sie werden durch die Nullstellen der Funktion $1 - K_2(\lambda)$ definiert.

§ 4. Wiener-Hopfsche Gleichungssysteme

Die Resultate dieses Paragraphen sind Präzisierungen der asymptotischen Entwicklungen (2.13) für die Lösungen des homogenen Wiener-Hopfschen Gleichungssystems

$$\varphi(t) - \int_0^\infty k(t-s)\,\varphi(s)\,ds = 0 \qquad (0 < t < \infty)\,, \tag{4.1}$$

wobei die Matrixfunktion $k(t)$ zu $e^{-h|t|}\,\tilde{L}_{n\times n}$ gehört und ihre Fourier-Transformierte $K(\lambda)$ den Bedingungen

$$\det\bigl(I - K(\lambda \pm i\,h)\bigr) \neq 0 \qquad (-\infty < \lambda < \infty) \tag{4.2}$$

genügt.

Die Gleichung (4.1) wird im Raum $e^{ht}\,E_n$ betrachtet.

1. Aus den Theoremen 2.4 und 6.1, Kapitel VIII, folgt leicht, daß, wenn die Bedingungen (4.2) erfüllt sind, die Matrixfunktion $I - K(\lambda + i\,h)$ die Faktorisierung

$$I - K(\lambda + i\,h) = G_-(\lambda)\left\|\left(\frac{\lambda - a}{\lambda + a}\right)^{\varkappa_j}\delta_{jk}\right\|_1^n G_+(\lambda) \qquad (-\infty < \lambda < \infty) \tag{4.3}$$

gestattet, wobei $\operatorname{Im} a > 2\,h$ ist, $\varkappa_1 \geqq \varkappa_2 \geqq \cdots \geqq \varkappa_n$ gewisse ganze Zahlen sind, die als *rechte Indizes* der Matrixfunktion $I - K(\lambda + i\,h)$ bezeichnet werden, während $G_\pm(\lambda)$ gewisse in der oberen bzw. unteren Halbebene holomorph und bis zum Rand hin stetige Funktionen sind, deren Determinanten in den entsprechenden Halbebenen nicht verschwinden. Dabei gilt

$$G_\pm(\lambda) = I + \int_0^\infty g_\pm(\pm\,t)\,e^{\pm i\lambda t}\,dt\,,$$

wobei die Matrixfunktionen $g_\pm(t)$ zu $L_{n\times n}$ gehören, und die Gleichung (4.1) hat in allen Räumen $e^{ht}\,E_n$ dieselben Lösungen, welche eine lineare Menge der endlichen Dimension

$$\sigma = -(\varkappa_\beta + \varkappa_{\beta+1} + \cdots + \varkappa_n)$$

bilden, wobei $\varkappa_j (j = \beta, \beta + 1, \ldots, n)$ alle negativen rechten Indizes sind.

Wir führen die folgenden Bezeichnungen ein: Es seien $\alpha_j (j = 1, 2, \ldots, r)$ alle voneinander verschiedenen Nullstellen der Funktion $\det\bigl(I - K(\lambda)\bigr)$ im Streifen $|\operatorname{Im}\lambda| < h$, und zwar so durchnumeriert, daß $\operatorname{Im}\alpha_1 \geqq \operatorname{Im}\alpha_2 \geqq \cdots \geqq \operatorname{Im}\alpha_r$ gilt; p_j seien ihre Vielfachheiten und $m = p_1 + p_2 + \cdots + p_r$. Gilt für einen gewissen rechten Index $\varkappa_j\ (< 0)$ die Ungleichung $m > -\varkappa_j$, so bezeichnen wir mit τ_j die größte ganze Zahl, für die

$$p_1 + p_2 + \cdots + p_\tau \leqq -\varkappa_j \quad \text{und} \quad \operatorname{Im}\alpha_{\tau_j} > \operatorname{Im}\alpha_{\tau_j+1}$$

gilt.

Theorem 4.1. *Es seien für die Matrixfunktion* $k(t)$ *aus* $e^{-h|t|}\tilde{L}_{n\times n}$ *die Bedingungen* (4.2) *erfüllt und* $\varkappa_\beta, \varkappa_{\beta+1}, \ldots, \varkappa_n$ *alle negativen rechten Indizes der Matrixfunktion* $I - K(\lambda + ih)$. *Dann kann man den Raum aller Lösungen* $\varphi(t) \in e^{ht}E_n$ *der Gleichung* (4.1) *in eine direkte Summe von Unterräumen* R_j $(j = \beta, \beta + 1, \ldots, n)$ *mit Basiselementen*

$$\varphi_1^{(j)}(t),\ \varphi_2^{(j)}(t), \ldots, \varphi_{-\varkappa_j}^{(j)}(t) \tag{4.4}$$

folgender Struktur zerlegen:

a) *Für* $-\varkappa_j \geqq m$ *gestatten die ersten* m *Vektorfunktionen der Basis* (4.4) *die folgende asymptotische Entwicklung für* $t \to \infty$:

$$\{e^{-i\alpha_\nu t} P_{\nu\mu l}^{(j)}\}_{l=1}^{n} + o(e^{-ht}) \qquad (\nu = 1, 2, \ldots, r;\ \mu = 1, 2, \ldots, p_\nu), \tag{4.5}$$

wobei $P_{\nu\mu l}^{(j)}(t)$ *gewisse Polynome vom Grade* $\leqq \mu - 1$ *sind und die Vektorfunktionen* $\varphi_{m+1}^{(j)}(t), \ldots, \varphi_{-\varkappa_j}^{(j)}(t)$ *zu jedem Raum* $e^{-ht}E_n$ *gehören.*

b) *Für* $-\varkappa_j < m$ *gestatten die ersten* $q_j = p_1 + p_2 + \cdots + p_{\tau_j}$ *Vektorfunktionen der Basis* (4.4) *die folgenden asymptotischen Entwicklungen für* $t \to \infty$:

$$\left\{e^{-i\alpha_\nu t} P_{\nu\mu l}^{(j)}(t) + \sum_{s=\tau_j+1}^{r} e^{-i\alpha_s t} P_{\nu\mu s l}^{(j)}(t)\right\}_{l=1}^{n} + o(e^{-ht}) \tag{4.6}$$

$$(\nu = 1, 2, \ldots, \tau_j;\ \mu = 1, 2, \ldots, p_\nu),$$

wobei $P_{\nu\mu}^{(j)}(t)$ *gewisse Polynome vom Grade* $\leqq \mu - 1$ *und* $P_{\nu\mu s l}^{(j)}(t)$ *Polynome vom Grade* $\leqq p_s - 1$ $(s = \tau_j + 1, \ldots, r)$ *sind, während die Vektorfunktionen* $\varphi_{q_j+1}^{(j)}(t), \ldots, \varphi_{-\varkappa_j}^{(j)}(t)$ *für* $t \to \infty$ *asymptotische Entwicklungen der Form*

$$\left\{\sum_{s=\tau_j+1}^{r} e^{-i\alpha_s t} P_{sl}^{(j)}(t)\right\}_{l=1}^{n} + o(e^{-ht}) \tag{4.7}$$

gestatten, wobei $P_{sl}^{(j)}(t)$ *Polynome vom Grade* $\leqq p_s - 1$ $(s = \tau_j + 1, \ldots, r)$ *sind.*

Beweis. Die Gleichung (4.1) ist, im Raum $e^{ht}L_n$ betrachtet, der Hilbertschen Randwertaufgabe

$$[I - K(\lambda + ih)]\,\Phi_+(\lambda + ih) = B_-(\lambda + ih) \qquad (-\infty < \lambda < \infty) \tag{4.8}$$

äquivalent, wobei

$$\left.\begin{aligned} \Phi_+(\lambda + ih) &= \int_0^\infty \varphi(t)\, e^{-ht} e^{i\lambda t}\, dt, \qquad B_-(\lambda + ih) = \int_{-\infty}^{0} b(t)\, e^{-ht} e^{i\lambda t}\, dt,\\ b(t) &= -\int_0^\infty k(t - s)\, \varphi(s)\, ds \qquad (-\infty < t < 0) \end{aligned}\right\} \tag{4.9}$$

gilt.

Die Vektorfunktionen $\Phi_+(\lambda)$ und $B_-(\lambda)$ sind holomorph und bis zum Rand hin stetig in die Halbebene $\operatorname{Im}\lambda > h$ bzw. $\operatorname{Im}\lambda < h$ fortsetzbar.

Die allgemeine Lösung der Aufgabe (4.8) wird auf Grund der Faktorisierung (4.3) durch die Gleichung

$$\Phi_+(\lambda + ih) = G_+^{-1}(\lambda)\left\{0, \ldots, \frac{P_{-\varkappa_\beta - 1}(\lambda)}{(\lambda + a)^{-\varkappa_\beta}}, \ldots, \frac{P_{-\varkappa_n - 1}(\lambda)}{(\lambda + a)^{-\varkappa_n}}\right\}$$

gegeben, wobei $P_{-\varkappa_j-1}(\lambda)$ ein beliebiges Polynom von einem Grad $\leqq -\varkappa_j - 1$ ist ($j = \beta, \beta + 1, \ldots, n$). Dabei entsprechen jedem rechten Index $\varkappa_j < 0$ die durch die Gleichung

$$\Phi_+^{(j)}(\lambda + i h) = G_+^{-1}(\lambda)\left\{0, \ldots, \frac{P_{-\varkappa_j-1}(\lambda)}{(\lambda + a)^{-\varkappa_j}}, 0, \ldots, 0\right\} \tag{4.10}$$

gegebenen $-\varkappa_j$ linear unabhängigen Lösungen der Aufgabe (4.8). Im Fall $-\varkappa_j \geqq m$ schreiben wir die letzte Gleichung in die Form

$$\Phi_+^{(j)}(\lambda + i h) = G(\lambda + i h)\left\{0, \ldots, \frac{P_{-\varkappa_j-1}(\lambda)}{\prod\limits_{s=1}^{r}(\lambda + i h - \alpha_s)^{p_s}(\lambda + a)^{-\varkappa_j-m}}, 0, \ldots, 0\right\} \tag{4.11}$$

um, wobei die im Gebiet $\operatorname{Im}\lambda > h$ holomorphe Matrixfunktion

$$G(\lambda) = G_+^{-1}(\lambda - i h)\frac{\prod\limits_{s=1}^{r}(\lambda - \alpha_s)^{p_s}}{(\lambda - i h + a)^m}$$

auf Grund der Gleichung (4.3) eine holomorphe Fortsetzung in das Gebiet $\operatorname{Im}\lambda > -h$ gestattet. Hieraus erhält man leicht, daß sie in der Form

$$G(\lambda) = I + \int_0^\infty \gamma(t)\, e^{i\lambda t}\, dt$$

darstellbar ist, wobei $\gamma(t) \in e^{-ht} L_{n\times n}$ ist.

Auf Grund der Gleichung (4.11) bilden die Vektorfunktionen

$$\left.\begin{aligned} &\Phi_+^{(j\nu\mu)}(\lambda + i h) = G(\lambda + i h)\left\{0, \ldots, \frac{1}{(\lambda + i h - \alpha_\nu)^\mu}, 0, \ldots, 0\right\} \\ &\qquad (\nu = 1, 2, \ldots, r;\ \mu = 1, 2, \ldots, p_\nu), \\ &\Phi_+^{(j\nu)}(\lambda + i h) = G(\lambda + i h)\left\{0, \ldots, \frac{1}{(\lambda + a)^\nu}, 0, \ldots, 0\right\} \\ &\qquad (\nu = 1, 2, \ldots, -\varkappa_j - m) \end{aligned}\right\} \tag{4.12}$$

eine Basis des Raumes der zum rechten Index $\varkappa_j$ gehörigen Lösungen der Aufgabe (4.8)

Aus den Vektorfunktionen $\Phi_+^{(j\nu\mu)}(\lambda + i h)$ bestimmen wir mit Hilfe der ersten der Gleichungen (4.9) Vektorfunktionen $\varphi_{\nu\mu}^{(j)}(t)$, die Lösungen der Gleichung (4.1) sind. Jede Koordinate der Vektorfunktion $\varphi_{\nu\mu}^{(j)}(t)$ hat die Form

$$f(t) = c\, t^{\mu-1} e^{-i\alpha_\nu t} + \int_0^t (t - s)^{\mu-1} e^{-i\alpha_\nu(t-s)} a(s)\, ds\,,$$

wobei c eine Zahl und $a(t) \in e^{-ht} L$ eine von j, ν, μ und dem Koordinatenindex abhängige Funktion ist. Man sieht leicht, daß

$$f(t) = e^{-i\alpha_\nu t} P(t) + \int_t^\infty (t-s)^{\mu-1} e^{-i\alpha_\nu(t-s)} a(s)\, ds$$

gilt, wobei $P(t)$ ein Polynom von einem Grad $\leqq \mu - 1$ ist. Auf Grund der Gleichung (3.7) ist das letzte Integral von der Ordnung $o(e^{-ht})$ für $t \to \infty$.

Somit gestatten die Vektorfunktionen $\varphi_{\nu,\mu}^{(j)}(t)$ asymptotische Entwicklungen (4.5).

Aus den Vektorfunktionen $\Phi_+^{(j\nu)}$ gewinnen wir $-\varkappa_j - m$ linear unabhängige Lösungen der Gleichung (4.1). Durch analoge Überlegungen erhält man ohne Mühe, daß diese Lösungen zu jedem Raum $e^{-ht}E_n$ gehören.

Wir kommen zum Fall $-\varkappa_j < m$. Dazu schreiben wir die Gleichung (4.10) in der Form

$$\Phi_+^{(j)}(\lambda + ih) = G_j(\lambda + ih)\left\{0, \ldots, \frac{P_{-\varkappa_j-1}(\lambda)}{\prod\limits_{s=1}^{\tau_j}(\lambda + ih - \alpha_s)^{p_s}(\lambda + a)^{-\varkappa_j - q_j}}, 0, \ldots, 0\right\}, \tag{4.13}$$

wobei die im Gebiet $\operatorname{Im}\lambda > h$ holomorphe Matrixfunktion

$$G_j(\lambda) = G_+^{-1}(\lambda - ih)\frac{\prod\limits_{s=1}^{\tau_j}(\lambda - \alpha_s)^{p_s}}{(\lambda - ih + a)^{q_j}}$$

auf Grund der Gleichung (4.3) eine holomorphe Fortsetzung in das Gebiet $\operatorname{Im}\lambda > -h$ gestattet, mit Ausnahme der Punkte α_s $(s = \tau_j + 1, \ldots, r)$, wo sie Pole einer Ordnung $\leqq p_s$ hat. Durch Abtrennung der Summe der zu den Polen α_s $(s = \tau_j + 1, \ldots, r)$ gehörigen Hauptteile der Matrixfunktion $G_j(\lambda)$ erhält man leicht, daß sie für $\operatorname{Im}\lambda > \operatorname{Im}\alpha_{\tau_j+1}$ in der Form

$$G_j(\lambda) = I + \int_0^\infty \gamma_j(t)\, e^{i\lambda t}\, dt \qquad (\operatorname{Im}\lambda > \operatorname{Im}\alpha_{\tau_j+1})$$

darstellbar ist, wobei $\gamma_j(t) = \varrho_j(t) + \omega_j(t)$ und $\varrho_j(t) \in e^{-ht} L_{n\times n}$ ist, während $\omega_j(t)$ eine Matrixfunktion ist, deren Elemente die Form

$$\sum_{s=\tau_j+1}^{r} e^{-i\alpha_s t}\, Q_s(t)$$

haben, wobei $Q_s(t)$ Polynome vom Grade $\leqq p_s - 1$ sind.

Wegen Gleichung (4.13) bilden die Vektorfunktionen

$$\Phi_+^{(j\nu\mu)}(\lambda + ih) = G_j(\lambda + ih)\left\{0, \ldots, \frac{1}{(\lambda + ih - \alpha_\nu)^\mu}, 0, \ldots, 0\right\}$$

$$(\nu = 1, 2, \ldots, \tau_j,\ \mu = 1, 2, \ldots, p_\nu)$$

und

$$\Phi_{+}^{(j\nu)}(\lambda + i h) = G_j(\lambda + i h)\left\{0, \ldots, \frac{1}{(\lambda + a)^{\nu}}, 0, \ldots, 0\right\}$$

$$(\nu = 1, 2, \ldots, -\varkappa_j - q_j)$$

eine Basis in dem zum rechten Index $\varkappa_j$ gehörigen Lösungsraum der Randwertaufgabe (4.8).

Unter Benutzung der im vorangegangenen Paragraphen erhaltenen Abschätzungen zeigt man leicht, daß die durch die Vektorfunktionen $\Phi_{+}^{(j\nu\mu)}(\lambda + i h)$ und $\Phi_{+}^{(j\nu)}(\lambda + i h)$ definierten Lösungen der Gleichung (4.1) die asymptotischen Entwicklungen (4.6) und (4.7) gestatten.

Zur Vervollständigung des Beweises des Theorems bemerken wir, daß zu verschiedenen rechten Indizes gehörige Lösungen der Gleichung (4.1) linear unabhängig sind.

BEMERKUNGEN UND LITERATURHINWEISE

Zu Kapitel I

In diesem Kapitel werden in der Hauptsache Ergebnisse von I. Z. Gochberg [1, 2, 3] dargelegt. Die Darstellung folgt der Arbeit [3] von I. Z. Gochberg. Die abstrakten Ergebnisse werden in etwas geringerem Umfang als in der zitierten Arbeit mitgeteilt, sie werden jedoch ausführlicher behandelt und durch einige neuere Ergebnisse ergänzt.

§ 1. Die Sätze 5°—8° wurden gemeinsam mit F. W. Schirokow bewiesen.

§ 4. Die Ergebnisse dieses Paragraphen werden erstmalig veröffentlicht.

§ 5. Das Theorem 5.1 verallgemeinert im hinreichenden Teil einen bekannten Satz von M. G. Krein [4] über die Faktorisierung von Funktionen, die eine Entwicklung in eine absolut konvergente Fourier-Reihe gestatten. Der hier gegebene Beweis ist einfacher als der in der zitierten Arbeit von M. G. Krein.

P. Masani [1] bewies als erster ein zum Lemma 5.1 analoges Lemma, der Beweis unterscheidet sich von dem hier gegebenen (siehe M. S. Budjanu und I. Z. Gochberg [1]). Dieser Beweis wurde von A. Cartan [1] in einem konkreten Fall bereits eher vorgeschlagen. Dem Lemma 5.1 verwandte Sätze sind in den Arbeiten von G. Baxter [1], G. F. Mandžawidze [1], G. F. Mandžawidze und B. W. Chwedelidze [1], I. B. Simonenko [2], F. W. Atkinson [1], I. Z. Gochberg und M. G. Krein ([5], Kapitel IV, § 4) sowie M. S. Budjanu und I. Z. Gochberg [1, 3] enthalten. Im Beweis folgen wir im wesentlichen dem Buch von I. Z. Gochberg und M. G. Krein [5], wo dieses Lemma in einem allgemeineren Zusammenhang angegeben wird.

§ 7. Die Ergebnisse dieses Paragraphen sind Verallgemeinerungen der Resultate von M. G. Krein [4], die sich auf Funktionen beziehen, die eine Entwicklung in eine absolut konvergente Fourier-Reihe gestatten.

Den Begriff des Symbols eines singulären Integraloperators führte erstmals S. G. Michlin [2] ein. Über den Zusammenhang zwischen dem in diesem Paragraphen eingeführten Symbol und dem Symbol eines singulären Integraloperators siehe die Bemerkungen zu § 6 von Kapitel V.

§ 8. Die Theoreme 8.1 und 8.3 wurden von M. G. Krein [4] bewiesen. Die Formel für die Resolvente $\gamma(t, s)$ am Ende des Paragraphen stammt ebenfalls von M. G. Krein [8]. Das Theorem 8.2 wurde von I. S. Tschebotaru [1] in einer etwas anderen Form erhalten.

Die Ergebnisse dieses Kapitels konnten auf den ausgearteten Fall erweitert werden, d. h. auf den Fall, wo das Symbol Nullstellen besitzt. Diesem Fragenkreis ist die Monographie von S. Prössdorf [1] gewidmet.

Zu Kapitel II

§ 1. Das Theorem 1.1 ist den Autoren von A. S. Markus mitgeteilt worden.

§ 2. Das Theorem 2.1 ist von N. I. Polskij [1] bewiesen worden.

§ 3. Das Theorem 3.1 wurde für den Fall, wo der gestörte Operator positiv-definit und die Projektoren $P_\tau = Q_\tau$ Orthoprojektoren sind, von S. G. Michlin [1] bewiesen.

§ 4. Das Theorem 4.1 stammt von A. S. Markus [1].

§ 5. Alle Ergebnisse dieses Paragraphen wurden von A. S. Markus [1] bewiesen. Das Theorem 5.1 ist eine Präzisierung eines Satzes von G. M. Wajnikko [1], wo bewiesen wurde, daß der Operator A von der Form (5.2) ist, wenn $A \in \Pi \{P_n, P_n\}$, wobei P_n ($n = 1, 2, \ldots$) eine beliebige Folge endlichdimensionaler Orthoprojektoren ist, die stark gegen den identischen Operator konvergiert. Der Beweis von Theorem 5.1 benutzt Methoden aus der oben zitierten Arbeit von G. M. WAJNIKKO.

§ 6. Das Theorem 6.2 wurde von A. S. MARKUS [1] bewiesen. Der Beweis beruht auf Theorem 6.1, das von A. BROWN und C. PEARCY [1] im Zusammenhang mit einer Aufgabe über Kommutatoren erhalten wurde.

Zu Kapitel III

§ 1. Die Resultate dieses Paragraphen stammen von den Autoren [1, 4].

§ 2. Die zweite Behauptung von Theorem 2.1 im Raum l_1 wurde unter der Voraussetzung, daß die Funktion $a(\zeta)$ eine Entwicklung in eine absolut konvergente FOURIER-Reihe gestattet, zum ersten Mal von G. BAXTER [2] bewiesen. Sein Beweis, der von unserem abweicht, wird in diesem Paragraphen angegeben.

Das Theorem 2.2 wurde für den Fall, wo die Funktion $a(\zeta)$ nichtnegativ und die Funktionen $a(\zeta)$, $\ln a(\zeta)$ absolut integrierbar sind, von G. SZEGÖ bewiesen. Unter der Voraussetzung, daß die Funktionen $a(\zeta)$, $\ln a(\zeta)$ einer WIENER-Algebra mit Gewicht angehören, ist es von G. BAXTER [2] bewiesen worden.

Kürzlich untersuchten I. Z. GOCHBERG und W. I. LEWTSCHENKO [1, 2] ein Projektionsverfahren zur Lösung diskreter WIENER-HOPF-Gleichungen, deren Symbol Nullstellen ganzzahliger Ordnung besitzt.

§ 3. Die zweite Behauptung von Theorem 3.1 im Raum L_1 wurde von I. S. TSCHEBOTARU [1] bewiesen.

Die zweite Behauptung von Theorem 3.2 sowie die Bemerkung über das GALERKINsche Verfahren im Fall eines von Null verschiedenen Index wurde von W. W. IWANOW und E. A. KARAGODOWA [1] aufgestellt (siehe auch W. W. IVANOW [2]).

§ 4. Eine Weiterentwicklung der Theorie mehrdimensionaler WIENER-HOPF-Gleichungen findet sich in den Arbeiten von I. B. SIMONENKO [4, 5].

§ 5. Das angegebene Verfahren zur Berechnung des Index stammt von V. L. ZAGUSKIN und A. W. CHARITONOW [1].

Hier ist auch ein direktes Verfahren von SCHUR-KOHN zur Bestimmung des Index eines Polynoms bezüglich der Kreislinie zu erwähnen; es findet sich in der Arbeit von N. N. MEJMAN [1] (siehe auch M. G. KREIN und M. A. NEUMARK [1]).

§ 6. Das Theorem 6.1 wurde in anderer Form unter der zusätzlichen Voraussetzung, daß die Polynome

$$x(\zeta) = \sum_{j=0}^{n} x_j \zeta^j, \qquad y(\zeta) = \sum_{j=0}^{n} y_{-j} \zeta^j$$

im Einheitskreis $|\zeta| \leqq 1$ nicht verschwinden, von G. BAXTER und I. HIRSCHMAN [1] erhalten (siehe auch die Arbeit von M. SHINBROT [1]). Die Formel (6.3) stellte A. A. SEMENZUL [1, 2] unter den gleichen Voraussetzungen auf. Von diesem Autor stammt auch ein durchsichtigerer Beweis des Satzes von G. BAXTER und I. HIRSCHMAN. Dieser Beweis, der den Übergang zu unendlichdimensionalen diskreten WIENER-HOPF-Gleichungen benutzt, ist in der russischen Ausgabe dieses Buches angegeben.

Die Ergebnisse dieses Paragraphen sind in der Arbeit von I. Z. GOCHBERG und A. A. SEMENZUL [1] veröffentlicht.

Die Determinante der Matrix $\mathfrak{P}$ in der Formulierung des Theorems 6.3 ist die Resultante der Polynome $y(\zeta) = y_0 \zeta^n + y_{-1} \zeta^{n-1} + \cdots + y_{-n}$, $x(\zeta) = x_n \zeta^n + x_{n-1} \zeta^{n-1} + \cdots + x_0$, so daß die Forderung der Nichtsingularität der Matrix $\mathfrak{B}$ durch die Forderung ersetzt werden kann, daß die beiden Polynome $x(\zeta)$ und $y(\zeta)$ keine gemeinsamen Nullstellen besitzen.

Für eine hermitesche TOEPLITZ-Matrix $\mathfrak{A}_n$ ist die letzte Bedingung äquivalent damit, daß das Polynom $y(\zeta)$ keine Nullstellen auf der Einheitskreislinie besitzt und kein solches Paar von Nullstellen dieses Polynoms existiert, das gespiegelt am Einheitskreis liegt. Fü hermitesche TOEPLITZ-Matrizen $\mathfrak{A}_n$ wurde das Theorem 6.3 in dieser Formulierung auf an dere Weise von M. G. KREIN [5] bewiesen.

§ 7. Die Ergebnisse dieses Paragraphen wurden von I. Z. GOCHBERG und N. J. KRUPNIK [7] erhalten.

Ein Vergleich der Ergebnisse des Paragraphen 6 mit denen des Paragraphen 7 führt in natürlicher Weise auf folgende Frage: Gibt es für jede reguläre TOEPLITZ-Matrix $\mathfrak{A}_n = ||a_{j-k}||_{j,k=0}^n$ Zahlen ν und μ $(0 \leqq \nu < \mu \leqq n)$ derart, daß die Matrix $\mathfrak{A}_n^{-1}$ eindeutig bestimmt ist durch die Lösungen $s_0, s_1, \ldots, s_n$ und $t_1, t_2, \ldots, t_n$ der Gleichungen

$$\sum_{k=0}^{n} a_{j-k}\, x_k = \delta_{j\nu}\,,\ \sum_{k=0}^{n} a_{j-k}\, z_k = \delta_{j\mu}\,[j = 0, 1, \ldots, n]\,?$$

Eine positive Antwort auf diese Frage hätte die Folge, daß sich die Zahlen a_j $(j = 0, \pm 1, \ldots, \pm n)$ aus den beiden Gleichungssystemen

$$\sum_{k=0}^{n} a_{j-k}\, s_k = \delta_{j\nu}\,,\quad \sum_{k=0}^{n} a_{j-k}\, t_k = \delta_{j\mu} \qquad (j = 0, 1, \ldots, n) \tag{*}$$

eindeutig bestimmen lassen.

Am Beispiel der Matrix

$$\mathfrak{A}_3 = \begin{Vmatrix} 0 & 0 & 1 & 1 \\ 0 & 0 & 0 & 1 \\ 1 & 0 & 0 & 0 \\ 1 & 1 & 0 & 0 \end{Vmatrix}$$

kann man sich davon überzeugen, daß das letztere nicht der Fall ist, d. h., für beliebige Zahlen ν und μ $(0 \leqq \nu < \mu \leqq 3)$ lassen sich die Zahlen a_j $(j = 0, \pm 1, \pm 2, \pm 3)$ nicht eindeutig aus den Gleichungen (*) bestimmen.

§ 8. Man kann das Theorem 8.1 in einer etwas anderen Form unter zusätzlichen Voraussetzungen aus den abstrakten Ergebnissen von I. HIRSCHMAN [1, 2] ableiten. Unter diesen zusätzlichen Voraussetzungen hat A. A. SEMENZUL [1] die Formel (8.4) hergeleitet. Sein Beweis dieses Theorems, der auf dem Übergang zu WIENER-HOPF-Gleichungen beruht, ist in der russischen Ausgabe dieses Buches enthalten.

Die Ergebnisse des § 8 sind in der Arbeit [1] von I. Z. GOCHBERG und A. A. SEMENZUL enthalten. Das Theorem 8.2 wurde in anderer Form für hermitesche Kerne von M. G. KREIN bewiesen.

Die Ergebnisse der §§ 6, 8 besitzen einige Berührungspunkte mit den fundamentalen Untersuchungen von M. G. KREIN [1—3] zur Theorie der inversen Aufgaben der Spektralanalysis von Differentialgleichungen (siehe auch I. Z. GOCHBERG und M. G. KREIN [5]). Leider konnte dieser Zusammenhang in unseren Darlegungen keine Berücksichtigung finden.

Zu Kapitel IV

Die grundlegenden Ergebnisse dieses Kapitels werden erstmalig mit ausführlichen Beweisen veröffentlicht.

§ 1. Das Lemma 1.2 ist ein Spezialfall eines Satzes von I. B. SIMONENKO [2].

§ 2. Die Ergebnisse dieses Paragraphen sind in der Arbeit [4] von I. Z. GOCHBERG formuliert. Zum Teil folgen sie auch aus den Ergebnissen der Arbeit von H. WIDOM [1]. Das Theorem 2.1 gilt nur im Raum l_2, in anderen Räumen verliert es seine Gültigkeit. Dazu siehe die Arbeit von I. Z. GOCHBERG und N. J. KRUPNIK [2]. Kürzlich verallgemeinerte R. V. DUDUTSCHAVA [1] die Ergebnisse dieses Paragraphen für Operatoren, die im Raum l_p $(1 < p < \infty)$ durch TOEPLITZ-Matrizen $||a_{j-k}||_{j,k=0}^{\infty}$ erzeugt werden, wobei die a_j $(j = 0, \pm 1, \ldots)$ FOURIER-Koeffizienten von stückweise WIENERSC!.en Funktionen sind.

§ 4. Die Ergebnisse dieses Paragraphen stammen von I. Z. Gochberg [4]. Sie sind ebenfalls noch nicht auf andere Räume übertragen worden.

§ 5. Das Theorem 5.1 ist ein Spezialfall eines Satzes von I. B. Simonenko [2]. Die Theoreme 5.2 und 5.3 wurden von I. Z. Gochberg bewiesen [4].

Die Funktionenklasse M_R ist in der Arbeit von I. B. Simonenko [2] eingeführt worden. Dort ist eine andere äquivalente Definition dieser Klasse gegeben. Wir führen sie hier an.

Eine meßbare Funktion $f(\zeta)$ gehört der Klasse M_R an, wenn sie folgenden beiden Bedingungen genügt:

a) $\inf\limits_{|\zeta|=1} \operatorname{ess} |f(\zeta)| > 0$ und $\sup\limits_{|\zeta|=1} \operatorname{ess} |f(\zeta)| < \infty$,

b) es existiert eine solche Überdeckung der Kreislinie $|\zeta| = 1$ durch offene Bögen, so daß die Werte der Funktion f auf jedem dieser Bögen innerhalb eines gewissen Sektors mit einem Öffnungswinkel kleiner als π und dem Scheitelpunkt in $\zeta = 0$ liegen.

Zu Kapitel V

Die Darlegung in diesem Kapitel folgt der Arbeit [3] von I. Z. Gochberg. Zunächst werden allgemeine Sätze für gewisse Klassen paariger Operatoren in abstrakter Form aufgestellt, um anschließend daraus die grundlegenden Sätze über verschiedene konkrete paarige Systeme und den dazu transponierten abzuleiten.

Im Unterschied zur Arbeit von I. Z. Gochberg [3] wird hier ein einfacher Zusammenhang zwischen paarigen Gleichungen und den entsprechenden Gleichungen aus dem ersten Kapitel benutzt. Dieser Zusammenhang vereinfacht die Beweise der Notwendigkeit der Bedingungen in den Hauptsätzen wesentlich.

§ 1. Die Ergebnisse dieses Paragraphen werden erstmals veröffentlicht.

§ 2. Das Theorem 2.1 wurde von I. Z. Gochberg [3] bewiesen.

§ 3. Das Theorem 3.1 wurde von I. Z. Gochberg [3] erhalten. Es ist eine Verallgemeinerung früherer Resultate von I. Z. Gochberg und M. G. Krein [3].

§ 4. Das Theorem 4.1 stammt von I. Z. Gochberg und M. G. Krein [3].

§ 5. Das Theorem 5.2 wurde von I. Z. Gochberg und N. J. Krupnik [1] bewiesen. Eine Verallgemeinerung dieses Theorems findet sich in den Arbeiten [2, 3] der gleichen Autoren.

§ 6. Aus den Ergebnissen des § 2 können die bekannten Sätze über singuläre Integralgleichungen (siehe N. I. Muschelischwili [1], S. G. Michlin [2]) abgeleitet werden. Das Theorem 6.1 wurde von I. Z. Gochberg [3], I. B. Simonenko [1] und B. W. Chwedelidze [1, 2] bewiesen. Das Theorem 6.2 stammt von I. Z. Gochberg und N. J. Krupnik [1].

Die hier angegebene Definition des Symbols stammt von S. G. Michlin [2]. In natürlicher Weise erhält man daraus, daß das Symbol des Operators $P\, c(\zeta)\, P \mid H_p$ die Funktion $c(\zeta)$ ist. Das entspricht der Definition des Symbols eines Wiener-Hopf-Operators.

Die Ergebnisse dieses Kapitels sind auf den Fall eines ausgearteten Symbols erweitert worden (siehe S. Prössdorf [1]).

Zu Kapitel VI

Die grundlegenden Ergebnisse des Kapitels stammen von den Autoren [1, 3].

§ 2. Die letzten Behauptungen in den Theoremen 2.1 und 2.4 sowie die Theoreme 2.2 und 2.3 wurden unter gewissen zusätzlichen Einschränkungen von I. Z. Gochberg und W. G. Tscheban [1] bewiesen. Wir bemerken, daß die Bedingungen für die Anwendbarkeit der untersuchten Projektionsverfahren für den Fall stückweise stetiger Funktionen $a(\zeta)$ und $b(\zeta)$ noch nicht bekannt sind.

§ 4. Das Theorem 4.1 wurde in seinem hinreichenden Teil unter gewissen zusätzlichen Einschränkungen erstmals von W. W. Iwanow [1, 2] bewiesen.

Zu Kapitel VII

In diesem Kapitel werden Ergebnisse der Autoren [5, 6] dargelegt.

§ 6. Die Frage nach den Bedingungen für die Anwendbarkeit eines Projektionsverfahrens auf paarige Integro-Differenzengleichungen und die zu ihnen transponierten bleibt offen.

Zu Kapitel VIII

§ 1. Die Ergebnisse dieses Paragraphen verallgemeinern einige Resultate von I. C Gochberg und M. G. Krein [2].

§ 2. Das Theorem 2.1 stammt von I. Z. Gochberg [2, 3] (seine Verallgemeinerung finde sich in den Arbeiten von I. Z. Gochberg und M. S. Budjanu [3, 4]). Dieses Theorem istt eine Verallgemeinerung der Theoreme 2.2 und 2.4, die bereits früher von I. Z. Gochberg und M. G. Krein [2] erhalten wurden.

§ 3. Das Theorem 3.1 wurde in anderer Form von B. W. Chwedelidze und G. F. Mandžawidze [1] sowie von I. B. Simonenko [1, 3] bewiesen.

§ 4. Die Theoreme 4.1 und 4.2 wurden von I. Z. Gochberg, das Theorem 4.3 von den Autoren [2, 4] erhalten. Das Lemma 4.1 stammt von N. J. Krupnik [1].

§ 5. Das Theorem 5.1 wurde von I. Z. Gochberg [3] bewiesen. Es ist eine Verallgemeinerung eines Ergebnisses von I. Z. Gochberg und M. G. Krein [2]. Die Theoreme 5.2, 5.3 und 5.4 wurden von den Autoren [2, 3, 4] erhalten. Die zweite Behauptung von Theorem 5.2 wurde unabhängig von den Autoren für den Fall der Algebra $W_{n \times n}$ von I. I. Hirschman [3] bewiesen (siehe auch N. Bowers [1]). In der erwähnten Arbeit [3] von I. I. Hirschman ist auch eine Verallgemeinerung der Ergebnisse der §§ 6, 7 von Kapitel III auf Matrizen enthalten. Die Verallgemeinerung des Theorems 5.1 auf den Fall stückweise stetiger Matrixfunktionen findet sich in der Arbeit von I. Z. Gochberg und N. J. Krupnik [4]. Eine Verallgemeinerung der übrigen Theoreme auf diesen Fall wurde noch nicht erhalten.

Eine gewisse Modifikation des Projektionsverfahrens für Systeme von Wiener-Hopf-Gleichungen mit nichtverschwindenden Teilindizes wird in den Arbeiten von I. S. Tschebotaru [2, 3] betrachtet. Von M. S. Budjanu [1] wurde eine Verallgemeinerung der Theoreme 5.1 und 5.2 auf den Fall von Systemen diskreter Wiener-Hopf-Gleichungen mit Operatorkoeffizienten erhalten.

Kürzlich untersuchte J. Leiterer [1] die Bedingungen für die normale Auflösbarkeit von Wiener-Hopfschen Matrixoperatoren und verwandten Operatoren.

§ 6. Das Theorem 6.1 stammt von I. Z. Gochberg und M. G. Krein [2]. Wir bemerken, daß dieses Theorem noch nicht auf den Fall der Integrodifferenzengleichungen verallgemeinert wurde, d. h. auf Gleichungen der Form (1) aus Kapitel VII. Die Theoreme 6.2 und 6.3 stammen von den Autoren [2, 4].

§ 7. Die Ergebnisse dieses Paragraphen werden erstmalig veröffentlicht.

§ 9. In diesem Paragraphen werden Ergebnisse der Autoren dargelegt [2, 4]. Alle Theoreme dieses Paragraphen tragen (bis auf Theorem 9.3) hinreichenden Charakter. Die Frage nach der Notwendigkeit der Bedingungen der Sätze bleibt offen.

§ 10. Die Ergebnisse dieses Paragraphen stammen von I. Z. Gochberg und N. J. Krupnik [6].

Ein Teil der Ergebnisse dieses Kapitels konnte auf den Fall eines ausgearteten Symbols erweitert werden (siehe S. Prössdorf [1]).

Zum Anhang

Die Ergebnisse des Anhangs stammen von I. A. Feldman [1—3].

§ 1. Die Vollstetigkeit des Operators mit einem Kern, der von der Summe der Argumente abhängt, wurde von I. Z. Gochberg und M. G. Krein [2] gezeigt.

§ 2. Die Äquivalenz der Gleichung (2.1) und der Randwertaufgabe (2.2) wird wie in der Arbeit von F. D. Gachow und J. I. Tscherskij [1] gezeigt.

Die asymptotischen Entwicklungen, die in den §§ 3, 4 erhalten wurden, sind Verallgemeinerungen von Ergebnissen von M. G. Krein [4] über die Asymptotik der Lösungen der homogenen Wiener-Hopf-Gleichung.

Die Ergebnisse des Anhangs sind kürzlich von I. A. Feldman [4] auf Wiener-Hopfsche Integralgleichungen mit operatorwertigen Kernen erweitert worden. Seine Ergebnisse fanden in der Theorie der Übertragung von Strahlungsenergie ihre Anwendung.

LITERATURVERZEICHNIS

Atkinson, F. W. (Аткинсон, Ф. В.)

[1] Some aspects of Baxter's functional equation, J. Math. Anal. and Applic. **6** (1963), 1—30.

[2] Нормальная разрешимость линейных уравнений в нормированных пространствах, Матем. сб. **28** (70), № 1 (1951), 3—14.

Bari, H. K. (Бари, Н. К.)

[1] Тригонометрические ряды, Moskau 1961.

Barkar, M. A., und I. C. Gochberg (Баркарь, М. А., и И. Ц. Гохберг)

[1] О факторизации операторов по дискретной цепочке проекторов в банаховом пространстве, Математические исследования **1**, вып. 1, Кишинев (1966), 32—54.

Baxter, G.

[1] An operator identity, Pacific J. Math. 8 (1959), 649—663.

[2] A norm inequality for a "finite-section" Wiener-Hopf equations, Illinois J. Math. **7** (1963), 97—103.

Baxter, G., und I. I. Hirschman Jr.

[1] An explicit inversion formula for finite section Wiener-Hopf operators, Bull. Amer. Math. Soc. **70** (1964), 820—823.

Bowers, N. Jr.

[1] Toeplitz forms associated with matrix valued functions, Thesis, Univ. of Minnesota, 1965.

Brown, A., und C. Pearcy

[1] Structure of commutators of operators, Ann. of Math. **2** (1965), № 1, 112—127.

Budjanu, M. S. (Будяну, М. С.)

[1] Решение некоторых классов уравнений Винера — Хопфа с операторными коэффициентами, Изв. АН МССР, № 4 (1966), 18—31.

Budjanu, M. S., und I. C. Gochberg (Будяну, М. С., и И. Ц. Гохберг)

[1] О задаче факторизации в абстрактных банаховых алгебрах. I. Распадающиеся алгебры, Математические исследования **2**, вып. 2, Кишинев (1967), 25—51.

[2] О задаче факторизации в абстрактных банаховых алгебрах. II. Нераспадающиеся алгебры, Математические исследования **2**, вып. 3, Кишинев (1967), 3—19.

[3] Общие теоремы о факторизации матриц-функций. I. Основная теорема, Математические исследования **3**, вып. 2, Кишинев (1968), 87—103.

[4] Общие теоремы о факторизации матриц-функций. II. Некоторые признаки и их следствия, Математические исследования **3**, вып. 3, Кишинев (1968), 3—18.

Cartan, A.

[1] Sur les matrices holomorphes de *n* variables complexes. J. Math. pures et appl. **19** (1940), 1—26.

CHWEDELIDZE, B. V. (Хведелидзе, Б. В.)
[1] Линейные разрывные граничные задачи теории функций, сингулярные интегральные уравнения и некоторые их приложения, Труды Матем. Института АН Груз ССР **23** (1956).
[2] Замечание к моей работе „Линейные разрывные граничные задачи...", Сообщения АН Груз ССР **21**, № 2 (1958), 129—138.

DUDUTSCHAVA, R. V. (Дудучава, Р. В.)
[1] О дискретных уравнениях Винера-Хопфа в пространствах lp с весом. Сообщения АН Грузинской ССР, т. 65, № 3, 1972.
[2] Дискретние уравнения Винера-Хопфа, составленные из коэффициентов Фурье кусочно-винеровских функций. ДАН СССР, 1972.

FELDMAN, I. A. (Фельдман, И. А.)
[1] Об асимптотике решений некоторых систем интегральных уравнений, ДАН СССР **154**, № 1 (1964), 57—60.
[2] Об асимптотике решений систем интегральных уравнений типа Винера — Хопфа, Сибирск. матем. журн. **4**, № 3 (1965), 596—615.
[3] Асимптотика решений системы интегральных уравнений Винера — Хопфа, В сб. ст. „Исследования по алгебре и математическому анализу" Кишинев (1965), 147—152.
[4] Операторные уравнения Винера — Хопфа и их приложения к уравнению переноса, Математические исследования. **6** вып. 3. Кишинев 1971, 115—132.

GACHOW, D. F., und J. I. TSCHERSKIJ (Гахов, Д. Ф. и Ю. И. Черский)
[1] Особые интегральные уравнения типа свертки, Изв. АН СССР, сер. матем., **20**, № 1 (1956), 33—52.

GANTMACHER, F. R.
[1] Matrizenrechnung. Teil I, VEB Deutscher Verlag der Wissenschaften, Berlin 1965.

GELFAND, I. M., D. A. RAIKOW und G. E. SCHILOW
[1] Kommutative normierte Algebren, VEB Deutscher Verlag der Wissenschaften, Berlin 1966 (Übers. a. d. Russ.).

GOCHBERG, I. Z. (Гохберг, И. Ц.)
[1] Признаки односторонней обратимости элементов нормированных колец и их приложения, ДАН СССР **145**, № 5, (1962).
[2] Общая теорема о факторизации матриц-функций в нормированных кольцах и ее приложения, ДАН СССР **146**, № 2 (1962).
[3] Задача факторизации в нормированных кольцах, функции от изометрических и симметрических операторов и сингулярные интегральные уравнения, УМН **19**, вып. 1 (1964), 71—124.
[4] О теплицевых матрицах, составленных из коэффициентов Фурье кусочно-непрерывных функций. Функциональный анализ и его приложения **1**, вып. 2 (1967), 91—92.

GOCHBERG, I. Z., und W. G. TSCHEBAN (Гохберг, И. Ц., и В. Г. Чебан)
[1] О методе редукции для дискретных аналогов уравнений Винера — Хопфа, Укр. матем. журн. **16**, № 6 (1964), 822—829.

GOCHBERG, I. Z., und I. A. FELDMAN (Гохберг, И. Ц., и И. А. Фельдман)
[1] О приближенном решении некоторых классов линейных уравнений, ДАН СССР **160**, № 4 (1965), 750—753.
[2] О методе редукции для систем типа Винера — Хопфа, ДАН СССР **165**, № 2 (1965), 268—271.
[3] Об усеченных уравнениях Винера — Хопфа, Тезисы кратких научных сообщений Международного конгресса математиков, секция 5, Moskau 1966, 44—45.

[4] Проекционные методы решения уравнений Винера — Хопфа, Ред.-изд. отдел АН МССР, Кишинев, 1967.
[5] Об интегрально-разностных уравнениях Винера — Хопфа, ДАН СССР **183**, № 1 (1968), 25—28.
[6] Интегрально-разностные уравнения Винера — Хопфа, Acta Sci. Math. Szeged **30**, 3—4 (1969), 199—224.

GOCHBERG, I. Z., und M. G. KREIN (Гохберг, И. Ц., и М. Г. Крейн)
[1] Основные положения о дефектных числах, корневых числах и индексах линейных операторов. УМН **12**, вып. 2 (1957), 44—118.
[2] Системы интегральных уравнений на полупрямой с ядрами, зависящими от разности аргументов, УМН **13**, вып. 2 (1958), 3—72.
[3] Парное интегральное уравнение и его транспонированное, Теоретическая и прикладная математика, Львов, № 1 (1958), 58—81.
[4] Введение в теорию линейных несамосопряженных операторов в гильбертовом пространстве, Moskau 1965.
[5] Теория вольтерровых операторов в гильбертовом пространстве и ее приложения, Moskau 1967.

GOCHBERG, I. Z., und N. J. KRUPNIK (Гохберг, И. Ц., и Н. Я. Крупник)
[1] О спектре одномерных сингулярных интегральных операторов с кусочно-непрерывными коэффициентами, Математические исследования **3**, вып. 1, Кишинев (1968), 16—30.
[2] О спектре сингулярных интегральных операторов в пространстве L_p, Studia Mathematica **31** (1968), 347—362.
[3] О спектре сингулярных интегральных операторов в пространствах L_p с весом, ДАН СССР **185**, № 4 (1969), 745—749.
[4] Системы сингулярных интегральных уравнений в пространствах L_p с весом, ДАН СССР **186**, № 5 (1969), 998—1001.
[5] Об алгебре, порожденной сингулярными интегральными операторами с кусочно-непрерывными коэффициентами, Функциональный анализ и его приложения **4**, вып. 3 (1970), 26—36.
[6] О сложных линейных сингулярных интегральных операторах, Математические исследования **4**, вып. 4, Кишинев (1969).
[7] Одна формула для обращения конечных теплицевых матриц. Матем. исслед., **7**, вып. 2, Кишинев, 1972.

GOCHBERG, I. Z., und W. I. LEWTSCHENKO (Гохберг, И. Ц., и В. И. Левченко)
[1] О сходимости проекционного метода решения вырожденного дискретного уравнения Винера — Хопфа, Матем. исслед., т. VI, вып. 4, Кишинев 1971, 20—36.
[2] О проекционном методе для вырожденного дискретного уравнения Винера — Хопфа. Матем. исслед., т. VII, вып. 3, Кишинев, 1972.

GOCHBERG, I. Z., A. S. MARKUS und I. A. FELDMAN (Гохберг, И. Ц., А. С. Маркус и И. А. Фельдман)
[1] О нормально разрешимых операторах и связанных с ними идеалах, Изв. Молд. фил. АН СССР, № 10 (76) (1960), 51—59.

GOCHBERG, I. Z., und A. A. SEMENZUL (Гохберг, И. Ц., и А. А. Семенцул)
[1] Об обращении конечных теплицевых матриц и их континуальных аналогов, Матем. исслед., **7**, вып. 2, Кишинев, 1972.

GOLDENSCHTEJN, L. S. (Гольденштейн, Л. С.)
[1] Признаки односторонней обратимости функций от нескольких изометрических операторов и их приложения, ДАН СССР **155**, № 1 (1964), 28—31.
[2] Дискретный аналог многомерного интегрального уравнения Винера-Хопфа. Математические исследования **2**, вып. 3, Кишинев (1967), 52—63.

GOLDENSCHTEJN, L. S., und I. Z. GOCHBERG (Гольденштейн, Л. С., и И. Ц. Гохберг)
[1] О многомерном уравнении на полупространстве с ядром, зависящим от разности аргументов и его дискретном аналоге, ДАН СССР **131**, № 1 (1960), 9—12.

HILLE, E., und R. S. PHILLIPS
[1] Functional Analysis and Semi-Groups, Providence, R. I. 1957.

HIRSCHMAN, I. I., Jr.
[1] Finite section Wiener-Hopf equations on a compact group with ordered dual, Bull. Amer. Math. Soc. **70** (1964), 508—510.
[2] Szegö functions on a locally compact Abelian group with ordered dual, Trans. Amer. Math. Soc. **121** (1966), 133—159.
[3] Matrix valued Toeplitz operators, Duke Math. J. **34** (1967), No. 3, 403—415.

HOFFMAN, K. (Гофман, К.)
[1] Банаховы пространства аналитических функций, ИЛ, Moskau 1963.

IWANOW, W. W. (Иванов, В. В.)
[1] О применении метода моментов и „смешанного" метода к приближенному решению сингулярных интегральных уравнений, ДАН СССР **114**, № 5 (1957), 945—948.
[2] Теория приближенных методов и ее применение к численному решению сингулярных интегральных уравнений. „Наукова думка", Kiew 1968.

IWANOW, W. W., und E. A. KARAGODOWA (Иванов, В. В., и Е. А. Карагодова)
[1] Приближенное решение интегральных уравнений типа свертки методом Галеркина, Укр. матем. журн. **13**, № 1 (1961), 28—38.

KANTOROWITSCH, L. W., und G. P. AKILOW
[1] Funktionalanalysis in normierten Räumen, Akademie-Verlag, Berlin 1964 (Übers. a. d. Russ.).

KARLIN, S.
[1] Bases in Banach Spaces. Duke Math. J. **15** (1948), 971—985.

KREIN, M. G. (Крейн, М. Г.)
[1] Об интегральных уравнениях, порождающих дифференциальные уравнения второго порядка. ДАН СССР **97** (1954), 21—24.
[2] Континуальные аналоги предложений о многочленах, ортогональных на единичной окружности, ДАН СССР **105** (1955), 637—640.
[3] К теории акселерант и S-матриц канонических дифференциальных систем. ДАН СССР **111** (1956), 1167—1170.
[4] Интегральные уравнения на полупрямой с ядрами, зависящними от разности аргументов. УМН **13**, 5, 3—120.
[5] О расположении корней многочленов, ортогональных на единичной окружности по знако переменному весу. В сб. „Теория функций, функциональный анализ и их приложения" вып. 2, Харьков, Изд-во Харьковского университета, 1966, 131—137.

KREIN, M. G. und M. A. NEUMARK (Крейн, М. Г. и М. А. Наймарк)
[1] Метод симметрических и эрмитовых форм в теории отделения корней алгебраических уравнений. Харьков, 1936, 3—41.

KRUPNIK, N. J. (Крупник, Н. Я.)
[1] К вопросу о нормальной разрешимости и индексе сингулярных интегральных уравнений. Уч. зап. Кишиневского ун-та **82** (1965), 3—7.

LEITERER, J. (Лайтерер, Ю.)
[1] Критерии нормальной разрешимости систем сингулярных интегральных уравнений и уравнений Винера — Хопфа. Матем. сборник, т. **83** (125), вып. 3 (11), 390—406.

LEWITAN, B. M. (Левитан, Б. М.)
[1] Почти-периодические функции. Гостехиздат, Moskau 1953.

MANDŽAWIDZE, G. F. (Манджавидзе, Г. Ф.)
[1] Приближенное решение граничных задач теории аналитических функции. Исследования по современным проблемам теории функций комплексного переменного. (сб. статей), физматгиз, Moskau 1960, 365—370.

MANDŽAWIDZE, G. F., und B. V. CHWEDELIDZE (Манджавидзе, Г. Ф., и Б. В. Хведелидзе)
[1] О задаче Римана-Привалова с непрерывными коэффициентами. ДАН СССР **123**, № 5, (1958), 791—794.

MARKUS, A. S. (Маркус, А. С.)
[1] О методе редукции для операторов в гильбертовом пространстве, Математические исследования **4**, вып. 1 (1969), 71—79.

MASANI, P.
[1] The Laurent Factorization of Operator-Valued Functions, Proc. London Math. Soc., VI, **21** (1956), 59—69.

MEJMAN, N. N. (Мейман, Н. Н.)
[1] Некоторые вопросы расположения нулей полиномов, УМН **4**, вып. 6 (1949), 154—188.

MICHLIN, S. G. (Михлин, С. Г.)
[1] Variationsmethoden der mathematischen Physik, Akademie-Verlag, Berlin 1962 (Übers. a. d. Russ.) (zit. nach der 2. russischsprachigen Auflage, „Nauka", 1971).
[2] Сингулярные интегральные уравнения, УМН **3**, вып. 3 (1948).

MUSCHELISCHWILI, N. I.
[1] Singuläre Integralgleichungen, Berlin 1965 (Übers. a. d. Russ.) (zit. nach der 2. russischsprachigen Auflage, „Nauka", 1968).

POLSKIJ, N. I. (Польский, Н. И.)
[1] Проекционные методы решения линейных задач, УМН **18**, вып. 2 (1963), 179—180.

PRÖSSDORF, S.
[1] Einige Klassen singulärer Gleichungen, Akademie-Verlag, Berlin 1974.

RIESZ, F., und B. SZ.-NAGY
[1] Vorlesungen über Funktionalanalysis, VEB Deutscher Verlag der Wissenschaften, Berlin 1956.

SCHILOW, G. E. (Шилов, Г. Е.)
[1] О локально аналитических функцуях, УМН **21**, вып. 6 (1966).

SEMENCUL, A. A. (Семенцул, А. А.)
[1] Обращение конечных теплицевых матриц и их континуальных аналогов, Дополнение II в книге И. Ц. Гохберга и И. А. Фельдмана „Проекционные методы решения уравнений Винера — Хопфа", Кишинев, 1967, 140—156.
[2] Обращение конечных усечений парных и транспонированных к ним операторов. Математические исследования **3**, вып. 1, Кишинев (1968), 100—107.

SHINBROT, M.
[1] A class of difference kernels, Proc. Amer. Math. Soc. **13** (1962), 399—406.

SIMONENKO, I. B. (Симоненко, И. Б.)
[1] Краевая задача Римана для n пар функций с непрерывными коэффициентами, Изв. вузов, Математика, **20** № 1 (1961), 140—145.

[2] Краевая задача Римана для n пар функций с измеримыми коэффициентами и ее применение к исследованию сингулярных интегралов в пространстве L_p с весами, Изв. АН СССР, серия матем., **28**, № 2 (1964), 277—306.
[3] Некоторые общие вопросы теории краевой задачи Римана, Изв. АН СССР, сер. матем., **32**, № 5 (1968), 1138—1146.
[4] Операторы типа свертки в конусах, Матем. сб. **74**, 2 (1967), 298—313.
[5] О многомерных дискретных свертках, Математические исследования **3**, вып. 1, (1968), Кишинев, 108—122.

Titchmarsh, E. C.
[1] Theory of Fourier integrals, Oxford 1957.

Tschebotaru, I. S. (Чеботару, И. С.)
[1] Об одном приближенном методе решения интегральных уравнений типа Винера — Хопфа, В сб. ст. „Исследования по алгебре и математическому анализу". Кишинев (1965), 79—96.
[2] Сведение систем уравнений Винера — Хопфа к системам с нулевыми индексами, Изв. АН МССР № 8 (1967), 54—66.
[3] Проекционный метод решения систем дискретных уравнений Винера — Хопфа, Математические исследования **3**, вып. 1, Кишинев (1968), 159—183.

Wajnikko, G. M. (Вайникко, Г. М.)
[1] К вопросу о сходимости метода Галеркина, Уч. зап. Тартуск. ун-та, вып. **117** (1965), 148—153.

Widom, H.
[1] On the spectrum of a Toeplitz operator, Pacific J. Math. **14** (1964), 365—375.

Wiener, N., und E. Hopf
[1] Über eine Klasse singulärer Integralgleichungen, Sitzungsb. Akad. Wiss. Berlin (1931), 696—706.

Yood, B.
[1] Properties of linear transformations preserved under addition of a completely continuous transformation, Duke Math. J. 18 (1951), No 3, 599—612.

Zaguskin, W. L., und A. W. Charitonow (Загускин, В. Л., и А. В. Харитонов)
[1] Итерационный метод решения задачи об устойчивости, Журн. вычисл. матем. и матем. физ. **3**, № 2 (1963), 361—364.

SACHVERZEICHNIS

Bei Fragen zur Produktsicherheit wenden Sie sich bitte an:
If you have any questions regarding product safety,
please contact:

Walter de Gruyter GmbH
Genthiner Straße 13
10785 Berlin
productsafety@degruyterbrill.com